城镇规划设计指南丛书

城镇节能环保

骆中钊 戴俭 张磊 张惠芳▪总主编

宋效巍▪主 编

李 燃 刘少冲▪副主编

中国林业出版社

图书在版编目（CIP）数据

城镇节能环保 / 骆中钊等总主编 . -- 北京：中国林业出版社，2020.8

（城镇规划设计指南丛书）

ISBN 978-7-5219-0662-2

Ⅰ . ①城… Ⅱ . ①骆… Ⅲ . ①城镇 – 节能设计 – 城市规划 Ⅳ . ① TU984

中国版本图书馆 CIP 数据核字 (2020) 第 120486 号

策　划：纪　亮

责任编辑：陈　惠

出版：中国林业出版社（100009 北京西城区刘海胡同 7 号）

网站：http://www.forestry.gov.cn/lycb.html

印刷：河北京平诚乾印刷有限公司

发行：中国林业出版社

电话：（010）8314 3573

版次：2020 年 8 月第 1 版

印次：2020 年 8 月第 1 次

开本：1/16

印张：20

字数：350 千字

定价：116.00 元

编委会

组编单位：
世界文化地理研究院
国家住宅与居住环境工程技术研究中心
北京工业大学建筑与城规学院

承编单位：
乡魂建筑研究学社
北京工业大学建筑与城市规划学院
天津市环境保护科学研究院
北方工业大学城镇发展研究所
燕山大学建筑系
方圆建设集团有限公司

编委会委员：
世界文化地理研究院　骆中钊　张惠芳　乔惠民　骆　伟　陈　磊　冯惠玲
国家住宅与居住环境工程技术研究中心　仲继寿　张　磊　曾　雁　夏晶晶　鲁永飞
中国建筑设计研究院　白红卫
方圆建设集团有限公司　任剑锋　方朝晖　陈黎阳
北京工业大学建筑与城市规划学院　戴　俭　王志涛　王　飞　张　建　王笑梦　廖含文　齐　羚
北方工业大学建筑艺术学院　张　勃　宋效巍
燕山大学建筑系　孙志坚
北京建筑大学建筑与城市规划学院　范霄鹏
合肥工业大学建筑与艺术学院　李　早
西北工业大学力学与土木建筑学院　刘　煜
大连理工大学建筑环境与新能源研究所　陈　滨
天津市环境保护科学研究院　温　娟　李　燃　闫　佩
福建省住建厅村镇处　李　雄　林琼华
福建省城乡规划设计院　白　敏
《城乡建设》全国理事会　汪法濒
《城乡建设》　金香梅
北京乡魂建筑设计有限责任公司　韩春平　陶茉莉
福建省建盟工程设计集团有限公司　刘　蔚
福建省莆田市园林管理局　张宇静
北京市古代建筑研究所　王　倩
北京市园林古建设计研究院　李松梅

编委会顾问：
国家历史文化名城专家委员会副主任　郑孝燮
中国文物学会名誉会长　谢辰生
原国家建委农房建设办公室主任　冯　华
中国民间文艺家协会驻会副会长党组书记　罗　杨
清华大学建筑学院教授、博导　单德启
天津市环保局总工程师、全国人大代表　包景岭
恒利集团董事长、全国人大代表　李长庚

编委会主任：骆中钊

编委会副主任：戴　俭　张　磊　乔惠民

编者名单

1《城镇建设规划》
总主编 骆中钊 戴 俭 张 磊 张惠芳
主 编 刘 蔚
副主编 张 建 张光辉

2《城镇住宅设计》
总主编 骆中钊 戴 俭 张 磊 张惠芳
主 编 孙志坚
副主编 陈黎阳

3《城镇住区规划》
总主编 骆中钊 戴 俭 张 磊 张惠芳
主 编 张 磊
副主编 王笑梦 霍 达

4《城镇街道广场》
总主编 骆中钊 戴 俭 张 磊 张惠芳
主 编 骆中钊
副主编 廖含文

5《城镇乡村公园》
总主编 骆中钊 戴 俭 张 磊 张惠芳
主 编 张惠芳 杨 玲
副主编 夏晶晶 徐伟涛

6《城镇特色风貌》
总主编 骆中钊 戴 俭 张 磊 张惠芳
主 编 骆中钊
副主编 王 倩

7《城镇园林景观》
总主编 骆中钊 戴 俭 张 磊 张惠芳
主 编 张宇静
副主编 齐 羚 徐伟涛

8《城镇生态建设》
总主编 骆中钊 戴 俭 张 磊 张惠芳
主 编 李 燃 刘少冲
副主编 闫 佩 彭建东

9《城镇节能环保》
总主编 骆中钊 戴 俭 张 磊 张惠芳
主 编 宋效巍
副主编 李 燃 刘少冲

10《城镇安全防灾》
总主编 骆中钊 戴 俭 张 磊 张惠芳
主 编 王志涛
副主编 王 飞

总前言

习近平总书记在党的十九大报告中指出，要"推动新型工业化、信息化、城镇化、农业现代化同步发展"。走"四化"同步发展道路，是全面建设中国特色社会主义现代化国家、实现中华民族伟大复兴的必然要求。推动"四化"同步发展，必须牢牢把握新时代新型工业化、信息化、城镇化、农业现代化的新特征，找准"四化"同步发展的着力点。

城镇化对任何国家来说，都是实现现代化进程中不可跨越的环节，没有城镇化就不可能有现代化。城镇化水平是一个国家或地区经济发展的重要标志，也是衡量一个国家或地区社会组织强度和管理水平的标志，城镇化综合体现一国或地区的发展水平。

从 20 世纪 80 年代费孝通提出"小城镇大问题"到国家层面的"小城镇大战略"，尤其是改革开放以来，以专业镇、重点镇、中心镇等为主要表现形式的特色镇，其发展壮大、联城进村，越来越成为做强镇域经济，壮大县区域经济，建设社会主义新农村，推动工业化、信息化、城镇化、农业现代化同步发展的重要力量。特色镇是大中小城市和小城镇协调发展的重要核心，对联城进村起着重要作用，是城市发展的重要递度增长空间，是小城镇发展最显活力与竞争力的表现形态，是"万镇千城"为主要内容的新型城镇化发展的关键节点，已成为镇城经济最具代表性的核心竞争力，是我国数万个镇形成县区城经济增长的最佳平台。特色与创新是新型城镇可持续发展的核心动力。生态文明、科学发展是中国新型城镇永恒的主题。发展中国新型城镇化是坚持和发展中国特色社会

主义的具体实践。建设美丽新型城镇是推进城镇化、推动城乡发展一体化的重要载体与平台，是丰富美丽中国内涵的重要内容，是实现"中国梦"的基础元素。新型城镇的建设与发展，对于积极扩大国内有效需求，大力发展服务业，开发和培育信息消费、医疗、养老、文化等新的消费热点，增强消费的拉动作用，夯实农业基础，着力保障和改善民生，深化改革开放等方面，都会产生现实的积极意义。而对新城镇的发展规律、建设路径等展开学术探讨与研究，必将对解决城镇发展的模式转变、建设新型城镇化、打造中国经济的升级版，起着实践、探索、提升、影响的重大作用。

《中共中央关于全面深化改革若干重大问题的决定》已成为中国新一轮持续发展的新形势下全面深化改革的纲领性文件。发展中国新型城镇也是全面深化改革不可缺少的内容之一。正如习近平同志所指出的"当前城镇化的重点应该放在使中小城市、小城镇得到良性的、健康的、较快的发展上"，由"小城镇 大战略"到"新型城镇化"，发展中国新型城镇是坚持和发展中国特色社会主义的具体实践，中国新型城镇的发展已成为推动中国特色的新型工业化、信息化、城镇化、农业现代化同步发展的核心力量之一。建设美丽新型城镇是推动城镇化、推动城乡一体化的重要载体与平台，是丰富美丽中国内涵的重要内容，是实现"中国梦"的基础元素。实现中国梦，需要走中国道路、弘扬中国精神、凝聚中国力量，更需要中国行动与中国实践。建设、发展中国新型城镇，

就是实现中国梦最直接的中国行动与中国实践。

城镇化更加注重以人为核心。解决好人的问题是推进新型城镇化的关键。新时代的城镇化不是简单地把农村人口向城市转移，而是要坚持以人民为中心的发展思想，切实提高城镇化的质量，增强城镇对农业转移人口的吸引力和承载力。为此，需要着力实现两个方面的提升：一是提升农业转移人口的市民化水平，使农业转移人口享受平等的市民权利，能够在城镇扎根落户；二是以中心城市为核心、周边中小城市为支撑，推进大中小城市网络化建设，提高中小城市公共服务水平，增强城镇的产业发展、公共服务、吸纳就业、人口集聚功能。

为了推行城镇化建设，贯彻党中央精神，在中国林业出版社支持下，特组织专家、学者编撰了本套丛书。丛书的编撰坚持三个原则：

1. 弘扬传统文化。中华文明是世界四大文明古国中唯一没有中断而且至今依然充满着生机勃勃的人类文明，是中华民族的精神纽带和凝聚力所在。中华文化中的"天人合一"思想，是最传统的生态哲学思想。丛书各册开篇都优先介绍了我国优秀传统建筑文化中的精华，并以科学历史的态度和辩证唯物主义的观点来认识和对待，取其精华，去其糟粕，运用到城镇生态建设中。

2. 突出实用技术。城镇化涉及广大人民群众的切身利益，城镇规划和建设必须让群众得到好处，才能得以顺利实施。丛书各册注重实用技术的筛选和介绍，力争通过简单的理论介绍说明原理，通过翔实的案例和分析指导城镇的规划和建设。

3. 注重文化创意。随着城镇化建设的突飞猛进，我国不少城镇建设不约而同地大拆大建，缺乏对自然历史文化遗产的保护，形成"千城一面"的局面。但我国幅员辽阔，区域气候、地形、资源、文化乃至传统差异大，社会经济发展不平衡，城镇化建设必须因地制宜，分类实施。丛书各册注重城镇建设中的区域差异，突出因地制宜原则，充分运用当地的资源、风俗、传统文化等，给出不同的建设规划与设计实用技术。

丛书分为建设规划、住宅设计、住区规划、街道广场、乡村公园、特色风貌、园林景观、生态建设、节能环保、安全防灾这10个分册，在编撰中得到很多领导、专家、学者的关心和指导，借此特致以衷心的感谢！

丛书编委会

前　言

随着社会进步和经济发展，城镇规模不断扩大，城镇化进程日益加快。党的十五届三中全会明确提出："发展小城镇，是带农村经济和社会发展的一个大战略"。党的十六届五中全会通过的《中共中央关于制定国民经济和社会发展第十一个五年规划的建议》中明确提出了建设社会主义新农村的重大历史任务。2012年11月党的十八大第一次明确提出了"新型城镇化"概念，新型城镇化是以城乡统筹、城乡一体、产城互动、节约集约、生态宜居、和谐发展为基本特征的城镇化，是大中小城市、小城镇、新型农村社区协调发展、互促共进的城镇化。2013年党的十八届三中全会则进一步阐明新型城镇化的内涵和目标，即"坚持走中国特色新型城镇化道路，推进以人为核心的城镇化，推动大中小城市和小城镇协调发展"。稳步推进新型城镇化建设，实现新型城镇的可持续发展，其社会经济发展必须要与自然生态环境相协调，必须重视新型城镇建设的节能和环境保护工作。

新型城镇建设节能包涵着工业节能、公共设施节能和建筑节能。由于城镇经济规模不大，工业、交通能耗所占比例相对较低，建筑能耗占中城镇总能耗的比重相对较高，约80%左右。因此，建筑节能在城镇能源系统优化配置中具有重要意义。新型城镇的建筑节能设计是大气环境保护的需要、是可持续发展的需要、是改善室内热环境的需要，建筑节能将成为国民经济新的增长点。为此，本书第1～4章将着重探讨新型城镇建筑节能的规划与设计。

所谓建筑节能，在发达国家最初为减少建筑中能量的散失，现在则普遍称为"提高建筑效率"。

建筑节能是指在建筑物的规划、设计、新建（改建、扩建）、改造和使用过程中，执行节能标准，采用节能型的技术、工艺、设备、材料和产品，提高保温隔热性能和采暖供热、空调制冷制热系统效率，加强建筑物用能系统的运行管理，利用可再生能源，在保证室内热环境质量的前提下，减少供热、空调制冷制热、照明、热水供应的能耗。

建筑节能是整个建筑全寿命过程中每一个环节节能的总和，是指建筑在选址、规划、设计、建造和使用过程中，通过合理的规划设计，采用节能型的建筑材料、产品和设备，执行建筑节能标准，加强建筑物节能设备的运行管理，合理设计建筑围护结构的热工性能，提高采暖、制冷、照明、通风、给排水和管道系统的运行效率，以及利用可再生能源，在保证建筑物使用功能和室内热环境质量的前提下，降低建筑能源消耗，合理、有效地利用能源。

建筑节能设计是以满足建筑室内适宜的热环境和提高人民的居住水平，通过建筑规划设计、建筑单体设计及对建筑设备采取综合节能措施，不断提高能源的利用效率，充分利用可再生能源，以使建筑能耗达到最小化所需要采取的科学技术手段。建筑节能是一个系统工程，在设计的全过程中，从选择材料、结构设计、配套设计等各环节都要贯穿节能的观点，这样才能取得真正节能的效果。建筑节能设计是全面的建筑节能中一个很重要的环节，有利于从源头上杜绝能源的浪费。建筑节能设计是建筑节能工程最终效果的关键环节，是关系到建筑节能工程运行是否正常的技术保障，在建筑节能工程中具有重大作用。因此，建筑节能必须首先从节能设计抓起。

城镇化和工业化是在同一时期产生的，二者相辅相成、不可分割。以工业为依托的城镇化在建设过程中不可避免地产生了环境污染问题以及资源损耗问题，生态系统必然会遭到破坏。当前，我国的城镇化进程迅速，城镇化的质量和效益较以前也有了很大的提高，但在快速城镇化的同时，也出现了一系列的环境问题，水、气、噪音、固体废物等环境污染日益严重，给城镇化的可持续发展带来巨大挑战。城镇化的环境和安全，也不是必然地对立关系。大量的事实也表明，加速城镇化发展并不必然导致城市生态环境的恶化。例如城镇化促进经济发展，带来更多的环保投资，提高人为净化的能力，缓解生态环境压力；如西欧发达国家城市化水平高，同时，城市生态环境建设质量也很高。关键是如何更好地把握城镇化发展的积极作用。城镇化对生态环境具有胁迫效应。人口城镇化对生态环境的胁迫主要通过两方面进行：人口城镇化通过提高人口密度增大生态环境压力，人口密度越大，对生态环境的压力也就越大；人口城镇化通过提高人们的消费水平从而促使消费结构变化，人们向环境索取的力度加大，速度加快，使生态环境不断脆弱。经济城镇化对区域生态环境的胁迫表现为：企业通过占地规模扩大促使经济总量的增加，从而消耗更多资源和能源，排放更多的污染气、液、固体，增加了生态环境的压力。城镇交通扩张对生态环境的胁迫表现为：城镇交通扩张对生态环境产生空间压力，交通扩张刺激车辆增加，增大汽车尾气污染强度。生态环境恶化对城镇化的约束效应。生态环境恶化降低了居住环境的舒适度，排斥居住人口，阻碍城镇化；生态环境恶化降低了投资环境竞争力、排斥企业资本，减缓城镇化；生态环境恶化降低了生态环境要素的支撑能力（如城镇用水），抑制城镇化；生态环境恶化导致灾害性事件增多从而影响城镇化；改善恶化的生态环境，增强环保的力度，减缓了城镇化步伐。

环境和安全之间的联系一直是学术界和政策制定者广泛争论的课题。在许多文献中，城镇化一直被看做是一个对环境和安全有连带关系的过程。城镇化的环境安全主要表现为城市整体活动基础稳固、健康运行、稳健增长、持续发展，在现代经济生活中具有一定的自主性、自卫力和竞争力。因此，加强环境保护，促进城镇化建设绿色转型是新型城镇化发展的关键性命题，也是加快转变经济发展方式的重要举措。具体来讲就是以城镇资源环境承载力的约束为前提，对城镇化建设指导思想从"在发展中保护，在保护中发展"的角度进行全面设计，转变产业结构和产业布局，建设资源节约型、环境友好型社会的新型城镇化发展模式。推进城镇化建设绿色转型的主要内容和途径是，城市规划的绿色转型、资源使用的绿色转型、政策措施的绿色转型。本书第 5 ~ 9 章即着重阐述新型城镇化的环境保护规划设计。

本书是"城镇规划设计指南丛书"中的一册，书中扼要地综述了新型城镇建筑节能概论，分章详细地阐明了建筑设计中的节能技术、建筑节能设计原理和建筑单体节能设计；系统地叙述了城镇环境保护概论和新型城镇环境保护理论基础，分章探述了城镇大气污染防治、城镇水污染防治、城镇固体废物污染防治和畜禽养殖污染防治；并专门介绍了一些新型城镇节能环保技术。书中内容丰富、观念新颖，具有通俗易懂和实用性、文化性、可读性强的特点，是一本较为全面、系统地介绍新型城镇化建筑节能和新型城镇环境保护的专业性实用读物。可供从事城镇建设规划设计和管理的建筑师、规划师和管理人员工作中参考，也可供各大院校相关专业师生教学参考。还可作为对从事城镇建设的管理人员进行培训的教材。

在本书编写中，得到各级领导和很多专家、学者的帮助和指导，很多同行无私地提供了大量的资料，也参考了很多专家、学者、同行的专著和相关论述，借此一并致以衷心的感谢！

限于水平，书中难免存在疏漏和错误之处，恳请专家和读者批评指正。

骆中钊

于北京什刹海畔滋善轩乡魂建筑研究学社

目 录

9 畜禽养殖污染防治

（扫描二维码获取电子书稿）

（提取码：1o2k）

1 新型城镇建设节能概论

1.1 概述

新型城镇建设节能包涵着工业节能、公共设施节能和建筑节能。

1.1.1 工业节能

在新型城镇中，工业企业大多为中小企业。与大型企业相比，中小企业由于生产规模小、产品单耗成本高、技术设备更新慢、管理不到位等因素，能耗相对较高。降低新型城镇内工业企业能耗，可通过淘汰落后产能、加强工业余热利用、严格管理节能等措施实现。

（1）淘汰落后产能

落后产能从生产的技术水平角度判断，是指技术水平低于行业平均水平的生产设备、生产工艺等生产能力；从生产能力造成的后果角度判断，指技术水平（包括设备、工艺等）达不到国家法律法规、产业政策所规定标准的生产能力。淘汰落后产能是转变经济发展方式、调整经济结构、提高经济增长质量和效益的重大举措，是实现节能减排、积极应对全球气候变化的迫切需要。

在新型城镇工业企业中，尤其是经济欠发达地区的新型城镇，落后的中小企业较多，依托当地资源发展起来的小炼铁、小水泥、小建材等产业单一、

技术落后，单位产品能效水平低，污染物排放量大，造成能源浪费和环境污染。同时，由于规模小、经营风险高，缺少可供担保抵押的财产，融资难、担保难，部分政府扶持政策难以落实到位，使得中小企业工艺设备更新换代困难，转产的难度更大。

因此，在新型城镇建设中淘汰落后产能，首先要切实解决"贷款难"问题，拓宽中小企业融资渠道，适度放宽中小企业贷款抵押条件，降低贷款门槛，完善融资担保体系，增加贷款额度。同时，应加大对中小企业的政策扶持力度，各级节能专项资金、税收优惠、技改奖励、融资担保等政策应进一步向中小企业倾斜，按照重点产业调整和振兴规划要求，重点支持中小企业采用新技术、新工艺、新设备、新材料进行技术改造。

（2）工业余热利用

余热是在一定经济技术条件下，在能源利用设备中没有被利用的能源，也就是多余、废弃的能源。它包括高温废气余热、冷却介质余热、废气废水余热、高温产品和炉渣余热、化学反应余热、可燃废气废液和废料余热以及高压流体余压等。工业余热来源于各种工业炉窑、热能动力装置、热能利用设备、余热利用装置和各种有反应热产生的化工过程等。根据调查，各工业行业的余热总资源约占其燃料消耗总量的17%～67%，可回收利用的余热资源约为余热

总资源的 60%。余热的回收利用途径很多。一般说来，综合利用最好；其次是直接利用；第三是间接利用（产生蒸汽用来发电）。我国政府已将"余热余压"利用工程列为之一。

根据"十大重点节能工程"，工业余热余压利用的主要内容包括：

① 冶金行业

钢铁：推广干法熄焦技术、高炉炉顶压差发电技术、纯烧高炉煤气锅炉技术、低热值煤气燃气轮机技术、转炉负能炼钢技术、蓄热式轧钢加热炉技术。建设高炉炉顶压差发电装置、纯烧高炉煤气锅炉发电装置、低热值高炉煤气发电-燃汽轮机装置、干法熄焦装置等。

有色：推广烟气废热锅炉及发电装置，窑炉烟气辐射预热器和废气热交换器，回收其他装置余热用于锅炉及发电，对有色企业实行节能改造，淘汰落后工艺和设备。

② 煤炭行业

推广瓦斯抽采技术和瓦斯利用技术，逐步建立煤层气和煤矿瓦斯开发利用产业体系。到 2010 年，全国煤层气（煤矿瓦斯）产量达 100 亿 m^3，其中，地面抽采煤层气 50 亿 m^3，利用率 100%；井下抽采瓦斯 50 亿 m^3，利用率 60% 以上。

③ 建材行业

水泥：推广纯低温余热发电技术，建设水泥余热发电装置。推广综合低能耗熟料烧成技术与装备，对回转窑、磨机、烘干机进行节能改造，利用工业和生活废弃物作燃料。

玻璃：推广余热发电装置，吸附式制冷系统，低温余热发电-制冷设备；推广全保温富氧、全氧燃烧浮法玻璃熔窑，降低烟道散热损失；引进先进节能设备及材料，淘汰落后的高能耗设备。

④ 化工行业

推广焦炉气化工、发电、民用燃气，独立焦化厂焦化炉干熄焦，节能型烧碱生产技术，纯碱余热利用，密闭式电石炉，硫酸余热发电等技术，对有条件的化工企业和焦化企业进行节能改造。

⑤ 其他行业

纺织、轻工等其他行业推广供热锅炉压差发电等余热、余压、余能的回收利用，鼓励集中建设公用工程以实现能量梯级利用。

（3）严格管理节能

在工业企业中，科学合理的能源利用管理措施也是实现工业节能的重要手段之一。工业企业管理节能可以通过引导企业、办公楼等实施能源审计、合同能源管理等能源管理措施来实现提高能效、节约能源的目的。

① 能源审计

能源审计是指能源审计机构依据国家有关的节能法规和标准，对企业和其他用能单位能源利用的物理过程和财务过程进行的检验、核查和分析评价。能源审计的主要方法包括产品产量核定、能源消耗数据核算、能源价格与成本核定、企业能源审计结果分析等。具体措施是以企业经营活动中能源收入、支出财务账目和反映企业内部消费状况的台账、报表、凭证、运行记录及有关内部管理制度为基础，以国家能源政策、能源法规、法令、各种能源标准、技术评价原理为依据，参考国内外先进水平．并结合现场设备测试，对企业能源使用状况系统地审计，进行全面、系统的调查分析和评价。开展能源审计，可以使企业及时分析掌握企业能源管理水平及用能状况，排查问题和薄弱环节，挖掘节能潜力，寻找节能方向，降低能源消耗和生产成本，提高经济效益。

② 合同能源管理

合同能源管理是目前国际上最先进的能源管理模式，是一种基于市场的先进能源管理机制。专业能源服务机构——节能服务公司（Energy Management Company，EMC）通过与客户签订能源服务合同，采用先进的节能技术及全新的服务机制为客户实施节能项目。EMC 公司为客户提供能源系统诊断、节能项目可行性分析、节能项目设计、项目融资帮助、设备选择、采购并安装调试、项目管理及操作人员的培训、与客户共同验证项目的节能效果和环境经济效益以及合同期内的系统设备维护等一条龙服务，最后通过与客户分享项目实施后产生的经济效益来回收项目投资，并获得应有的利润，如图 1-1 所示。企业通过实施合同能源管理，可以在不增加或以很少的资金投入，完成节能技术改造，并分享部分节能效益；在合同结束后，节能设备和全部节能效益归为己有，不承担任何技术风险和经济风险。

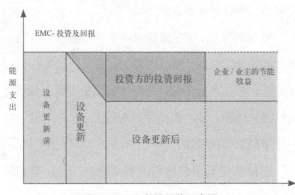

图 1-1 EMC 投资运作示意图

1.1.2 公共设施节能

公共设施是指由政府或其他社会组织提供的、属于社会公众使用或享用的公共建筑或设备，具有服务种类多、服务面广、能源消耗高等特点。公共设施节能主要包括道路照明系统节能、公共交通系统节能、公共建筑节能等。

道路照明系统通过在道路上设置照明器为在夜间给车辆和行人提供必要的能见度，以此改善交通条件，减轻驾驶员疲劳，提高道路通行能力和保证交通安全。同时，道路照明系统也是耗电大户，有数据显示，城市公共照明在我国照明耗电中占 30% 的比例。与大中城市相比，新型城镇居民夜晚活动相对较少。据调查，我国小型城市在夜晚 9 点后，道路上几乎空无一人。从这一时段直至清晨 6 点路灯熄灭，在低交通流量的道路上仍然保持较高照度显然没有必要。

但是，通过减小光源功率，减少光源的数量、缩短开启的时间等措施，不仅会导致路面照度分布不均，给治安及交通安全埋下了隐患，而且不能避免后半夜电网电压的升高对光源寿命的减损，因此不能称作是真正意义上的节能。道路系统节能要在保证道路照明效果达到相应的标准的前提下，最大限度地降低道路照明的能耗，做到"点着灯节电"，提高能源利用效率的同时，保障新型城镇道路行车的安全性和畅通性。

（1）确定合理的照明标准

在道路照明系统设计时，首先要确定道路照明等级，按照主干道、次干道、住宅小区等不同的照明场所进行合理设计，以便最大限度地利用光能。

（2）选用性能好的光源

在适当考虑灯泡显色性的基础上，使用高效光源是照明节能的重要环节。例如 LED 半导体照明设备具有电压低、电流小、亮度高的特性，达到很好的节能效果。通过安装 LED 路灯系统控制器，还可以根据道路实际情况，选择不同的模式，有较弱的光线时采用半功率模式，后半夜采用隔二亮一模式等。

（3）科学控制开关时间

道路照明启闭时间准确与否也是照明节能的一个主要方面。合理的控制路灯的启闭时间能够有效的节约能源，可通过人工控制、时钟控制、光电控制、微机控制等方式对照明时间进行控制。

（4）降低无功损耗，缩小供电半径

随着供电质量不断提高，电网电压日趋稳定正常，而到下半夜当用电明显减少时，供电电压升高较多，则照明用电量的功耗也随之上升。这样不但缩短光源寿命，也会增加不必要的能量消耗。通过安装智能路灯节能控制柜可有效解决这一问题。智能路灯节能控制柜采用先进电磁调压技术，动态调整路灯照明回路的输入电压和电流，使照明灯具工作在最佳电压、电流工况，降低灯具的额外功率消耗，达到节电和优化供电目的，同时利用时间控制开关与主开关的结合控制路灯的开关时间，实现路灯控制功能。

1.1.3 建筑节能

由于新型城镇经济规模不大，工业、交通能耗所占比例相对较低，建筑能耗占中新型城镇总能耗的比重相对较高，约80%左右。因此，建筑节能在新型城镇能源系统优化配置中具有重要意义。

（1）既有住宅建筑节能改造

由于既有居住建筑的布局、体形、朝向、围护结构、构造等已确定，不能更改或难以更改，因此，既有居住建筑的改造只能从围护结构（屋面、墙体、窗户）和外部环境着手。

①外墙节能改造

减少既有建筑外墙传热主要通过增强外墙体的保温、隔热性能实现。实践证明，外墙的外保温隔热与外墙内保温隔热相比，在保温隔热性能、减少冷桥、减少结露及施工干扰方面有着较大优势。既有建筑节能改造，选用外墙外保温为最佳方案。从技术经济比较及热工设计的角度考虑，粘结固定方式薄抹灰外保温系统，更适用于现有住宅建筑节能改造。

②屋面节能改造

1）平改坡，即将保温性能较差的平屋顶改为坡屋顶或斜屋顶。坡屋顶利用自然通风，可以把热量及时送走，减少太阳辐射，达到降温作用。平改坡既改善屋顶的热工性能，又有利于屋顶防水，设计得当能增加建筑的使用空间，还有美化建筑外观的作用。

2）架空平屋面，对于下层防水层破坏，保温层失效的屋面，可通过在横墙部位砌筑100～150mm高的导墙，在墙上铺设配筋加气混凝土面板，再在上部铺设防水层，形成一个封闭空间保温层；对于完好的屋面，可在屋面荷载条件允许下，在屋面上砌筑150×150mm左右方垛，在上铺设500×500mm水泥薄板，解决隔热问题的同时，对屋面防水层起到一定保护作用。

3）干铺保温材料屋面，即在防水层确实已老化造成渗漏、必须翻修的情况下，在屋面修漏补裂，进行局部翻改；完成防水层改造后，再在改善后的防水层上做保温处理。具体做法是留出排水通道，干铺保温材料。

4）种植屋面，即在屋顶上种植植物，利用植物的光合作用，将热能转化为生化能；利用植物叶面的蒸腾作用增加蒸发散热量，大大降低屋顶的室外综合温度；利用植物培植基质材料的热阻与热惰性，降低内表面温度与温度振幅。据研究，种植屋面的内表面温度比其他屋面低2.8～7.7℃，温度振幅仅为无隔热层刚性防水屋顶的1/4。

5）倒置屋面，即在原防水层上，干铺防水性能好、强度高的保温材料，然后在其上再铺设一层4～5mm厚油毡，再在其上干铺挤塑聚苯保温板，板上铺设过滤性保护薄膜，最上面铺设卵石层。

③门窗节能改造

门窗是建筑围护结构的重要组成部分，有超过1/3的热能经门窗损失掉。对门窗的改造较为简单易行。

1）门：居住建筑的门多为木门，在木门中间或内外贴置聚苯乙烯板，可以提高保温效果。

2）窗户：对于钢窗框和铝合金窗框要避免冷桥。应按照规定，设置双玻或三玻窗，并积极采用中空玻璃、镀膜玻璃，有条件的建筑还可采用低辐射玻璃。

3）窗帘：室内可使用镀膜窗帘，冬季镀膜层使热量在室内循环以减少供热用能；夏季可防止强烈的太阳辐射而减少制冷用能。

4）采用遮阳措施：即在透明玻璃表面粘贴薄膜，降低遮蔽系数，增大热阻。

（2）公共建筑节能

根据《民用建筑设计通则》，公共建筑是指供人们进行各种公共活动的建筑。包括办公建筑（如写字楼、政府部门办公室等），商业建筑（如商场、金融建筑等），旅游建筑（如旅馆饭店、娱乐场所等），科教文卫建筑（包括文化、教育、科研、医疗、卫生、体育建筑等），通信建筑（如邮电、通讯、广播用房）以及交通运输类建筑（如机场、车站建筑、桥梁等）。公共建筑节能主要通过推广节能建筑、绿色建筑实现。

节能建筑是指遵循气候设计和节能的基本方法，对建筑规划分区、群体和单体、建筑朝向、间距、太阳辐射、风向以及外部空间环境进行研究后，设计出的低能耗建筑。节能建筑所体现的是将整个建筑与环境融合起来，使其成为一个绿色的整体，通过大自然最大限度满足整个建筑的需求。它所涉及的领域很多，主要是墙体、窗户、地板、屋顶4个地方。例如，利用开窗设计与遮阳导光效果设计，将太阳光导入室内，但不将太阳光热量带入室内，有效降低室内所需照明密度，降低照明能耗；通过确定合适的窗墙面积比例、合理设计窗户遮阳、充分利用保温隔热性能好的玻璃窗、单层玻璃采用贴膜技术等方法改善建筑隔热性能以直接有效地减少建筑物的冷负荷；建造太阳能板以满足部分建筑能源需求等。

绿色建筑是指在建筑的全寿命周期内，最大限度地节约资源（节能、节地、节水、节材），保护环境和减少污染，为人们提供健康、适用和高效的使用空间，与自然和谐共生的建筑。

（3）工业建筑节能

工业建筑指供人民从事各类生产活动的建筑物和构筑物。工业厂房是工业建筑最主要的形式。厂房节能主要通过推广节能标准厂房实现。节能标准厂房是根据生态位理论，将建筑全生命周期节能设计准则与标准厂房规划设计进行整合，以节能为核心，符合可持续发展战略与生态原则，具有功能适用性、技术先进性、环境协调性的厂房。例如：在厂房屋顶和墙面喷涂保温涂料，冬季保暖、夏季隔热；厂房墙面设计不小于墙体面积30%的天窗，充分利用自然采光，提高厂房自然光亮度，减少灯光照明；利用标准厂房屋顶面积较大的特点，在厂房顶设置太阳能发电装置等等。节能标准厂房的建筑投资要比普通厂房的建造投资高约20%，但在投入后每年可节约电能约10%左右，经济效益非常可观。

1.2 新型城镇建筑节能设计的重要性

所谓建筑节能，在发达国家最初为减少建筑中能量的散失，现在则陣遍称为"提高建筑效率。建筑节能是指在建筑物的规划、设计、新建（改建、扩建）、改造和使用过程中，执行节能标准，采用节能型的技术、工艺、设备、材料和产品，提高保温隔热性能和采暖供热、空调制冷制热系统效率，加强建筑物用能系统的运行管理，利用可再生能源，在保证室内热环境质量的前提下，减少供热、空调制冷制热、照明、热水供应的能耗。

建筑节能设计是以满足建筑室内适宜的热环境和提高人民的居住水平，通过建筑规划设计、建筑单体设计及对建筑设备采取综合节能措施，不断提高能源的利用效率，充分利用可再生能源，以使建筑能耗达到最小化所需要采取的科学技术手段。建筑节能是一个系统工程，在设计的全过程中，从选择材料、结构设计、配套设计等各环节都要贯穿节能的观点，这样才能取得真正节能的效果。建筑节能设计是全面的建筑节能中一个很重要的环节，有利于从源头上杜绝能源的浪费。

建筑节能是整个建筑全寿命过程中每一个环节节能的总和，是指建筑在选址、规划、设计、建造和使用过程中，通过合理的规划设计，采用节能型的建筑材料、产品和设备，执行建筑节能标准，加强建筑物节能设备的运行管理，合理设计建筑围护结构的热工性能，提高采暖、制冷、照明、通风、给排水和管道系统的运行效率，以及利用可再生能源，在保证建筑物使用功能和室内热环境质量的前提下，降低建筑能源消耗，合理、有效地利用能源。

建筑节能设计是建筑节能工程最终效果的关键环节，是关系到建筑节能工程运行是否正常的技术保障，在建筑节能工程中具有重大作用。因此，建筑节能必须首先从节能设计抓起。

1.2.1 建筑节能设计是大气环境保护的需要

从我国的能源结构来看，我国的煤炭和水力资源比较丰富，建筑采暖和用电仍以煤炭为主。然而，在煤炭燃烧过程中会产生大量的二氧化碳、二氧化硫、氮化物及悬浮颗粒。二氧化碳会造成地球大气外层的"温室效应"，严重危害人类的生存环境；二氧化硫和氮化物等污染物，不但是造成呼吸道疾病、肺癌的根源之一，而且还容易形成酸雨，成为破坏建筑物和自然界植物的元凶。

目前，建筑在建造和使用过程中用能，对全国温室气体排放的贡献率已达44%，我国北方城市冬季由于燃煤导致空气污染指数，已是世界卫生组织推荐的最高标准的2～5倍。

由此可见，在进行建筑节能设计中，在保持采暖使用要求的前提下，如何尽量减少煤炭的用量，是建筑节能设计中的重点。在我国以煤炭为主的能源结构下，建筑节能减少了能源消耗，就减少了向大气排放污染物，也就改善了大气环境，减少了温室效应。因此，采用建筑节能设计，实际上就是保护环境。

1.2.2 建筑节能设计是可持续发展的需要

20世纪70年代的石油危机使人类终于明白，能源是人类赖以生存的宝贵财富，是制约经济可持续发展的重要因素，是改善人民生活的重要物质基础，也是维系国家安全的重要战略物资。长期以来，我国能源增长的速度滞后于国民生产总值的增长速度，能源短缺已成为制约我国国民经济发展的瓶颈。

近年来，我国国内生产总值的增长都在10%以上，但是能源的增长一直在3%～4%之间。然而我国建筑用能已超过全国能源消耗总量的1/4，并随着人民生活水平的不断提高将逐步增加到1/3以上，建筑业已成为新的能耗大户。所以，必须依靠建筑节能技术来节约大量能源，用来保障经济的可持续发展，采用建筑节能设计是必然的选择。

1.2.3 建筑节能设计是改善室内热环境的需要

舒适宜人的建筑热环境是现代生活的基本标志，是确保人们身体健康、提高工作和生产效率的重要措施之一。在我国，随着现代化建筑的发展和人民生活水平的提高，对建筑热环境的舒适性要求也越来越高。

我国大部分地区属于冬冷夏热气候，冬季气温与世界同纬度地区相比，1月份平均气温，东北地区低14～18℃，黄河中下游低10～14℃，长江以南低8～10"C，东南沿海低5"C左右；夏季7月份的平均气温，我国绝大部分地区却高出世界同纬度地区1.3～2.5℃。同时，我国气候的明显特点是冬夏季持续时间长，而春秋季持续时间短。

在这种特殊而恶劣的气候条件下，决定了我国大部分地区在搞好建筑规划和单体节能设计的同时，室内适宜热环境的创造还需要借助于采暖空调设备的调节，需要消耗大量的能源。能源日益紧缺，污染治理高标准要求，这些都说明我国只有在搞好建筑节能设计的条件下，改善室内热环境才有现实意义。

1.2.4 建筑节能将成为国民经济新的增长点

建筑节能的实现必须投入一定的资金，但从长远利益来看，具有明显的投入少、产出多的特点。建筑节能设计和实践证明，只要因地制宜，选择合适的节能技术，居住建筑每平方米的造价，提高的幅度约在建造成本的5%～7%内，但可以较高的节能目标。

据我国有关资料报道，建筑节能的投资回报期一般在5年左右，与建筑物的使用寿命50～100年相比，其经济效益是非常显着的。节能建筑在一次投资后，可以在较短的时间内回收，且可在其寿命周期内长期得到受益。这些均充分说明，新建建筑的节能设计和旧建筑的节能改造，即将形成具有投资效益和环境效益双赢的国民经济新的增长点。

建筑节能设计是可持续发展概念的具体体现，也是世界性的建筑设计大潮流，现已成为世界建筑界共同关注的课题。经过几十年的探索和实践，人们对建筑节能含义的认识也不断深入。由最初提出的"能源节约（energysaving）"，发展为"在建筑中保持能源（energyconservation）"，现在成为"提高建筑中的能源利用效率（energyefficieney）"，使建筑节能概念产生新的飞跃。

我国地域广阔，从严寒地区、寒冷地区、夏热冬冷地区、夏热冬暖地区到温和地区，各地的气候条件差别很大，太阳辐射量也不一样，采暖与制冷的需求各有不同。即使在同一个严寒地区，其寒冷时间与严寒程度也有很大的差别，因此，从建筑节能设计的角度，必须再细分若干个子气候区域，对不同气候区域建筑围护结构和保温隔热要求做出不同的设计规定。

1.3 新型城镇建筑节能设计的要求和工作要点

目前，我国正积极倡导节约能源，可持续发展。建设节能型建筑已被建设部纳入今后城市建设的重点发展方向，相关的指标、标准和法规也相继出台，建筑节能设计已成为今后建筑设计的重要组成部分。纵观当前的建筑节能设计市场，结合以往设计的经验教训，在实际设计中确实有一些因素与建筑节能有密切关系，但又容易在设计中被忽视。因此，今后在建筑节能设计工作中，建筑规划、建筑通风、建筑外遮阳和建筑热桥四个方面，将成为建筑节能设计的要点。

1.3.1 规划节能与节能设计要点

在以往的建筑规划设计中，设计人考虑的往往是容积率、日照间距、空间形态以及建筑与周边环境协调等问题，而很少从建筑节能的角度来指导设计，节能设计只有在单体方案设计阶段才有所重视，从而产生了许多单体设计难以解决的问题。所以，提倡建筑节能首先应该重视规划节能。规划节能是指在规划设计当中充分考虑建筑与外部环境的关系，以节能作为指导规划设计的主要原则，充分利用自然资源，实现从总体上为建筑节能创造先决条件的设计方法。其中，规划节能对于居住建筑尤为重要。

影响居住区气候环境及建筑舒适性的最主要的两个因素是太阳辐射和空气流动（即风流）。因此，通过降低太阳辐射、增强建筑的自然通风效果是规划节能的主要方向。由此，建筑朝向、建筑间距以及建筑的相互组合关系将是规划节能设计的重点。

（1）建筑的主要朝向应迎合当地夏季的主导风向（我国大部分地区以南北向或接近南北向布局为宜），利于自然通风，提高居住的舒适度。同时，南北朝向的建筑物在夏季所受到的太阳辐射也相对东西朝向建筑要少很多，可以节省夏季空调的用量；而在冬季时，建筑受到太阳辐射的情况刚好与夏季相反，从而节约了建筑保温所需的能耗。

（2）居住建筑的间距应在满足当地规划部门的日照间距要求上适当加大。增加建筑物的间距有利于居住区内的空气流动——风量增大、风速提高，从而使建筑物与空气的热交换增加，有效降低建筑物的温度，从而降低建筑能耗。这需要规划师在节约土地与合理的建筑间距之间找到最佳的平衡点，优化节能设计。

（3）居住建筑群的组合应充分考虑整体的节能效果，以有利于居住区内的自然通风。具体应注意以下几点。

①居住区规划应确保"风道"的畅通，建筑群的人风口和出风口应结合主导风向合理设置，使空气流通；

②按照夏季盛行风向作为建筑的主要朝向，排列建筑物应遵循南小北大、南低北高的原则，确保居住区内建筑对自然风的共享性，同时也使北面高大的建筑成为人工的风障，这样的建筑群体在夏季能迎合南风、引导空气穿越，冬季又能阻挡寒冷北风的侵袭，较好地适应气候的变化

③减少采用封闭式建筑组合，平面组合成"U"形的居住建筑组团，开口应尽可能朝向夏季主导风向，保证"U"形内部建筑的空气流通。

④在规划阶段充分利用计算机进行三维模型的日照模拟运算，在满足采光、日照、防火等要求下，利用建筑物的自遮挡和建筑群间的相互遮挡，减少太阳辐射对居住建筑的影响。

1.3.2 建筑单体通风与节能设计要点

在建筑开发市场中，住宅开发商为了达到土地最大利用率的目的，往往要求建筑师按容积率的最高值进行设计，至超值设计，这样导致许多新建住宅多为一梯多户的格局。这种住宅单体平面在实际使用中通风将十分不利，特别是在夏季，室内积聚的热量难以散失，必须采用人工通风或空调降温，大大增加了建筑使用的能耗。而且目前的许多住宅设计，建筑立面窗户的设计主要是从立面造型方面考虑——采光面积大，可开启窗户面积小，这样的设计不但对隔热不好，对通风也更加不利。这都是因为忽视建筑单体的通风设计所造成的。所以，一定要做好建筑单体的通风设计，而且要从平面和剖面两方面考虑。

（1）平面的通风设计的要点

1）平面设计尽可能按有利于空气的贯穿进行考虑。建筑的进深应有效控制，避免建筑体型过于臃肿。房间的门窗位置应合理安排，窗户的朝向应有利于

形成穿堂风，从而增加房间内的空气流动，利于室内换气。

2）从通风的角度来讲，窗户可通风面积的大小是决定室内风速的关键，但前提是必须要保证进风口和出风口的同时存在，才能由于正负风压的作用而形成空气的流动。研究表明，空气流动的平均速度取决于较小尺寸的开口。因此，单方面增大进风口或出风口面积，并不能对室内气流平均速度有太大影响，而为了增强室内穿堂风的效果，必须同时增大进风口和出风口。这样也有利于室内保持较为稳定的风速和均匀的流场，提高人体舒适度。

3）窗户的开启形式对通风面积和气流的流场均产生较大的影响。如推拉窗与平开窗比较（相同窗户面积），平开窗的最大通风面积是推拉窗的两倍，通风效果明显优胜。上悬窗与平开窗对比，两行的最大通风面积相同，但由于两窗的窗叶开启形式不同，所引导空气产生不同的流场，造成的通风效果也明显不同。因此，从通风的角度考虑，对于有利于建筑通风的窗户应尽可能采用提高通风面积的形式，窗户开启的角度和位置要慎重考虑，科学设计，将室内空气主流场控制在房间剖面的主要使用高度。

4）当建筑内部不具备形成穿堂风的情况下，有必要通过导风板的设计尽可能增加形成空气流通的条件。如一个房间只能单侧墙开窗时，可考虑在此墙上相距一定距离开设两个窗户，两窗之间设置垂直挡风板。当主导风在水平方向上与该挡风板夹角较大时（60°～90°），在挡板的两侧就会形成明显正负风压区，气流就会从第一个迎风窗进人而从另一窗户流出，实现单侧开窗的通风。因此，此做法较为适合在房间朝向与当地主导风向夹角较大时采用。

（2）剖面的通风设计的要点

除了平面设计时应对通风重点考虑之外，建筑剖面的通风设计其实也十分重要，一般应注意以下两点。

1）进出风口的高低决定了室内空气流动的方向，对人体的舒适度影响较大。因此，一般应结合房间的实际使用功能设计剖面的通风高度。如办公室，通风高度应设在人坐姿的头部位置；住宅内的通风高度控制可按不同功能要求确定，起居室、书房、餐厅应以坐姿为参考，厨房应以站姿为参考，卧室可以卧姿为参考。窗台的高度应按实际通风要求进行相应调整，才能获得较为理想的通风效果。

2）运用文丘里管原理，在建筑物剖面的上部设置出风口，使平面面积较大的建筑物也有良好的通风效果。具体做法可在大进深的建筑物中部设置若干贯通的垂直空间，此空间应高于建筑物屋面，并设置相应数量的出风口，由于太阳辐射的加热作用使该空间形成烟囱效应，促进气流上升，实现热压通风散热，这就是所谓的"太阳能烟囱"。建筑内部设置了"太阳能烟囱"，可实现无风状态的自然通风，室内温度得到了有效的降低，换气次数得到了明显的增加，在节能方面有很好的成效。该技术已被日本的文教建筑广泛采用，在我国积极倡导节能的大形势下，很值得我们借鉴。

1.3.3 建筑外遮阳运用与节能设计要点

随着节能技术的推广，业界对建筑外遮阳也越来越重视。建筑外遮阳能有效地阻隔部分太阳光直接照射到建筑物的外围结构，特别是防止太阳辐射穿过窗户直接进入室内，从而有效降低室内温度，达到节能的最终目标。在实际设计中，设计师经常会为了达到造型效果而刻意增加立面上的装饰构板，这些构件由于并非从遮阳方面考虑，所以形式作用大于实际功能。这并不符合设计的经济原则和节能原则。所以笔者认为，建筑立面设计应与建筑外遮阳设计相结合，并注意三方面的问题。

（1）要明确各种外遮阳的适用性建筑外遮阳的设置与太阳的位置、建筑物的朝向都有着密切的关

系。在窗户遮阳方面，实践证明：水平遮阳能遮挡高度角较大、从上方入射的太阳光，适用于南向的窗户；垂直遮阳能遮挡高度角较小、从侧面斜入射的太阳光，适用于东北向、西北向和正北向的窗户，综合遮阳（或称栅格遮阳）则综合了水平与垂直遮阳的优点，适用于东南向、西南向和正南向的窗户。此外，挡板式遮阳、帘式遮阳、百叶遮阳等方式对于窗户遮阳都有非常好的效果，但对建筑采光则有一定的影响。而对于建筑墙体和屋面的遮阳，目前较为有效的方法是通过栅格遮阳和绿化遮阳。随着社会经济水平的不断提高，建筑遮阳技术已越来越趋向智能化、自动化、高效化。

（2）要从构件的设计上合理处理好遮阳与隔热的问题。传统的实体构件——水平、垂直和综合遮阳与墙体相连，其吸收的热量会直接传递给外墙，两区容易构成半开放式空间，遮阳构件受太阳辐射后温度上升，其一部分热量通过表面传热由空气带走并向上传递，但由于其他遮阳构件的阻挡，反面容易产生积聚现象，夜风的作用下通过窗户导入建筑室内，从而不利于隔热。解决的方法是：在水平遮阳构件的选择上采用通透性的构件，如金属百叶、混凝土栅格板等，使上升的热空气能有效地散失，减少对室内的影响。目前较为先进的双层玻璃幕墙系统中，为了利于热空气的上升，其两层玻璃幕墙间的空气夹层往往是一个可连续的整体，即垂直方向上的间隔均为通透的金属构件，确保热空气能上升并带走热量。因此，在遮阳构件的选择上要细致研究，不断更新设计。

（3）要合理设置遮阳板，避免影响室内空气的流动速度因为遮阳板的存在会对建筑物周围的风压产生影响，当其角度与风向不一致时，风速将会大大降低。实践证明，由于设置了遮阳板，室内风速会减弱 22% ~ 47%。而且，遮阳的设置方式也会对气流产生不同的影响。如实体水平遮阳板直接连接在窗顶，气流进入室内后会上升，不利于房间中下部的通

风。若在实体板与墙体间增加空隙，或在遮阳板上部的墙体留出通风口，又或将遮阳板设在高于窗顶一段距离的位置，都能使得气流的方向得到有效的调节，使房间中部和下部均得到良好的通风，提高室内环境的舒适性。而对于垂直遮阳来说，由于风向是经常变化的，所以固定的垂直遮阳板应顺应所在地夏季的主导风向来设置相应的角度，而更好的方法是采用可

调节的垂直遮阳板，使建筑最大限度地适应气候的变化。目前较为先进的智能建筑，其外遮阳构件都是根据太阳辐射、风向等气候因素变化由电脑控制自动调节，具有相当高的气候适应能力。

1.3.4 热桥问题与节能设计要点

建筑围护结构对建筑保温起到决定性的作用，但其中的热桥问题往往是人们所最容易忽略的。当代建筑由于追求造型的变化，立面上的凹凸进退增多，突出墙体、屋面的构件也越来越多，外飘窗得到了广泛的使用，这些设计手法丰富了建筑造型，却无形中增加了热桥的产生，对建筑节能带来不利的影响。

产生热桥的原因主要有两个：一是因为该部位的传热系数比相邻部位的传热系数大得多，热阻较小，保温性能较差；一是因为该部位的受热面积远小于其散热面积，从而失热过多，内表面温度较低。围护结构中钢筋混凝土梁、柱、板的相互交接处，外墙与外墙、内墙以及窗户的连接处，保温门窗中的金属门框，以及突出屋面的女儿墙、排气孔与屋面交接部位等，

都是围护结构中热桥形成的主要部位。在寒冷的季节，室内的热能就会通过热桥大量地流失。不妥善处理好这个问题，对于建筑节能会造成很大的影响。因此，在需要考虑冬季保温的地区，必须要做好外墙、屋面以及门窗的保温，构件自身的物理性能应满足节能标准的要求。在防止热桥产生的构造处理方法上，墙体的外保温比内保温更为有效，可避免室内外温差加大，保持较为稳定的室温和舒适度，防止保温层受潮，避免热桥的产生。

实践证明，在采暖期采用相同厚度保温材料的外保温要比内保温减少约 1/5 的热损失，而在夏季，墙体的外保温做法还能减少太阳辐射热和室外热空气与外墙的表面换热，隔热效果也优于内保温做法。对于建筑中使用较多的铝合金门窗，解决热桥的方法是改采用新型的断热桥型铝合金门窗或铝塑复合门窗，且应同时配置中空玻璃或 Low-E 中空玻璃、这样就能保证门窗达到节能 65% 的要求。其他的如屋面、外墙角、挑出构件与主墙体的连接位等热桥部位，应严格按照国家规范要求加强建筑局部的保温措施，防止热散失。从总体上讲，防止热桥的产生就要平衡建筑围护结构的传热，控制各组成部分的传热系数相接近，保证各部位的传热均匀。这就需要建筑师熟悉各种建筑材料的物理性能、在设计时对用材要仔细研究，合理配置，从根本上减少热桥的产生，最终达到节能的目的。

2 建筑规划设计中的节能技术

建筑规划设计与建筑节能密切相关，建筑的规划设计是建筑节能设计的重要内容之一，规划设计从分析建筑物所在地区的气候条件、地理条件和环境条件出发，将节能设计与建筑设计和能源的有效利用有机结合，使建筑在冬季最大限度地利用自然能来取暖，多获得热量和减少热损失，在夏季最大限度地减少得热和利用自然能来降温冷却，以便达到设计的建筑节能效果。

居住建筑及公共建筑规划设计中的节能设计，主要是对建筑的总平面布置、建筑体形、太阳能利用、自然通风及建筑室外环境绿化、水景布置等方面进行设计。具体规划要结合建筑选址、建筑布局、建筑体形、建筑朝向、建筑间距等方面进行。

2.1 建筑选址与建筑布局

2.1.1 建筑选址

在进行节能建筑设计时，首先要全面了解建筑所在位置的气候条件、地形条件、地质水文资料、当地建筑材料、当地建筑习惯等资料。综合不同的资料作为设计的前期准备工作，使节能建筑的设计首先考虑充分利用建筑所在环境的自然资源条件，并在尽可能少用常规能源的条件下，遵循不同气候下设计方法和建筑技术措施，创造出人们生活和工作所需的室内

环境，以提高建筑节能的效果。

（1）气候条件对建筑选址的影响

国内外建筑节能设计成功经验表明：具有节能意义的建筑规划设计，只有在恰当的气候条件下才能取得成功，而恰当的气候条件就是必须与当地的微观气候条件相适应。气候因素包括很多方面，在节能设计中主要是指温度、风和太阳辐射。

建筑的地域性首先表现为地理环境的差异性及特殊性，它包括建筑所在地区自然环境特征，如气候条件、地形地貌、自然资源等方面，其中气候条件对建筑选址的影响最为突出。因此，建筑节能设计应了解当地的太阳辐射照度、冬季日照率、冬季最冷月和夏季最热月平均气温、空气湿度、冬夏季主导风向以及建筑物室外的微气候环境。

建筑节能检测表明，建筑的热量损失在很大程度上取决于室外的温度。从这个角度上讲，传热过程中的热量损失受到三个同样重要的因素的影响，即传热表面、保温隔热性能和内外温差，其中温差是无法改变的当地气候特征之一，外部的温度条件越恶劣，对于前两个因素的优化就显得越重要。

对于节能建筑来说，太阳辐射是最重要的气候因素。在严寒和寒冷地区太阳能可以作为采暖的能源，而在炎热地区主要的问题是避免太阳辐射引起的室内过热。因此，在节能建筑规划设计中，应当将太

阳对建筑的辐射作为重要研究课题。

太阳辐射由直射光和漫射光组成，直射光是直接且主要的太阳辐射，漫射光是间接的太阳辐射。因此，即使是北立面也能接收到一定的太阳辐射的影响。被动式太阳能建筑主要是利用太阳辐射的直接能量，它会影响到朝向、建筑间距及街道和开放区域的太阳光入射情况。

风是气候条件对建筑影响较大的因素，主要在两个方面对建筑的能量平衡产生影响，是通过建筑表皮的对流增加传热过程中热量的损失，另外是通过建筑表皮的渗漏增加通风量损失。在设计开放空间时，通风的影响是一个非常重要的因素，经过精心设计的通风系统，在炎热的夏季晚上可以使建筑体尽快凉下来，使之能够吸收白天在室内积聚的热量。

场地的特征对选择何种节能措施也是非常重要的。在城市环境中，不仅建筑的基地变得越来越小，而且会比乡村的建筑更容易受到周围环境的影响。例如，楼房的顶层为利用太阳能创造了有利条件，但同时由于强大风力的作用而带来更多的热量损失。又如，南向坡地上的场地可以减小建筑之间的间距，从而实现更高的建筑密度。

在建筑的周围种植适宜的植物，可以改善与开放空间相邻建筑表皮的气候条件，如落叶松可以在夏天带来阴凉，在冬天又可以保证太阳光的入射；成排和成片的树可以形成挡风的屏障，或者在必要时形成自然通风的通道。另外，通过遮阴和蒸发的作用，植物在夏天还能起到室外降温的作用，从而促进自然通风的效果。

（2）地形地貌对建筑能耗的影响

建筑所处位置的地形地貌，如位于平地或坡地、山谷或山顶、江河或湖泊水系等，将直接影响建筑室内外热环境和建筑能耗的大小。

在严寒或寒冷地区，建筑宜布置在向阳、避风的地域，而不宜布置在山谷、洼地、沟底等凹形地域。

这主要是考虑冬季冷气流容易在凹地聚集，形成对建筑物的"霜洞"效应，则位于凹地底层或半地下室层面的建筑，若保持所需的室内温度其采暖能耗将会大大增加（图2-1）。

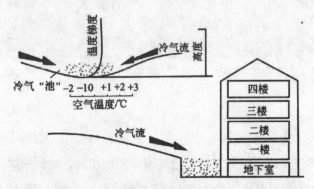

图2-1 低洼地区对建筑物的"霜洞"效应

但是，对于夏季炎热地区而言，将建筑布置在山谷、洼地、沟底等凹形地域是相对有利的，因为在这些地方往往容易实现自然通风，尤其是在夏季的夜晚，高处凉爽气流会自然地流向凹地，把室内外的热量带走，在节约能耗的基础上改善了室内的热环境。

江河湖泊丰富的地区，由于地表水陆分布、地势起伏、表面覆盖植被等的不同，在白天太阳辐射和夜间受长波辐射散热作用时，产生水陆风而形成气流运动。在进行节能建筑设计时，充分利用水陆风以取得穿堂风的效果，这样不仅可以改善夏季室内热环境，而且还可以节约大量的空调能耗。

建筑物室外地面覆盖层及其透水性都会影响室外微气候环境，从而都将直接影响建筑采暖和空调能耗的大小。建筑物室外如果铺砌的为不透水的坚实路面，在降雨后雨水大部分很快流失，地面水分在高温下蒸发到空气中，形成局部高温高湿闷热气候，这种情况会加剧空调系统的能耗。因此，在进行节能建筑规划设计时，建筑物周围应有足够的绿地和水面，严格控制建筑密度，尽量减少硬化地面面积，并尽时利用植被和水域减弱城市的热岛效应，以改善建筑物室外的微气候环境。

（3）节能建筑的向阳与避风建造

节能建筑为了满足冬暖夏凉的目的，合理地利用阳光是最经济有效的途径，也是建筑节能设计中所提倡的。人们在日常生活、工作中离不开阳光，人的身心健康、卫生条件和工作效率等，也与日照有着密切关系，太阳光对人类有着不可替代的作用。在节能建筑的规划设计中应注意以下几个方面。

1）注意选择建筑拘的最佳朝向

对严寒地区、寒冷地区、夏热冬冷地区及夏热冬暖地区的居住建筑和公共建筑朝向，应以南朝向或接近南北朝向为主，这样可使建筑物均有主要房间朝向阳面，对冬季争取日照、夏争减少太阳辐射和室内采光都非常有利。同时，对建筑朝向可针对不同地区的最佳朝向范围作一定程度的调整，以做到节能省地两不误。

2）建筑基地应在向阳和避风处

冷空气的风压和冷风的渗透对建筑物围护结构冬季防寒保温都带来不利影响，尤其严寒、寒冷和部分夏热冬冷地区冬季室外气候对建筑物威胁很大。节能建筑应选择在向阳且避风基址上建造，或者使建筑物大面积墙面、门窗设置应避开冬季主导风向。然后以建筑物围护结构不同部位的风压分析图作为设计依据，进行围护结构的建筑保温与建筑节能的设计，同时也进行开设各类门窗洞口和通风口的防冷风渗透设计。

3）要注意选择满足日照的要求

在进行节能建筑选址时，要特别注意应满足日照要求。对于居住建筑的内部空间来讲，日照要达到满足争取更长的日照时数、更多的日照量和更好的日照质量三个方面。因此，在日照方面要选择在不受周围其他建筑物严重遮挡阳光的基地。

4）建筑楼群合理布置争取日照

建筑楼群组团中各建筑的形状、布局、走向等，都会产生不同程度的阴影区，随看纬度的增加，建筑物背面的阴影区的范围也将增大。所以，在进行建筑物规划布局时，要注意从各种布局处理方案中争取最佳的日照。

2.1.2 建筑布局

建筑布局是指从更加全面的角度，进行功能、使用、适用、美观等进行通盘考虑建筑的整体效果。建筑布局与建筑节能也是密切相关的。影响建筑规划设计布局的主要气候因素有日照、风向、风力、气温、雨雪等。在进行规划设计时，可通过建筑布局，形成优化微气候环境的良好界面，建立气候防护单元，对于建筑节能也是很有利的。

设计组织气候防护单元，要充分根据规划地域的自然环境因素、气候特征、建筑物的功能等，形成利于建筑节能的区域空间，充分利用和争取日照、避免季风的干扰，组织内部气流，利用建筑的外界面，形成对冬季恶劣气候条件的有利防护，改善建筑的日照和风环境，从而达到节能的目的。

建筑群的布局可以从平面和空间两个方面考虑。一般的建筑组团平面布局有行列式、错列式、周边式、混合式、自由式等几种，它们都具有各自的特点。建筑群平面布局的主要形式如图 2-2 所示。

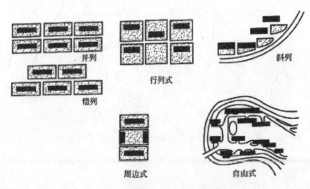

图 2-2 建筑群平面布局的主要形式

（1）行列式 建筑物有规则地成排成行地布置，这种方式能够争取最好的建筑朝向，若注意保持建筑物之间的日照间距，可以使大多数居住房间得到良好的日照，并很有利于自然通风，是目前我国城乡中广泛采用的一种布局方式。

（2）错列式　错列式也是建筑群常用的布局方式之一。这种布置方式可以避免"风影效应"，同时利用山墙空间争取日照。

（3）周边式　建筑沿着街道周边进行布置，这种布置方式虽然可以使街坊内的空间比较集中开阔，但有相当多的居住房间得不到良好的日照，对自然通风也非常不利。所以这种布置方式仅适于北方寒冷和部分寒冷地区。

（4）混合式　混合式是行列式和部分周边式的组合形式。这种布置方式可以较好地组成些气候防护单元，同时又有行列式的日照和通风方面的优点，在严寒和部分寒冷地区是一种较好的建筑群组团方式。

（5）自由式　自由式是当地形比较复杂时，密切结合地形构成自由变化的布置形式。这种布置方式可以充分利用地形特点，便于采用多种平面形式和高

低层及长短不同的体形组合。这样可以避免互相遮挡阳光，对建筑物的日照及自然通风有利，是丘陵及山区城市最常见的一种组团布置方式。

另外，在建筑物的规划布局中，要注意点、条组合布置，将点式住宅布置在朝向好的位置，条状住宅布置在点式住宅的后面，这样有利于利用空隙争取日照。条形与点式建筑结合布置争取最佳日照的布置，如图 2-3 所示。

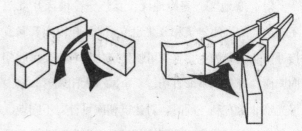

图 2-4　风漏斗现象示意

在进行建筑布局时，还要尽可能注意使道路的走向平行于当地冬季主导风向，这样可以有利于避免积雪。

在进行建筑布局时，如果将高度相似的建筑排列在街道的两侧，并用宽度是其高度的 2～3 倍的建筑与其组合，很容易形成风漏斗现象，如图 2-4 所示。这种风漏斗可以使风速提高 30% 左右，从而加速建筑热量的损失，所以在建筑布局中应尽量避免。

从空间方面考虑，在组合建筑群中，当一栋建筑远远高于其他建筑时，它在迎风面上会受到沉重的下冲气流的冲击，如图 2-5（b）所示。另一种情况出现于若干栋建筑组合时，在迎冬季来风方向减少某一栋建筑，均能产生由于其间的空地带来的下

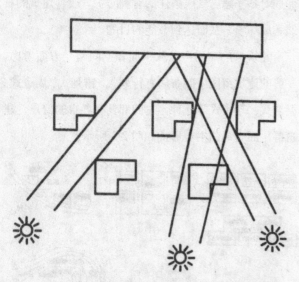

图 2-3　条形与点式建筑结合布置争取最佳日照

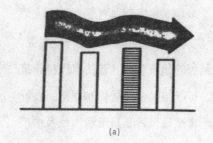

(a)

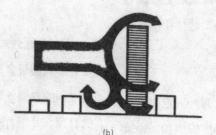

(b)

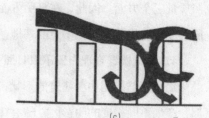

(c)

图 2-5　建筑物组合产生的下冲气流

冲气流，如图 2-5（c）所示。这些下冲气流与附近水平方向的气流形成高速风及涡流，从而加大风压，造成热损失加大。

在我国南方及东南沿海地区，与我国的北方严寒和寒冷地区不同，对这些地区重点是考虑夏季防热及通风，在进行建筑节能规划设计时，应重视科学合理地利用山谷风、水陆风、街巷风、林园风等自然资源，选择利于室内通风、改善室内热环境的建筑布局，从而降低空调的能耗、达到节能的目的。

2.2 建筑体形与建筑朝向

2.2.1 建筑体形

建筑体形的变化直接影响建筑采暖和空调能耗的大小。在夏热冬冷地区白天要防止太阳辐射，夜间希望建筑有利于自然通风和散热。因此，我国南方与北方寒冷地区节能建筑相比，在体形系数上控制不十分严格，在建筑形态上非常丰富。但从节能的角度讲，单位面积对应的外表面积越小，外围护结构的热损失就越小，从降低建筑能耗的角度出发，应当将建筑体形系数控制在一个较低的水平。

（1）体形系数的含义

建筑物体形系数是指建筑物与室外大气接触的外表面积 F_o（m²）与其所包围的（包括地面）体积 V_o（m³）之比值。在进行住宅建筑中的体形系数计算时，外表面积 F_o（m²）不包括地面和楼梯间墙及分户门的面积。建筑物的体形系数越大，说明单位建筑空间的热量散失面积越大，则建筑物的能耗就越高。建筑节能研究结果表明，体形系数每增大 0.01，建筑能耗指标约增加 2.5%。图 2-6 和表 2-1 所示，同体积的不同体形会有不同的体形系数，其中立方体的体形系数比值最小。

（2）最佳的节能体形

建筑物作为一个整体、其最佳节能体形与室外

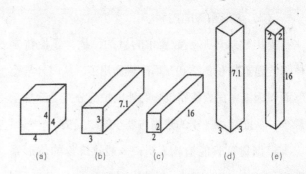

图 2-6 同体积建筑不同体形系数

表 2-1 同体积建筑的不同体形系数

立体的体形	表面积 Fo	建筑体积 Vo	表面积 / 体积
图 2-6 中的（a）	80.0	64	1.25
图 2-6 中的（b）	81.9	64	1.28
图 2-6 中的（c）	104.0	64	1.63
图 2-6 中的（d）	94.2	64	1.47
图 2-6 中的（e）	132.0	64	2.01

空气温度、太阳辐射照度、风向、风速、围护结构构造及其热工特性等各方面因素有关。从理论上讲，当建筑物各朝向围护结构的平均有效传热系数不同时，对同样体积的建筑物，其各朝向围护结构的平均有效传热系数与其面积的乘积都相等的体形是最佳节能体形，如图 2-7 所示，并可以用式 2-1 表示。

$$lhK_{13}=ldK_{11}=dhK_{12} \qquad （式 2-1）$$

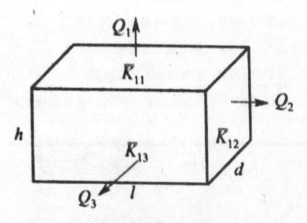

图 2-7 最佳节能体形计算

当建筑物各朝向围护结构的平均有效传热系数相同时，同样体积的建筑物，体形系数最小的体形，即为最佳节能体形。

（3）体形系数的控制

提出建筑体形系数要求的目的，是为了使特定体积的建筑物在冬季和夏季冷热作用下，从室外与空气面积因素考虑，使建筑物的外围护部分接受冷热量最少，从而减少冬季的热损与夏季的冷损失。

根据建筑肯能检测表明，一般建筑物的体形系数宜控制在 0.30 以下，如果体形系数大于 0.30，则屋顶和外墙应采取保温措施，以便将建筑物耗热量指标控制在国家规定的水平，即总体上实现节能 50% 或 65% 的目标。

在一般情况 F，建筑物体形系数控制或降低的方法，主要有以下几个方面。

1）减少建筑面宽，加大建筑幢深

即加大建筑的基底面积，增加建筑物的长度和进深尺寸。如对于体量 1000 ~ 8000m² 的建筑，当幢深从 8m 增至 12m 时，各类型建筑的耗能指标都有大幅度降低，但幢深在 14m 以上再继续增加其耗热指标却降低很少。

测试结果表明，当幢深从 8m 增至 12m 时，可使建筑耗热指标降低 11% ~ 33%。总建筑面积越大，层数越多耗热指标降低越大，其中尤以进深（幢深）从 8m 增至 12m 时，总建指标降低比例最大。因此，对于体量 1000 ~ 80000m² 的南向住宅建筑，进深设计为 12 ~ 14m，对建筑节能是比较适宜的。

2）增加建筑层数，加大建筑体量

低层建筑对节能是非常不利的，尤其是体积较小的低层建筑物，其外围护结构的热损失要占建筑物总热损失的绝大部分。合理增加建筑物的层数，可以加大建筑体量，降低建筑热耗指标。增加建筑层数对减少建筑能耗有利，然而层数增加到 8 层以上后，层数的增加对于建筑节能并不十分明显。

在一般情况下，当建筑面积在 2000m² 以下时，层数以 3 ~ 5 层为宜，层数过多则底面积太小，对减少热耗不利；当建筑面积在 3000 ~ 5000m² 时，层数以 5 ~ 6 层为宜；当建筑面积在 5000 ~ 8000m² 以下时，层数以 6 ~ 8 层为宜。

3）简化建筑体形，布置尽量简单

严寒地区节能型住宅的平面形式，应追求平整、简洁，一般可布置成为直线型、折线型和曲线型。在建筑节能规划设计中，对住宅形式的选择不宜大规模采用单元式住宅错位拼接，不宜采用点式住宅或点式住宅拼接。因为错位拼接和点式住宅都形成较长的外墙临空长度，这样很不利于建筑节能。

（4）建筑形态与气流

单体建筑物的三维尺寸对其周围的风环境带来较大的影响。从建筑节能的角度考虑，应当创造有利的建筑形态，以便减少风速和风压，减少建筑耗能热损失。测试结果表明，建筑物越长、越高，其进深越小，建筑物的背风面产生的涡流区越大，形成的流场越紊乱，对减少风速和风压越有利。如图 2-8 ~ 图 2-10 所示。

从避免冬季季风对建筑的侵入来考虑，应减少风向与建筑物长边的入射角度，如图 2-11 所示。风

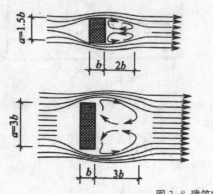

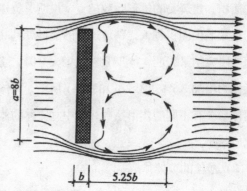

图 2-8 建筑物长度变化对气流的影响

向相同间距不同时迎风面风速百分率的比较，如图
2-12 所示。

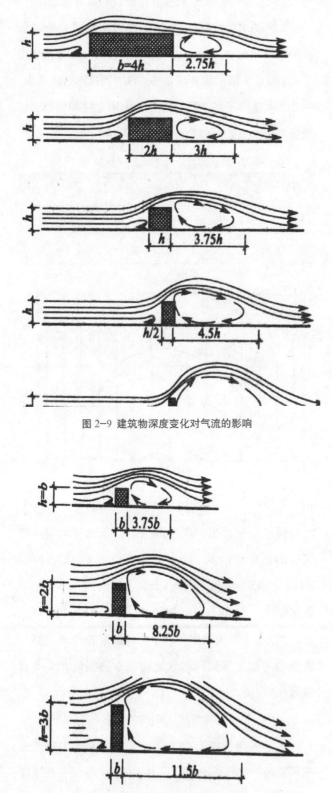

图 2-9 建筑物深度变化对气流的影响

图 2-10 建筑物高度变化对气流的影响

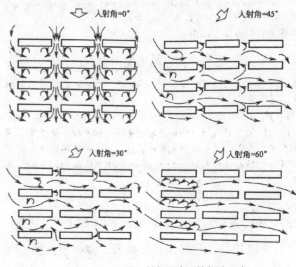

图 2-11 不同入射角影响下的气流示意

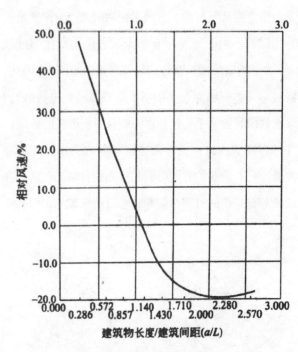

图 2-12 风向相同间距不同时迎风面
风速百分率（绝对值）的比较

2.2.2 建筑朝向

（1）建筑朝向选择应考虑因素

在进行建筑朝向选择时，一般需要考虑的因素
有以下几个方面：

1）冬季要有比较充足且适量并具有一定质量的
阳光射入室内；

2）炎热夏天尽量减少太阳辐射通过窗口直射室
内和建筑外墙面；

3）炎热夏天应有良好的通风，寒冷冬天应避免冷风的侵袭；

4）建筑物的朝向选择要充分利用地形，并要注意节约用地；

5）要充分照顾到居住建筑和其他公共建筑组合方面的需要。

以上所考虑的因素，其中日照和通风是评价建筑环境质量最主要的标准。

（2）朝向对建筑日照及接收太阳辐射量的影响

无论是我国的温带还是寒带，必要的日照条件是居室建筑不可缺少的。但不同地理环境和气候条件下，住宅的日照时数、日照面积和阳光入室深度是不尽相同的。由于冬季和夏季太阳方位变化幅度较大，各个朝向墙画所获得的日照时间相差很大。因此，要对不同朝向墙面在不同季节的日照时数进行统计，求出日照时数的平均值，作为综合分析朝向的依据。

分析室内日照条件和建筑朝向的关系，应选择在最冷月有较长的日照时间和较高的日照面积，而在最热月有较少的日照时间和较小日照面积的朝向。

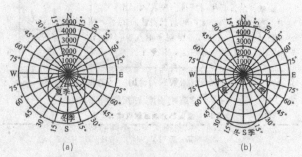

图 2-13 北京和上海地区太阳辐射量日变化

(a) 北京地区   (b) 上海地区

从图中可以看到北京地区冬季各朝向墙面上接收的太阳直射辐射热量以南向为最高 [16529KJ/(m²·d)]，东南和西南向次之，东西向则较少。而在北偏东或偏西30°朝向范围内，冬季接收不到太阳直射辐射热。在夏季北京地区以东、西向墙面接收的太阳直接辐射热最多，分别为 7184 KJ/(m²·d) 和 8829 KJ/(m²d)；南向次之，为 4990 KJ/(m²·d)；北方最少，

为 3031KJ/(m²·d)。由于太阳直射辐射照度一般是上午低、下午高，所以无论是冬季或夏季，建筑墙面上所受太阳辐射量都是偏西比偏东朝向稍高一些。

（3）各种朝向居室内可能获得的紫外线量

太阳在辐射过程中，太阳光线中的成分是随着太阳高度角而变化的，其中紫外线与太阳高度角成正比，一般正午前后紫外线最多，日出和日落时段最少。表 2-2 中提供了在不同高度角下太阳光线的成分。日照量与紫外线的时间变化，如图 2-14 所示。

表 2-2 不同高度角下太阳光线的成分

太阳高度角	紫处线	可视线	红外线
90°	4%	46%	50%
30°	3%	44%	53%
0.5°	0	28%	72%

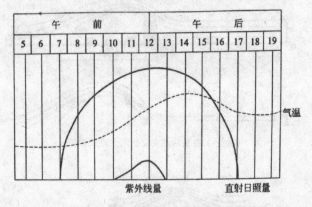

图 2-14 日照量与紫外线的时间变化

通过测量得出：冬季以南向、东南和西南居室接收的紫外线较多，而东西向较少，大约是南向的so%，东北和西北向最少，大约是南向的3o%。所以在选择建筑朝向时，还要考虑到室内所获得的紫外线址，这是基于室内卫生和利于人体健康的考虑。另外，还应当考虑主导风向对建筑物冬季热损耗和夏季自然通风的影响。

（4）主导风向与建筑朝向的关系

主导风向直接影响冬季住宅室内的热损耗及夏季居室内的自然通风。因此，从冬季的保暖和夏季降温角度考虑，在选择住宅建筑朝向时，当地的主导风

向因素不容忽视。另外，从住宅群的气流流场可知，当建筑的长轴垂直主导风向时，由于各幢住宅之间产生涡流，从而会影响自然通风的效果。因此，应尽量避免建筑物长轴垂直于夏季主导风向，即应使风向的入射角为0°，从而减少前排房屋对后排房屋通风的不利影响。

在实际运用中，当根据日照和太阳辐射已将建筑的基本朝向范围确定后，再进一步核对季节主导风向时，会出现主导风向与日照朝向形成夹角的情况。从单幢住宅的通风条件来看，房屋与主导风向垂直效果最好，但是，从整个建筑群来看，这种情况并不完全有利，而往往希望形成一定的角度，以便各排房屋都能获得比较满意的通风条件。

表2-3是综合考虑以上几个方面的因素后，给出我国各地区在选择建筑朝向时的建议，作为建筑规划设计时进行朝向选择的参考。

表 2-3 全国部分地区建议建筑朝向

地区	最佳朝向	适宜朝向	不宜朝向
北京地区	南偏东30°以内 南偏西30°以内	南偏东45°以内 南偏西45°以内	北偏西30°~60°
上海地区	南至南偏东15°	南偏东30°以内 南偏东15°	北、西北
石家庄地区	南偏东15°	南至南偏东30°	西
太原地区	南偏东15°	南偏东至东	西北
呼和浩特地区	南至南偏东 南至南偏西	东南、西南	北、西北
哈尔滨地区	南偏东15°~20°	南至南偏东20° 南至南偏西15°	西北、北
长春地区	南偏东30° 南偏西10°	南偏东45° 南偏西45°	北、东北、西北
沈阳地区	南、南偏东20°	南偏东至东 南偏西至西	东北东至西北西
济南地区	南偏东10°~15°	南偏东30°	西偏北5°~10°
南京地区	南偏东15°	南偏东25° 南偏西10°	西、北
合肥地区	南偏东5°~15°	南偏东15° 南偏西5°	西
杭州地区	南偏东10°~15°	南、南偏东30°	北、西
福州地区	南、南偏东5°~15°	南偏东20°以内	西
郑州地区	南偏东15°	南偏东25°	西北
武汉地区	南偏西15°	南偏东15°	西、西北
长沙地区	南偏东9°左右	南	西、西北
广州地区	南偏东15° 南偏西5°	南偏东22°~30° 南偏西5°至西	
南宁地区	南、南偏东15°	南偏东15°~20° 南偏西5°	东、西
西安地区	南偏东10°	南、南偏西	西、西北
银川地区	南至南偏东23°	南偏东34° 南偏西20°	西、北
西宁地区	南至南偏东30°	南偏东30°至南偏西30°	北、西北

2.3 建筑的间距与建筑密度

2.3.1 建筑间距

在确定好建筑朝向后，还应特别注意建筑物之间应有合理的间距，只有保持合理的间距，才能保证建筑物获得充足的日照，这个间距就是建筑物的日照间距。在进行建筑规划设计时，应结合日照标准、建筑节能、节地原则、地形地势、具体情况等，综合考虑各种因素来确定建筑间距。

（1）居住建筑的日照标准

居住建筑的日照标准一般由日照时间和日照质量来进行衡量。

1）日照时间我国地处北半球温带地区，居住及公共建筑总希望在夏季能够避免较强的日照，而冬季又希望能够获得充分的直接阳光照射，以满足室内卫生、建筑采光及辅助得热的需要。居住建筑的常规布置为行列式，考虑到前排建筑物对后排房屋的遮挡，为了使居室能得到最低限度的日照，一般以底层居室获得的日照为标准。北半球太阳高度角在全年最小值

是冬至日。因此，选择居住建筑日照标准时，通常将冬至日或大寒日定为日照标准日，每套住宅至少应有一个居住空间能获得日照，且日照标准应符合表2-4中的规定。老年人住宅不应低于冬至日日照2h的要求，旧区改建的项目内新建住宅日照标准可酌情降低，但不应低于大寒日日照1h的要求。

2）日照质量居住建筑的日照质量是通过日照时间内、室内日照面积的累计而达到的。根据各地的具体测定，在日照时间内居室内每小时地面上阳光投射面积的积累来进行计算。日照面积对于北方居住建筑和公共建筑冬季提高室内温度具有重要作用，所以，在朝阳面设置适宜的窗型、开窗面积、窗户位置等，这既是采光和通风的需要，更是确保日照质量的需要。

（2）日照间距的计算

日照间距是指建筑物长轴之间的外墙距离，如图2-15所示。日照间距是由建筑用地的地形、建筑朝向、建筑物高度、建筑物长度、当地的地理纬度及日照标准等因素决定的。

表 2-4 住宅建筑的日照标准

建筑气候区别	I、II、III、VII气候区		IV气候区		V、VI气候区
	大城市	中小城市	大城市	中小城市	
日照标准日	大寒日				冬至日
日照时数/h	≥2		≥3		≥1
有效日照时间带/h（当地真太阳时）	8~16				9~15
日照时间计算起点	底层窗台面				

注：底层窗台面是指距离室内地坪0.9m高的外墙位置

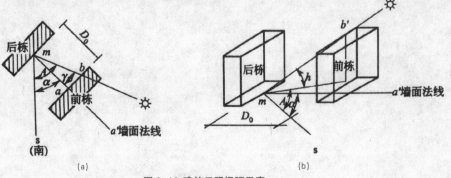

（a）　　　　　　　　　　　　　　（b）

图 2-15 建筑日照间距示意

1) 平地建筑日照间距的计算

在平坦的地面上，前后有任意朝向的建筑物，如图 2-16 所示。建筑间距的计算点阴设于后栋建筑物底层窗台高度，建筑间距的计算公式为：

$$D_0=H_0 coth cosY \quad （式2-2）$$

式中：D_0——日照间距，m；

H_0——前栋建筑物的计算高度，m；

h——太阳高度角，（°）；

Y——后栋建筑物墙面法线与太阳方位所夹的角，可由 $Y=A-\alpha$ 求得；

A——太阳方位角，（°），以当地正午时为零，上午为负值，下午为正值；

a——墙面法线与正南方向听夹的角，（°），以南偏西为正、南偏东为负。

当建筑物为南北朝向时，以上计算公式可改为：

$$D_0=H_0 coth cosA \quad （式2-3）$$

当建筑物力南北朝向时，正午的日照间距可用式（2-4）进行计算：

$$D_0=H_0 coth \quad （式2-4）$$

2) 坡地建筑日照间距的计算

在一定坡度的地面上布置建筑时，会因坡度不同建筑有不同的间距，向阳坡上的建筑间距可以小一些，而背阳坡上的建筑间距应当大一些。另外建筑的方位和坡向的变化，都会不同程度地影响建筑物之间的间距。

在一般情况下建筑物的方向与等高线关系一定时，向阳坡上的建筑以东南或西南向的间距从小、南向次之，东西向最大。北坡则以建筑物南北向布置时间距最大。坡度日照间距的计算，如图 2-16 所示。

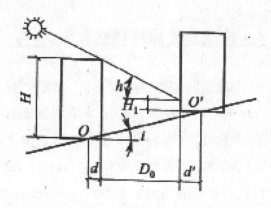
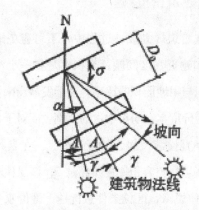

(a)

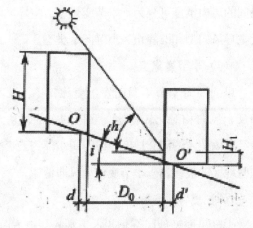
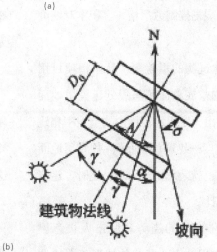

(b)

图 2-16 坡地日照间距的计算示意
(a) 向阳坡日照间距关系　(b) 背阳坡日照间距关系

从以上所述可以看出，建筑物所处的纬度高，冬至日太阳高度低，要满足日照的标准，建筑物在冬至日正午前后获得满窗日照，其所需要的日照间距就比低纬度地区大。表2-5所列为夏热冬冷地区部分城市满足冬至日正午前后2h满窗日照的间距系数。

表2-5 夏热冬冷地区部分城市日照的间距系数 L_o

地区	南向	南偏东向					
		10°	20°	30°	40°	50°	60°
上海	1.42	1.43	1.41	1.33	1.28	1.07	0.80
南京	1.47	1.48	1.45	1.38	1.26	1.11	0.92
合肥	1.46	1.47	1.44	1.37	1.25	1.10	0.91
南昌	1.29	1.31	1.28	1.22	1.12	0.98	0.81
武汉	1.39	1.40	1.38	1.31	1.20	1.05	0.87
长沙	1.27	1.29	1.26	1.20	1.10	0.97	0.80
成都	1.39	1.41	1.38	1.31	1.20	1.05	0.87

注：日照间距 $D=L_oH$，H 为前幢建筑的计算高度

2.3.2 建筑密度

在建筑规划设计过程中，不可避免地要涉及容积率和建筑密度问题。容积率是指一个小区的总建筑面积与用地面积的比率，对于发展商来说，容积率决定地价成本在房屋中占的比例，而对于住户来说，容积率直接涉及居住的舒适度。一个良好的居住小区，高层住宅容积率应不超过5，多层住宅应不超过2。总体说来，区位条件愈优越，地价水平愈高，供求矛盾愈突出，土地规划控制愈严格，容积率对地价的影响程度愈大。

建筑密度是指建筑物的覆盖率，具体指项目用地范围内所有建筑的基底总面积与规划建设用地面积之比，它可以反映出一定用地范围内的空地率和建筑密集程度。建筑密度=建筑首层面积/规划用地面积。当容积率一定，也就是总建筑面积一定时，建筑密度和建筑层数成反比。

根据我国城市化发展的趋势和城市人口急剧增加的状态，在城市用地十分紧张的情况下，建造低密度的城市建筑群是不现实的，因此在研究建筑节能时必须关注建筑密度问题。据有关资料显示，我国一般居住小区中的公建面积，只占总建筑面积的10%～15%，而其占地却占总用地面积的25%～30%，与住宅用地相比，公建用地竟达住宅用地的50%～60%，这显然是很不合理的。根据城市建设的成功经验，按照"在保证节能效益的前提下提高建筑密度"的要求，提高建筑密度最直接、最有效的方法，就是适当缩短南墙面的日照时间。在9:00～15:00的太阳辐射量中，10:00～14:00的太阳辐射量占80%以上。因此，如果把南墙日照时间缩短为10:00～14:00，则可以大大缩小建筑间距，从而可提高建筑密度。除以上缩短南墙面的日照时间外，在建筑的单体设计中，采用退层处理、降低层高等方法，也可以有效缩小建筑间距，对于提高建筑密度，具有非常重要的意义。

2.4 建筑室外风环境优化设计

风是太阳能的一种转换形式，常指空气的水平运动分以，包括方向和大小，即风向和风速。风对于建筑物的空气流通和能量消耗有很大影响。风向以22.5为间隔，可以用16个方位进行表示、如图2-17所示。一个地区不同季风向分布可用玫瑰图表示。我国的风向类型可分为：季节变化型、主导风向型、无主导风向型和准静止风型等间个类型。

（1）季节变化型

风向随着季节不同而发生变化，冬、夏季基本相反，风向相对比较稳定。我国的东部，从大兴安岭经过内蒙古的河套地区，绕四川东部到云贵高原，这些地区一般多属于季节变化型风向地区。

（2）主导风向型

主导风向型地区全年基本上是吹一个方向的风，我国的新疆、内蒙古和黑龙江部分地区基本属于这种风向型。

（3）无主导风向型

无主导风向型地区全年的风向不固定，各风向的频率相差不大，一般在 10% 以下。这种风向型主要在我国的宁夏、甘肃的河西走廊等地区。

（4）准静止风型

准静止风型是指静风频率全年平均在 40% 以上，有的至达到 75%，年平均风速只有 0.5m/s。我国主要分布在以四川为中心的地区和云南的西双版纳地区。

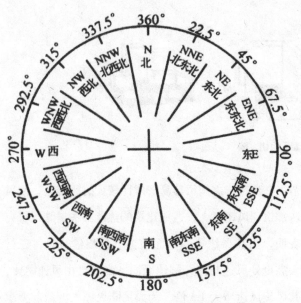

图 2-17 风的 16 个方位示意

由于风向和风速对室外的环境影响很大，相应对室内的环境也具有较大影响，因此在进行建筑节能设计时应根据当地风的气候条件做相应处理。

1）冬季防寒冷风的设计方法

我国北方的严寒及寒冷地区，冬季主要受来自西伯利亚寒冷空气的影响，从而形成以西北风为主要风向的寒流。这些地区在每年的 1 月份主导风向，也多是这寒冷的不利风向。表 2-6 为我国北方的严寒及寒冷地区主要城市的 1 月份风向统计结果。

从建筑节能的需要出发，在进行规划设计时可采取以下具体措施。

① 建筑主要朝向注意避开不利风向建筑在规划设计时应当避开不利于节能的风向，减轻寒冷气候产

表 2-6 我国严寒及寒冷地区主要城市 1 月份风向分布

城市	风向频率 / %	风速 / (m/s)
北京	C 18 NNW 14	2.8
石家庄	C 31 N 14	1.8
太原	C 18 NNW 24	2.6
济南	C 17 ENE 14	3.1
郑州	C 17 WNW 14	3.4
沈阳	N 13	3.0
长春	WS 21	4.2
哈尔滨	S 14	3.6
西安	C 34 NE 11	1.7
兰州	C 71 NE 3	0.5

注：1. 表中的"C"表示静风，其他符合含义见图 2-18；2. 此表根据《建筑气象资料标准》有关数据整理。

生的建筑失热，同时对朝向冬季寒冷风向的建筑立面应尽量选择封闭式设计。由于我国北方城市冬季寒流主要来自西伯利亚冷空气的影响，所以冬季寒流的风向主要是西北风。在建筑规划设计中为了达到节能，应当封闭建筑的西北向，同时合理选择封闭或半封闭周边式布局的开口方向和位置，使得建筑群的组合可避风节能。

② 利用建筑的组团阻隔冬季的冷风通过科学合理地布置建筑物，降低寒冷气流的风速，这样可以减少建筑物和周围场地外表面的热损失，达到节约能源的目的。迎风建筑物的背后会产生一个所谓的背风涡流区，这个区域也称为风影区。这部分区域内风力较弱，风向也不稳定。从实验分析得出：当风向投射角为 30° 时，建筑身后风影区为 3H（H 为建筑高度）；当风向投射角为 45° 时，建筑身后风影区为 1.5H。所以，将建筑物紧凑布局，使建筑物间距在 2.0H 以内，可以充分发挥风影效果，使后排建筑避开寒冷风的侵袭。

此外，还可以利用建筑组合，将较高层建筑背向冬季寒流方向减少寒风对中、低层建筑和庭院的影响。图 2-18 是一些建筑的避风组团方案，可根据建筑群的实际参考选择。

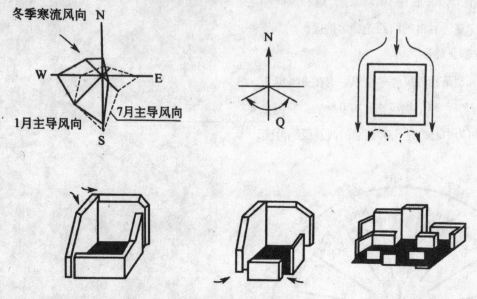

图 2-18 常见建筑的避风组团方案

③ 设置挡风的屏障，避免冷风直接侵袭建筑设置风障就是通过采取防风墙、板、防风带之类的挡风措施来阻隔冷风。当以实体围墙作为阻风措施时，应注意防止在背风面形成涡流。防止出现涡流的措施是：在墙体上设置引导气流向上穿透的百叶式孔洞，使小部分风由此流过，大部分的气流在墙顶以上的空间流过。

④ 减少建筑物冷风渗透耗能建筑节能检测证明，门窗是建筑围护结构中热工性最薄弱的部分，其能耗约占建筑围护结构总能耗的 40% ~ 50%，同时也是建筑中最容易得热构件，可以通过太阳光透射入室内时而获得太阳热能，是影响建筑内热环境和建筑节能的重要因素。

经试验可知，建筑物的门窗缝隙是冬季寒冷气流的主要入侵部位，冷空气渗透量与风压有关。见图 2-19 所示。建筑在受风而上，建筑表面的阻挡，会产生风的正压区，当气流从建筑上方或两侧绕过建筑时，在其气流会产学负压区，如图 2-20 所示。当低层建筑与高层建筑在一起布置时，在冬季的季风时节，在建筑物之间很容易形成比较大的风旋区，使风速加快、风压增大，造成建筑的热能损失。测试研究表明，当高层建筑迎风面前方有低层建筑时，在行人高度处风速与在开阔地面同一高度自由风速之比、其风旋风速增大 1.3 倍。为满足防火或人流疏散要求设计的过街门洞处、建筑下方门洞穿过的气流将增大 3 倍。设计中应根据当地风环境、建筑的位置、建筑物形态等，注意避免冷风对建筑物的侵入。

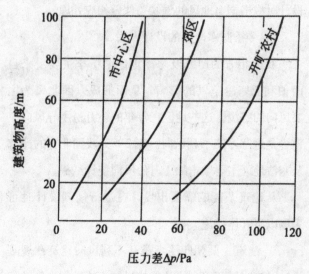

图 2-19 风压力差与建筑高度的关系

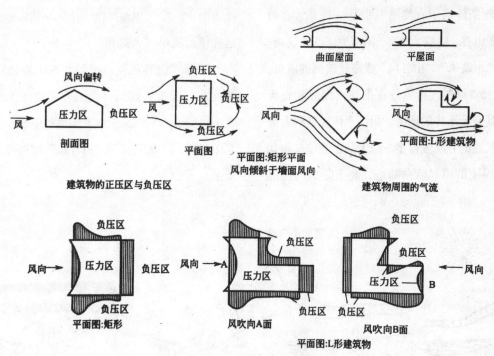

图 2-20 建筑受风压后的状况

2) 夏季建筑通风的设计方法

在炎热的夏季，不需要设备和能源驱动的被动式通风降温是世界各国最常用的降温方法。在白天和夜晚的风直接吹过人体，这样能加速皮肤水分的蒸发，使人感到比较凉爽，从而增加了人的热舒适感觉。对于建筑物来说，通过夜间的通风使房屋内预先冷却降温，为第二天防止酷热做好准备。由此可见，规划设计中良好的通风设计，对降低建筑物夏季空调能耗是十分重要的。

我国南方沿海的夏热冬暖地区，4～9月份大多盛行东南风和西南风，建筑物南北向或接近南北向布局，有利于自然通风，可以增加舒适度。在具有合理朝向的基础，还必须合理规划整个建筑群的布局和间距，这样才能获得较好的室内通风。如果另一个建筑物处在前面建筑的涡流区内，则很难利用风压组织起有效的通风。

在规划设计中还可以利用建筑周围绿化进行导风的方法，如图2-21所示。其中图2-21（a）是沿来风方向在单体建筑两侧的前后设置绿化屏障，使得来风受阻挡后进入室内。图2-22（b）是利用低矮灌木顶部较高空气温度和高大乔木树荫较低空气温度形成的热压差、将自然风导向室内。但这种方法对于寒冷地区的住宅建筑，需要综合考虑夏季、过渡季通风及冬季通风的矛盾。

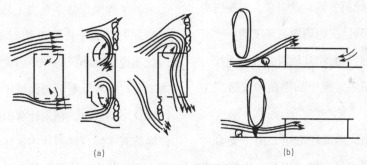

(a)   (b)

图 2-21 绿化导风的方法

利用地理条件组织自然通风也是一种非常有效的方法。如在山谷、海滨、湖滨、沿河地区的建筑物，就可以利用"水陆风""山谷风"提高建筑内的通风。

所谓"水陆风"，指的是在海滨、湖滨和较大面积河流等具有大水体的地区，由于水体温度的升降要比陆地上气温的升降慢得多，白天陆上的空气被加热上升使水面上的凉风吹向陆地，晚上陆地的气温比水面上的空气冷却得快，使风又从陆地吹向水面，这样便形成了"水陆风"。

所谓"山谷风"，指的是在山谷地区，当空气温度在白天被升高后，会沿着山坡向上流动；而在晚上，变凉的空气又会顺着山坡往下吹，这样就形成了山谷风。"水陆风""山谷风"的形成，如图 2-22 所示。

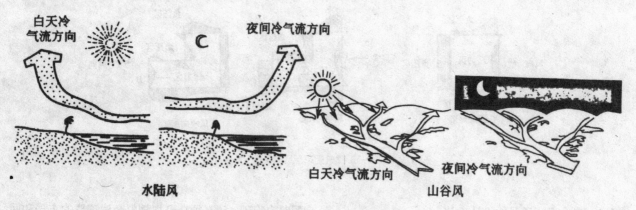

图 2-22 "水陆风""山谷风"的形成

3）建筑风环境辅助优化设计

在实际的规划设计中，建筑布局往往比较复杂，特别是如果需要兼顾冬夏通风的特点，以及考虑地形的不规整、植物绿化等存在的时候，简单利用传统的布局方式，已经很难指导规划设计优化室外风环境。对于室外风环境要求较高的建筑，需要采取风洞模型实验或者计算机数值模拟实验的方法进行预测。

研究风环境的风洞一般是边界层形风洞，它首先再现接近地面的边界层，然后将需要测定的建筑物和周围的环境模型化。模型比例大小取决于建筑物侧面积和风洞剖面面积的比例关系。近年来，一些研究者通过风洞实验，了解到建筑物周围风环境的一些基本规律，如单栋建筑物迎风面和背风面的气流规律，具有规则外形建筑遵循一定规律的平面布置情况下的气流流动情况等。

但是，在实际的小区建筑规划中，由于受多种因素的影响，布局的形式是多种多样的，建筑物形状也比较复杂。采取风洞实验调整规划方案较慢，不仅成本比较高，而且周期比较长，这给实际应用带来很大困难，难以直接应用于设计阶段的方案预测和分析。

计算机数值模拟是在计算机上，对建筑物周围风流动所遵循的动力方程进行数值求解，通常称为计算流体力学，从而仿真实际的风环境。由于近年来计算机运算速度和存储能力的大大提高，对住宅建筑风环境等复杂的问题可在较短的时间内完成数值模拟，并可借助计算机图形学技术将模拟结果形象地表示出来，使得模拟结果直观、易懂。

同时，由于计算机模拟不受实际条件的限制，因此不论实际小区的布局形式如何、建筑物形状是否规则等，都可以对其周围风环境进行模拟，并能获得比较详尽的信息。利用计算机数值模拟方法，可以方便地仿真不同自然条件的风环境，只需要在计算机程序中改变相应的边界条件即可。

2.5 环境绿化与水景设计

建筑节能、建筑环境与气候条件密切相关，选择适应的环境及气候，是建筑规划设计应遵循的基本原则，也是建筑节能设计的基本原则。一个地区的气候特征是由太阳辐射、大气环流、空气湿度、地面性质等相互作用决定的，具有长时间尺度统计的稳定性，单凭借目前人类的科学技术水平还很难将其彻底改变。所以，建筑规划设计应结合气候特点进行。

由于与建筑发生直接联系的是建筑周围的局部环境，也就是建筑周围的微气候环境。因此，在建筑规划设计中，可以通过环境绿化、水景布置的降温和增湿作用，调节风速和引导风向的作用，保持水分和净化空气的作用，来改善建筑周围的微气候环境，进而达到改善室内热环境并减少能耗的目的。我国城市建设的实践表明，增加绿化和水景的面积，对改善局部的微环境气候是非常有益的。

2.5.1 调节空气的温度，增加空气的湿度

现代化城市建设的经验证明，建筑绿化和水景布置是城市建设中不可缺少的重要组成部分，具有良好的调节气温和增加空气湿度的功能，对于城市市容和居民的工作与生活，起着直接或间接的作用。水在蒸发的过程中会吸收大量太阳辐射热和空气中的热量，植物具有遮阳、减低风速和蒸腾、光合作用。据测定，一株中等大小的阔叶木，一天大约可蒸发100kg的水分。树林的树叶面积大约是树林种植面积的75倍，草地上的草叶面积是草地面积的25～35倍。这些比绿化面积大几十倍的叶面面积，都在不停地进行着蒸腾和光合作用，所以就起到了吸收太阳辐射热、降低空气温度和净化环境的作用。有资料表明，有绿化居住小区的空气相对湿度较无绿化的小区的空气相对湿度，在冬季高10%～20%，在夏季高20%～30%。俄罗斯科学家鲍德洛夫对建筑绿化进行研究证实，绿化对改善建筑环境确实能起到显著作用。

2.5.2 改善室内热环境，降低空调的能耗

实践证明：采用种植屋面、设置适宜水体，是改善室内热环境、降低空调能耗的有效措施之一。由于植物和水体均能吸收大量的太阳辐射热，加上高大的植物夏季可以遮挡太阳光进入室内，这样使传入室内的热址大大减少，从而降低了建筑室内的气温，节约建筑空调制冷系统的能耗。表2-7为我国南方某市种植屋面与一般屋面室内热环境实测值。

在建筑屋面和地下工程顶板的防水层上铺以种植土，并种植植物，使其起到防水、保温、隔热和生态环保作用的屋面称为种植屋面。为了提高城市的绿化覆盖率、改善生态环境、美化城市景观，实施屋面绿化是最有效的途径。我国已颁布《种植屋面工程技术规程》（JCJ155-2007），为快速发展种植屋面提供了技术依据。试验研究表明，种植屋面是集环境生

表2-7 某市夏季室内热环境实测值　　　　单位：℃

屋面类别 建筑部分	种植屋面			一般屋面		
	最高温度	平均温度	最低温度	最高温度	平均温度	最低温度
屋面外表面	30.7	29.6	28.3	41.2	39.4	27.5
屋面内表面	30.5	29.3	28.5	36.7	32.6	29.2
室内空气温度	31.3	30.1	29.3	35.9	32.7	29.1
室内外墙内表面	31.4	30.1	29.7	32.8	30.9	29.8

注：1. 测试时间周期24h；
　　2. 测试在白天关窗，夜间开窗的自然通风条件下进行。

态效益、建筑节能效益和热环境舒适效益于一体的，最佳的住宅屋顶形式之一，特别适宜于夏热冬冷地区的住宅建筑。

2.5.3 遮阳防辐射作用

据调查研究资料，茂盛的树木能够遮挡80%～9o%的太阳辐射热，草坪上的草可以遮挡80%左右的太阳光线。据实地测定表明，正常生长的白兰花、大叶榕、橡胶榕等树下，在离地面1.5m高处，"透过的太阳辐射热只有10%左右；柳树、杨树、桂木、刺桐等树下，在离地面1.5m高处，透过的太阳辐射热约40%～50%。由于树木树叶的遮阴，可以使建筑物和地面的表面温度降低很多，绿化的地面比一般不绿化地面的辐射热低70%以上。图2-23为某年8月在武汉华中科技大学校园内对草坪、混凝土表面、泥土以及树荫下不同地面表面温度实测值。从图中可以看出，在太阳辐射下，午后水泥混凝土和沥青混凝土地面的温度最高，其次为干泥土、草坪，最高温度分别高出气温26℃、19℃、10℃。草坪的初始温度最低，在午后其降温图2-24各种地表夏　材料表面抗试温度值速度也比较快，到了下午6点后低于气温。

这说明植被在太阳辐射下由于蒸腾的作用，降低了对土壤的加热作用，相反在没有太阳辐射时，能够迅速将热量从土壤深层传出，植被是较为理想的地表覆盖材料，对改善室外气候环境的作用是非常明显的。

研究结果还表明，如果在居住区增加25%的绿化覆盖率，可使空调能耗降低20%以上。所以在居住区的气候设计中，应注意环境绿化和水景布置的设计。但是，不要只单纯追求绿地覆盖率指标及水面面积，也不应将绿地和水面过于集中布置，而是要注重绿地和水面布局的科学、合理，使每幢住宅都能同享绿化和水景的生态效益，尽可能大范围、最大限度地

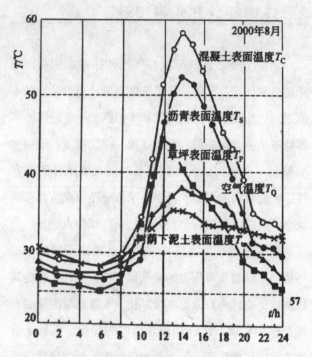

图 2-23 各种地表覆盖材料表面测试温度值

发挥环境绿地、水发布置改善微气候环境质量的有益作用。

2.5.4 降低城市噪声污染

随着社会经济生活的不断发展，城市环境问题越来越突出。噪声污染作为伴随城市发展而来的几大公害之一，其防控越来越受到重视。噪声污染具有易察觉性，全国公害诉讼事件的统计中，噪声扰民事件占环境污染事件总数的比率逐年上升，并始终占据第一的位置。由此可见对城市噪声污染进行防治的迫切性。

城市环境噪声污染在每个城市都有各自的特点，其防治应由各地制订切实有效的法律、法规、政策和标准，做到整体规划、统分结合，并运用科学的技术进行治理，把城市噪声控制在允许的范围内，为市民提供一个良好的生活环境。

城市噪声治理和监测表明，绿化对噪声具有较强的吸收和衰减作用。其主要原因是树叶和树枝间的空隙像多孔性吸声材料一样，具有良好的吸声性能，同时通过与声波发生共振吸收声能、特别是能吸收高

频噪声。

在运用绿化来防止和减少噪声对建筑的干扰时，应注意噪声的衰减量随着植物配置方式、树种及噪声的频率范围的变化而变化。一般来说，绿化对于低频噪声的隔声能力优于高频混植林带的隔声能力优于单植林带；而植物本身的吸声能力，一般以叶面粗糙、面积较大、树冠浓密的树木为强。

根据城市居住区的特点，采用面积不大的草坪和行道树可获得吸声降噪的良好效果。试验还证明，植被，特别是树木具有吸收有害气体、吸滞烟尘、粉尘和细菌的作用。因此，居住区绿化建设不仅可以减轻城市的大气污染、改善大气环境质量，从而还可以达到建筑节能的目的。

2.5.5 控制区域气流的路径

在我国南方及东南广大湿热性气候区中，特别要重视建筑的通风，无论对于保证人们的工作和生活条件，还是对于节省空调的耗能，都具有非常重要的作用。在进行建筑绿化设计时，必须充分考虑到这个方面。

由于绿地和周围环境的气温总是有一定的温差，根据冷热空气对流的基本原理，绿地和建筑周围环境之间因温差图 2-24 用树丛改变气流方向的存在，也必然会产生定向的气流流动。因此，如果用乔木、

灌木组成结构较为紧密的小块绿地，并巧妙地布置在建筑物周围，则可以人为地把气流引向需要通风的方向。用树丛改变气流方向，如图 2-24 所示。

2.5.6 防尘及净化空气

空气中产生的灰尘，主要是由扬尘、汽车尾气及烟气组成。据观测，其中约40%的转入粒径迅速沉降，另外的60%则以悬浮物的形式漂浮于空气之中，不仅污染城市的环境，而且影响人们的日常生活、工作和健康。树木枝叶茂密对烟灰和粉尘有明显的阻挡、过滤和吸附作用。这是因为一方面树木有减低风速的效应，随着风速的迅速降低，粒径较大的尘粒下降；另一方面则由于叶子表面粗糙、有的叶面上有茸毛，有的叶子还分泌黏性物质，空气在经过树林时，尘埃便附着于叶面及枝干的下凹处。附有尘埃的植物经过雨水冲洗，又恢复其吸尘的能力。建筑绿化的防尘作用是十分显著的。据有关测试资料表明：当绿化带宽为5m时，减尘率为22.5%；当绿化带宽为7m时，减尘率为36.1%；当绿化带宽为8m时，减小率为90%。此外，树木以其特有的生理功能，通过叶片上的气孔和枝条上的皮孔吸收一定量的有害气体，积累于某一器官内，或者由根系排出体外。在城市有害气体中，一氧化硫的数量较多，分布比较广，危害比较大。

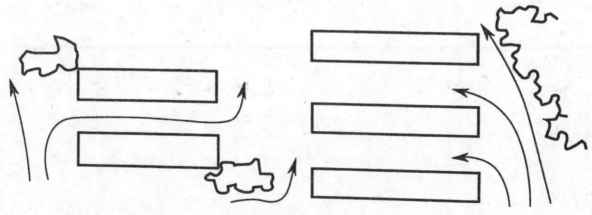

图 2-24 用树丛改变气流方向

研究表明，绿地上空气中的二氧化硫浓度低于未绿化地区的浓度，污染区树木叶片的含硫率高于清洁区很多倍。不同植物种类吸收二氧化硫的能力，及其耐受大气中二氧化硫的浓度是各不相同的。在一般情况下，阔叶树对二氧化硫的吸收能力要大于针叶树（见表2-8）。

表 2-8 针叶树和阔叶中的含硫量比较

针叶树	含硫量（占叶片干量）/%		阔叶树	含硫量（占叶片干量）/%	
	最高含量	最低含量		最高含量	最低含量
松柏	0.860	0.056	垂柳	3.156	1.586
白皮松	0.597	0.076	臭椿	1.656	0.037
侧柏	0.523	0.054	苹果	1.255	0.058
油松	0.487	0.022	刺槐	1.148	0.065
华山松	0.329	0.070	毛白杨	0.062	0.057

3 建筑节能设计原理

建筑节能是整个建筑全寿命过程中每一个环节节能的总和，是指建筑在选址、规划、设计、建造和使用过程中，通过合理的规划设计，采用节能型的建筑材料、产品和设备，执行建筑节能标准，加强建筑物节能设备的运行管理，合理设计建筑围护结构的热工性能，提高采暖、制冷、照明、通风、给排水和管道系统的运行效率，以及利用可再生能源，在保证建筑物使用功能和室内热环境质量的前提下，降低建筑能源消耗，合理、有效地利用能源。

建筑节能设计是全面的建筑节能中一个很重要的环节，有利于从源头上杜绝能源的浪费。建筑整体及外部环境设计是在分析建筑周围气候环境条件的基础上，通过选址、规划、外部环境和体型朝向等设计，使建筑获得一个良好的外部微气候环境，达到节能的目的。由此可见，在建筑节能的设计中，按照科学的设计原理进行设计是取得良好节能效果的关键。

3.1 建筑热工设计的基础知识

为顺利、正确地进行建筑节能工程设计，熟练掌握建筑热工设计方面的基础知识是非常必要的。建筑热工设计基础知识主要包括：建筑热工设计常用符号、建筑热工设计常用名词、建筑热工设计的分区、建筑物热工设计要求等。

3.1.1 建筑热工设计常用符号（表 3-1）

表 3-1 建筑热工设计常用主要符号及其含义

序号	符号	含义
1	A_{te}	室外计算温度波幅
2	A_{ti}	室内计算温度波幅
3	$A_{\theta i}$	内表面温度波幅
4	B	地面吸热指数
5	α	导温系数，热导率和蓄热系数的修正关系
6	b	材料层的热渗透系数
7	c	比热容
8	D	热惰性指标
9	D_{di}	采暖期度日数
10	F	传热面积
11	H	蒸汽渗透阻
12	I	太阳辐射照度
13	K	传热系数
14	p_e	室外空气水蒸气分压力
15	P_i	室内空气水蒸气分压力
16	R	热阻
17	R_o	传热阻
18	$R_{o, min}$	最小传热阻
19	$R_{o, E}$	经济传热阻
20	R_e	外表面换热阻
21	R_i	内表面换热阻
22	S	材料蓄热系数
23	t_e	室外计算温度
24	t_i	室内计算温度

序号	符号	含义	序号	符号	含义
25	t_d	露点温度	36	μ	材料蒸汽渗透系数
26	t_{sa}	室外综合温度	37	v_0	衰减倍数
27	t_w	采暖室外计算温度	38	v_i	室内空气到内表面的衰减倍数
28	$[\Delta t]$	室内空气与内表面之间的允许温差	39	ζ_0	延迟时间
29	Y_e	外表面蓄热系数	40	ζ_i	室内空气到内表面的延迟时间
30	Y_i	内表面蓄热系数	41	ρ	太阳辐射吸收系数
31	Z	采暖期天数	42	ρ_0	材料干密度
32	α_e	外表面换热系数	43	ψ	空气相对湿度
33	α_i	内表面换热系数	44	ω	材料湿度或含水率
34	θ	表面温度,内部温度	45	$[\Delta\omega]$	保温材料重量湿度允许增量
35	$\theta_{i,\,max}$	内表面最高温度	46	λ	材料热导率

3.1.2 建筑热工设计常用名词

在进行建筑热工设计常用的名词及释义见表 3-2。

表 3-2 建筑热工设计常用的名词及释义

现用名词	曾用名词	名词释义
历年		逐年,特指在整编气象资料时,所采用的以往一段连续年份中的每一年
累年	历年	多年,特指在整编气象资料时,所采用的以往一段连续年份(不少于 3 年)的累计
设计计算用采暖期天数		累年日平均温度低于或等于 5℃ 的天数。这一天数仅用于建筑热工设计计算,故称为设计计算用采暖期天数。各地实际的采暖期天数,应按当地行政或主管部门的规定执行
采暖期度日数		室内温度 18℃ 与采暖期室外平均温度的温差值乘以采暖期的天数
地方太阳时	当地太阳时	以太阳正对当地子午线的时刻为中午 12 时所推算出的时间
太阳辐射照度	太阳辐射照度	以太阳为辐射源,在某一表面上形成的辐射照度
热导率		在稳定状态条件下,1m 厚的物体,两侧表面温差为 1℃,1h 内通过 1m² 面积传递的热量
比热容	比热	1kg 的物质,温度升高或降低 1℃ 所需吸收或放出的热量
密度	容重	1m³ 的物体所具有的质量
材料蓄热系数		当某一足够厚度单一材料层一侧受到谐波热作用时,表面温度将按同一周期波动,通过表面的热流波幅与表面温度波幅的比值,其值越大,材料的热稳定性越好
表面蓄热系数		在周期性热作用下,物体表面温度升高或降低 1℃ 时,在 1h 时间内,1m² 表面积储存或释放的热量
导温系数	热扩散系数	材料的热导率与其比热容和密度乘积的比值,表征物体在加热或冷却时各部分温度趋于一致的能力。其值越大,温度变化的速度越快
围护结构		建筑物及房间各面的围挡物。它分为透明和不透明两部分;不透明围护结构有墙、屋顶和楼板等,透明围护结构有窗户、天窗和阳台门等。按是否与室外空气直接接触,又可分为外围护结构和内围护结构
外围护结构		同室外空气直接接触的围护结构,如外墙、屋顶、外门和外窗等
内围护结构		不同室外空气直接接触的围护结构,如隔墙、楼板、内门和门窗等
热阻		表征围护结构本身或其中某层材料阻抗传热能力的物理量
内表面换热系数	内表面转移系数	围护结构内表面温度与室内空气温度之差为 1℃,在 1h 时间内,1m² 表面积传递的热量
内表面换热阻	内表面转移阻	内表面换热系数的倒数

现用名词	曾用名词	名词释义
外表面换热系数	外表面转移系数	围护结构外表面温度与室外空气温度之差为1℃，在1h时间内，1m² 表面积传递的热量
外表面换热阻	外表面转移阻	外表面换热系数的倒数
传热系数	总传热系数	在稳态条件下，围护结构两侧空气温度差为1℃，在1h时间内，1m² 表面积传递的热量
传热阻	总传热阻	表征围护结构（包括两侧表面空气边界层）阻抗传热能力的物理量，为传热系数的倒数
最小传热阻	最小传热阻	特指设计计算中容许采用的围护结构传热阻的下限值。规定最小传热阻的目的，是为了限制通过围护结构的传热量过大，防止内表面冷凝，以及限制内表面与人体之间的辐射换热量过大，使人体受凉
经济传热阻	经济热阻	围护结构单位面积的建造费用（初次投资的折旧费）与使用费用（由围护结构单位面积分摊的采暖运行费和设备折旧费）之和达到最小值时的传热阻
热惰性指标(D值)		表征围护结构对温度波衰减快慢程度的无量纲指标。单一材料围护结构：D=RS；多层材料围护结构：D=∑RS。式中 R 为围护结构材料层的热阻，S 为相应材料层的蓄热系数。D 值越大，温度波在其中的衰减越快，围护结构的热稳定性越好
围护结构的热稳定性		在周期性热的作用下，围护结构本身抵抗温度波动的能力。围护结构的热惰性是影响其热稳定性的主要因素
房间的热稳定性		在室内外周期性热的作用下，整个房间抵抗温度波动的能力。房间的热稳定性主要取决于内外围护结构的热稳定性
窗墙面积比	窗墙比	窗户洞口面积与房间立面单元面积（即房间层高与开间定线围成的面积）的比值
温度波幅		当温度呈周期性波动时，最高值或最低值与平均值之差
综合温度		室外空气温度 tc 与太阳辐射当量温度 ρI／αe 和，即 tsa=tc+ρI／αe。式中 ρ 为太阳辐射吸收系数，I 为太阳辐射照度，tc 为外表面换热系数
衰减倍数	总衰减倍数	围护结构内侧空气温度稳定，外侧受室外综合温度或室外空气温度谐波作用，室外综合温度或室外空气温度谐波与围护结构内表面温度谐波波幅的比值
延迟时间	总延迟时间	围护结构内侧空气温度稳定，外侧受室外综合温度或室外空气温度谐波作用，围护结构内表面温度谐波最高值（或最低值），出现时间与室外综合温度或室外空气温度谐波谐波最高值（或最低值）出现时间的差值
露点温度		在大气压力一定，含湿量不变的情况下，未饱和的空气因冷却而达到饱和状态时的温度
冷凝或结露	凝结	特指围护结构表面温度低于附近空气露点温度时，表面出现冷凝水的现象
水蒸气分压力		在一定温度下湿空气中水蒸气部分所产生的压力
饱和水蒸气分压力		空气中水蒸气呈饱和状态时水蒸气部分所产生的压力
空气相对湿度		空气中实际的水蒸气分压力与同一温度下饱和水蒸气分压力的百分比
蒸汽渗透系数		1m 厚的物体，两侧水蒸气分压力差为1Pa，1h内通过1m² 面积渗透的水蒸气量
蒸汽渗透阻		围护结构或某一材料层，两侧水蒸气分压力差为1Pa，通过1m² 面积渗透1g水分所需要的时间

3.1.3 建筑热工设计的分区

建筑热工设计应与所在地区气候相适应。建筑热工设计分区及设计要求应符合表3-3 中的规定。

表 3-3 建筑热工设计分区及设计要求

分区名称	分区指标		设计要求
	主要指标	辅助指标	
严寒地区	最冷月平均温度≤－10℃	日平均温度≤5℃的天数大于或等于145d	必须充分满足冬季保温要求，一般可不考虑夏季防热
寒冷地区	最冷月平均温度 -10～0℃	日平均温度≤5℃的天数为 90～145d	应满足冬季保温的要求，部分地区兼顾夏季防热

分区名称	分区指标		设计要求
	主要指标	辅助指标	
夏热冬冷地区	最冷月平均温度 -10 ~ 0℃，最热月平均温度为 25 ~ 30℃	日平均温度 ≤ 5℃的天数为 0 ~ 90d，日平均气温 ≥ 25℃的天数为 40 ~ 110d	必须满足夏季防热的要求，适当兼顾冬季保温
夏热冬暖地区	最冷月平均温度 ≥ 10℃，最热月平均温度为 25 ~ 29℃	日平均气温 ≥ 25℃的天数为 100 ~ 200d	必须满足夏季防热的要求，一般可不考虑冬季保温
温和地区	最冷月平均温度为 0 ~ 13℃，最热月平均温度为 18 ~ 25℃	日平均温度 ≤ 5℃的天数为 0 ~ 90d	部分地区应考虑冬季保温，一般可不考虑夏季防热

3.1.4 建筑物热工设计要求

建筑物热工设计的具体要求，除应符合现行的《严寒和寒冷地区民用建筑节能设计标准》（JGJ 26-2010）、《夏热冬冷地区居住建筑节能设计标准》（JGJ 134—2010）和《公共建筑节能设计标准》（GB 50189—2005）等外，还应符合表 3-4 中的要求。

表 3-4 建筑物热工设计的具体要求

类别	设计具体要求
冬季保温设计要求	(1) 由于冬季气候寒冷，建筑物宜设在避风和朝阳的地段。 (2) 建筑物的体形设计宜减少外表面积，其平面和立面的凹凸面不宜过多。 (3) 居住建筑，在严寒地区不应设开敞式楼梯间和开敞式外廊；在寒冷地区也不宜设开敞式楼梯间和开敞式外廊。公共建筑，在严寒地区和寒冷地区出入口处均应设门斗或热风幕等避风设施。 (4) 建筑物外部窗户面积不宜过大，以减少窗户的缝隙长度，并采取密封措施。 (5) 外墙、屋顶、直接接触室外空气和不采暖楼梯间的隔墙等围护结构，应进行保温验算，其传热阻应大于或等于建筑物所在地区要求的最小传热阻。 (6) 当有散热器、管道、壁龛等嵌入外墙时，该处外墙的传热阻应大于或等于建筑物所在地区要求的最小传热阻。 (7) 围护结构中的热桥部位应当进行保温验算，并要采取必要的保温措施。 (8) 严寒地区居住建筑的底层地面，在其周边一定范围内应采取保温措施。 (9) 围护结构的构造设计应考虑防潮要求
夏季防热设计要求	(1) 建筑物的夏季防热应采取自然通风、窗户遮阳、围护结构隔热和环境绿化等综合性措施。 (2) 建筑物的总体布置，单位的平面、剖面设计和门窗的设置，应有利于自然通风，并尽量避免主要房间受东、西向的日晒。 (3) 建筑物的向阳面，特别是东、西向的窗户，应采取有效的遮阳措施。在建筑设计中，宜结合外廊、阳台、挑檐等处理方法达到遮阳的目的。 (4) 屋顶和东、西向外墙的内表面温度，应满足隔热设计标准的要求。 (5) 为防止潮霉季节湿空气在地面冷凝泛潮，居室、托幼园所等场所的地面下部宜采取保温措施或架空做法，地面面层宜采用微孔吸湿材料
空调建筑热工设计要求	(1) 空调建筑或空调房间应尽量避免东、西朝向和东、西向窗户。 (2) 空调房间应集中布置、上下对齐。温度和湿度要求相近的空调房间宜相邻布置。 (3) 空调房间应避免布置在两面相邻外墙的转角处和有伸缩缝处。 (4) 空调房间应避免布置在顶层，当必须布置在顶层时，屋顶应有良好的隔热措施。 (5) 在满足使用要求的前提下，空调房间的净高宜降低。 (6) 空调建筑的外表面积宜减少，外表面宜采用浅色的饰面。 (7) 建筑物外部窗户当采用单层窗时，窗墙面积比不宜超过 0.30；当采用双层窗或单框双层玻璃窗时，窗墙面积比不宜超过 0.40。 (8) 向阳面，特别是东、西向窗户，应采取热反射玻璃、反射阳光涂膜、各种固定式和活动式遮阳等有效的遮阳措施。 (9) 建筑物外部窗户的气密性等级不应低于现行国家标准《建筑外窗气密性能分级及检测方法》（GB 7107—2008）规定的Ⅲ级水平。 (10) 建筑物外部窗户的部分窗扇应能开启。当有频繁开启的外门时，应设置门斗或空气幕等防渗透措施。 (11) 围护结构的传热系数应符合现行国家标准《采暖通风与空气调节设计规范》（GB 50019—2003）中规定的要求。 (12) 间歇使用的空调建筑，其外围护结构内侧和内围护结构宜采用轻质材料。连续使用的空调建筑，其外围护结构内侧和内围护结构宜采用重质材料。围护结构的构造设计应考虑防潮要求

3.2 不同热工分区建筑节能设计原理

我国房屋建筑按其用途不同主要划分为民用建筑和工业建筑。民用建筑又分为居住建筑和公共建筑。居住建筑主要是指供人们日常居住生活使用的建筑物，主要包括住宅、别墅、宿舍、公寓；公共建筑包含办公建筑、商业建筑、旅游建筑、科教文卫建筑、通信建筑以及交通运输类建筑等。公共建筑和居住建筑都属民用建筑。

在公共建筑中，尤其是办公建筑、大中型商场以及高档旅馆、饭店等建筑，不仅在建筑的标准、功能及设置全年空调采暖系统等方面有许多共性，而且其采暖空调的能耗特别高，采暖空调的节能潜力也最大。居住建筑的能耗消耗量，根据其所在地区的气候条件、围护结构及设备系统情况的不同，具有很大的差别，但绝大部分用于采暖空调的需要，小部分用于照明。

3.2.1 严寒与寒冷地区建筑节能设计原理

严寒与寒冷地区建筑的采暖能耗占全国建筑总能耗的比例很大，同样严寒与寒冷地区采暖节能潜力均为我国各类建筑能耗中最大的，是我国目前建筑节能设计中的重点。

在以上地区可以实现采暖节能的技术途径主要有以下方面。

（1）改进建筑物围护结构的保温性能，进一步降低采暖的需热量。工程实践证明，围护结构全面按国家标准改造后，可以使采暖需热量由目前的 90kW·h/（m²·a）降低到 60kW·h/（m²·a）。

（2）推广各类专门的通风换气窗和智能呼吸窗。通风换气窗是一种集现代声学、电子、通风科技、建筑美学与节能门窗完美结合的智能产品，可以实现可控自动通风换气，避免了开窗换气而造成过大的热损失；智能呼吸窗可对室内空气中的烟雾、酒味、二氧化碳、氢气、甲醛、臭氧等污浊空气超标自动识别、24h 不开窗户智能通风换气，可保持室内新鲜空气，提高空气品质，是人们追求健康空间生活，绿色科技专利产品。

（3）改善采暖的末端调节性能，避免出现室温过热。有些集中供热系统由于末端没有有效的调节手段，加上某些原因造成室温偏热时，只能被动地听任室温升高或开窗降温；由于部分热源调节不良，不能根据外温变化而改变供热量，导致外温偏暖时过量供热。实行供热改革，通过热计量和改善末端调节性能来实现调节，就是为了使实际供热量接近采暖需热量，降低过量供热率，从而实现20%以上的节能效果。

（4）推行地板采暖等低温采暖方式，从而降低供热热源温度，提高热源的利用效率。低温采暖方式即低温热水地板（俗称地热地板）辐射采暖，是通过埋藏在地板下面的加热管道，以温度不高于60℃的热水为热媒，在加热管内循环流动加热地板，通过地面以辐射和对流的传热方式向室内供热的供暖方式。低温采暖方式具有舒适、节能、节省室内空间、使用寿命长等优点。

（5）积极挖掘利用目前的集中供热网，发展以热电联产为主的高效节能热源；大幅度提高热电联产热源在供热热源中的比例。据有关专家估算，如果把热电联产热源所占比例从目前的30%提高到50%以上，则可以使我国北方采暖能耗再下降7%。

3.2.2 夏热冬冷地区建筑节能设计原理

我国的夏热冬冷地区面积最大，主要包括长江流域的重庆、上海等15个省市自治区，也是我国经济和生活水平高速发展的地区。在以前这些地区基本上都属于非采暖地区，建筑物设计不考虑采暖的要求，也很少考虑夏季空调降温。传统的建筑围护结构是采用240mm的普通黏土砖、简单架空屋面和单层玻璃的钢窗，围护结构的热工性能较差。

在这样的气候条件和建筑围护结构热工性能下，住宅室内的热环境自然相当恶劣，对人身的健康影响很大。随着经济的发展、生活水平的提高，采暖和空调以不可阻挡之势进入长江流域的寻常百姓家，迅速在中等收入以上家庭中普及。长江中下游城镇除用蜂窝煤炉取暖外，电暖器或煤气红外辐射炉的使用也越来越广泛，而在上海、南京、武汉、重庆等大城市，热泵型冷暖两用空调器正逐渐成为主要的家庭取暖设施。与此同时，住宅用于采暖空调能耗的比例不断上升。

根据我国夏热冬冷地区的气候特征，该地区住宅的围护结构热工性能，在首先保证夏季隔热的前提下，并要兼顾冬季防寒，这是与其他地区最大的区别。

夏热冬冷地区与严寒及寒冷地区相比，体形系数对夏热冬冷地区住宅建筑全年能耗的影响程度要小。另外，由于体形系数不仅是影响围护结构的传热损失，而且还与建筑造型、平面布局、功能划分、采光通风等多方面有关。因此，该地区建筑节能设计不要过于追求较小的体形系数，而是应当和住宅采光、日照等要求有机地结合起来。如夏热冬冷地区的西部全年阴天天数较多，建筑设计应充分考虑利用天然采光以降低人工照明的能耗，而不是简单地考虑降低采暖空调的能耗。

夏热冬冷的部分地区室外风小、阴天多，因此需要从提高住宅日照、促进自然通风的角度综合确定窗墙比。由于在夏热冬冷地区在任何季节人们都有开窗通风的习惯，目的是通过自然通风改善室内空气品质，同时当夏季在连续高温的阴雨降温过程，或降雨后连续晴天高温升温过程的夜间，室外气候比较凉爽，开窗加强房间通风能带走室内余热并积蓄冷量，可以减少空调运行时的能耗。

针对以上情况，在进行住宅设计时应有意识地考虑加强自然通风设计，即适当加大外墙上的开窗面积，同时注意组织室内的通风，否则南北窗面积相差太大，或缺少通畅的风道，使自然通风无法实现。此外，南窗面积大有利于冬季日照，可以通过窗口直接获得太阳辐射热。因此，在提高窗户热工性能的基础上，应适当提高窗墙的面积比。

对于夏热冬冷气候条件下的不同地区，由于当地不同季节的室外平均风速不同，所以在进行窗墙比优化设计时要注意灵活调整。例如，对于长江流域的上海、南京、武汉等地，冬季室外平均风速一般都大于 2.5m/s，因此这些地区北向的窗墙比一般不要超过 0.25；而西部的重庆、成都等地区，冬夏两季室外平均风速一般都在 1.5m/s 左右，且冬季的气温比上海、南京、武汉等地偏高 3℃ ~ 7℃，因此这些地区北向的窗墙比一般不要超过 0.30，并注意与南向窗墙比匹配。

对于夏热冬冷地区，由于夏季太阳辐射比较强，持续时间比较长，因此要特别强调外窗遮阳、外墙和屋顶隔热的设计。在技术经济可能的条件下，可通过优化屋顶和东、西墙的保温隔热设计，尽可能降低这些部位的内表面温度。例如，采取技术措施使外墙的内表面最高温度控制在 32℃ 以下，只要住宅能保持一定的自然通风，即可让人觉得比较舒适。此外，还要利用外遮阳等方式避免或减少主要功能房间的东晒或西晒情况。

3.2.3 夏热冬暖地区建筑节能设计原理

我国的夏热冬暖地区主要是指广东、广西、福建和海南省。在夏热冬暖地区，由于冬季气候温暖，夏季太阳辐射强烈，平均气温偏高，因此住宅设计应以改善夏季室内热环境、减少空调能耗为主。在进行夏热冬暖地区住宅设计中，屋顶、外墙的隔热和外窗的遮阳是重点，主要用于防止大量的太阳辐射得热进入室内，而房间的自然通风则可有效带走室内的热量，并对人体舒适感起到重要的调节作用。

从以上所述可知，夏热冬暖地区住宅的隔热、遮阳和通风设计是建筑节能成功的关键。例如我国广州地区的传统建筑没有采取机械降温手段，比较重视通风和遮阳，室内的层高比较高，外墙采用370mm厚的黏土砖墙，屋面采用一定形式的隔热，起到了较好的节能效果。

据有关统计结果表明，我国广州地区每百户居民中拥有空调数量为127.6台，每户拥有1台空调器的占37%，每户拥有2台占47%，每户拥有3台以上的占13%，空调器已成为居民住宅降温的主要手段，空调的使用已经由原来的每户一台向每室一台的方向转变。由此可见，夏热冬暖地区的空调能耗已经成为住宅能耗的大户。

由于这些地区的经济水平相对比较发达，未来空调装机容量还会继续增加，可能会对国家电力供求及能源安全性带来威胁。针对以上严峻形势，必须依托集成化的技术体系，通过改善设计来实现住宅节能，改善室内热环境，并减少空调装机容量及运行能耗。

在进行住宅节能设计中，首先应考虑的因素是如何有效防止夏季的太阳辐射。外围护结构的隔热设计主要在于控制内表面温度，防止对人体和室内过量的辐射传热，因此要同时从降低传热系数、增大热惰性指标、保证热稳定性等方面出发，合理选择结构的材料和构造形式，达到设计要求的隔热保温标准。

目前，夏热冬暖地区居住建筑屋顶和外墙采用重质材料较多，如以钢筋混凝土板为主要结构层的架空通风屋面，在混凝土板上再铺设保温隔热板的屋面，黏土实心砖墙和黏土空心砖墙等。但是，随着新型建筑材料的发展，轻质高效保温隔热材料，也成为屋顶和墙体用的主体节能材料。材料试验证明，传热系数为3.0W/（m²·K）的传统架空通风屋顶，在夏季炎热的气候条件下，屋顶内外表面最高温度差值一般为5℃左右，居住者有明显烘烤感。如果使用挤塑泡沫板铺设的重质屋顶，传热系数为1.13W/（m²·K），

屋顶内外表面最高温度差值可达到15℃左右，居住者没有烘烤感，感觉比较舒适。

建筑节能试验还表明，在围护结构的外表面若采用浅色粉刷或光滑的饰面材料，可以减少外墙表面对太阳辐射热的吸收，也是建筑节能的一项有效技术措施。为了屋顶隔热和美化的双重目的，设计中应考虑通风屋顶、蓄水屋顶、植被屋顶、带阁楼层坡屋顶及遮阳屋顶等多种多样的结构形式。

窗口遮阳对于改善夏热冬暖地区住宅的热环境和建筑节能同样非常重要。窗口遮阳的主要作用在于阻挡直射阳光进入室内，防止室内产生局部过热。遮阳设施的形式和构造的选择，要充分考虑房屋不同朝向对遮挡阳光的实际需要和特点，综合平衡夏季遮阳和冬季争取阳光入内，确定设计有效的遮阳方式。例如，根据建筑所在经纬度的不同，南向可考虑采用水平固定外遮阳，东西朝向可考虑采用带一定倾角的垂直外遮阳。同时也考虑利用绿化和结合建筑构件的处理来解决，如利用阳台、挑檐、凹廊等。此外，建筑的总体布置还应避免主要的使用房间受东、西向日晒。

在夏热冬暖地区合理组织住宅的自然通风，对建筑节能和改善室内热环境同样很重要。对于夏热冬暖地区中的湿热地区，由于昼夜温差比较小，相对湿度比较高，因此可设计连续通风，以改善室内闷热的环境。而对于夏热冬暖地区中的干热地区，则考虑白天关闭门窗，夜间通风降温的方法。

另外，我国南方亚热带地区有季候风，因此在住宅设计中要充分考虑利用海风、江风的自然通风优越性，并以自然通风为主、空调为辅的原则来考虑建筑的朝向和布局。为此，要合理地选择建筑间距、朝向、房间开口的位置及其面积。此外，还应控制房间的进深以保证自然通风的有效性。同时，在设计中还要防止片面追求增加自然通风的效果，盲目开大窗而不注重遮阳设施的做法，很容易把大量的太阳辐射

得热带入室内，反而使室内温度过高。

夏热冬暖地区节能设计，在考虑以上各个影响因素的同时，不要忽视注意利用夜间长波辐射来进行冷却，这对于干热地区尤其有效。在相对湿度较低的地区，也可以利用蒸发冷却来提高室内热环境的舒适程度。

3.2.4 采暖居住建筑节能的基本原理

采暖居住建筑物在冬季为了获得适于居住生活的室内温度，必须具有持续稳定的得热途径。建筑物总的热量中采暖供热设备供热是主体，一般占到90%以上，其次为太阳辐射得热和建筑物内部得热（如照明、炊事、家电和人体散热等）。这些热量的一部分会通过围护结构的传热和门窗缝隙的空气对流向室外散失。当建筑物的总得热和总失热达到平衡时，室温便可得以稳定维持。所以，采暖居住建筑节能的基本原理是：最大限度地争取得热，最低限度地控制散热。

根据严寒地区和寒冷地区的气候特征，住宅建筑节能设计中首先要保证围护结构热工性能满足冬季保温要求，并要兼顾夏季隔热。通过降低建筑体形系数、采取合理的窗墙比、提高外墙及屋顶和外窗的保温性能，以及尽可能地利用太阳得热等，可以有效地降低建筑采暖的能耗。根据我国严寒地区和寒冷地区冬季保温的经验，具体的保温措施有以下几种。

（1）建筑群的规划设计，单体建筑的平面、立面设计和门窗的设置等，应保证在冬季有效地利用日照并避开主导风向；

（2）尽量减小建筑物的体形系数，建筑的平面和立面不宜出现过多的凹凸面；

（3）建筑的北侧宜布置次要房间，北向窗户的面积应尽量小，同时适当控制东、西朝向的窗墙比和单窗的尺寸；

（4）加强围护结构的保温能力，以减少传热耗热量；提高门窗的气密性，以减少空气渗透的耗热量；

（5）改善采暖供热系统的设计和运行管理，提高锅炉的运行效率，加强供热管道的保温，加强热网供热的调控能力。

对于寒冷地区的住宅建筑，还应当注意通过优化设计来改善夏季室内的热环境，以减少空调的使用时间。而通过模拟计算和实际测试表明，对于严寒地区和寒冷地区气候下的多数地区，完全可以通过合理的建筑节能设计，实现夏季不用空调或很少用空调，以达到舒适的室内环境要求。

3.3 空调建筑节能的基本原理

空调耗电是季节性的需求，导致夏季的电力高峰负荷。随着空调器的大量使用，目前空调耗电已经在很多发达城市中占夏季电力高峰期负荷的极大比例。由于我国建筑物的保温节能性能差、空调运行效率低、大部分居民尚未形成良好的节能生活习惯等原因，我国的空调节能潜力非常大。

据有关专家分析，到2020年全面实现小康社会时，我国空调高峰负荷节电空间约9000万千瓦，相当于5个三峡电站的满负荷容量，是规划中2020年的全国核电总装机容量的2～3倍，相应可减少电力建设投资4000亿元以上。采用合理的方式来节约空调的能耗，对国家来说可以节约资源、保护环境，并且可以避免不必要的电力建设投资；对用户来说则可以减少空调运行费用的开支。所以，空调节能是一件利国利民的好事。

我国夏热冬冷的长江流域中下游地区和夏热冬暖的广东、广西、福建、重庆等地区，空调器在建筑中的使用越来越普遍，这些地区空调耗电不仅已成为建筑能耗的重点，而且缺电也成为影响经济发展的主要因素。因此，必须通过技术途径实现空调建筑的节能。我国的空调建筑系指一般在夏季主要是用空调降温的建筑，即室温允许波动范围为±2℃的舒适性的空调建筑。

空调建筑得热一般有以下三种途径：①太阳辐射通过窗户进入室内构成太阳辐射得热；②围护结构传热得热；③门窗缝隙空气渗透得热。这些得热随时间而发生变化，有部分得热会被内部围护结构所吸收和暂时储存，其余部分构成空调负荷。

空调负荷分为设计日冷负荷和运行负荷之分。设计日冷负荷专指在空调室内外设计条件下，空调逐小时冷负荷的峰值，其目的在于确定空调设备的容量。运行负荷系指在夏季空调期间，为维持室内恒定的设计温度，需由空调设备从室内除去的热量。空调运行能耗系指在夏季空调期间，在空调设备采用某种运行方式（连续空调或间歇空调）的条件下，为将室温维持在允许的波动范围内，需由空调设备从室内除去的热量。

目前，大部分空调建筑的设定温度为 24 ~ 26℃，而一些公用建筑中空调温度控制得更低，甚至低于 22℃。测试结果证明，设定的这个温度，不但浪费空调能源，而且舒适性也很差，并且是导致"空调病"发生的主要原因。所以，合理地提高对空调房间的设定温度，一方面可以降低对电力高峰负荷的需求，另一方面可以节约用电量需求，此外还可以避免由于空调温度过低带来的不舒适性及"空调病"等问题。

根据空调建筑夏季得热的基本途径和空调运行实际经验，在进行空调建筑节能设计时应注意以下要点。

（1）将空调房间设定温度提高到 26 ~ 28℃，可以得到如下效益：①空调峰值电力负荷可削减 10% ~ 15%，在缓解电力紧张的同时，可节约大量电力建设投资；②在夏季空调期不仅可节约空调耗电量，而且可减少二氧化硫和二氧化碳的排出；③为用户节约空调运行费用。

（2）空调建筑应尽量避免东西朝向或东西向的窗户，以减少太阳直接辐射得热。

（3）空调房间应集中布置，上下对齐。温度和湿度要求相近的空调房间宜相邻布置。

（4）空调房间应避免布置在建筑的转角处，也不应布置在有伸缩缝处和建筑的顶层。当必须布置在建筑的顶层时，屋顶应有良好的隔热措施。

（5）在满足使用功能的前提下，空调建筑外表面宜尽可能地小，表面装饰宜采用浅色，房间的净高宜降低。

（6）为避免从窗口处得热和散热，外窗面积应尽量减小，向阳或东西向的窗户，宜采用热反射玻璃、中空节能玻璃、镀膜玻璃和有效的遮阳构件。

（7）外窗的气密性等级应不低于《建筑外窗空气渗透性能分级及其检测方法》（GB/T 7107-2008）中规定的 3 级水平。

（8）围护结构的传热系数应符合《严寒和寒冷地区居住建筑节能设计标准》（JGJ 26-2010）等现行标准中规定的要求。

（9）间歇使用的空调建筑，其外围护结构内侧和内围护结构宜采用轻质材料；连续使用的空调建筑，其外围护结构内侧和内围护结构宜采用重质材料。

3.4 建筑物耗热量与采暖耗煤量指标

建筑物耗热量指标和采暖耗煤量指标是评价建筑物能耗的两个重要指标。

3.4.1 建筑物耗热量指标

（1）建筑物耗热量与建筑物耗热量指标

建筑物耗热量系指采暖建筑在一个采暖期内，为保持室内计算温度，由室内采暖设备供给建筑物的热量，其单位是 kW·h/a，其中 a 为每年，但实际上指的是一个采暖期。

建筑物耗热量指标在采暖期室外平均温度条件下，采暖建筑为保持室内计算温度，单位建筑面积在单位时间内消耗的，需由室内采暖设备供给的热量，其单位为 W/m²。建筑物耗热量指标是用来评价建筑物能耗水平的一个重要指标，也是评价采暖居住建筑节能设计的一个综合指标。这个指标也可按单位建筑体积来规定。考虑到居住建筑，特别是住宅建筑的层高差别不大，所以仍按单位建筑面积来规定。

建筑物耗热量指标实际上是一个"功率"，即单位建筑面积单位时间内消耗的热量，将该指标乘以采暖的时间，就可得到单位建筑面积需要供热系统提供的热量。严寒和寒冷地区的建筑物耗热量指标，是采用稳定传热的方法来计算的。在设计阶段，要控制建筑物耗热量指标，最主要的就是控制折合到单位面积上单位时间内通过建筑围护结构的传热量。

建筑物耗热量指标与采暖期室外平均温度有关，而与采暖期的天数无关，由于它不必采用采暖期度日数来进行计算，因此可直接将建筑物耗热量指标与采暖期室外平均温度挂钩。

图 3-1 为不同地区不同阶段采暖住宅建筑耗热量指标。图中最上面一条线是根据各地区 1980 ~ 1981 年住宅通用设计，4 个单元 6 层楼，体形系数为 0.30

左右的建筑物，即基准建筑的耗热量指标计算值，并经过线性处理后获得的，这是耗热量指标的基准水平（即能耗为 100%）。中间一条线为 1986 年节能标准要求水平，它是根据耗热量指标在基准水平的基础上降低 30% 而确定的，即 30% 的节能标准对应的建筑物耗热量指标。最下面一条线为 1995 年节能标准要求水平，它是在 1986 年节能标准的基础上再降低 30% 而确定的，即 50% 的节能标准对应的建筑物耗热量指标（100% × 0.70 × 0.70）。

目前，我国提出的节能 65% 标准的概念是：在 1995 年节能标准的基础上再降低 30% 的能耗（100% × 0.70 × 0.70 × 0.70），即达到 1980 年基准建筑物能耗的 35%。

（2）建筑物耗热量指标与采暖设计热负荷指标

在进行建筑节能设计时，建筑物耗热量指标是一个非常重要的衡量节能效果的指标。采暖设计热负荷指标在采暖设计中简称为采暖设计指标，它是指在采暖室外计算温度条件下，为保持室内计算温度，单位建筑面积在单位时间内需由锅炉房或其他供热

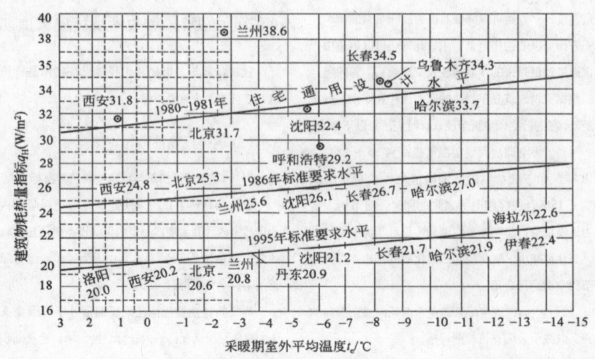

图 3-1 不同地区不同阶段采暖住宅建筑耗热量指标

设施供给的热量，其单位是 W/m²。采暖设计热负荷指标是冬季最不利气候条件下，确定采暖设备容量的一个重要指标，是对建筑采暖确保供热质量的指标。

根据以上所述可知，建筑物耗热量指标是建筑物在一个采暖季节中耗热强度的平均值，而采暖设计热负荷指标是建筑物在一个采暖季节中耗热强度的最大极限设计值。由于采暖期室外平均温度比采暖室外计算温度高，因此，建筑物耗热量指标在数值上比采暖设计热负荷指标要小。

（3）影响建筑物耗热量指标的主要因素

建筑物耗热量指标大小，与许多因素有关，其中主要因素有：体形系数、围护结构传热系数、窗墙面积比、楼梯间设计形式、换气次数、建筑朝向、高层住宅和避风措施。

1）体形系数。试验研究表明，在建筑物各部分围护结构传热系数和窗墙面积比不变的条件下，建筑物耗热量指标随着体形系数的增长而增大，即不同体形系数的建筑，其耗热量指标是不同的，低层和小单元住宅对节能是不利的，它们的建筑物耗热量指标相对要大些。

图 3-2 为北京地区多层和高层住宅建筑耗热量指标随体形系数的变化情况。

2）围护结构传热系数。在建筑物整体尺寸和窗墙面积比不变的情况下，耗热量指标随着围护结构传热系数的下降而降低。采用高效保温的墙体、屋顶和门窗等，会取得显著的节能效果。

3）窗墙面积比。测试结果表明，在寒冷地区采用单层窗、严寒地区采用双层窗或双玻窗的条件下，

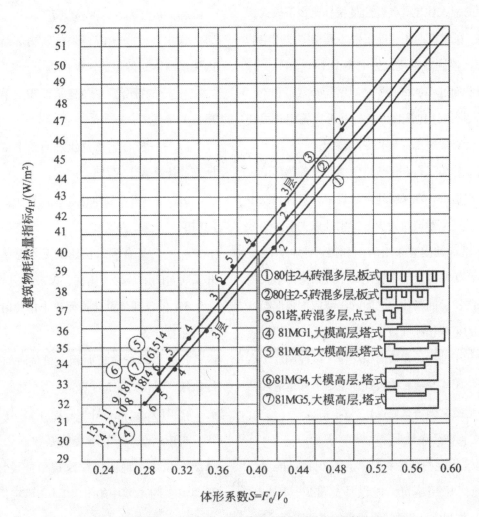

图 3-2 北京地区多层和高层住宅建筑耗热量指标随体形系数的变化

加大窗墙面积比，对于建筑节能是不利的。

4）楼梯间设计形式。多层住宅楼梯间的设计形式对建筑物耗热量指标也有一定影响。如果采用开敞式楼梯间，比有门窗的楼梯间，其耗热量指标约上升10%~20%。

5）换气次数单位时间内换气次数的多少，对建筑物耗热量指标有明显的影响。提高门窗的气密性，换气次数由0.8次/h降至0.5次/h，其耗热量指标可降低10%左右。

6）建筑朝向。根据实际测试表明，多层住宅为东西朝向时，其耗热量指标要比南北向时约增加5.5%。

7）高层住宅。当建筑层数在10层以上时，建筑耗热量指标基本趋于稳定。高层住宅中，带北向封闭式交通廊的板式住宅，其耗热量指标比多层板式住宅约低6%。在建筑面积相近条件下高层塔式住宅的耗热量指标，要比高层板式住宅高10%~14%。体形复杂，凹凸面过多的塔式住宅对节能非常不利。

8）避风措施。建筑物入口处是否设置门斗或其他避风措施，对建筑节能效果影响很大。

综上所述，为了有利于建筑节能和改善热环境，以及降低工程造价，在采暖住宅建设中，应做到以下方面：①尽量避免建造单元少，特别是点式平面的低层住宅；②建筑朝向宜采用南向和接近南向，尽量避免东西向；③寒冷地区多层住宅不应采用开敞式楼梯间，不采暖楼梯间与住户之间的隔墙应加强保温；④严寒地区的采暖楼梯间应设置避风门斗；⑤门窗应具有良好的气密性；⑥窗墙面积比应予以控制；⑦高层住宅宜带封闭式交通廊的板式住宅，不宜建造凹凸面过多、体形复杂的塔式建筑。

（4）建筑物耗热量指标计算

关于建筑物耗热量指标计算，在现行标准《严寒和寒冷地区居住建筑节能设计标准》（JGJ 26-2010）中有具体规定，必须按照要求的方法进行计算。

1）建筑物耗热量指标计算公式

建筑物耗热量指标可按式3-1进行计算

$$q_H = q_{H.T} + q_{INF} - q_{I.H} \qquad \text{（式 3-1）}$$

式中：$q_{H.T}$——建筑物耗热量指标，W/m^2；

q_{INF}——折合到单位建筑面积上单位时间内通过建筑围护结构的传热量，W/m^2；

$q_{I.H}$——折合到单位建筑面积上单位时间内通过建筑物空气渗透耗热量，W/m^2；

H——折合到单位建筑面积上单位时间内通过建筑物内部得热量，取 $3.8W/m^2$。

2）折合到单位建筑面积上单位时间内通过建筑围护结构的传热量计算

折合到单位建筑面积上单位时间内通过建筑围护结构的传热量，可按式3-2计算：

$$q_{H.T} = q_{Hq} + q_{Hw} + q_{Hd} + q_{Hmc} + q_{Hy} \qquad \text{（式 3-2）}$$

式中：q_{Hq}——折合到单位建筑面积上单位时间内通过墙体的传热量，W/m^2；

q_{Hw}——折合到单位建筑面积上单位时间内通过屋顶的传热量，W/m^2；

q_{Hd}——折合到单位建筑面积上单位时间内通过地面的传热量，W/m^2；

q_{Hmc}——折合到单位建筑面积上单位时间内通过门窗的传热量，W/m^2；

q_{Hy}——折合到单位建筑面积上单位时间内通过非采暖封闭阳台的传热量，W/m^2。

3）折合到单位建筑面积上单位时间内通过墙体的传热量计算

折合到单位建筑面积上单位时间内通过墙体的传热量，可按式3-3计算：

$$q_{Hq} = \left(\sum q_{Hqi} \right) / A_0 = \left[\sum \varepsilon_{qi} K_{mqi} F_{qi} (t_n - t_e) \right] / A_0 \quad \text{（式 3-3）}$$

式中：ε_{qi}——外墙传热系数的修正系数，根据《严寒和寒冷地区居住建筑节能设计标准》（JGJ 26-2010）附录E中的附表E.0.2确定；

K_{mqi}——外墙平均传热系数，$W/(m^2 \cdot K)$，根

据《严寒和寒冷地区居住建筑节能设计标准》（JGJ 26-2010）附录 B 计算确定；

F_{qi}——外墙的面积，m²，参照《严寒和寒冷地区居住建筑节能设计标准》（JGJ 26-2010）中附录 F 的规定计算确定；

t_n——室内计算温度，取 18℃；当外墙内侧为楼梯间时，取 12℃；

t_e——采暖期室外平均温度，℃，根据《严寒和寒冷地区居住建筑节能设计标准》（JGJ 26-2010）附录 A 中的附表 A.0.1-1 确定；

A_0——建筑面积，m²，参照《严寒和寒冷地区居住建筑节能设计标准》（JGJ 26-2010）中附录 F 的规定计算确定。

4）折合到单位建筑面积上单位时间内通过屋顶的传热量计算

折合到单位建筑面积上单位时间内通过屋顶的传热量，可按式 3-4 计算：

$$q_{Hw} = (\sum q_{Hwi}) / A_0 = \left[\sum \varepsilon_{wi} K_{mwi} F_{wi}(t_n - t_e)\right] / A_0$$
（式 3-4）

式中：ε_{wi}——屋顶传热系数的修正系数，

K_{mwi}——外墙平均传热系数，W/（m²·K），根据《严寒和寒冷地区居住建筑节能设计标准》（JGJ 26-2010）附录 E 中的附表 E.0.2 确定；

F_{wi}——屋顶的面积，m²，参照《严寒和寒冷地区居住建筑节能设计标准》（JGJ 26-2010）中附录 B 的规定计算确定。

5）折合到单位建筑面积上单位时间内通过地面的传热量计算

折合到单位建筑面积上单位时间内通过地面的传热量，可按式 3-5 计算：

$$q_{Hd} = (\sum q_{Hdi}) / A_0 = \left[\sum K_{di} F_{di}(t_n - t_e)\right] / A_0$$（式 3-5）

式中：K_{di}——地面的传热系数，W/（m²·K），根据

《严寒和寒冷地区居住建筑节能设计标准》（JGJ

26-2010）附录 C 中的规定计算；

F_{di}——屋顶的面积，m²，参照《严寒和寒冷地区居住建筑节能设计标准》（JGJ 26-2010）中附录 F 的规定计算确定。

6）折合到单位建筑面积上单位时间内通过外窗（门）的传热量计算

折合到单位建筑面积上单位时间内通过外窗（门）的传热量，可按式 3-6 计算：

$$q_{Hmc} = (\sum q_{Hmci}) / A_0 = \left\{\sum\left[K_{mci} F_{mci}(t_n - t_e) - I_{tyi} C_{mc} F_{mci}\right]\right\} / A_0$$
（式 3-6）

$$C_{mc} = 0.87 \times 0.70 \times SC$$（式 3-7）

式中：K_{mci}——窗（门）的传热系数，W/（m²K）；

F_{mci}——窗（门）的面积，m²；

I_{tyi}——窗（门）外表面采暖期平均太阳辐射热，W/m²，根据《严寒和寒冷地区居住建筑节能设计标准》（JGJ 26-2010）的附录 A 中的附表 A-1 确定；

C_{mc}——窗（门）的太阳辐射修正系数；

0.87——3mm 普通玻璃的太阳辐射透过率；

0.70——折减系数；

SC——窗的综合遮阳系数，可根据《严寒和寒冷地区居住建筑节能设计标准》（JGJ 26-2010）中的式（4.2.3）计算。

7）折合到单位建筑面积上单位时间内通过非采暖封闭阳台的传热量计算

折合到单位建筑面积上单位时间内通过非采暖封闭阳台的传热量，可按式 3-8 计算

$$q_{Hy} = (\sum q_{Hyi}) / A_0 = \left\{\sum\left[K_{qmci} F_{qmci} \xi_i(t_n - t_e) - I_{tyi} C'_{mc} F_{mci}\right]\right\} / A_0$$
（式 3-8）

$$C'_{mc} = (0.87 \times SC_w)(0.87 \times 0.7 \times SC_n)$$（式 3-9）

式中：K_{qmci}——分隔封闭阳台和室内的墙、窗（门）的面积加权平均传热系数，W/（m²·K）；

F_{qmci}——分隔封闭阳台和室内窗（门）的面积，m²；

ξ_i——阳台的温差修正系数，根据《严寒和寒冷地区居住建筑节能设计标准》（JGJ 26-2010）的附

录 D 中的附表 D-2 确定；

I_{tyi}——封闭阳台外表面采暖期平均太阳辐射热，W/m^2，根据《严寒和寒冷地区居住建筑节能设计标准》（JGJ 26-2010）的附录 A 中的附表 A-1 确定；

C'_{mc}——分隔封闭阳台和室内窗（门）的太阳辐射修正系数；

SC_w——外窗的综合遮阳系数，可根据《严寒和寒冷地区居住建筑节能设计标准》（JGJ 26-2010）中的式（4.2.3）计算；

SC_n——内窗的综合遮阳系数，可根据《严寒和寒冷地区居住建筑节能设计标准》（JGJ 26-2010）中的式（4.2.3）计算。

8）折合到单位建筑面积上单位时间内建筑物空气换热耗热量计算

折合到单位建筑面积上单位时间内建筑物空气换热耗热量，可按式 3-10 计算：

$$q_{INF} = \square t_n - t_e \square \square c_p \rho NV \square / A_0 \qquad （式 3-10）$$

式中：c_p——空气的比热容，取 0.28 Wh /（kgK）；

ρ——空气的密度，kg/m^3，取温度 t_e 下的值；

N——换气次数，取 0.5 次 / h；

V——换气体积，m^3，参照《严寒和寒冷地区居住建筑节能设计标准》（JGJ 26-2010）的附录 F 中的规定计算。

3.4.2 采暖耗煤量指标

（1）采暖耗煤量指标的概念

采暖耗煤量指标系指在采暖期室外平均温度条件下，为保持室内计算温度（如 18℃），单位建筑面积在一个采暖期内消耗的标准煤量，其单位为 kg / m^2。采暖耗煤量指标的大小不仅与建筑耗热量指标有关，而且还与供热系统的效率有关。

采暖耗煤量指标随着建筑物耗热量指标和采暖时间的增长而增长，随着锅炉运行效率和室外管网输送效率的提高而降低，这是采暖耗煤量指标最明显的一个特性。采暖耗煤量指标是用来评价建筑物采暖能耗水平的一个重要指标，某一建筑物或某一居住小区是否节能，是否达到《严寒和寒冷地区居住建筑节能设计标准》（JGJ 26-2010）中的要求，最终要看采暖耗煤量指标。

（2）采暖耗煤量指标的计算

采暖耗煤量指标可按式 3-11 进行计算：

$$q_c = 24Zq_H / H_c\eta_1\eta_2 \qquad （式 3-11）$$

式中：q_c——采暖耗煤量指标，kg 标准煤 / m^2；

Z——采暖期的天数，d，应按照"全国主要城镇采暖期有关参数及建筑物耗热量、采暖耗煤量指标"中的数值采用；

q_H——建筑物耗热量指标，W/m^2；

H_c——标准煤热值，取 8.14×10^3 W·h/kg；

η_1——室外管网输送效率，采取节能措施前取 0.85，采取节能措施后取 0.90；

η_2——锅炉运行效率，采取节能措施前取 0.55，采取节能措施后取 0.68。

根据我国多数地区采暖的实际情况，节约采暖能耗目前主要是指节约采暖用煤。为了将采暖能耗控制在规定水平并便于在各地执行，有关单位编制了"全国主要城镇采暖期有关参数及建筑物耗热量、采暖耗煤量指标"，对建筑采暖耗煤量作出了具体规定。节能住宅建筑采暖耗煤量指标的数值应按式（3-11）计算，计算所得的耗煤量指标不应超过规定的数值。

3.5 建筑热工设计常用的计算方法

3.5.1 围护结构有关热工指标的计算

（1）围护结构传热阻的计算

围护结构传热阻应按式 3-12 进行计算：

$$R_o = R_i + R + R_e \qquad （式 3-12）$$

式中：R_o——围护结构的传热阻，$m^2 \cdot K / W$；

R_i——围护结构内表面换热阻，$m^2 \cdot K / W$，应按表 3-5 采用；

R——围护结构的热阻，$m^2 \cdot K / W$；

R_e——围护结构外表面换热阻，$m^2 \cdot K / W$，应按表 3-6 采用。

（2）围护结构传热系数的计算

围护结构传热系数 K 应按式 3-13 进行计算：

表 3-5 内表面换热系数口 α_i 及内表面换热阻 R_i 值

适用季节	表面特征	内表面换热系数 α_i /[W/ $(m^2 \cdot K)$]	内表面换热阻 R_i/ $(m^2 \cdot K/W)$
冬季和夏季	墙面、地面、表面平整或有肋状突出物（当 h / s≤0.30 时）的顶棚	8.70	0.11
	有肋状突出物（当 h / s＞0.30 时）的顶棚	7.60	0.13

注：表中 h 为肋高，s 为肋间净距。

表 3-6 外表面换热系数 α_e 及外表面换热阻 R_e 值

适用季节	表面特征	外表面换热系数 α_e /[W/ $(m^2 \cdot K)$]	外表面换热阻 R_e/ $(m^2 \cdot K/W)$
冬季	外墙、屋顶、与室外空气直接接触的表面	23.00	0.04
	与室外空气相通的不采暖地下室上面的楼板	17.00	0.06
	闷顶、外墙上有窗的不采暖地下室上面的楼板	12.00	0.08
	外墙上无窗的不采暖地下室上面的楼板	6.00	0.17
夏季	外墙和屋顶	19.00	0.05

$$K=1/R_o \qquad (式 3\text{-}13)$$

式中：αR_o——围护结构的传热阻，$m^2 \cdot K / W$。

（3）围护结构热阻的计算

1）单一材料层的热阻计算

单一材料层的热阻应按式 3-14 计算：

$$R=\delta / \lambda \qquad (式 3\text{-}14)$$

式中：R——材料层的热阻，$m^2 \cdot K / W$；

δ——材料层的厚度，m；

λ——材料的热导率，$W / (m \cdot K)$。

2）多层围护结构热阻的计算

多层围护结构的热阻应按式 3-15 计算：

$$R=R_1+R_2+\cdots+R_n \qquad (式 3\text{-}15)$$

式中：R_1、$R_2 \cdots R_n$——各层材料的热阻，$m^2 \cdot K / W$。

3）多种材料平均热阻的计算

多种材料平均热阻的计算，是指由两种以上材料组成的、两向非均质围护结构（包括各种形式的空

心砌块、填充保温材料的墙体等，但不包括多孔黏土空心砖），其平均热阻应按式 3-16 进行计算：

$$R = \left[\frac{F_o}{\dfrac{F_1}{R_{o1}} + \dfrac{F_2}{R_{o2}} + \cdots + \dfrac{F_n}{R_{on}}} - (R_i + R_e) \right] \varphi \qquad (式 3\text{-}16)$$

式中：R——平均热阻，$m^2 \cdot K / W$；

F_o——与热流方向垂直的总传热面积，m^2，见图 3-3；

F_1、$F_2 \cdots F_n$——按平行于热流方向划分的各传热面积，m^2；

R_{o1}、$R_{o2} \cdots R_{on}$——各个传热面部位的传热阻，$m^2 \cdot K / W$；

R_i——内表面换热阻，取 $0.11 m^2 \cdot K / W$；

R_e——外表面换热阻，取 $0.104 m^2 \cdot K / W$；

φ——修正系数，应按表 3-7 采用。

4）空气间层热阻的确定

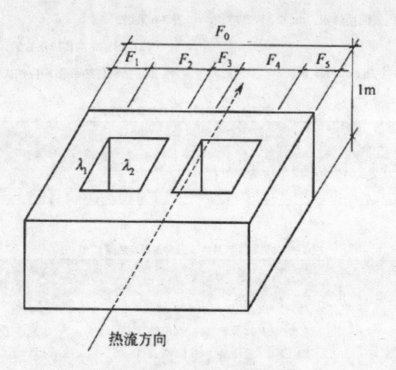

图 3-3 与热流方向垂直的总传热面积

表 3-7 修正系数φ值

λ₂/λ₁	φ值	λ₂/λ₁	φ值
0.09 ~ 0.19	0.86	0.40 ~ 0.69	0.96
0.20 ~ 0.39	0.93	0.70 ~ 0.99	0.98

注：1. 表中 λ 为材料的热导率。当围护结构由两种材料组成时，λ_2 应取较小值，λ_1 应取较大值，然后求两者的比值。

2. 当围护结构由三种材料组成，或有两种厚度不同的空气间层时，值应按比值 $0.5(\lambda_2+\lambda_3)/\lambda_1$ 确定。空气间层的 λ 值，应按表 3-8 空气间层的厚度及热阻求得。

3. 当围护结构中存在圆孔时，应先将圆孔折算成同面积的方孔，然后按以上规定计算。

表 3-8 空气间层热阻值

单位：$m^2 \cdot K/W$

λ₂/λ₁	冬季状况							夏季状况						
	间层厚度/ mm							间层厚度/ mm						
	5	10	20	30	40	50	>60	5	10	20	30	40	50	>60
一般空气间层 热流向下（水平、倾斜）	0.10	0.14	0.17	0.18	0.19	0.20	0.20	0.09	0.12	0.15	0.15	0.16	0.16	0.15
热流向上（水平、倾斜）	0.10	0.14	0.15	0.16	0.17	0.17	0.17	0.09	0.11	0.13	0.13	0.13	0.13	0.13
垂直空气间层	0.10	0.14	0.16	0.17	0.18	0.18	0.18	0.09	0.12	0.14	0.14	0.15	0.15	0.16
单面铝箔空气间层 热流向下（水平、倾斜）	0.16	0.28	0.28	0.51	0.57	0.60	0.64	0.15	0.25	0.37	0.44	0.48	0.52	0.54
热流向上（水平、倾斜）	0.16	0.26	0.26	0.40	0.42	0.42	0.43	0.14	0.20	0.28	0.29	0.30	0.30	0.28
垂直空气间层	0.16	0.26	0.26	0.44	0.47	0.49	0.50	0.15	0.22	0.31	0.34	0.36	0.37	0.37
双面铝箔空气间层 热流向下（水平、倾斜）	0.18	0.34	0.34	0.71	0.84	0.94	1.01	0.16	0.30	0.49	0.63	0.73	0.81	0.86
热流向上（水平、倾斜）	0.17	0.29	0.29	0.52	0.55	0.56	0.57	0.15	0.25	0.34	0.37	0.38	0.38	0.35
垂直空气间层	0.18	0.31	0.31	0.59	0.65	0.69	0.71	0.15	0.27	0.39	0.46	0.49	0.50	0.50

① 一般空气间层、单面铝箔空气间层和双面铝箔空气间层的热阻，应按表 3-8 采用。

② 通风良好的空气间层，其热阻可以不予考虑。这种空气间层的间层温度可取进气温度，表面换热系数可取 12.0 W /（m·K）。

（4）围护结构热惰性指标 D 值的计算

1）单一材料围护结构或单一材料层的 D 值应按式 3-17 计算：

$$D=RS \qquad\qquad\text{（式 3-17）}$$

式中：R——材料的热阻，$m^2 \cdot K / W$；

S——材料的蓄热系数，$W /（m^2 \cdot K）$。

2）多层围护结构的 D 值应按式 3-18 计算：

$$D=D_1+D_2+...+D_n=R_1S_1+R_2S_2+\cdots+R_nS_n \quad\text{（式 3-18）}$$

式中：R_1、$R_2 \cdots R_n$——各层材料的热阻，$m^2 \cdot K/W$；

S_1、$S_2 \cdots S_n$——各层材料的蓄热系数，$W/（m^2 K）$，空气间层的蓄热系数 $S=0$。

3）如某层由两种以上材料组成，则先按式 3-19 计算该层的平均热导率 λ

$$\overline{\lambda} = \frac{\lambda_1 F_1 + \lambda_2 F_2 + \cdots + \lambda_n F_n}{F_1 + F_2 + \cdots + F_n} \qquad\text{（式 3-19）}$$

然后再按式 3-14 计算出该层的平均热阻 R。该层的平均蓄热系数可按式 3-20 进行计算：

$$S = \frac{S_1 F_1 + S_2 F_2 + \cdots + S_n F_n}{F_1 + F_2 + \cdots + F_n} \qquad\text{（式 3-20）}$$

式中：F_1、$F_2 \cdots F_n$——在该层中按平行于热流划分的各个传热面积，m^2；

λ_1、$\lambda_2 \cdots \lambda_n$——各个传热面积上材料的热导率，$W /（m·K）$；

S_1、$S_2 \cdots S_n$——各个传热面积上材料的蓄热系数，$W /（m^2 \cdot K）$。

该层的惰性指标 D 可按式 3-17 计算，即 $D=RS$。

3.5.2 热工设计常用系数的计算

（1）围护结构衰减倍数和延迟时间的计算

1）多层围护结构的衰减倍数应按式 3-21 进行计算：

$$\gamma_0 = 0.9e^{\frac{D}{\sqrt{2}}} \frac{S_1+\alpha_1}{S_1+Y_1} \times \frac{S_2+Y_1}{S_2+Y_2} \cdots \frac{Y_{k-1}}{Y_k} \cdots \frac{S_n+Y_{n-1}}{S_n+Y_n} \times \frac{Y_n+\alpha_e}{\alpha_e}$$

$$\text{（式 3-21）}$$

式中：γ_0——围护结构的衰减倍数；

D——围护结构的热惰性指标，可按前面所列公式进行计算；

α_1、α_e——分别为内、外表面换热系数，取 $\alpha_1 = 8.7 W /（m^2 \cdot K）$，$\alpha_e = 19.0 W /（m^2 \cdot K）$，

S_1、$S_2 \cdots S_n$——由内到处各层材料的蓄热系数，$W /（m^2 \cdot K）$，空气间层的蓄热系数 $S=0$；

Y_1、$Y_2 \cdots Y_n$——由内到处各层材料外表面的蓄热系数，$W /（m^2 \cdot K）$，如图 3-4 所示；

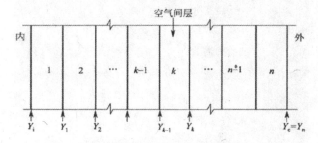

图 3-4 多层围护结构的层次排列

Y_k、Y_{k-1}——分别为空气间层外表面和空气间层前一层材料外表面的蓄热系数，$W /（m^2 \cdot K）$。

2）多层围护结构延迟时间应按式 3-22 计算：

$$\xi_0 = \frac{1}{15}\left(40.5D - \arctan\frac{\alpha_i}{\alpha_i + Y_1\sqrt{2}} + \arctan\frac{R_k Y_{ki}}{R_k Y_{ki} + \sqrt{2}} + \arctan\frac{Y_e}{Y_e + \alpha_e\sqrt{2}} \right)$$

$$\text{（式 3-22）}$$

式中：ξ_0——围护结构延迟时间，h；

Y_e——围护结构外表面（即最后一层外表面）的蓄热系数，$W /（m^2 \cdot K）$；

R_k——空气间层热阻，$m^2 K / W$，可按表 3-8 采用；

Y_{ki}——空气间层内表面的蓄热系数，$W /（m^2 K）$；

（2）室内空气到内表面的衰减倍数及延迟时间的计算

1）室内空气到内表面的衰减倍数应按式 3-23 计算

$$\gamma_i=0.95 \ \square\alpha_i+Y_i\square\ /\alpha_i \tag{式3-23}$$

2）室内空气到内表面的延迟时间应按式 3-24 计算

$$\xi_i=1 \ / \ 15arctan[Y_i \ / \ \square Y_i+1.414\alpha_i\square] \tag{式3-24}$$

式中：ξ_i——表面的延迟时间，h；

α_i——内表面的换热系数，W/（m²·K）；

Y_i——内表面的蓄热系数，W/（m²·K）。

（3）室外综合温度的计算

表 3-9 太阳辐射吸收系数 ρ 值

序号	外表面材料	表面状况	材料色泽	吸收系数 ρ
1	红瓦屋面	旧	红褐色	0.70
2	灰瓦屋面	旧	浅灰色	0.52
3	石棉水泥瓦屋面		浅灰色	0.75
4	沥青油毡屋面	旧、不光滑	黑色	0.85
5	水泥屋面及墙面		青灰色	0.70
6	红砖墙面		红褐色	0.75
7	硅酸盐砖墙面	不光滑	灰白色	0.50
8	石灰粉刷墙面	新、光滑	白色	0.48
9	水刷石墙面	旧、粗糙	灰白色	0.70
10	浅色饰面砖及浅色涂料		浅黄、浅绿色	0.50
11	草坪		绿色	0.80

1）室外综合温度各小时值应按式 3-25 计算：

$$t_{sa}=t_e+\rho I \ / \ \alpha_e \tag{式3-25}$$

式中：t_{sa}——室外综合温度，℃；

t_e——室外空气温度，℃；

ρ——太阳辐射吸收系数，应按表 3-9 采用；

I——水平或垂直面上的太阳辐射照度，W/m²；

α_e——外表面换热系数，取 α_e=19.0W/（m²·K）。

2）室外综合温度平均值应按式 3-26 计算：

$$t_{as1}=t_{e1}+\rho I/\alpha_e \tag{式3-26}$$

式中：t_{sal}——室外综合温度平均值，℃；

t_{e1}——室外空气温度平均值，℃，可查本章附表 3-1；

ρ——太阳辐射吸收系数，应按表 3-9 采用；

I——水平或垂直面上的太阳辐射照度，W/m²，可查本章附表 3-2、附表 3-3；

α_e——外表面换热系数，取 α_e=19.0 W/（m²·K）。

3）室外综合温度波幅应按式 3-27 计算：

$$A_{tsa}=\square A_{te}+A_{ts}\square\beta \tag{式3-27}$$

式中：A_{tsa}——室外综合温度波幅，℃；

A_{te}——室外空气温度波幅，℃，可查本章附表 3-1；

β——相位差修正系数，根据 A_{te} 与 A_{ts} 的比值（两

表 3-10 相位差修正系数 β 值

A_{te} 与 A_{ts} 的比值	$\varphi_{te}-\varphi_1$ / h									
	1	2	3	4	5	6	7	8	9	10
1.0	0.99	0.97	0.92	0.87	0.79	0.71	0.60	0.50	0.38	0.26
1.5	0.99	0.97	0.93	0.87	0.80	0.72	0.63	0.53	0.42	0.32
2.0	0.99	0.97	0.93	0.88	0.81	0.74	0.66	0.58	0.49	0.41
2.5	0.99	0.97	0.94	0.89	0.83	0.76	0.69	0.62	0.55	0.49
3.0	0.99	0.97	0.94	0.90	0.85	0.79	0.72	0.65	0.60	0.55
3.5	0.99	0.97	0.94	0.91	0.86	0.81	0.76	0.69	0.64	0.59
4.0	0.99	0.97	0.95	0.91	0.87	0.82	0.77	0.72	0.67	0.63
4.5	0.99	0.97	0.95	0.92	0.88	0.83	0.79	0.74	0.70	0.66
5.0	0.99	0.98	0.95	0.92	0.89	0.85	0.81	0.76	0.72	0.69

者中数值较大者为分子）及 φ_{te} 与 φ_1 之间的差值按表 3-10 采用；

A_{ts}——太阳辐射当量温度波幅，℃。

$$A_{ts}=\rho \square I_{max}-I_1 \square /\alpha_e \qquad \text{（式 3-28）}$$

式中：I_{max}——水平或垂直面上的太阳辐射照度最大值，W / m²，可查本章附表 3-2、附表 3-3；

I_1——水平或垂直面上的太阳辐射照度平均值，w / m²，可查本章附表 3-2、附表 3-3；

ρ——太阳辐射吸收系数，应按表 3-9 采用；

α_e——外表面换热系数，取 α_e=19.0 W/ （m²·K）。

（4）表面蓄热系数的计算

1）多层围护结构各层外表面蓄热系数的计算

多层围护结构各层外表面蓄热系数的计算，应按下列规定由内到外层进行计算。

①如果任何一层的热惰性指标 $D \geqslant 1$，则材料外表面的蓄热系数与材料的蓄热系数相等，y=S，即取该层材料的蓄热系数。

②如果第一层材料的热惰性指标 $D<1$，应按式 3-29 计算表面蓄热系数：

$$Y_1 = (R_1^2 S_1 + \alpha_i)/(1+R_1\alpha_i) \qquad \text{（式 3-29）}$$

③如果第二层材料的热惰性指标 $D<1$，应按式 3-30 计算表面蓄热系数：

$$y Y_2 = (R_2^2 S_2 + Y_1)/(1+R_2 Y_1) \qquad \text{（式 3-30）}$$

④其余依次类推，直到最后一层（第 n 层），第 n 层应按式（3-31）计算表面蓄热系数：

$$Y_n = (R_n^2 S_n + Y_{n-1})/(1+R_n Y_{n-1}) \qquad \text{（式 3-31）}$$

式中：S_1、S_2 … S_n——各层材料的蓄热系数，W/ （m²·K）；

Y_1、Y_2 … Y_n——各层材料外表面的蓄热系数，W/ （m²·K）；

R_1、R_2 … R_n——各层材料的热阻，（m²·K）/ W，

α_i——内表面的换热系数，W/ （m²·K）。

2）多层围护结构外表面蓄热系数，应取最后一层材料的外表面蓄热系数，即 $Y_n=Y_e$。

3）多层围护结构内表面蓄热系数应按下列规定计算

①如果多层围护结构中的第一层（即紧接内表面的一层）$D_1 \geqslant 1$，则多层围护结构内表面蓄热系数应取第一层材料的蓄热系数，即 $Y_1=S_1$。

②如果多层围护结构中最接近内表面的第 m 层，$D_m \geqslant 1$，则取 $Y_m=S_m$。然后从第 m-1 层开始，由外向内逐层计算，直至第一层 Y_1，即为所求的多层围护结构内表面蓄热系数。

③如果多层围护结构中的每一层 D 值均小于 1，则计算应当从最后一层（第 n 层）开始，然后由外向内逐层计算，直至第一层 Y_1，即为所求的多层围护结构内表面蓄热系数。

（5）围护结构内表面最高温度的计算

1）非通风围护结构内表面最高温度的计算

非通风围护结构内表面最高温度可按式 3-32 计算：

$$\theta_{i \cdot max}=\theta_{i1}+ \square A_{tsa}/y_o+A_{ti} / y_i \square \beta \qquad \text{（式 3-32）}$$

内表面平均温度可按式 3-33 计算：

$$\theta_{i1}=t_{i1}+ \square t_{sa1}-t_{i1} \square /R_o \alpha_i$$

（式 3-33）

式中：$\theta_{i \cdot max}$——内表面最高温度，℃；

θ_{i1}——内表面平均温度，℃；

A_{tsa}——室外综合温度波幅值，℃，应按式 3-27 计算；

y_o——围护结构衰减倍数，应按式 3-21 计算；

A_{ti}——室内计算温度波幅，℃，取 $A_{ti}=A_{te}$-1.5，A_{te} 为室外空气温度波幅，可查本章附表 3-1；

y_i——室内空气到内表层的衰减倍数，应按式 3-21 计算；

β——相位差修正系数，根据 A_{te} 与 A_{ts} 的比值（两者中数值较大者为分子）及 φ_{te} 与 φ_1 之间的差值按表 3-10 采用；

t_{i1}——室内计算温度平均值，℃，取 $t_{i1}=t_{e1}+ 1.5$℃；

t_{sa1}——室外综合平均温度,℃,应按式3-26计算。

2) 通风屋顶内表面最高温度的计算

对于薄型屋面层(如混凝土薄板、大阶砖等)、厚型基层(如混凝土实心板、空心板等),间层高度为20cm左右的通风屋顶,其内表面最高温度应按下列规定进行计算。

① 面层下表面温度最高值、平均值和波幅值应分别按下列三式进行计算:

$$\theta_{i \cdot max}=0.80t_{sa \cdot max} \qquad (式3-34)$$

$$\theta_1=0.54t_{sa \cdot max} \qquad (式3-35)$$

$$A_{\theta1}=0.26t_{sa \cdot max} \qquad (式3-36)$$

式中:$\theta_{i \cdot max}$——面层下表面温度最高值,℃;

θ_1——面层下表面温度平均值,℃;

$A_{\theta1}$——面层下表面温度波幅值,℃;

$t_{sa \cdot max}$——室外综合温度最高值,℃,应按式3-25室外综合温度各小时值,然后取其中的最高值。

② 间层综合温度(作为基层上表面的热作用)的平均值和波幅值应分别按以下二式进行计算:

$$t_{vc \cdot sy} = 0.5 \square t_{vc}+\theta_1 \square \qquad (式3-37)$$

$$A_{tvc \cdot sy} = 0.5 \square A_{tvc}+A_{\theta1} \square \qquad (式3-38)$$

式中:$t_{vc \cdot sy}$——间层综合温度平均值,℃;

$A_{tvc \cdot sy}$——间层综合温度波幅值,℃;

t_{vc}——间层空气温度平均值,℃;取 $t_{vc}=1.06t_{e1}$,t_{e1} 为室外空气温度平均值,℃;

θ_1——面层下表面温度平均值,℃;

$A_{\theta1}$——间层空气温度波幅值,℃,取 $A_{tvc}=1.3A_{te}$,A_{te} 为室外空气温度波幅;

$A_{\theta1}$——面层下表面温度波幅值,℃。

③ 在求得间层综合温度后,即可按照前面所述

方法计算基层内表面(即下表面)的最高温度。在进行计算中,间层综合温度最高值出现时间取 13.6h。

(6) 地面吸热指数 B 值的计算

地面吸热指数 B 值,应根据地面中影响吸热的界面位置,按照下面几种情况计算:

1) 影响吸热的界面在最上一层内,即当

$$\delta_1^2/\alpha_1\tau \geq 3.0 \qquad (式3-39)$$

式中:δ_1——最上一层材料的厚度,m;

α_1——最上一层材料的导温系数,m^2/h;

τ——人脚与地面接触的时间,取 0.2h。

在以上情况下,地面吸热指数 B 值应按式3-40计算:

$$B=b_1= \square \lambda_1 c_1 \rho_1)^{0.5} \qquad (式3-40)$$

式中:b_1——最上一层材料的热渗透系数,$W/(m^2 \cdot h^{-1/2} \cdot K)$;

λ_1——最上一层材料的热导率,$W/(m \cdot K)$;

c_1——最上一层材料的比热容,$W \cdot h/(kg \cdot K)$;

ρ_1——最上一层材料的密度,kg/m^3。

2) 影响吸热系数的界面在第二层内,即当

$$\delta_1^2/\alpha_1\tau +\delta_2^2/\alpha_2\tau \geq 3.0 \qquad (式3-41)$$

式中:δ_2——第二层材料的厚度,m;

α_2——第二层材料的导温系数,m^2/h。

在以上情况下,地面吸热指数 B 值应按式3-42计算:

$$B=b_2 \square 1+K_{1,2} \square \qquad (式3-42)$$

式中:b_2——层材料的热渗透系数,$W/(m^2 \cdot h^{-1/2} \cdot K)$;

$K_{1,2}$——第一、二两层地面吸热计算指数,根据 b_2/b_1 和 $\delta_1^2/\alpha_1\tau$ 两值查表3-11。

3) 影响吸热系数的界面在第二层以下,即按式3-41 求得的结果小于3.0,则影响吸热的界面位于第三层或更深处。这样,可仿照式3-42求出 $B_{2,3}$ 或 $B_{3,4}$ 等,然后按顺序依次求出 $B_{1,2}$ 值。这时,式中的 $K_{1,2}$ 值应根据 b_2/b_1 和 $\delta_1^2/\alpha_1\tau$ 值按表3-11查得。

表 3-11 地面计算吸热系数 K 值

b_2/b_1 \ $\hat{\varepsilon}_1/a_1\tau$	0.005	0.01	0.05	0.10	0.15	0.20	0.25	0.30	0.40	0.50	0.60	0.80	1.00	1.50	2.00	3.00
0.2	-0.82	-0.80	-0.80	-0.79	-0.78	-0.78	-0.77	-0.76	-0.73	-0.70	-0.65	-0.56	-0.47	-0.30	-0.18	-0.07
0.3	-0.70	-0.70	-0.69	-0.69	-0.68	-0.67	-0.66	-0.64	-0.61	-0.58	-0.54	-0.46	-0.39	-0.24	-0.15	-0.05
0.4	-0.60	-0.60	-0.59	-0.58	-0.57	-0.56	-0.55	-0.54	-0.51	-0.47	-0.44	-0.37	-0.31	-0.19	-0.12	-0.04
0.5	-0.50	-0.50	-0.49	-0.48	-0.47	-0.46	-0.45	-0.43	-0.41	-0.38	-0.35	-0.29	-0.24	-0.15	-0.09	-0.03
0.6	-0.40	-0.40	-0.39	-0.38	-0.37	-0.36	-0.35	-0.34	-0.31	-0.29	-0.26	-0.22	-0.18	-0.11	-0.07	-0.03
0.7	-0.30	-0.30	-0.29	-0.28	-0.27	-0.26	-0.25	-0.24	-0.22	-0.21	-0.19	-0.15	-0.13	-0.8	-0.05	-0.07
0.8	-0.20	-0.20	-0.19	-0.19	-0.18	-0.17	-0.16	-0.16	-0.14	-0.13	-0.12	-0.10	-0.08	-0.05	-0.03	-0.00
0.9	-0.10	-0.10	-0.10	-0.09	-0.09	-0.08	-0.08	-0.08	-0.07	-0.06	-0.06	-0.05	-0.04	-0.02	-0.01	-0.00
1.1	0.10	0.10	0.09	0.09	0.09	0.08	0.08	0.07	0.07	0.06	0.05	0.04	0.04	0.02	0.01	0.00
1.2	0.20	0.20	0.19	0.18	0.17	0.16	0.15	0.14	0.13	0.11	0.10	0.08	0.07	0.04	0.03	0.00
1.3	0.30	0.30	0.28	0.26	0.24	0.23	0.22	0.20	0.18	0.16	0.15	0.13	0.10	0.06	0.04	0.01
1.4	0.40	0.40	0.38	0.34	0.32	0.30	0.28	0.26	0.24	0.21	0.19	0.15	0.12	0.08	0.05	0.02
1.5	0.50	0.49	0.46	0.42	0.39	0.37	0.34	0.32	0.29	0.25	0.23	0.18	0.15	0.09	0.05	0.02
1.6	0.60	0.59	0.55	0.50	0.46	0.43	0.40	0.38	0.33	0.30	0.26	0.21	0.17	0.10	0.06	0.02
1.7	0.70	0.58	0.63	0.58	0.53	0.49	0.46	0.43	0.38	0.33	0.30	0.24	0.19	0.12	0.07	0.03
1.8	0.79	0.78	0.71	0.65	0.60	0.55	0.51	0.48	0.42	0.36	0.33	0.26	0.21	0.13	0.08	0.03
1.9	0.89	0.88	0.80	0.72	0.66	0.61	0.56	0.52	0.46	0.40	0.36	0.29	0.23	0.14	0.08	0.03
2.0	0.99	0.97	0.88	0.79	0.72	0.66	0.61	0.57	0.49	0.44	0.39	0.31	0.25	0.15	0.09	0.03
2.2	1.18	1.16	1.03	0.92	0.83	0.76	0.70	0.65	0.56	0.49	0.44	0.35	0.28	0.17	0.10	0.04
2.4	1.37	1.35	1.19	1.04	0.94	0.85	0.78	0.72	0.62	0.55	0.48	0.38	0.31	0.19	0.11	0.04
2.6	1.57	1.53	1.33	1.16	1.04	0.94	0.86	0.79	0.68	0.60	0.52	0.42	0.34	0.20	0.12	0.04
2.8	1.77	1.72	1.47	1.27	1.13	1.02	0.93	0.85	0.73	0.66	0.56	0.45	0.35	0.21	0.13	0.05
3.0	1.95	1.89	1.60	1.37	1.21	1.09	0.99	0.91	0.78	0.68	0.60	0.47	0.38	0.23	0.14	0.05

附表 3-1 围护结构夏季室外计算温度

城市名称	夏季室外计算温度／℃			城市名称	夏季室外计算温度／℃		
	平均值	最高值	波幅值		平均值	最高值	波幅值
西安	32.3	38.4	6.1	武汉	32.4	36.9	4.5
汉中	29.5	35.8	6.3	宜昌	32.0	38.2	6.2
北京	30.2	36.3	6.1	黄石	33.0	37.9	4.9
天津	30.4	35.4	5.0	长沙	32.7	37.9	5.2
石家庄	31.7	38.3	6.6	藏江	30.4	36.3	5.9
济南	33.0	37.3	4.3	岳阳	32.5	35.9	3.4
青岛	28.1	31.1	3.0.	株洲	34.4	39.9	5.5
上海	31.2	36.1	4.9	衡阳	32.8	38.3	5.5
南京	32.0	37.1	5.1	广州	31.1	35.6	4.5
常州	32.3	36.4	4.1	海口	30.7	36.3	5.6
徐州	31.5	36.7	5.2	汕头	30.6	35.2	4.6
东台	31.1	35.8	4.7	韶关	31.5	36.3	4.8
合肥	32.3	36.8	4.5	德庆	31.2	36.6	5.4
芜湖	32.5	36.9	4.4	湛江	30.9	35.5	4.6
阜阳	32.1	37.1	5.2	南宁	31.0	36.7	5.7
杭州	32.1	37.2	5.1	桂林	30.9	36.2	5.3
衢县	32.1	37.6	5.5	百色	31.8	37.6	5.8
温州	30.3	35.7	5.4	梧州	30.9	37.0	6.1
南昌	32.9	37.8	4.9	柳州	32.9	38.8	5.9
赣州	32.2	37.8	5.6	桂平	32.4	37.5	5.1
九江	32.8	37.4	4.6	成都	29.2	34.4	5.2
景德镇	31.6	37.2	5.6	重庆	33.2	38.9	5.7
福州	30.9	37.2	6.3	达县	33.2	38.6	5.4
建阳	30.5	37.3	6.8	南充	34.0	39.3	5.3
南平	30.8	37.4	6.6	贵阳	26.9	32.7	5.8
永安	30.8	37.3	6.5	铜仁	31.2	37.8	6.6
漳州	31.3	37.1	5.8	遵义	28.5	34.1	5.6
厦门	30.8	35.5	4.7	思南	31.4	36.8	5.4
郑州	32.5	38.8	6.3	昆明	23.3	29.3	6.0
信阳	31.9	36.6	4.7	元江	33.7	40.3	6.6

附表 3-2 全国主要城市夏季太阳辐射照度　　　　　　　　　　　　　单位：W/m²

城市名称	朝向	地方太阳时													日总量	昼夜平均
		6	7	8	9	10	11	12	13	14	15	16	17	18		
南宁	S	17	60	98	129	150	182	196	182	150	129	98	60	17	1458	61.2
	W (E)	17	60	98	129	150	162	166	352	502	591	594	483	255	3559	148.2
	N	100	168	186	175	157	162	166	162	157	176	186	168	100	2064	86.0
	H	60	251	473	678	838	942	976	942	838	678	473	251	60	7462	310.9
广州	S	15	53	89	118	138	175	189	175	138	118	89	53	15	1365	56.9
	W (E)	15	53	89	118	138	151	154	341	494	586	591	487	265	3482	145.1
	N	101	163	176	162	143	151	154	151	143	162	176	163	101	1946	81.1
	H	58	244	462	664	824	926	962	926	824	664	462	244	58	7318	304.9
福州	S	16	52	86	112	163	211	227	211	163	112	86	52	16	1507	62.8
	W (E)	16	52	86	112	131	143	146	344	508	609	624	528	305	3604	150.2
	N	113	162	159	131	131	143	146	143	131	131	159	162	113	1824	76.0
	H	70	261	481	685	845	949	983	949	845	685	481	261	70	7565	315.2
贵阳	S	20	67	110	145	205	255	273	255	205	145	110	67	20	1877	78.2
	W (E)	20	67	110	145	169	184	189	375	524	608	603	489	267	3750	156.3
	N	103	163	174	158	169	184	189	184	169	158	174	163	103	2091	87.1
	H	73	269	496	708	876	983	1021	983	876	708	496	269	73	7831	326.3
长沙	S	16	48	79	106	184	236	254	236	184	106	79	48	16	1592	66.3
	W (E)	16	48	79	104	123	134	138	345	518	629	651	561	341	3687	153.6
	N	124	159	141	104	123	134	138	134	123	104	141	159	124	1708	71.2
	H	77	272	493	697	860	964	1000	964	860	697	493	272	77	7726	321.9
北京	S	30	65	116	245	352	423	447	423	352	245	116	65	30	2909	121.2
	W (E)	30	65	95	118	136	147	151	364	543	662	697	629	441	4078	169.9
	N	148	137	95	118	136	147	151	147	136	118	95	137	148	1713	71.4
	H	139	336	543	730	878	972	1003	972	878	730	543	336	139	8199	341.6
郑州	S	20	53	83	172	261	319	340	319	261	172	83	52	20	2156	89.8
	W (E)	20	53	83	109	126	138	141	333	491	590	609	528	338	3559	148.3
	N	118	132	98	109	126	138	141	138	126	109	98	132	118	1583	66.0
	H	95	275	475	661	808	902	935	902	808	661	475	275	95	7367	307.0
上海	S	18	50	79	134	217	273	291	273	217	134	79	50	18	1833	76.4
	W (E)	18	50	79	102	119	130	133	336	505	615	640	558	353	3638	151.5
	N	125	148	118	102	119	130	133	130	119	102	118	148	125	1617	67.4
	H	88	276	487	681	836	933	967	933	836	681	487	276	88	7569	315.4
武汉	S	17	47	76	125	207	261	280	261	207	125	76	47	17	1746	72.8
	W (E)	17	47	76	100	117	127	131	332	501	609	633	551	345	3586	149.4
	N	123	147	120	100	117	127	131	127	117	100	120	147	123	1599	66.6
	H	83	269	480	675	829	928	961	928	829	675	480	269	83	7489	312.0

(续)

城市名称	朝向	地方太阳时												日总量	昼夜平均
		6	7	8	9	10	11	12	13	14	15	16	17	18		
西安	S	24	60	94	180	267	325	345	325	267	180	94	60	24	2245	93.5
	W (E)	24	60	94	122	141	153	157	344	496	591	607	523	332	3644	151.8
	N	119	139	111	122	141	153	157	153	141	122	111	139	119	1727	72.0
	H	98	282	486	672	819	914	945	914	819	672	486	282	98	7487	312.0
重庆	S	16	47	79	119	200	252	270	252	200	119	79	47	16	1696	70.7
	W (E)	16	47	79	104	122	133	138	340	509	617	640	555	345	3645	151.9
	N	124	153	131	104	122	133	138	133	122	104	131	153	124	1672	69.7
	H	81	270	487	686	844	945	980	945	844	686	487	270	81	7606	316.9
杭州	S	18	53	84	131	209	261	279	261	209	131	84	53	18	1791	74.5
	W (E)	18	53	84	109	127	138	143	333	490	590	608	521	318	3532	147.2
	N	116	147	127	109	127	138	143	138	127	109	127	147	116	1671	69.6
	H	82	266	473	664	815	910	944	910	815	664	473	266	82	7364	305.8
南京	S	18	51	82	148	237	296	316	295	237	148	82	51	18	1980	82.5
	W (E)	18	51	82	108	126	138	141	350	521	629	650	560	350	3724	155.1
	N	124	146	117	108	126	138	141	138	126	108	117	146	124	1659	69.1
	H	89	281	497	700	860	964	999	964	860	700	497	281	89	7781	324.2
南昌	S	15	46	76	108	180	244	262	244	189	108	76	46	15	1618	67.4
	W (E)	15	46	76	101	118	132	133	350	530	647	676	589	366	3779	157.4
	N	131	161	138	101	118	130	133	130	118	101	138	161	131	1691	70.5
	H	82	280	505	714	879	985	1021	985	879	714	505	280	82	7911	329.6
合肥	S	18	51	81	150	241	302	324	302	241	150	81	51	18	2010	83.8
	W (E)	18	51	81	106	125	137	141	361	544	660	687	596	377	3884	161.8
	N	133	153	119	106	125	137	141	137	125	106	119	153	133	1687	70.3
	H	94	294	521	1730	897	1004	1040	1004	897	730	521	294	94	8120	338.3

附表 3-3 全国主要城市冬季太阳辐射照度　　　　　　单位：W/m²

城市	月份	朝向	6	7	8	9	10	11	12	13	14	15	16	17	18	日总量	昼夜平均
北京	11	S			152	331	471	558	587	558	471	331	152			3611	150.4
		W (E)			35	77	105	121	127	249	328	327	209			1578	65.7
		N			35	77	105	121	127	121	105	77	35			803	33.5
		H			86	223	340	416	442	416	340	223	86			2511	107.1
	12	S			128	333	498	599	633	599	498	333	128			3749	156.2
		W (E)			26	79	117	140	148	165	333	308	162			1578	65.8
		N			26	79	117	140	148	140	117	79	26			872	36.3
		H			51	181	298	374	400	374	298	181	51			2208	92.0
	1	S			160	370	534	635	669	635	534	370	160			4067	169.5
		W (E)			36	92	130	154	162	290	368	355	211			1795	74.8
		N			36	92	130	154	162	154	130	92	36			986	41.1
		H			74	217	341	421	449	421	341	217	74			2555	106.5
	2	S		1	195	368	501	583	613	583	501	368	195			3908	162.8
		W (E)			62	105	133	149	154	288	381	395	290	1		1959	81.6
		N			62	105	133	149	154	149	133	105	62			1076	44.8
		H		1	154	308	433	513	540	513	433	308	154	1		3358	139.9
	3	S		74	213	351	464	536	561	536	464	351	212	74		3831	159.6
		W (E)		43	99	140	167	183	189	324	410	447	379	196		2586	107.8
		N		43	99	140	167	183	189	183	167	140	99	43		1453	60.5
		H		94	216	421	548	629	657	629	548	421	261	94		4563	190.0
呼和浩特	10	S		6	243	419	557	644	674	644	557	419	243	6		4412	183.8
		W (E)		2	62	100	125	139	145	310	434	479	402	18		2216	92.3
		N		2	62	100	125	139	145	139	125	100	62	2		1001	41.7
		H		4	190	354	487	572	601	572	487	354	190	4		3815	159.0
	11	S			170	372	528	623	655	623	528	372	170			4041	168.4
		W (E)			36	79	106	123	127	267	360	365	234			1697	70.7
		N			36	79	106	123	127	123	106	79	36			815	34.0
		H			88	234	359	439	467	439	359	234	88			2707	112.8
	12	S			161	395	579	690	728	690	579	395	161			4378	182.4
		W (E)			24	77	117	139	147	288	375	362	207			1736	72.3
		N			24	77	117	139	147	139	117	77	24			861	35.9
		H			50	190	316	398	426	398	316	190	50			2334	97.3
	1	S			167	389	559	661	696	661	559	389	167			4248	177.0
		W (E)			38	95	134	157	163	298	382	372	219			1858	77.4.
		N			38	95	134	157	163	157	134	95	38			1011	42.1
		H			76	223	347	426	453	426	347	223	76			2597	108.2
	2	S		1	234	426	574	666	697	666	574	426	234	1		4499	187.5
		W (E)			60	102	130	145	151	311	426	458	357	3		2143	89.3
		N			60	102	130	145	151	145	130	102	60			1025	42.7
		H		1	162	329	462	547	576	547	462	329	162	1		3578	149.1
	3	S		79	222	365	480	554	580	554	480	365	222	79		3980	165.8
		W (E)		43	96	136	162	177	183	324	427	464	400	216		2628	109.5
		N		43	96	136	162	177	183	177	162	136	96	43		1411	58.8
		H		96	264	423	548	629	657	629	548	423	264	96		4577	190.7

（续）

城市	月份	朝向	地方太阳时												日总量	昼夜平均
			6	7	8	9	10	11	12	13	14	15	16	17	18		
沈阳	11	S			131	297	431	515	543	431	297	131				3291	137.1
		W（E）			25	61	87	101	105	293	290	180				1361	56.7
		N			25	61	87	101	105	87	61	25				653	27.2
		H			62	182	287	355	379	287	182	62				2151	89.6
	12	S			11	269	421	516	547	421	269	11				2981	124.2
		W（E）			2	61	97	118	125	277	247	15				1167	48.6
		N			2	61	97	118	125	97	61	2				681	28.4
		H			4	137	239	308	331	239	137	4				1707	71.1
	1	S			115	287	432	525	557	432	287	115				3275	136.5
		W（E）			23	70	108	131	138	296	272	151				1429	59.5
		N			23	70	108	143	150	108	70	23				838	34.9
		H			46	161	268	339	364	268	161	46				1992	83.0
	2	S		1	177	343	476	561	591	476	348	177	1			3707	154.5
		W（E）			46	89	119	137	143	354	364	267	2			1791	74.6
		N			46	89	119	137	143	119	89	46				925	38.5
		H			123	267	389	468	495	389	267	123				2989	124.5
	3	S		70	205	340	451	522	546	451	340	205	70			3722	155.1
		W（E）		34	83	119	145	159	163	396	430	373	207			2407	100.3
		N		34	83	119	145	159	163	145	119	83	34			1243	51.8
		H		82	234	382	500	575	601	500	382	234	82			4147	172.8
哈尔滨	10	S		2	177	273	457	538	566	538	457	273	177	2		3460	144.2
		W（E）		1	43	75	98	112	117	247	340	362	286	6		1687	70.3
		N		1	43	75	98	112	117	112	98	75	43	1		775	32.5
		H		1	123	251	358	426	451	426	358	251	123	1		2769	115.4
	11	S			113	287	431	521	552	521	431	287	113			3256	136.7
		W（E）			16	51	76	90	95	210	282	274	157			1251	52.1
		N			16	51	76	90	95	90	76	51	16			561	23.4
		H			41	150	250	315	338	315	250	150	41			1850	77.1
	12	S			3	241	402	504	539	504	402	241	3			2839	118.3
		W（E）				45	81	103	110	208	255	217	4			1023	42.6
		N				45	81	103	110	103	81	45				568	23.7
		H			1	101	196	262	284	262	196	101	1			1404	58.5
	1	S			12	281	436	534	568	534	436	281	12			3095	128.9
		W（E）			2	59	95	118	125	230	287	261	16			1193	49.7
		N			2	59	95	118	125	118	95	59	12			673	28.0
		H			3	133	234	303	325	303	234	133	3			1672	69.7
	2	S			163	333	473	561	591	561	473	333	163			3651	152.1
		W（E）			38	77	105	122	127	254	338	346	245			1652	68.8
		N			38	77	105	122	127	122	105	77	38			811	33.8
		H			98	231	344	417	443	417	344	231	98			2623	109.3
	3	S		66	196	332	444	516	541	516	444	332	196	66		3649	152.0
		W（E）		30	74	109	133	147	152	280	372	403	346	191		2237	93.2
		N		30	74	109	133	147	152	147	133	109	74	30		1138	47.4
		H		70	208	343	451	521	545	521	451	343	208	70		3731	155.5

(续)

城市	月份	朝向	地方太阳时													日总量	昼夜平均
			6	7	8	9	10	11	12	13	14	15	16	17	18		
哈尔滨	4	S	19	77	176	280	366	423	444	423	366	280	176	77	19	3126	130.3
		W (E)	19	63	103	133	154	167	172	282	365	398	357	260	101	2584	107.7
		N	19	63	103	133	154	167	172	154	133	103	63	63	19	1450	50.4
		H	40	157	290	414	511	573	595	673	511	414	290	157	40	4565	190.2
西安	12	S			89	218	327	396	421	396	327	218	89			2481	103.4
		W (E)			33	86	124	148	155	219	245	210	108			1328	55.3
		N			33	86	124	148	155	148	124	86	33			937	39.0
		H			61	170	268	333	355	333	268	170	61			2019	84.1
	1	S			95	223	330	397	421	397	330	223	95			2511	104.6
		W (E)			43	96	134	158	166	230	255	222	117			1421	59.2
		N			43	96	134	158	166	158	134	96	43			1028	42.8
		H			76	190	289	354	376	354	289	190	76			2194	91.4
	2	S		1	102	209	296	352	372	352	296	209	102	1		2292	95.5
		W (E)		1	60	103	133	150	155	220	252	227	134	1		1439	59.8
		N		1	60	103	133	150	155	150	133	103	60	1		1049	43.7
		H		2	120	238	337	400	422	400	357	238	120	2		2616	109.0
兰州	11	S			117	258	375	451	476	451	375	258	117			2878	119.9
		W (E)			40	89	125	147	154	239	283	260	157			1494	62.3
		N			40	89	125	147	154	147	125	89	40			956	39.8
		H			90	223	339	417	444	417	339	223	90			2582	107.6
	12	S			83	218	337	414	440	414	337	218	83			2544	106.0
		W (E)			30	86	130	158	167	230	251	208	101			1361	56.7
		N			30	86	130	158	167	158	130	86	30			975	40.6
		H			54	167	273	343	367	343	273	167	54			2041	85.0
	1	S			96	232	348	424	450	424	348	232	96			2650	110.4
		W (E)			39	95	139	165	174	241	266	229	120			1468	61_2
		N			39	95	139	165	174	165	139	95	39			1050	43.8
		H			69	189	295	365	389	365	295	189	69			2225	92.7
	2	S		1	139	273	383	453	477	453	383	273	139	1		2975	124.0
		W (E)		1	66	117	153	174	180	268	316	297	195	2		1769	73.7
		N		1	66	117	153	174	180	174	153	117	66	1		1202	50.1
		H		1	141	286	407	484	511	484	407	286	141	1		3149	131.2
	3	S		53	160	272	364	423	444	423	364	272	160	53		2988	124.5
		W (E)		41	103	254	190	211	218	302	350	338	254	106		2267	94.5
		N		41	103	154	190	211	218	211	190	154	103	41		1615	67.3
		H		79	227	376	496	573	600	573	496	376	227	79		4102	170.9
西宁	10	S		61	215	362	477	550	574	550	477	362	215	61		3904	162.7
		W (E)		20	72	108	132	146	151	291	395	429	353	154		2251	93.8
		N		20	72	108	132	146	151	146	132	108	72	20		1107	46.1
		H		47	200	354	479	558	586	558	479	354	200	47		3862	160.9
	11	S			219	417	565	654	685	654	565	417	219			4395	183.2
		W (E)			47	89	116	132	137	290	398	421	305			1935	80.6
		N			47	89	116	132	137	132	116	89	47			905	37.7
		H			126	289	423	509	539	509	423	289	126			3233	134.7

(续)

城市	月份	朝向	地方太阳时												日总量	昼夜平均
			6	7	8	9	10	11	12	13	14	15	16	17	18		
西宁	12	S			207	437	608	710	745	710	608	437	207			4669	194.5
		W (E)			39	95	134	157	163	312	409	410	264			1933	32.6
		N			39	95	134	157	163	157	134	95	39			1013	42.2
		H			86	244	376	462	493	462	376	244	86			2829	117.9
	1	S			215	437	601	700	733	700	601	437	215			4639	193.3
		W (E)			52	108	145	167	175	323	421	426	284			2101	87.5
		N			52	108	145	167	175	167	145	108	52			1119	46.6
		H			110	272	405	491	521	491	405	272	110			3077	128.2
	2	S		2	222	397	531	614	643	614	531	397	222	2		4175	174.0
		W (E)		1	76	122	151	167	173	317	418	438	332	3		2198	91.6
		N		1	76	122	151	167	173	167	151	122	76	1		1207	50.3
		H		9 —	190	360	497	583	614	583	497	360	190	2		3878	161.6
	3	S		75	210	341	446	512	536	512	446	341	210	75		3704	154.3
		W (E)		54	116	160	188	205	210	336	422	441	361	163		2656	110.7
		N		54	116	160	188	205	210	205	188	160	116	54		1656	69.0
		H		106	282	446	575	657	686	657	575	446	282	106		4818	200.8
乌鲁木齐	10	S		4	216	382	516	600	629	600	516	382	216	4		4065	169.4
		W (E)		1	47	81	104	117	122	274	387	426	355	12		1926	80.3
		N		1	47	81	104	117	122	117	104	81	47	1		822	34.3
		H		2	151	293	410	486	511	486	410	293	151	2		3195	133.1
	11	S			122	287	421	505	533	505	421	287	122			3203	133.5
		W (E)			19	54	79	93	97	209	280	276	167			1274	53.1
		N			19	54	79	93	97	93	79	54	19			587	24.5
		H			51	161	260	325	347	325	260	161	51			1941	80.9
	12	S			4	200	323	401	426	401	323	200	4			2282	95.1
		W (E)			1	47	77	95	101	175	212	181	5			894	37.3
		N			1	47	77	95	101	95	77	47	1			541	22.5
		H			2	100	179	232	251	232	179	100	2			1277	53.2
	1	S			98	272	416	505	536	505	416	272	98			3118	129.9
		W (E)			19	65	98	118	124	224	279	255	129			1311	54.6
		N			19	65	98	118	124	118	98	65	19			724	30.2
		H			38	145	241	304	326	304	241	145	38			1782	74.3
	2	S			161	322	450	531	558	531	450	322	161			3486	145.3
		W (E)			45	83	110	125	130	250	329	337	238			1647	68.6
		N			45	83	110	125	130	125	110	83	45			856	35.7
		H			110	241	351	421	444	421	351	241	110			2690	112.2
	3	S		62	186	310	412	477	501	477	412	310	186	62		3395	141.5
		W (E)		36	82	116	138	152	155	272	355	380	319	159		216	490.2
		N		35	82	116	138	152	155	152	138	116	82	36		1203	50.1
		H		75	212	343	446	511	534	511	4416	343	212	75		3708	154.5

4 建筑单体节能设计

建筑规划设计的实践经验表明，具有节能作用的规划设计可以为建筑节能创造良好的外部环境，合理的建筑单体设计是建筑节能的重要基础。只有在符合建筑节能原则的建筑单体上，其围护结构、采暖及空调设备的节能措施才能充分发挥其效能。

建筑单体的节能设计主要通过建筑形状、尺寸、体形、平面布局等多方面的有效设计，使建筑物具有冬季有效利用太阳能并减少采暖能耗，夏天能够隔热、通风、减少空调设备能耗这两个方面的能力。

根据以上所述单体节能设计的目的，单体建筑的节能设计内容主要包括：建筑围护结构的节能设计和采暖空调系统的节能设计。对于建筑学和城市规划来说，除建筑物充分利用天然光、减弱环境及气候对建筑物不利影响设计外，建筑围护结构的节能设计主要是指：建筑物墙体节能设计、屋面节能设计、外门和外窗节能设计、底层地面及存在空间传热的楼层地板的节能设计等。

更具体地讲，建筑单体的节能设计，实际上是进行建筑的保温和隔热设计，都是为了保持室内具有适宜温度、低能耗，而对围护结构所采取的节能措施。保温一般是指围护结构在冬季阻止或减少室内向室外或其他空间传热而使室内保持适宜的温度。隔热通常指围护结构在夏天隔离太阳辐射热和室外高温空气的影响，使其内表面保持适宜温度。

建筑单体的节能设计要以国家、行业现行的相关节能标准进行，如《严寒和寒冷地区民用建筑节能设计标准》（JGJ 26-2010）、《夏热冬冷地区居住建筑节能设计标准》（JGJ 134-2010）、《夏热冬暖地区居住建筑节能设计标准》（JGJ 75-2003）和《公共建筑节能设计标准》（GB 50189-2005）等。

4.1 建筑平面尺寸与节能的关系

4.1.1 建筑平面形状与节能的关系

建筑物的平面形状主要取决于建筑物的功能及建筑物用地地块的形状，但从建筑热工角度来看，一般来说平面形状过于复杂，势必会增加建筑物的外表面积，必然带来采暖能耗的大幅度增加。从建筑节能的角度出发，在满足建筑功能要求的前提下，平面设计应注意使其外围护结构表面积 F_0 与建筑体积 V_0 之比尽可能地小，以减小建筑散热面积和散热量。但是，对于采用空调的房间，应对其得热和散热状况进行具体分析。

假定某建筑的平面为 40m×40m，高度为 17m，并定义为建筑物耗热量为 100%，表 4-1 列出在相同的体积下，不同的平面形状的能耗大小。我们可以认为 L 形和 U 形等都是细长方形平面的变形，回字形是两端重合的细长方形。从表中可清楚地看出，在其他条件相同的情况下，平面形状越细长，建筑的采暖能耗越高，对建筑节能越不利。

表 4-1 建筑平面形状与能耗的关系

平面形状	正方形	长方形	细长方形	L 形	回字形	U 形
F_0/V_0	0.160	0.170	0.180	0.195	0.210	0.250
能耗 / %	100	106	114	124	136	163

4.1.2 建筑长度与节能的关系

在建筑高度及宽度一定的条件下，对于南北朝向的建筑来说，增加居住建筑物的长度对于节能是有利的。测试结果表明，建筑长度小于 100m，能耗的增加较大。例如，从 100m 减至 50m，能耗增加 8%～10%；从 100m 减至 25m，对于 5 层住宅能耗增加 25%，对于 9 层住宅能耗增加 17%～20%。建筑长度与能耗的关系见表 4-2。

表 4-2 建筑长度与能耗的关系　　单位：%

室外计算温度 /℃	住宅建筑长度				
	25m	50m	100m	150m	200m
-20	121	110	100	97.9	96.1
-30	119	109	100	98.3	96.5
-40	117	108	100	98.3	96.7

4.1.3 建筑宽度与节能的关系

在建筑高度及宽度一定的条件下，对于南北朝向的建筑来说，增加居住建筑物的长度对于节能也是有利的。居住建筑宽度与能耗的关系如表 4-3 所示。对于 9 层的住宅，如果宽度从 11m 增加到 14m，能耗可减少 6%～7%；如果宽度增加到 15～16m，能耗可减少 12%～14%。

表 4-3 建筑宽度与能耗的关系　　单位：%

室外计算温度 /℃	住宅建筑宽度							
	11m	12m	13m	14m	15m	16m	17m	18m
-20	100	95.7	92.0	88.7	86.2	83.6	81.6	80.0
-30	100	95.2	93.1	90.3	88.3	86.6	84.6	83.1
-40	100	96.7	93.7	91.1	89.0	87.1	84.3	84.2

4.1.4 建筑平面布局与节能的关系

随着建筑科技的快速发展和人民生活质量的提高，对居住建筑提出了更高的要求，即要符合"健康"、"适用"和"高效"的绿色建筑标准。在《绿色建筑评价标准》（GB 50378—2006）中指出："绿色建筑是指在建筑的全寿命周期内，最大限度地节约资源（节能、节地、节水、节材），保护环境和减少污染，为人们提供健康、适用和高效的使用空间，与自然和谐共生的建筑"。

合理的建筑平面布局，会为绿色建筑的目标实现带来有利条件，特别是可以有效地改善室内的热舒适度和有利于建筑节能。在建筑节能设计中，主要应从合理的热环境分区及设置温度阻尼区（即温度缓冲区）两个方面来考虑建筑平面的布局。

不同建筑的房间可能有不同的使用要求，其对室内热环境的要求可能也各异。在进行建筑设计时，应根据房间对热环境的需求进行合理分区，即将热环境质量要求相近的房间相对集中布置。如对于冬季室温要求稍高、夏季室温要求稍低的房间设置于建筑的核心区，将对冬季室温要求稍低、夏季室温要求稍高的房间设置于紧靠外围结构的区域。

为了保证建筑中主要房间的室内热环境质量，可在该类房间与温度很低的室外空间之间，结合具体的使用情况，设置各式各样的温度阻尼区。这些温度阻尼区就像一道"热闸"，不但可以使房间外墙的传热损失减少，而且可以大大减少对房间的冷风渗透，从而也减少了建筑物的渗透热（冷）损失。

冬季设于朝阳面的日光间、封闭阳台、外门（或门厅）设置门斗，在夏季附加合适的遮阳、通风设施等，都具有温度阻尼区的作用。实践证明，设置温度阻尼区是冬（夏）季减少耗热（冷）的一个有效措施。

4.2 建筑体形与节能的关系

建筑的外观形象包括体形和立面两个部分，它给人们留下很深的印象。建筑体形和立面设计是整个建筑设计的重要组成部分，应当与平面设计、剖面设计同时进行，并贯穿于整个设计的始终。

建筑体形设计主要是对建筑外观总的体量、形状、比例、尺度等方面的确定，并针对不同类型建筑采用相应的体形组合方式；立面设计主要是对建筑体形的各个立面进行深入刻画和处理，使整个建筑形象趋于完善。

建筑体形和立面设计应遵循以下基本原则：反映建筑物功能要求和建筑个性特征；反映结构、材料与施工技术特点；适应一定社会经济条件；适应基地环境和城市规划的要求；符合建筑节能标准的要求；符合建筑美学法则。

建筑造型设计中遵循的美学法则，指建筑构图中的一些基本规律，如统一、均衡、稳定、对比、韵律、比例、尺度等，是人们在长期的建筑创作历史发展中的总结。

4.2.1 围护结构面积与节能的关系

建筑物围护结构的总面积 A 与建筑面积 A_0 之比，与建筑能耗的关系见表 4-4。从表中可以看出，随着 A / A_0 比值的增加，建筑的能耗也相应地提高。需要说明的是，考虑围护结构对建筑节能的影响，必须考虑外墙（含外窗）与屋顶保温性能。通常的办法是，计算屋顶传热系数与外墙和外窗的加权平均传热系数之比。这是因为对楼层面积相同的建筑而言，随着建筑层数的增加，屋顶面积占全部外围护结构面积之比逐渐减小。同时，屋顶耗热量占整个建筑外围护结构耗热量的比例也在减小。图 4-1 表示北京及哈尔滨地区建筑热耗与建筑面积的关系。

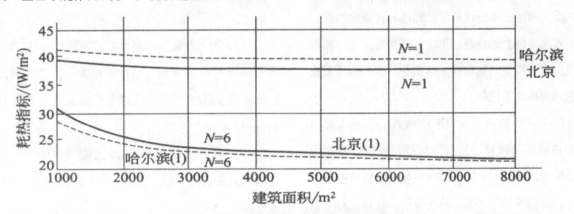

图 4-1 北京及哈尔滨地区建筑热耗与建筑面积关系

注：图中的 N 代表建筑的层数。从图中可以看出，当建筑为一层时，建筑面积增加对于降低建筑物采暖能耗的作用不大，即散热面积大幅度增加，使建筑能耗难以下降。对于多层建筑（即图 4-1 中的 N=6），建筑面积由 1000m² 到 3000m²，由建筑面积增加带来的采暖能耗的下降非常明显。而建筑面积大于 3000m² 后，建筑面积增加产生的节能效果不大。

表 4-4 围护结构总面积 A 与建筑面积 A_0 之比与建筑能耗的关系

A/A_0	5 层住宅			9 层住宅		
	室外计算温度					
	-20℃	-30℃	-40℃	-20℃	-30℃	-40℃
0.24	100.0	100.0	100.0	100.0	100.0	100.0
0.26	102.5	105.0	103.5	103.0	103.5	104.0
0.28	105.0	106.0	107.0	106.0	107.0	108.0
0.30	107.5	109.0	110.5	109.0	110.5	112.0
0.31	110.0	112.0	114.0	112.0	114.0	116.0
0.33	112.5	115.0	117.5	115.0	117.5	120.0
0.35	115.0	118.0	120.0	118.0	121.0	124.0

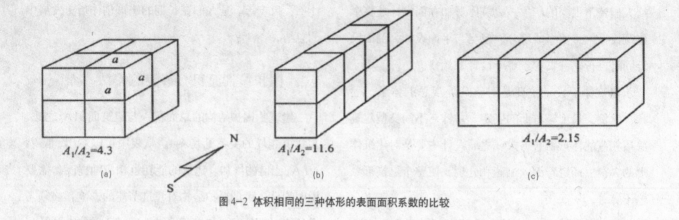

图 4-2 体积相同的三种体形的表面面积系数的比较

4.2.2 建筑物表面面积系数

太阳能是指太阳以电磁辐射形式向宇宙空间发射的能量。利用太阳能作为寒冷冬天房屋采暖的热源，从而达到建筑节能的目的已越来越被人们重视。如果从利用太阳能的角度出发，建筑物的朝阳面是主要获热面，通过合理设计可以做到墙体收集的热辐射量大于其向外散失的热量。扣除主要获热面之外其他围护结构的热损失为建筑的净热负荷，这个负荷量是与面积的大小成正比的。

从以上可以看出，按照节能建筑的角度考虑，以外围护结构面积越小越好的标准，来评价建筑节能的效果是不够的，应以建筑物主要获热面足够大，其他外表面积尽可能小为标准去评价。这样就必须引入"表面面积系数"，即建筑物其他外表面面积之和 A_1 与南墙面积 A_2 之比。"表面面积系数"更能反映建筑表面散热与建筑利用太阳能而得热的综合热工情况。

建筑物地面也散失部分室内的热量，但要比建筑外围护结构小得多，根据通常节能住宅外围护结构及地面的保温情况，地面面积一般按30%计入外表面积。图4-2是体积相同的三种体形的表面面积系数 A_1 / A_2 的关系。

通过大量建筑节能实例分析，可以得出建筑物表面面积系数随建筑层数、长度、进深的变化规律，

如图4-3 ～图4-5所示。根据这些曲线可以总结出用表面面积系数评价节能建筑的几点结论。

（1）对于长方形的节能建筑，最好的体形是长轴朝向东西的长方形，其次是正方形，长轴南北向的长方形最差。以节能住宅为例，板式住宅优于点式住宅。

（2）增加建筑物的长度对节能建筑有利，但是，当长度增加到50m后，长度的增加给节能建筑带来的节能效果不太明显。所以节能建筑的长度最好在30 ～ 50m为宜。

（3）增加建筑物的层数对节能建筑有利，但层数增加到8层以上后，层数的增加给节能建筑带来的

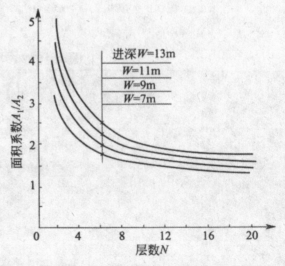

图4-3 住宅长度50m时，层数、进深与表面面积系数的关系

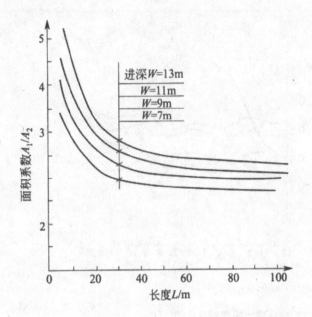

图 4-4 住宅层数为 6 层时，长度、进深与表面面积系数的关系

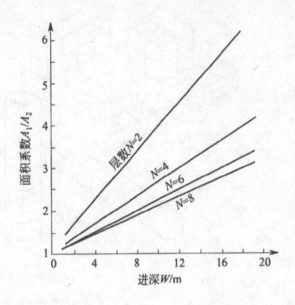

图 4-5 住宅长度 50m 时，进深，层数与表面面积系数的关系

好处也不明显。

（4）加大建筑的进深会使表面面积系数增加，从这个角度来看节能建筑的进深似乎不宜过大，但是实际上进深加大，其单位集热面的贡献不仅不会减小，而且建筑体形系数也会相应减小。因此，无论住宅进深大小都可以利用太阳能。综合考虑，大进深对建筑的节能还是有利的。

（5）体量大的节能建筑比体量小的节能建筑在节能上更加有利，也就是说发展城市多层节能住宅，要比农村低层节能住宅效果好、收益大。

4.2.3 建筑体形系数与节能

建筑体形系数是指建筑物与室外大气接触的外表面积与其所包围的体积的比值。外表面积中，不包括地面和不采暖楼梯间隔墙和户门的面积。建筑体形系数越大，表明单位建筑空间所分担的散热面积越大，所需能耗就越多。

研究资料表明，建筑体形系数每增加 0.01，耗热量指标大约增加 2.5%。对于居住建筑的体形系数宜控制在 0.30 以下。

建筑物体形系数常受到多种因素的影响，且人

们的设计常常追求建筑形体的变化，而不满足于仅采用简单的几何形体，所以详细地讨论建筑的体形系数的控制途径是比较复杂和困难的。一般来说，可以采用以下几种方法控制建筑物的体形系数：①适当加大建筑物的体量，即加大建筑物的基底面积，也就是增加建筑物的长度和进深尺寸；②在满足建筑基本功能的前提下，将建筑物的外形变化尽可能地减至最低限度；③在满足建筑基本功能的前提下，合理提高建筑物的层数；④对于体形不易控制的点式建筑，可采用群楼连接多个点式的组合体的形式。

4.2.4 注意建筑日辐射得热量

在冬季通过太阳辐射得热可提高建筑物内部空气温度，减少采暖的能耗。在夏季，过多的太阳辐射会加重建筑的冷负荷。从图 4-6 中可以看出，当建筑物体积相同时，D 是冬季日辐射得热量最少的建筑体形，同时也是夏季得热量最多的建筑体形；E、C 两种建筑体形的全年日辐射得热量较为均衡，而长、宽、高比例较为适宜的 B 型，在冬季得热量较多而夏季相对得热较少。

建筑的长宽比对节能也有很大的影响。当建筑

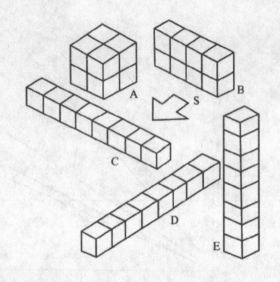

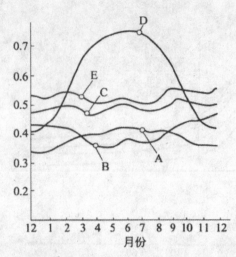

图 4-6 相同体积、不同体形建筑日辐射得热量示意

表 4-5 不同长宽比及朝向的建筑外墙获得太阳辐射的比值

长宽比 \ 朝向	0°	10°	30°	45°	67.5°	90°
1:1	1.000	1.015	1.077	1.127	1.071	1.000
2:1	1.270	1.270	1.264	1.215	1.004	0.851
3:1	1.500	1.487	1.441	1.334	1.021	0.851
4:1	1.700	1.678	1.608	1.451	1.059	0.810
5:1	1.870	1.850	1.752	1.562	1.103	0.810

为正南朝向时，一般是长宽比愈大得热量也愈多。但随着朝向角度的变化，得热量也逐渐减少。当偏向角达到 67° 左右时，各种长宽比体形建筑的得热基本趋于一致。而当偏向角为 90° 时，则长宽比越大，得热越少。表 4-5 为不同长宽比及朝向的建筑外墙获得太阳辐射的比值。

4.3 建筑物墙体节能设计

建筑物采暖耗热量主要由通过围护结构的传热耗热量构成，以居住建筑节能实测为例，在一般情况下，其数值约占总耗热量的 70% 以上。在这一部分耗热量中，外墙传热耗热量约占 25%，楼梯间隔墙的传热耗热量约占 25%，由此可见，改善墙体的传热耗热将明显提高建筑的节能效果，发展高效保温能的复合墙体是墙体节能的根本出路。

4.3.1 建筑外墙外保温系统设计

建筑物外墙体按其保温材料及构造类型，主要有单一材料保温墙体、单设保温层复合保温墙体，常见的单一材料保温墙体有加气混凝土保温墙体、各种多孔砖墙体、空心砌块墙体等。在单设保温层复合保温墙体中，根据保温层在墙体中所在的位置分类，目前主要有外保温外墙、内保温内墙、夹心保温外墙，如图 4-7 所示。

随着我国建筑节能标准的提高，大多数单一材料保温材料保温墙体，很难满足包括节能在内的多方面技术指标的要求。而单设保温层的复合墙体由于采用了新型高效保温材料，因而具有更优良的热工性能，且结构层、保温层都可充分发挥各自材料的特性和优点，既不使墙体过厚又可满足保温节能的要求，也可满足抗震、承重及耐久性等多方面的要求。

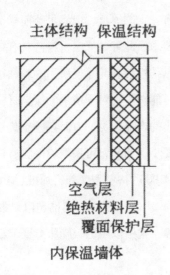
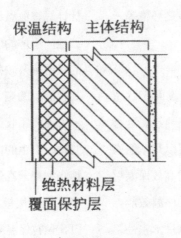
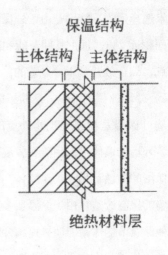

图 4-7 保温节能墙体的几种类型

（1）建筑外墙外保温的优点

在三种单设保温层的复合墙体中，因外墙外保温系统技术合理、有明显的优越性且适用范围广，不仅适用于新建建筑工程，也适用于旧楼的节能改造，从而成为建设部在国内重点推广的建筑保温技术。外墙的保温做法，无论是外保温还是内保温，都能有效地降低墙体传热耗热量，并使墙内表面温度提高，使室内气候环境得到改善，但若采用外保温效果会更加良好。归纳起来，外保温墙体具有如下优点。

1）外墙外保温可以避免产生热桥。在常规的内保温做法中钢筋混凝土的楼板、梁柱等处均无法处理，这些部位在冬季会形成热桥现象。热桥不仅会造成额外的热损失，还可能使外墙内表面潮湿、结露，甚至发霉和淌水，而外墙外保温不会出现这种问题。

由于外墙外保温避免了热桥，根据对 50mm 厚膨胀聚苯乙烯板保温层测试对比表明，在采用同样厚度的保温材料下，外保温要比内保温的热损失减少约15%，这样就提高了建筑节能效果。

2）外墙外保温有利于保障室内的热稳定性。由于位于内侧的实体墙体蓄热性能好，热容量比较大，室内能够蓄存更多的热量，使诸如太阳能辐射或间接采暖造成的室内温度变化减缓，室温比较稳定，

生活较为舒适；同时也使太阳辐射得热、人体散热、家用电器及炊事散热等因素产生的"自由热"得到较好的利用，有利于节能。

3）外墙外保温有利于提高建筑结构的耐久性由于采用外保温，内部的砖墙或其他材料的墙体得到保护，室外气候变化引起的墙体内部温度变化发生的外保温层内，使内部的墙体在冬季温度提高，墙内的湿度降低，温度变化比较平缓，热应力大大减小，因而墙体产生裂缝、变形、破损的危险性可以避免，使墙体的耐久性得到加强。

4）外墙外保温可以减少墙内冷凝现象。由于密实厚重的墙体结构层在室内的一侧，室内的温度和湿度比较稳定，加上受外界自然气候的影响很小，有利于减少或避免水蒸气进入墙体形成内部冷凝。

5）外墙外保温有利于既有建筑节能改造在旧房进行改造时，从内侧设置保温存在使住户增加负担、施工易出现扰民等诸多麻烦，甚至产生不必要的纠纷和减少使用面积。采用外墙外保温则可以避免这些问题的发生。当外墙必须进行装修加固时，加装外保温是最经济、最有利的选择。

6）外墙外保温的综合效益比较高。虽然外墙外保温工程单位面积的造价比内保温相对要高一些，但

只要技术选择适当，特别是由于外保温比内保温可增加使用面积近 2%，加上长期节能和改善热环境等一系列优点，综合效益是十分显著的。

（2）外墙外保温节能体系的组成

外墙外保温是指在建筑物外墙的外表面上建造保温层，外墙的墙体可以用砖石或混凝土建造。这种外墙外保温的做法可用于扩建墙体，也可以用于原有建筑外墙的保温改造。由于保温层多选用高效保温材料，这种保温节能体系能明显提高外墙的保温效能。

由外墙保温层在室外，其构造必须满足水密性、抗风压以及温湿变化的要求，不会产生裂缝，并能抵抗外界可能产生的碰撞作用，还能使相邻部位之间以及边角处、面层装饰等方面，均能得到适当的处理。

但是，必须要注意的是：外保温层的功能，仅限于增加外墙的保温效能，不会起到对主体墙稳定性的作用。因此，外保温节能体系的墙体，必须满足建筑物的力学稳定性要求，满足承受垂直荷载和风荷载的要求，确保能经受撞击而保证安全使用，还应使被覆的保温层和装修层固定牢固、可靠。

不同的外墙外保温体系，其材料、构造和施工工艺各有一定的差别，图4-8为具有代表性的构造做法。

1）保温层的要求

保温层主要采用热导率小的高效轻质保温材料，

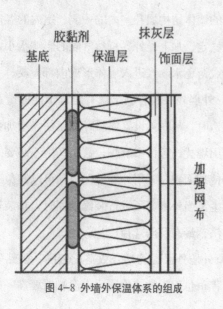

图 4-8 外墙外保温体系的组成

其热导率一般应小于 0.05w／（m·K）。根据热工设计计算，保温层具有一定的厚度，以满足节能标准对该地区墙体的保温要求。此外，保温材料应具有较低的吸湿率及较好的黏结性能。为了使所用的胶黏剂及其表面层的应力尽可能减少，对于所用的保温材料，一方面要用收缩率小的产品，另一方面在控制其尺寸变动时产生的应力要小。为此，可采用的保温材料有膨胀型聚苯乙烯板（EPS）、挤塑型聚苯乙烯板（XPS）、聚氨酯硬泡板（PU）、岩棉板、玻璃棉毡以及胶粉EPS颗粒保温浆料等。其中以阻燃级膨胀型聚苯乙烯板的应用最为广泛。

2）保温板的固定

不同材料的外墙外保温体系，采用的固定保温板的方法各不相同，有的将保温板黏结或钉固在墙体上，有的是将以上两者相结合。为了保证保温板在胶黏剂固化期间的稳定性，有的外保温体系用机械方法进行临时固定，一般可用塑料钉进行钉固。

保温层永久固定在墙体上，固定时所用的机械件，由不锈钢、尼龙或聚丙烯等制成，一般应采用膨胀螺栓或预埋筋之类的锚固件。国外往往用不锈钢耐久材料，国内常用钢制膨胀螺栓，并作相应的防锈处理。

3）保温层的面层

保温板的表面层具有防护和装饰作用，不同材料的保温板其做法各不相同。薄面层一般为聚合物水泥胶浆抹面，厚面层可采用普通水泥砂浆抹面，也可以用在龙骨上吊挂板材或瓷砖覆面。

薄型抹灰面层为在保温层的所有外表面上涂抹聚合物水泥胶浆。直接涂覆于保温层上的为底涂层，其厚度一般仅为 4 ~ 7mm，内部加有加强材料。加强材料一般为玻璃纤维网格布，也可以采用纤维或钢丝网。加强材料包含在抹灰层内部，与抹灰层结合为一体，它的作用是改善抹灰层的机械强度，保证抹灰层的连续性，分散面层的收缩应力和温度应力，防止面层出现裂纹。

不同的外墙外保温体系，其面层厚度有一定差别，但要求面层厚度必须适当。薄型抹灰面层一般在10mm以内。厚型的抹面层，则在保温层的外表面上涂抹水泥砂浆，厚度一般为25～30mm。此种做法一般用于钢丝网架聚苯乙烯和岩棉保温层上，其加强网的网孔为50mm×50mm，用直径2mm钢丝焊接的网片，应通过交叉斜插入聚苯乙烯板内的钢丝固定。

为便于在抹灰层表面上进行装修施工，加强相互之间的黏结，有时还要在抹灰面上喷涂界面剂，形成极薄的连接涂层，上面再做装修层。外表面喷涂耐候性、防水性和弹性良好的涂料，也可以对面层和保温层起到保护作用。

（3）EPS板薄抹灰外墙外保温系统

EPS板薄抹灰外墙外保温系统简称EPS板薄抹灰系统，此系统由EPS板保温层、薄抹面层和饰面涂

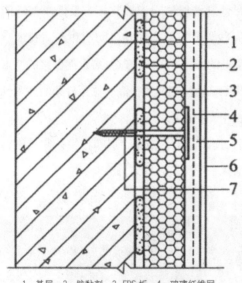

1—基层；2—胶黏剂；3—EPS板；4—玻璃纤维网；
5—薄抹面层；6—饰面涂层；7—锚栓

图4-9 EIP板薄抹灰外墙外保温系统

层构成，EPS板用胶黏剂固定在基层上，薄抹面层中满铺抗碱玻璃纤维网，其系统具体组成如图4-9所示。

EPS板薄抹灰系统在欧洲使用最久的实际工程已接近40年。大量工程实践证实，EPS板薄抹灰系统技术比较成熟，工程质量稳定，保温性能优良，使用年限可超过25年。

1）基层墙体 EPS板薄抹灰外墙外保温系统的基层墙体，可以是混凝土墙体，也可以是各种砌体墙体。基层墙体的表面应清洁、无油污、无凸凹、空鼓、疏松等现象。

2）胶黏剂。胶黏剂是将EPS板粘贴于基层上的一种专用黏结胶料。EPS板的粘贴方法有点框粘法和满粘法。点框粘法应保证黏结面积大于40%。胶黏剂的性能指标应符合表4-6的要求。

3）EPS板。EPS板是一种应用较为普遍的阻燃型保温板材。板的厚度应经过计算，应满足相关节能标准对该地区墙体的保温要求。不同地区居住建筑和公共建筑各部分围护结构热导率限值，可参考相关节能标准。EPS板性能指标应符合表4-7的要求；EPS板的粘贴排列要求见图4-10。

4）玻璃纤维网。即耐碱涂塑玻璃纤维网格布。为使抹面层有良好的耐冲击性及抗裂性，在薄抹面层

表4-6 胶黏剂的性能指标

试验项目		性能指标
拉伸黏结强度/MPa（与水泥砂浆）	原强度	≥0.60
	耐水	≥0.40
拉伸黏结强度/MPa（与膨胀聚苯板）	原强度	≥0.10 破坏界面在膨胀聚苯板上
	耐水	≥0.10 破坏界面在膨胀聚苯板上
可操作时间/h		1.5～4.0

表4-7 EPS板主要性能指标

试验项目	性能指标	试验项目	性能指标
热导率/[W/(m·K)]	≤0.041	垂直于板面方向的抗拉强度/kPa	≥103
表观密度/(kg/m³)	18.0～22.0	压缩性能（形变10%）/MPa	≥0.10
尺寸稳定性/%	≤0.30	抗弯强度/kPa	≥172
抗压强度/kPa	≥69		

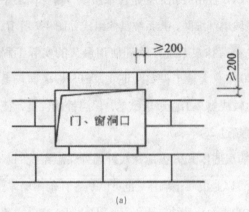

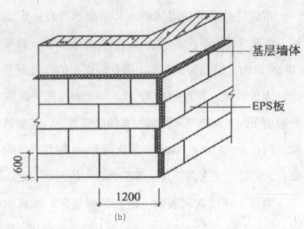

图 4-10 EPS 板排板示意

(a) 门窗洞口 EPS 板排列　(b) EPS 板排列

中要求满铺玻璃纤维网。因为保温材料密度小、质量轻，内含有大量的空气，在遇到温度和湿度变化时，保温层体积变化较大，在基层发生变形时，抹面层中会产生很大的变形应力，当变形应力大于抹面层材料的抗拉强度时便产生裂缝。

材料试验和工程实践表明，满铺玻璃纤维网后，能使所受的变形应力均匀向四周分散，既限制沿平行耐碱网格布方向变形，又可获得垂直耐碱网格布方向的最大变形量，从而使抹面层中的耐碱网格布长期稳定，起到抗裂和抗冲击的作用。所以，在工程上将玻璃纤维网称为抗裂防护层中的软钢筋。耐碱网格布的主要性能指标应符合表 4-8 中的要求。

5）薄抹面层。薄抹面层抹在保温层上，中间夹有玻璃纤维网，是具有保护保温层、防裂、防火、抗冲击作用的构造层。为了解决保温层受温度和湿度变化影响造成的体积、外形尺寸的变化，抹面层要用抗裂水泥砂浆，并掺加适量的弹性乳液和助剂。

弹性乳液能使水泥砂浆具有柔性变形性能，改变水泥砂浆易开裂的弱点。助剂和不同长度、不同弹性模量的纤维，可以控制抗裂水泥砂浆的变形量，并使其柔韧性得到明显提高。抹面砂浆的技术性能应符合表 4-9 中的要求。

6）饰面涂层。饰面涂层即在弹性底层涂料、柔性耐水腻子上涂刷外墙装饰涂料。

表 4-8　耐碱网格布的主要性能指标

项 目 名 称	性能指标	项 目 名 称	性能指标
单位面积质量 /（g/m²）	≥130	耐碱断裂强力（经、纬向）/（N/50mm）	≥750
耐碱断裂强力保留率（经、纬向）/%	≥50	断裂应变（经、纬向）/%	≤5.0

表 4-9　抹面砂浆的技术性能指标

项 目 名 称		性能指标
拉伸黏结强度 /MPa（与膨胀聚苯板）	原强度	≥0.10 破坏界面在膨胀聚苯板上
	耐水	≥0.10 破坏界面在膨胀聚苯板上
	耐冻融	≥0.10 破坏界面在膨胀聚苯板上
柔韧性	抗压强度 / 抗折强度（水泥基）	≤3.0
	开裂应变（非水泥基）/%	≥1.5
可操作时间 /h		1.5 ~ 4.0

柔性耐水腻子的黏结强度高、耐水性好、柔韧性好，特别适合在各种保温及水泥砂浆易产生裂缝的基层上作为找平和修补材料，可有效防止面层装饰材料出现龟裂或有害裂缝。

7）锚栓。建筑物高度在 20m 以上时，在受负风压作用较大的部位，或者在不可预见的情况下，为确保保温系统的安全性而起辅助固定作用。

（4）胶粉 EPS 颗粒保温浆料外墙外保温系统

胶粉 EPS 颗粒保温浆料外墙外保温系统简称保温浆料系统，该系统由界面层、胶粉 EPS 颗粒保温浆料层、抗裂砂浆抹面层和饰面层组成。保温浆料系统的组成如图 4-11 所示。

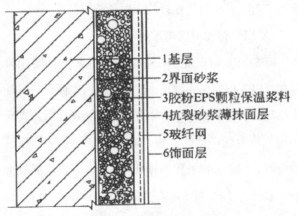

图 4-11 保温浆料系统的组成

保温浆料系统由于采用逐层渐变、柔性释放应力的无空腔技术工艺，所以可广泛适用于不同气候区、不同基层墙体、不同建筑高度的各类建筑外墙的保温与隔热。

1）保温浆料系统的基层

保温浆料系统适用于混凝土墙体和各种砌体墙体。墙体的表面应清洁、无油污、无凸凹、空鼓、疏松等现象。

2）保温浆料系统的界面砂浆

保温浆料系统的界面砂浆，由基层界面剂、中细砂和水泥按一定比例混合制成，用于提高胶粉 EPS 颗粒保温浆料与基层墙体的黏结力。对于要求做界面处理的基层，应满涂界面砂浆。基层界面砂浆的主要性能应符合表 4-10 中的要求。

表 4-10 基层界面砂浆的主要性能指标

项目名称		性能指标	
拉伸黏结强度／MPa（与胶粉 EPS 颗粒保温浆料）	原强度	≥ 0.10	破坏界面位于胶粉 EPS 颗粒保温浆料
	耐水	≥ 0.10	
	耐冻融	≥ 0.10	

3）胶粉 EPS 颗粒保温浆料

胶粉 EPS 颗粒保温浆料由胶粉料和 EPS 颗粒组成，胶粉料由无机胶凝材料与各种外加剂在工厂采用预混合干拌技术制成。施工时加水搅拌均匀，抹在基层墙面上形成保温材料层，其设计厚度经计算应满足相关节能标准对该地区墙体的保温要求。

胶粉 EPS 颗粒保温浆料宜分层抹灰，在常温情况下，每层操作间隔时间应在 24h 以上，每层的厚度不宜超过 20mm。

胶粉 EPS 颗粒保温浆料的技术性能指标应符合表 4-11 中的要求。

表 4-11 胶粉 EPS 颗粒保温浆料的技术性能指标

项目名称	性能指标	项目名称	性能指标
热导率／[W/（m·K）]	≤ 0.060	压缩性能（形变 10%）／MPa	≥ 0.25（养护 28d）
抗拉强度／MPa	≥ 0.10	干密度／（kg/m³）	180 ~ 250
线性收缩率／%	≤ 0.30		

4）抗裂砂浆薄抹面层

胶粉 EPS 颗粒保温浆料外墙外保温系统中抗裂砂浆薄抹面层的作用、构造做法和性能要求，与 EPS 板薄抹灰外墙外保温系统中抗裂砂浆抹面层完全相同。

5）玻璃纤维网和饰面层

胶粉 EPS 颗粒保温浆料外墙外保温系统中玻璃纤维网和饰面层的作用、目的、性能要求，与 EPS 板薄抹灰外墙外保温系统中玻璃纤维网和饰面层完全相同。

在本系统中如果饰面层不用涂料而采用墙面砖时，就要将要将抗裂砂浆中的玻璃纤维网用热镀锌钢丝网代替，热镀锌钢丝网用塑料锚栓双向进行锚固，以确保面砖饰面层与基层墙体有效连接。保温浆料系统面砖饰面构造，如图4-12所示。

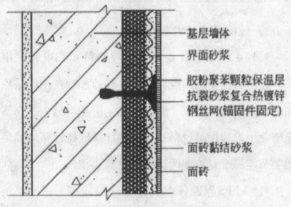

图4-12 保温浆料系统面砖饰面构造

面砖的粘贴要用专用的面砖黏结砂浆。面砖黏结砂浆由面砖专用胶液与中细砂、水按一定比例混合配制而成，这样可有效地提高面砖的黏结强度。

（5）EPS板现浇混凝土外墙外保温系统

EPS板现浇混凝土外墙外保温系统，又称为大模内置聚苯板保温系统，这种保温系统又可分为无网现浇系统或有网现浇系统。

EPS板现浇混凝土外墙外保温系统，与前面所述的EPS板薄抹灰外墙外保温系统，主要区别在于施工方法的不同。该系统主要适用于现浇混凝土高层建筑外墙的保温，其具体做法是：将聚苯板（钢丝网架聚苯板）放置于将要浇筑墙体的外模内侧，当墙体混凝土浇灌完毕后，外保温板和墙体一次完成，这样可以节约大量人力、时间以及安装机械费和零配件，从而也可以降低工程造价。

EPS板现浇混凝土外墙外保温系统，具有施工简单、安全经济、省力省工、整体性好、可冬季施工等显著优点，摆脱了大量手工操作的安装方式，实现了外保温安装的工业化，减轻了劳动强度，有较好的经济效益和社会效益。

为了确保EPS板与现浇混凝土和面层局部修补、找平材料等能够牢固地黏结及保护EPS板不受阳光和风化作用的破坏，要求EPS板两面必须预涂EPS板界面砂浆。为增强EPS板与混凝土、抹面层的黏结能力，要求EPS板内表面要开水平矩形齿槽或燕尾槽。

但是，这种保温系统的不足之处有：混凝土浇筑过程中易引起较大侧压力，可能引起对保温板的压缩而影响墙体的保温效果。此外，在混凝土凝结的过程中，下部的混凝土由于重力的作用，会向外侧的保温板挤压，待拆除模板后，具有一定弹性的保温板会向外挤出，对墙体外立面的平整度有所影响，这样又增加了对立面平整度处理的工作量。

1）EPS板无网现浇系统

EPS板无网现浇系统，以现浇混凝土外墙作为基层，EPS板作为保温层。EPS板的内表面（与混凝土接触的表面）沿水平方向开有矩形齿槽，内外表面均应满涂界面砂浆。在施工时将EPS板置于外模板的内侧，并安装锚栓作为辅助固定件。在浇灌混凝土后，墙体与EPS板和锚栓结合为一个整体。EPS板表面抹抗裂砂浆薄抹面层，外表以涂料作为饰面层，薄抹面层中满铺玻璃纤维网。EPS板无网现浇系统的组成如图4-13所示。

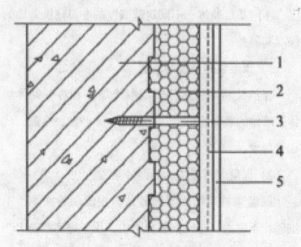

1—现浇混凝土外墙；2—EPS板；3—锚栓；4—抗裂砂浆薄抹面层；
5—饰面层

图4-13 EPS板无网现浇系统的组成

2）EPS 板有网现浇系统

EPS 板有网现浇系统，以现浇混凝土外墙作为基层，将 EPS 单向钢丝网架板置于外墙外模板内侧，并安装直径为 6mm 钢筋作为辅助固定件。在浇灌混凝土后，EPS 单向钢丝网架板挑头钢丝和钢筋与混凝土结合为一体，EPS 单向钢丝网架板表面抹掺外加剂的水泥砂浆形成厚抹面层，外表面再做饰面层。当以涂料作为饰面层时，还应加抹玻璃纤维网抗裂砂浆薄抹面层。EPS 板有网现浇系统的组成如图 4-14 所示。

（6）外墙外保温系统的性能要求

外墙外保温无论采取何种保温系统，都应包覆门窗框外侧洞口、女儿墙、封闭阳台及突出墙面的部分等热桥部位，不得随意更改保温系统构造和组成材料，不但外墙外保温系统组成材料的性能要符合要求，而且外墙外保温系统的整体性能应符合表 4-12 中的规定。

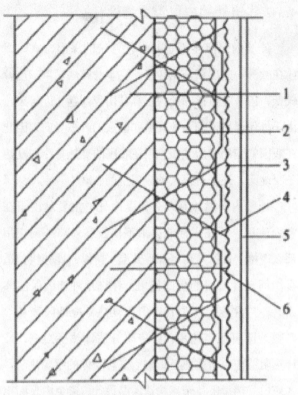

1- 现浇混凝土外墙；2-EPS 单面钢丝网架板；
3- 掺外加剂的水泥砂浆厚抹面层；4- 钢丝网架；5- 饰面层；6- 钢筋

图 4-14 EPS 板有网现浇系统的组成

表 4-12 外墙外保温系统的整体性能要求

检验项目	性能要求
耐候性	耐候性试验后，不得出现起泡、空鼓或脱落，不产生渗水裂缝。抗裂防护层与保温层的拉伸黏结强度不得小于 0.1MPa，破坏部位应位于保温层处
抗风荷载性能	系统抗风压值 Rd 不小于风荷载设计值。EPS 板薄抹灰外墙保温系统、胶粉 EPS 颗粒保温浆料外墙外保温系统、EPS 板现浇混凝土外墙外保温系统和 EPS 钢丝网架板现浇混凝土外墙外保温系统的安全系数 K 应不小于 1.5，机械固定系统的安全系数 K 应不小于 2.0
抗冲击性	建筑物首层墙面以及门窗等易受碰撞部位抗冲击性应达到 10J 级；建筑物二层以上墙面等个易受碰撞部位抗冲击性应达到 3J 级
吸水量	水中浸泡 1h，只带有抹面层和带有全部保护层的系统的吸水量均不得大于或等于 1.0kg／m²
耐冻融性能	经 30 次冻融循环后，保护层无空鼓、脱落，无渗水裂缝；保护层与保温层的拉伸黏结强度小小于 0.1MPa，破坏部位应位于保温层处
热阻	复合墙体的热阻应符合设计要求
抹面层不透水性	2h 不透水
保护层水蒸气渗透阻力	应符合设计要求

注：表中浸泡 24h，只带有抹面层和带有全部保护层的系统的吸水量均小于 0.5kg/m² 时，不检验耐冻融性能。

4.3.2 建筑外墙内保温系统设计

外墙内保温体系也是一种传统的保温方式，目前在欧洲一些国家应用较多，它本身做法简单，造价较低，但是在热桥的处理上容易出现问题。近年来，由于外保温技术的飞速发展和国家的政策导向，因此在我国的应用有所减少。但在我国的夏热冬冷和夏热冬暖地区，还是有很大的应用空间和潜力。

外墙内保温体系与外保温对比，主要是由于在室内使用，其技术性能要求不仅没有外墙外侧应用那么严格，造价较低，而且升温（降温）比较快，适合于间歇性采暖的房间使用。在选用外墙内保温体系时，应注意以下要点：①在夏热冬冷地区和夏热冬暖地区可适当选用；②应充分估计热桥影响，设计热阻值应取考虑热桥影响后复合墙体的平均热阻；③应做好热桥部位节点构造保温设计，避免内表面出现结露问题；④内保温易造成外墙或外墙表面出现温度裂缝，设计时需注意采取加强措施。

（1）外墙内保温墙体

外墙内保温由主体结构与保温结构两部分组成，主体结构一般为砖砌体、承重砌块砌体和混凝土墙等承重墙体，也可能是非承重的空心砌块或加气混凝土砌块墙体。保温结构是由保温板和空气层组成，空气层的作用主要是防止保温材料变潮和提高外墙的保温能力。对于复合材料保温板，有保温层和面层的两个作用；对于单一材料保温板，则一种材料兼有保温和面层的功能。

外墙内保温施工绝大部分为干作业，这样保温材料就可以避免施工水分的入侵，防止了材料保温功能的下降。但是在采暖的房间，外墙的内外两侧存在着一定温差，便形成了内外两侧水蒸气的压力差，水蒸气逐渐由室内通过外墙向室外扩散。由于主体结构墙体的水蒸气渗透性能远低于保温结构，为了保证保温层在采暖期内不变潮，必须采取有效措施加以解决。

在实际工程中采取的措施是：不是采用在保温层靠近室内一侧加隔气层的办法，而是在保温层与主体结构之间加设一个空气间层，来解决保温材料的浸透问题。这种处理措施的优点是不仅防潮可靠，而且还可避免传统的隔气层在春、夏、秋三季难以将室内湿气排向室内的问题，空气层中的空气还可增加一定的热阻，工程造价相对也比较低。

内保温复合外墙在构造上也不可避免地存在一些保温薄弱节点，在设计和施工中必须加强保温措施。根据工程实践经验，主要应特别注意以下部位。

1）内外墙交接处。内外墙交接处是保温最薄弱的部位，这里不可避免地会形成热桥，所以必须采取有效措施保证此处不结露。具体处理的办法是保证有足够的热桥长度，并在热桥的两侧加强保温。图 4-15 中所示以热桥部位热阻 "R_a" 和隔墙宽度 S 来确定必要的热桥长度 l，如果热桥长度不能满足要求，则应加强此部位的保温做法。在表 4-13 中列出了根据 R_a、S 选择 l 值的经验数值，可供设计和施工中选择。

2）外墙转角部位。经温度测试证明，外墙转角内表面温度较其他部位内墙表面温度低得多，很容易成为节能的薄弱环节，必须要加强这些部位的保温处理。

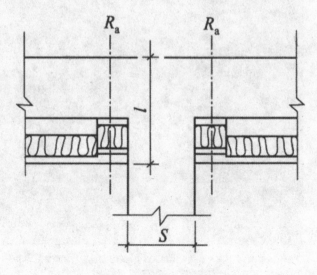

图 4-15 确定热桥的长度

表 4-13 根据 R_a、S 选择 1 值的经验数值

R_a/ (m²·K/W)	S/mm	1/mm
1.2 ～ 1.4	≤ 160	200
	≤ 180	300
	≤ 200	310
	≤ 250	330
1.4 以上	≤ 160	280
	≤ 180	290
	≤ 200	300
	≤ 250	320

3）保温结构中龙骨部位。保温结构的龙骨一般设置在板缝处，以石膏板为面层的现场拼装，必须采用聚苯板石膏板、复合保温龙骨，以降低该部位的传热。

4）墙体踢脚部位。墙体踢脚部位的热工特点与内外墙交接部位相似，此部位应设置防水保温踢脚板。

（2）外墙内保温板

外墙内保温板是外墙内保温技术中的一种，目前已在我国得到广泛应用。根据保温板材料不同，在建筑节能工程中常见的有 GRC 外墙内保温板、玻璃纤维增强石膏外墙内保温板、P-GRC 外墙内保温板等。

1）GRC 外墙内保温板

GRC 外墙内保温板全称为玻璃纤维增强水泥聚苯复合保温板，它是以 GRC 面板与泡沫聚苯乙烯内芯或其他保温芯材复合而成，这种保温板具有轻质、高强、保温、防水、防火、施工便利等优点。

目前，我国北方地区常见的 GRC 外墙内保温板，其长度为 2400 ～ 2700mm，宽度为 595mm，厚度有50mm 和 60mm 两种。前者用于 240mm 厚实心黏土砖外墙复合，后者用于 200mm 厚的混凝土外墙复合。建筑节能测试证明，以上两种复合保温墙体，均能达到节能 50% 的要求。GRC 外墙内保板断面如图 4-16 所示。

2）玻纤增强石膏外墙内保温板

玻纤增强石膏外墙内保温板，又称为增强石膏聚苯复合板。这种保温板是一种以玻璃纤维增强石膏为面层，聚苯乙烯泡沫塑料板为芯层的夹芯式保温板材。该保温板适用于黏土砖外墙或钢筋混凝土外墙的内侧。因其防水性能较差，不能在厨房、卫生间、盥洗间等处使用。但其生产周期比较短，板的收缩性很小，石膏内保温板安装后墙体不易开裂。

玻纤增强石膏外墙内保温板的尺寸与 GRC 外墙内保温板相同，其长度为 2400 ～ 2700mm，宽度为 595mm，厚度有 50mm 和 60mm 两种。前者用于 240mm 厚实心黏土砖外墙复合，后者用于 200mm 厚的混凝土外墙复合。

3）P-GRC 外墙内保温板

P-GRC 外墙内保温板全称为玻纤增强聚合物水泥聚苯乙烯复合外墙内保温板。这种保温板由聚合物乳液、水泥、砂子配制而成的砂浆作面层，用耐碱玻璃纤维网格布作增强材料，用自熄性聚苯乙烯泡沫塑料板作芯材，是一种典型的夹芯式保温板材。

P-GRC 外墙内保温板的尺寸较小，其长度为900 ～ 1500mm，宽度为 595mm，厚度有 40mm 和50mm 两种。这种保温板适用于外保温做法的墙体。

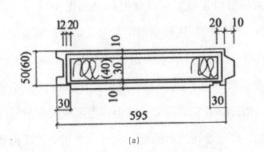

(a)

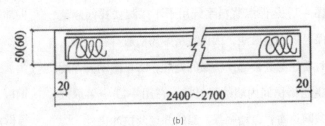

(b)

图 4-16 GRC 外墙内保板断面示意（单位：mm）

除以上常用的保温板外，还有充气石膏板、水泥聚苯板、纸面石膏聚苯复合板、纸面石膏玻璃棉复合板和无纸石膏聚苯复合板等，均可作为外墙内保温结构的板材。

4.3.3 建筑物楼梯间内墙保温设计

建筑物楼梯间内墙一般是指住宅中楼梯间与住户单元间的隔墙，同时一些宿舍楼内的走道墙也包括在内。在一般建筑设计中，楼梯间及走道间不采暖，此处的隔墙则成为由住户单元内向楼梯间传热的散热面，这些部位必须做好保温节能处理。

我国现行行业标准《严寒和寒冷地区居住建筑节能设计标准》(JGJ 26-2010) 中第 4.1.5 条规定："楼梯间及外走廊与室外连接的开口处应设置窗或门，且该窗和门应能密闭。严寒（A）区和严寒（B）区的楼梯间宜采暖，设置采暖的楼梯间的外墙和外窗应采取保温措施。"

节能测试和热工计算表明，一栋多层的民用住宅，楼梯间采暖比不采暖，耗热量要减少 5% 左右；楼梯间开敞比设置门窗，耗热量要增加 10% 左右。所以有条件的建筑应在楼梯间内设置采暖装置，并要做好门窗的保温措施，否则，就应按节能标准要求对楼梯间内墙采取保温节能措施。

根据住宅选用的结构形式，承重砌体结构体系，楼梯间内墙厚多为 240mm 厚砖结构或 190mm 厚承重混凝土空心砌块。这类形式的楼梯间内的保温层常置于楼梯间的一侧，保温材料多选用保温砂浆类产品或保温浆料系统。

图 4-17 是保温浆料系统用于不采暖楼梯间隔墙时的保温层构造做法。因保温层多为松散材料组成，施工时要注意其外部保护层的处理，防止搬动大件物品时碰伤楼梯间内墙的保温层。在图 4-17 中采取双层耐碱网格布，以增强保护层的强度及抗冲击性。

对于钢筋混凝土高层框架－剪力墙结构体系的

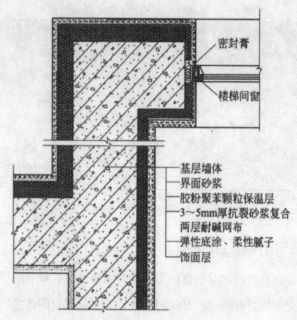

密封膏
楼梯间窗

基层墙体
界面砂浆
胶粉聚苯颗粒保温层
3～5mm 厚抗裂砂浆复合两层耐碱网布
弹性底涂、柔性腻子
饰面层

图 4-17 楼梯间隔墙保温层构造

建筑，其楼梯间常与电梯间相邻，这些部位通常作为钢筋混凝土剪力墙的一部分，对这些部位也应提高保温能力，以达到相关节能标准的要求。

4.3.4 建筑物变形缝的保温设计

为了防止由于地基、建筑物的不均匀沉降和温度变形给建筑造成的破坏，在结构设计时都要按照相关的规范设置变形缝，与此同时建筑设计也要为变形缝做构造处理。建筑物中的变形缝常见的有伸缩缝、沉降缝、抗震缝等，虽然这些部位的墙体一般不会直接面向室外寒冷空气，但这些部位的墙体散热量也是不应忽视的。尤其是建筑物外围护结构其他部位提高保温能力后，这些构造缝就成为突出的保温薄弱部位，散热量相对会更大，因此必须对其进行保温处理。

保温浆料系统变形缝保温做法如图 4-18 所示。伸缩缝、沉降缝和抗震缝要用聚苯条塞紧，填塞的深度不小于 300mm，聚苯条密度应不大于 10kg / m³，金属盖缝板可用 1.2mm 厚的铝板或 0.7mm 厚的不锈钢板，两边钻孔加以固定。其他保温系统的变形缝保温做法，可以参考这种做法，也可参考相关建筑构造图中的保温做法。

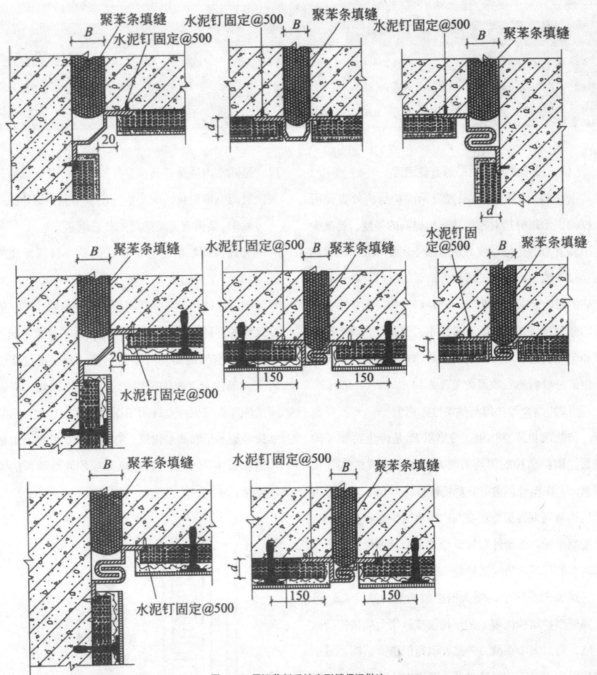

图 4-18 保温浆料系统变形缝保温做法

4.3.5 建筑物外墙的隔热设计

在一幢建筑住宅中，外墙和屋顶是房屋外围所受室外综合温度影响最大的地方，也是与外界的接触面积最大的部位，根据对建筑节能的检测结果表明，外墙和屋顶的隔热效果如何，对于改善室内小气候极为重要，是室内热环境舒适度的重要因素。

外墙、屋顶的隔热效果是用其内表面温度的最高值来衡量和评价的。所以，利于降低外墙、屋顶内表面温度的方法都是隔热的有效措施。通常，外墙和屋顶的隔热设计应当按以下思路采取具体措施：①减少对太阳辐射热的吸收；②减弱室外综合温度波动对围护结构表面温度的影响；③选用的材料和构造要利于散热；④将太阳辐射等热能转化为其他形式的能量；⑤减少通过围护结构传入室内的热量等。

表4-14 部分建筑材料的吸收系数

建筑材料名称	吸收系数	建筑材料名称	吸收系数
黑色非金属表面（如沥青、纸等）	0.85 ~ 0.98	白色或淡奶油色砖、涂料、粉料、涂料等	0.30 ~ 0.50
红砖、红瓦、混凝土、深色涂料	0.65 ~ 0.80	铜、铁、镀锌铁皮、研磨铁皮等	0.40 ~ 0.65
黄色的砖、石料、耐火砖等	0.50 ~ 0.70		

（1）减小太阳辐射热的当量温度

太阳辐射热的当量温度表示围护结构外表面所吸收的太阳辐射热对室外热作用提高的程度。要减少太阳辐射热的作用，就必须降低外表面对太阳辐射热的吸收系数。用于建筑墙体外饰面的材料品种很多，它们的吸收系数差异也很大。材料试验证明，饰面材料的颜色越浅，其吸收系数越小。因此，合理选择材料和节能构造，对外墙的隔热是非常有效的。建筑工程中部分材料的吸收系数见表4-14。

（2）增大传热阻与热惰性指标值

传热阻也称总热阻，传热阻 R_0 是传热系数 K 的倒数。围护结构的传热系数 K 值愈小，或传热阻 R_0 值愈大，保温性能愈好。热惰性指标 D 值，是表征围护结构对周期性温度波在其内部衰减快慢程度的一个无量纲指标，热惰性指标 D 值愈大，周期性温度波在其内部的衰减愈快，围护结构的热稳定性愈好。

试验充分证明，增大围护结构的传热阻 R_0，可以降低围护结构内表面的平均温度；增大热惰性指标 D 值，可以大大衰减室外综合温度的谐波振幅，减小围护结构内表面的温度波幅。两者对于降低结构内表面温度的最高值都是有利的。

这种隔热构造方式的优点是：不仅具有较好的隔热性能，在冬季也有保温作用，特别适用于夏热冬冷地区。但是，这种隔热构造方式的墙体、屋面夜间散热较慢，内表面的高温区段时间比较长，出现高温的时间也较晚，如果用于办公、教室、展览馆等以白天使用为主的建筑物较为理想。对昼夜温差较大的地区，可采取白天紧闭门窗使用空调，夜间打开门窗通风，排除室内热量并储存室外的新风冷量，以降低房间次日的空调负荷，因此也可用于节能空调建筑。

（3）采用有通风间层的复合墙板

有通风间层的复合墙板，比单一材料制成的墙板（如加气混凝土墙板）的构造复杂一些，但它将材料区别进行使用，可采用高效的隔热材料，不仅能充分发挥各种材料的特长，能减轻墙体的自重，而且利用间层的空气流动及时带走热量，减少通过墙板传入室内的热量，夜间降温的速度也比较快。有通风间层的复合墙板特别适用于湿热地区的住宅、医院、办公楼等多层和高层建筑。有通风间层的复合墙板的构造如图4-19所示；有通风间层的复合墙板的隔热效果见表4-15。

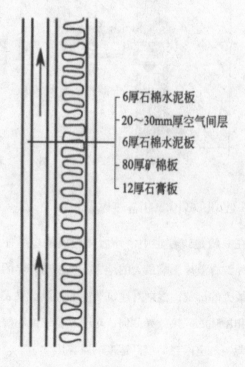

6厚石棉水泥板
20～30mm厚空气间层
6厚石棉水泥板
80厚矿棉板
12厚石膏板

图4-19 有通风间层的复合墙板构造

表 4-15 有通风间层的复合墙板的隔热效果

项目名称		砖墙（内抹灰）	有通风层的复合墙板
总厚度／mm		260	124
质量／（kg／m²）		464	55
振幅／m		1.90	0.90
内表面温度／℃	平均	27.8	26.9
	最高	29.7	27.8
热阻／（m²·K／W）		0.468	1.942
室外温度	最高	28.9	
	平均	23.3	

（4）建筑物外墙进行绿化

外墙绿化是垂直绿化的一种重要形式，广义的外墙绿化，包括开敞的阳台、窗台、雨篷等除屋顶之外的一切建筑外围护结构的绿化，甚至还包括与建筑外墙有连接的网架式的垂直绿化。建筑外墙绿化具有占地少、见效快、绿量大等优点，不仅能够弥补平地绿化不足，丰富绿化层次，有助于恢复生态平衡，而且可以增加城市及绿色建筑的艺术效果，使之与环境更加协调统一、生动活泼。

建筑外墙绿化可以美化空间，使绿化植物的千姿百态和色彩季相变化立体化，让城市显得格外清新、舒适，富有诗意和浪漫。在建筑节能方面，外墙绿化还能够起到隔热、蔽荫、减少辐射的作用，从而调节墙壁的内外温差，降低室内的温度，达到节能的目的。

测试结果表明，与建筑遮阳构件相比，外墙绿化遮阳的隔热效果更好。各种遮阳构件，不管是水平的还是垂直的，它在遮挡阳光的同时也成为太阳能的集热器，可以吸收大量的太阳辐射热，从而大大提高了其自身温度，然后再辐射到被它遮阳的外墙上。因此，被遮阳构件遮阳的外墙表面温度仍比空气温度高。

建筑外墙绿化遮阳与遮阳构件不同。对于有生命的植物，其具有温度调节、自我保护的功能。在较强阳光的照射下，植物把从根部吸收的水分输送到叶面蒸发，使植物本身保持较低的温度，而不会对周围环境造成过强的热辐射。因此，外墙绿化的墙体表面温度低于被遮阳构件的墙面温度，其遮阳效果优于遮阳构件。

4.4 建筑物屋顶节能设计

屋顶作为建筑物外围护结构的主要组成部分，由于冬季存在比任何朝向墙面都大的长波辐射散热，再加上对流换热，会严重降低屋顶的外表面温度；夏季在太阳直射时所接收的辐射热最多，从而导致室外综合温度最高，造成其室内外温差传热在冬季、夏季都大于各朝向外墙。因此，认真搞好建筑物屋顶节能设计，提高建筑物屋面的保温、隔热能力，可有效减少能耗，改善顶层房间内的热环境。

4.4.1 建筑物屋顶的保温设计

建筑物屋面的保温设计绝大多数为外保温构造，这种构造受周边热桥的影响较小。为了提高屋面的保温能力，屋顶的保温节能设计要采用热导率小、轻质高效、吸水率低、有一定抗压强度、可长期发挥作用、性能稳定可靠的保温材料作为保温隔热层。保温层厚度按屋面保温种类、保温材料性能及构造措施，以满足相关节能标准对屋面传热系统限值要求为准。

（1）胶粉 EPS 颗粒屋面保温系统

胶粉 EPS 颗粒屋面保温系统，采用胶粉 EPS 颗粒保温浆料对平屋顶或坡屋顶进行保温处理，用抗裂砂浆复合耐碱网格布进行抗裂处理，防水层采用防水涂料或防水卷材。保护层可采用防紫外线涂料或块材等。胶粉 EPS 颗粒屋面保温系统的构造，如图 4-20 所示。

防紫外线涂料由丙烯酸树脂和太阳光反射率较高的复合颜料配制而成，具有一定的降温功能，可以用于屋顶保护层，其技术性能指标除应符合《溶剂型外墙涂料》（GB/T 9757-2001）中的规定外，还应符合表 4-16 中的要求。

胶粉 EPS 颗粒保温浆料作为屋面保温材料，由于需要具有承重和保温双重作用，所以要求这种材料不但要保温性能好，还应满足设计的抗压强度的要求。

（2）现场喷涂硬质聚氨酯泡沫塑料屋面保温系统

该保温系统是采用现场喷涂硬质聚氨酯泡沫塑料，对于平屋顶或坡屋顶进行保温处理，采用轻质砂浆对保温层进行找平及隔热处理，并用抗裂砂浆复合耐碱网格布进行抗裂处理，保护层可采用防紫外线涂料或块材等。现场喷涂硬质聚氨酯泡沫塑料屋面保温系统的构造如图 4-21 所示。

表 4-16 防紫外线涂料的性能要求

项目名称	性能指标	项目名称	性能指标
干燥时间／h	表干≤1.0	透水性／mL	≤0.1
	实干≤12	太阳光反射率／%	≥90

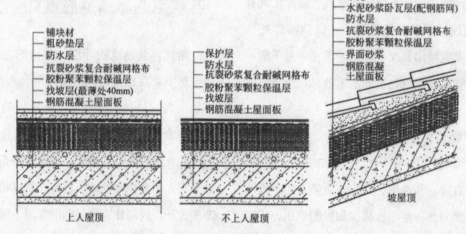

图 4-20 胶粉 EPS 颗粒屋面保温系统的构造

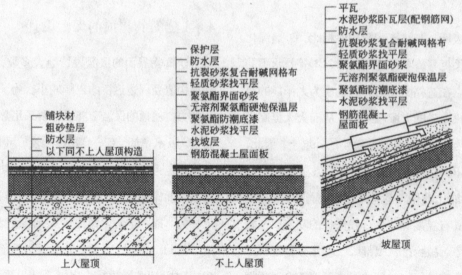

图 4-21 现场喷涂硬质聚氨酯泡沫塑料屋面保温系统构造

保温系统中所用的聚氨酯防潮底漆，主要由高分子树脂、多种助剂和稀释剂按一定比例配制而成，施工时用滚筒、毛刷均匀地涂刷在基层材料的表面，可有效防止水及水蒸气对聚氨酯发泡塑料保温材料产生不良影响。

保温系统中所用的硬质聚氨酯泡沫塑料，简称聚氨酯硬泡，它在聚氨酯制品中的用量仅次于聚氨酯软泡。聚氨酯硬泡多为闭孔结构，具有绝热效果好、质轻、比强度大、施工方便等优良特性．同时还具有隔声、防震、电绝缘、耐热、耐寒、耐溶剂等特点，广泛用于冰箱、冰柜的箱体绝热层、冷库、冷藏车等绝热材料，建筑物、储罐及管道保温材料。

硬质聚氨酯泡沫塑料的性能指标见表 4-17。

保温系统中所用的聚氨酯界面砂浆，主要由与聚氨酯具有良好黏结性能的合成树脂乳液、多种助剂等制成的界面处理剂与水泥、砂子混合而成。涂覆于聚氨酯保温层上，以增强保温层与找平层的黏结能力。

（3）倒置式保温屋面

倒置式保温屋面又称外保温屋面，由于传统屋面存在夏天防水层起鼓，冬天冷凝水积聚等诸多问题，一种新的屋面形式——倒置式保温屋顶伴随着挤塑聚苯乙烯板的出现而在世界范围内得到广泛应用，其不但能完全弥补传统屋面的缺点，同时还能大大地延长防水材料的使用年限，从而有效地解决了屋面防水层寿命短和容易产生渗漏现象等问题。

所谓倒置式保温屋面，是将传统屋面构造中保温隔热层与防水层颠倒，将保温隔热层设置在防水层上面，是一种具有多种优点的保温隔热效果较好的节能屋面构造形式，其上的卵（碎）石层也可换成 30mm 厚的钢筋混凝土板。倒置式保温屋面构造如图 4-22 所示。

倒置式保温屋面是采用聚苯乙烯泡沫塑料等高热绝缘系数、低吸水率材料作保温层，并将保温层设置在主防水层之上，具有节能保温隔热、延长防水层使用寿命、施工方便、劳动效率高、综合造价经济等特点。倒置式保温屋面所以在国内外广泛应用，是因为这种保温屋面具有以下主要优点。

1）可以有效地延长防水层的使用年限。倒置式保温屋面是将保温层设置在防水层的上面，这样就可以大大减轻防水层受大气、温差及太阳光紫外线照射的影响，使防水层基本上处于密封状态，不易因自

表 4-17 硬质聚氨酯泡沫塑料的性能要求

项目名称	性能指标	项目名称	性能指标
干密度／（kg／m³）	30～50	蓄热系数／[W／(m²·K)]	≥0.36
热导率／[W／(m·K)]	≤0.027	压缩强度／MPa	≥0.15

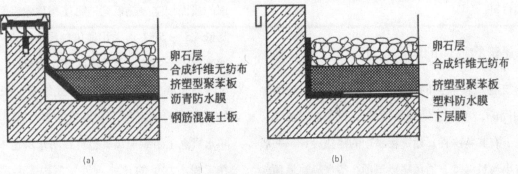

图 4-22 倒置式保温屋面构造

(a) 沥青防水处理　(b) 塑料防水膜防水处理

然因素的侵蚀而老化，因而防水层能长期保持其柔软性、延伸性等性能，可以有效延长使用年限。

2）保护防水层免受外界损伤。由于倒置式保温屋面的保温层采用聚苯乙烯泡沫塑料，这种材料具有吸水性小、抗水性好、加工性好、易于成型、着色性好、适应性强等优点。尤其是具有缓冲性能和良好的弹性，使防水层在施工中不会受到外界机械损伤，也能衰减外界对屋面的冲击。

3）施工简便且利于维修。倒置式保温屋面在设计和施工中，省去了传统屋面中的隔气层及保温层上的找平层，使屋面的施工简化、更加经济。在使用过程中，即使出现个别地方渗漏，只要揭开几块保温板，就可以进行处理，非常利于维修。

4）可以调节屋顶内表面温度。倒置式保温屋面的最外层多为钢筋混凝土现浇板或碎石层等保护层，这些材料的蓄热系数均比较大，在夏天可充分利用其蓄热能力强的特点，调节屋顶内表面温度，使其温度最高峰值向后延迟，错开室外空气温度的最高值，这样有利于提高屋顶的隔热效果。

倒置式保温屋面的构造对所用保温材料性能要求是：①热导率小、蒸气渗透系数大；②吸水率低或具有较好的憎水性；③反复冻融条件下性能稳定；④材料内部无串通毛细管现象；⑤抗压强度满足要求；⑥适用范围比较广（在 -30 ~ 70℃范围内均能安全使用）等。实践证明，挤塑聚苯乙烯泡沫塑料可以满足以上要求，是适用于倒置式保温屋面的一种良好保温隔热材料。

4.4.2 建筑物屋顶的隔热设计

建筑物屋顶隔热的机理和设计思路，与墙体隔热是相同的。不同之处是屋顶是水平或斜坡部件，在构造上有其特殊性。建筑物屋顶的隔热设计，一般采用减小当量温度、通风隔热屋顶、蓄水隔热屋顶、种植隔热屋顶和蓄水种植屋顶等。

（1）采用减小当量温度

采用浅色饰面，减小当量温度（ρ），是屋顶隔热的一种简便的方法。以武汉地区平屋顶为例，说明屋面材料太阳辐射热吸收系数值对当量温度的影响。几种不同材料屋面的当量温度比较见表4-18。

表 4-18 不同材料屋面的当量温度

项目 \ 屋面类型	沥青油毡屋面 $\rho = 0.85$	混凝土屋面口 $\rho = 0.70$	陶瓷隔热板屋面 $\rho = 0.40$
平均值 / ℃	14.0	11.5	6.5
最大值 / ℃	43.0	35.4	20.5

从表中的数据可以看出，屋面材料的太阳辐射热吸收系数值对当量温度影响是很大的。当采用浅色饰面材料，即采用太阳辐射热吸收系数较小的屋面材料时，可以降低室外的热作用，从而达到隔热的目的。

（2）采用通风隔热屋顶

通风隔热屋顶是在屋顶设置通风间层，一方面利用通风间层的外层遮挡阳光，使屋顶变成两次传热，避免太阳辐射热直接作用在围护结构上；另一方面利用风压和热压的作用，尤其是采取自然通风，可以带走进入夹层中的热量，从而减少室外热作用对屋顶内表面的影响。

这种隔热措施起源于南方沿海地区的民居，应用于平屋顶时采用大阶砖架空层，在这些地区应用，隔热效果相当显著。后来推广到长江中下游地区，并用细石混凝土板取代大阶砖，通风层一般设在防水层之上，对防水层也有一定的保护作用。据实测，设置合理的屋面架空隔热板构造可使屋顶内表面的平均温度降低 4.5 ~ 5.5℃。采用通风层屋顶隔热时，通风层长度不宜大于 10m，空气层高度宜为 20cm 左右。

通风隔热屋顶的构造方式较多，既可用于平坦的平屋顶，也可用于有坡度的斜屋顶；既可在屋面防水层之上组织通风，也可在防水层之下组织通风。在工程中常见的几种通风屋顶构造形式，如图 4-23 所示。

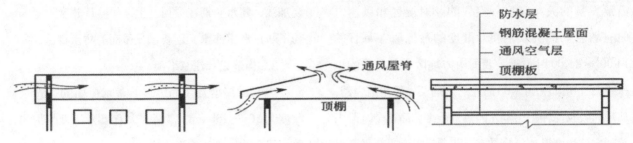

防水层
钢筋混凝土屋面
通风空气层
顶棚板

通风屋脊
顶棚

图 4-23 常见的几种通风屋顶构造形式

通风隔热屋顶之所以有良好的隔热性能，是因为一方面利用通风间层的外层遮挡阳光，另一方面设置屋面架空通风隔热层，使屋顶变成两次传热。通风隔热屋顶的优点有很多，如省料、质轻、材料层少，还有防雨、防漏、经济、易维修等。最主要的是构造简单，比实体材料通风隔热屋顶的降温效果好。

为确保通风隔热屋顶具有较好的隔热降温性能，在设计中应考虑以下问题：①通风隔热屋面的架空层设计应根据基层的承载能力，构造形式要简单，架空板便于生产和安装施工；②通风隔热屋面和风道的长度不宜大于 15m，空气间层以 200mm 左右为宜；③通风隔热屋面基层上面应有满足节能标准的保温隔热基层，一般应按相关节能标准要求对传热系数和热惰性指标限值进行验算；④架空隔热板的位置应在保

证使用功能的前提下，应考虑利于板下部形成良好的通风状况；⑤架空隔热板与山墙间应留出 250mm 的距离；⑥架空隔热层在施工过程中，应做好对已完工防水工程的保护工作。

（3）采用蓄水隔热屋顶

蓄水隔热屋顶就是在屋面上蓄适当的水深，用来提高屋顶的隔热能力。屋顶蓄水之所以能起到隔热的作用，主要是水的热容量比较大，而且水在蒸发时要吸收大量的汽化潜热，而这些热量大部分从屋顶所吸收的太阳辐射热中获取，这样大大减少了经屋顶传入室内的热量，降价了屋顶的内表面温度，是一种有效的隔热措施。蓄水屋顶的蓄热效果与蓄水的深度有关，不同深度蓄水层屋面热工测定数据见表 4-19。

屋顶采用蓄水隔热是利用水的蒸发耗热作用，

表 4-19 不同深度蓄水层屋面热工测定数据

测试项目	蓄水层厚度			
	50mm	100mm	150mm	200mm
外表面最高温度 / ℃	43.63	42.90	42.90	41.58
外表面温度波幅 / ℃	8.63	7.92	7.60	5.68
内表面最高温度 / ℃	41.51	40.65	39.12	38.91
内表面温度波幅 / ℃	6.41	5.45	3.92	3.89
内表面最低温度 / ℃	30.72	31.19	31.52	32.42
内外表面最高温差 / ℃	3.59	4.48	4.96	4.86
室外最高温度 / ℃	38.00	38.00	38.00	38.00
室外温度波幅 / ℃	4.40	4.40	4.40	4.40
内表面热流最高值 / (W / m²)	21.92	17.23	14.46	14.39
内表面热流最低值 / (W / m²)	-15.56	-12.25	-11.77	-7.76
内表面热流平均值 / (W / m²)	0.50	0.40	0.73	2.49

而蒸发量的大小与室外空气的相对湿度和风速之间有着密切的关系。相对湿度的最低值在每日的14:00 ~ 15:00 时附近。我国南方地区中午前后的风速较大，所以在 14:w00 时左右水的蒸发作用最强烈，从屋面吸收而作用于蒸发的热量最多。而这个时段内屋顶室外综合温度恰恰最高，即适逢屋面吸热最强烈的时候，因此，在夏季气候干燥，白天多风的地区，用蓄水隔热的效果是非常显著的。

1）蓄水屋面的特点

工程实践证明，蓄水屋面是一种较好的屋面隔热方式，在我国的南方地区应用比较广泛，主要具有以下特点。

①蓄水屋面用水将屋顶与空气隔开，可以大大减少屋顶吸收太阳辐射热，同时水的蒸发要带走大量的热。因此屋顶上的蓄水起到了调节室内温度的作用，在干燥炎热地区其隔热效果更加显著。

②刚性防水层不出现干缩。长期置于水下的混凝土，不但不会出现干缩，反而有一定程度的膨胀，避免因干缩出现开裂性透水毛细管的可能性，所以刚性防水层不会产生渗漏。

③刚性防水层变形量很小。由于水下防水层表面温度较低，内外表面温差较小，昼夜内外表面温度波幅小，混凝土防水层及钢筋混凝土基层产生的温度应力也小，由温度应力而产生的变形自然也较小，从而避免了由于温度应力而产生的防水层和屋面基层开裂。

④密封材料使用寿命长。在蓄水屋顶中，用于填嵌分格缝的密封材料，由于被空气的氧化作用和紫外线照射程度大大减轻，所以密封材料不易老化，可延长使用年限。

蓄水屋面虽然具有以上优点，但也存在一些缺点，其主要缺点是：在夜间屋顶外表面温度始终高于无水屋面，这时很难利用屋顶进行散热；一定深度的蓄水必然增加了屋顶的荷重，可能屋顶结构设计需

要加强；蓄水长期在屋顶之上，防渗是非常重要的，为了防止产生渗水，还要加强屋面的防水措施。

2）构造设计注意事项

①水层深度及屋面坡度。蓄水屋面的适宜水层深度为 50 ~ 150mm。为保证屋面蓄水深度的均匀，蓄水屋面的坡度不宜大于 0.5%。

②防水层的做法最好用于刚性防水屋面，也可用于卷材防水屋面。采用刚性防水层时应按规定做好分格缝。对于纵向布置的板，分格缝内的无筋细石混凝土的面积应小于 50m²，对于横向布置的板，应按开间尺寸以不大于 4m 设置分格缝。

③蓄水区的划分为了便于分区检修和避免水层产生过大的风浪，蓄水屋面应划分为若干蓄水区，每区的边长不宜超过 10m。蓄水区间用混凝土做成分仓壁，壁上留过水孔，使各蓄水区的水层连通，但在变形缝的两侧应设计成互不连通的蓄水区。

④女儿墙与泛水。蓄水屋面四周可做女儿墙并兼作蓄水池的仓壁。在女儿墙上应将屋面防水层延伸到墙面形成泛水，泛水的高度应高出水面 100mm。由于混凝土转角处不易密实，必须拍成斜角，或者抹成圆弧形，并填设如油膏之类的嵌缝材料。

⑤溢水孔与泄水孔。为避免暴雨时蓄水深度过大而增加屋的负荷，应在蓄水池布置若干溢水孔，为便于检修时排除蓄水，应在池壁根部设泄水孔，泄水孔和溢水孔均应与排水檐沟或水落管连通。

⑥屋盖的承载能力必须经计算确定，必须符合有关标准的规定。

（4）采用种植隔热屋顶

从建设节约型社会角度看，近年来科学发展观日益深入人心，随之而来的是建设生态和谐的节约型社会，向建筑屋面要节能经济的呼声很高。实施屋顶种植，可节约用地、节省能源、节减开支。建筑和绿化艺术的有机结合，可以实现景观、环保、构建循环经济、和谐社会和造福人民等长远的综合效益。

这是绿色城市不可缺少的城市园林建设的新内容、新发展、新亮点，也是绿色建筑不可或缺的一部分。

在屋顶上种植植物，利用植物的光合作用，将热能转化为生物能，利用植物叶面的蒸腾作用增加蒸发散热量，均可大大降低屋琢的室外综合温度，同时，利用植物栽培基质材料的热阻与热惰性，降低屋顶内表面的平均温度与温度波动振幅，综合起来达到隔热的目的。这种屋顶屋面温度变化小，隔热性能优良，并且是一种生态型的节能屋面。

种植屋面分为覆土种植和无土种植，覆土种植以土为栽培基质。因土壤密度大，使屋面荷载增大很多，且土壤的保水性差，现在已很少使用。无土种植具有自重轻、屋面温差小、有利于防水防渗等特点。无土种植采用蛭石、水渣、泥炭土、膨胀珍珠岩粉料或者木屑代替土壤，重量减轻，隔热性能反而有所提高，且对屋面构造没有特殊要求，只是在檐口和走道板处应防止蛭石等材料在雨水外溢时被冲走。无土种植屋顶的构造如图 4-24 所示。

种植层的厚度一般依据种植物的种类而定：草木 15 ~ 30mm；花卉小灌木 30 ~ 45mm；大灌木 45 ~ 60mm；浅根乔木 60 ~ 90mm；深根乔木 90 ~ 150mm。为保持较好隔热效果，栽培基质厚度宜为 200mm 或 250mm。

种植屋顶不仅为建筑的屋面起到保温隔热效果，而且还有增加城市绿化面积、降低城市热岛效应、有效利用城市雨水、美化建筑和城市景观、点缀环境、改善室外热环境和空气质量的效果。表 4-20 是对种植屋面进行的热工测试数据。

表 4-20 种植屋面热工测定数据

项目	无种植层	有蛭石种植层	差值
外表面最高温度/℃	61.6	29.0	32.0
外表面温度波幅/℃	24.0	1.6	22.4
内表面最高温度/℃	32.2	30.2	2.0
内表面温度波幅/℃	1.3	1.2	0.1

注：室外空气最高温度 36.4℃，平均温度 29.1℃。

种植屋顶的设计应注意以下几个主要问题。

1）种植屋面不同于一般的屋面，一般应当由结构层、找平层、防水层、蓄水层、滤水层、种植层等构造层组成，在设计过程中应对以上各层全面考虑。

2）种植屋面应采用整体浇筑或预制装配的钢筋混凝土屋面板作为结构层，其质量应符合国家现行各相关规范的要求。在进行屋面结构层设计时，要以屋顶允许承载重量为依据，必须做到屋顶的允许承载量大于一定厚度种植屋面最大湿度质量、一定厚度排水物质质量、植物质量和其他物质量之和。

3）防水层应采用设置涂膜防水层和配筋细石混凝土刚性防水层两道防线的复合防水设防的做法，以确保防水层的质量，真正做到不渗不漏。

4）在结构层上做找平层，找平层宜采用 1:3 的水泥砂浆，其厚度根据屋面基层种类（按照屋面工程技术规范）规定为 15 ~ 30mm，找平层应坚实平整。找平层宜留设分格缝，缝宽为 20mm，并嵌填密封材料，分格缝最大间距为 6m。

5）种植屋面的种植土不能太厚，植物扎根远不如地面。因此，栽培植物宜选择长日照的浅根植物，如各种花卉、草等，一般不宜种植根深的植物。

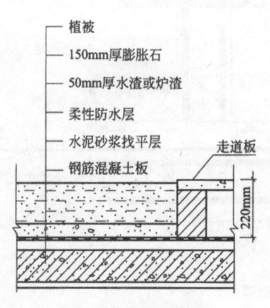

植被
150mm厚膨胀石
50mm厚水渣或炉渣
柔性防水层
水泥砂浆找平层
钢筋混凝土板
走道板
220mm

图 4-24 无土种植屋顶的构造示意

6）种植屋面坡度不宜大于3%，以免种植介质因坡度较大而产生流失。

7）四周挡墙上设置的泄水孔不得堵塞，应当能顺利地排除积水，满足房屋建筑的使用功能。

（5）采用蓄水种植屋顶

蓄水种植屋面是以建筑屋顶部平台为依托进行蓄水、覆土并栽种植物的一种新型屋面处理方式。发展蓄水覆土种植屋面，可以为城市居民创造新的游憩空间，形成了城市文明的新视角，成为城市现代化和文明程度的重要标志，使得城市建筑物的空间潜能与绿色植物的多种效益得到完美的结合。

1）蓄水种植屋顶的构造

蓄水种植屋顶实际上是将一般种植屋顶与蓄水屋顶结合起来，并进一步完善其构造后所形成的一种新型隔热屋顶。蓄水种植屋顶主要由防水层、蓄水层、滤水层、种植层、种植床埂和人行架空通道板等组成。

其基本构造如图4-25所示。

① 防水层 由于蓄水种植屋顶需要蓄存一定深度的水，因此防水层是其重要的组成部分。为确保防水层的质量，应当采用设置涂膜防水层和配筋细石混凝土刚性防水层两道防线的复合防水设防的做法。在进行防水层施工时，应先做涂膜（或卷材）防水层，然后再做刚性防水层。

② 蓄水层。种植床内的水层主要靠轻质多孔粗骨料蓄积，多孔粗骨料的粒径不应小于25mm，蓄水层（包括水和粗骨料）的深度不应小于60mm。种植床以外的屋面也应进行蓄水，深度与种植床内相同。

③ 滤水层。在进行蓄水种植屋顶设计时，考虑到保持蓄水层的畅通，不致被杂质堵塞，应在粗骨料的上面铺厚度为60～80mm的细骨料滤水层，细骨料按5～20mm粒径级配，并按照上细下粗的顺序铺填。

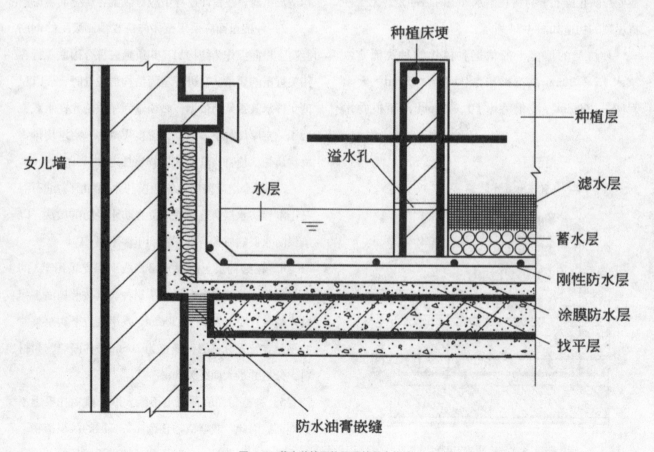

图4-25 蓄水种植隔热屋顶的基本构造

④ 种植层。由于蓄水种植屋顶的构造层次较多，相应的屋面总重量也比较大，为了尽量减轻屋面板承担的荷载，种植层所用的栽培介质的堆积密度不宜大于 $10kN/m^3$。

⑤ 种植床埂。蓄水种植隔热屋顶应根据屋盖绿化设计用床埂进行分区，每区的面积一般不宜大于 $100m^2$。床埂宜高于种植层 60mm 左右，床埂底部每隔 1200 ~ 1500mm 设置一个溢水孔，孔下口平水层面。溢水孔处应铺设粗骨料或安设过滤网，以防止细骨料的流失。

⑥ 人行架空通道板。人行架空板设置在蓄水层上和种植床之间，供人在屋面活动和操作管理之用，兼有给屋面非种植覆盖部分增加一隔热层的功效。架空通道板应满足上人屋面承载的要求，通常可支撑在两边的床埂上。

2）蓄水种植隔热屋顶与一般种植屋顶的区别

蓄水种植隔热屋顶与一般种植屋顶的主要区别在于增加了一个连通整个屋面的蓄水层，从而弥补了一般种植屋顶隔热不完整、对人工补水依赖较多等方面的缺点，又兼具蓄水屋顶和一般种植隔热屋顶的优点，其隔热效果更好，但是工程造价有所提高。表 4-21 中列出了几种屋顶的隔热效果，可供设计中参考。

4.5 建筑物门窗节能设计

建筑外门窗是建筑物外围护结构的重要组成部分，除了应具备基本的使用功能外，还必须具有采光，通风，防风、防雨、保温、隔热、隔声、防盗、防火等功能，才能为人们的生活提供安全舒适的室内环境空间。

建筑外门窗对建筑物节能效果影响巨大，根据有关部门统计表明，传统建筑物通过门窗损失的能耗约占建筑总能耗的 50%，而通过门窗缝隙损失的能耗约占门窗总能耗的 30% ~ 50%，建筑外门窗已成为建筑物第一耗能部位，由此可见，加强建筑外门窗节能设计和管理，是改善室内热环境质量、提高建筑节能水平的重要环节。另一方面，建筑门窗还承担着隔绝与沟通室内外两种空间的互相矛盾的任务，因此，在技术处理上相对其他围护结构，难度更大，涉及的问题更加复杂。

衡量建筑门窗性能的指标主要包括阳光得热性能、采光性能、空气渗透防护性能和保温隔热性能等 4 个方面。建筑节能标准对门窗的保温隔热性能、窗户的气密性能等，在《建筑外门窗保温性能分级及检测方法》（GB / T 8484-2008）《建筑外门窗气密、水密、抗风压性能分级及检测方法》（GB / T 7106-2008）中，提出了明确具体的限值，在设计中要严格遵照执行。

建筑门窗的节能技术就是提高门窗的性能指标，主要是在冬季有效利用阳光，增加房间的得热和采光，提高保温性能、降低通过门窗传热和空气渗透所造成的建筑能耗，在夏季采用有效的隔热及遮阳措施，降低透过门窗的太阳辐射得热以及室内空气渗透所引起空调负荷增加而导致的能耗增加。

表 4-21 不同屋顶的隔热效果

隔热屋面类型	测温时间						内表面最高温度	优劣次序
	15:00	16:00	17:00	18:00	19:00	20:00		
蓄水种植屋面	31.3	31.9	32.0	31.8	31.7	—	32.0	1
架空小板通风屋面	—	36.8	38.1	38.4	38.3	38.2	38.4	5
双层屋面通风屋面	34.9	35.2	36.4	35.8	35.7	—	36.4	4
蓄水屋面	—	34.4	35.1	35.6	35.3	34.6	35.6	3
一般种植屋面	33.5	33.6	33.7	33.5	33.2	—	33.7	2

4.5.1 建筑门窗作用及要求

(1) 建筑门窗的作用

建筑门窗是设置在墙洞中可以启闭的建筑构件。门的主要作用是建筑室内外交通联系和分隔建筑空间。窗的主要作用是采光、通风、日照和眺望。建筑门窗均属于围护构件，除满足基本使用要求外，还应具有保温、隔热、隔声、防风、风尘等功能。此外，建筑门窗的立面对建筑物还具有装饰与美化的作用。

(2) 建筑门窗的要求

1) 交通安全方面的要求

门是出入的洞口和联系室内外的通道，与交通安全密切相关。在进行门的设计中，应根据建筑物的性质、人流密度和交通要求等，来确定门的数量、位置、大小、开关方向和门型等问题，使门符合人体和物体通行尺度的标准。例如，一般的民用建筑，外门可以向内开；而大型民用建筑使用人数特别多的，如剧院、会堂等建筑的外门必须向外开。

2) 采光和通风方面的要求

窗户的尺寸大小及形式等关系到建筑物的采光、通风。适当的窗户面积可取得较好的采光效果。因此应根据不同建筑物的采光要求，选择合适的尺寸及形式。如按照玻璃面积与地面面积的比值，参照有关规范可估算出窗户的高度和宽度。

窗户的通风效果如何，不仅关系到室内空气的质量，而且关系到建筑节能的效果。在进行窗户设计时，在考虑风向的同时，选择对通风有利的窗户形式和合理位置，可以获得空气对流，达到较好的通风效率和节能成效。

3) 围护作用方面的要求

门窗作为建筑物围护结构的重要组成部分，在设计时应考虑保温、隔热、隔声、防护等方面的问题。应根据建筑物所在地区的气候环境特点和对围护的具体要求，选择恰当的材料、构造形式和位置，可以

起到较好的围护作用。

4) 装饰美观方面的要求

门窗多数设置于建筑物的正立面，直接影响建筑物的造型和美观，在设计建筑门窗时，除应满足不同地区的功能要求外，还应当考虑到建筑门窗的美观，以用来表达设计师的思路和地区建筑风格。

建筑门窗设计应做到规格类型尽量统一，符合现行建筑模数协调统一标准的要求，以降低工程成本和适应建筑工业化生产的需要。

4.5.2 建筑物外门节能设计

建筑物外门是指住宅建筑的户门和阳台门。户门和阳台门均要求具有多种功能，一般有防盗、保温、隔热等功能。尤其是门的下部门芯板部位，应采用保温隔热措施，以满足建筑门窗节能标准的要求。常用各类门的热工指标见表 4-22。

可以采用双层板间填充岩棉板、聚苯板等材料，来提高户门的保温隔热性能，阳台门一般应采用塑料门。此外，提高门的气密性即减少空气渗透量，对于提高门的节能效果是非常明显的。

在严寒地区，公共建筑的外门应设置门斗或旋转门，门斗是在建筑物出入口设置的起分隔、挡风、御寒等作用的建筑过渡空间。在寒冷地区，公共建筑的外门应设置门斗或采取其他减少冷风渗透的措施。在夏热冬冷和夏热冬暖地区，公共建筑的外门也应采取保温隔热节能措施，如设置双层门、采用低辐射中空玻璃门、设置风幕等。

4.5.3 建筑物外窗节能设计

窗户在建筑上的作用是多方面的，除了需要满足视觉、采光、通风、日照及建筑造型等功能要求外，作为建筑围护结构的组成部分，同样应具有保温隔热、得热或散热的作用。因此外窗的大小、形式、材料和构造应兼顾各方面的要求，以取得整体的最佳效果。

表 4-22 常用各类门的热工指标

门框材料	门的类型	传热系数 K_0 / [W / ($m^2 \cdot K$)]	传热阻 R_0 / [($m^2 \cdot K$) / W]
木材与塑料	单层实体门	3.5	0.29
	夹板门和蜂窝夹芯门	2.5	0.40
	双层玻璃门（玻璃比例不限）	2.5	0.40
	单层玻璃门（玻璃比例小于 30%）	4.5	0.22
	单层玻璃门（玻璃比例为 30%~60%）	5.0	0.20
金属	单层实体门	6.5	0.15
	单层玻璃门（玻璃比例不限）	6.5	0.15
	单框双玻门（玻璃比例小于 30%）	5.0	0.20
	单框双玻门（玻璃比例为 30%~70%）	4.5	0.22
无框	单层玻璃门	6.5	0.15

窗户的传热系数和气密性是决定其保温节能效果优劣的主要指标。窗户的传热系数，应按国家计量认证的质检机构提供的测定值采用；如果无提供的测定值，可按表 4-23 中的数据采用。

在不同地域、不同气候条件下，不同的建筑功能对窗户的要求是有差别的。但是总体说来，节能窗技术的进步，都是在保证一定的采光条件下，围绕着控制窗户下得热和散热展开的。由此可见，可以通过以下措施使窗户达到节能的要求。

（1）控制建筑各朝向的窗墙面积比

建筑围护结构节能检测表明，由于窗户有时是敞开通风的，所以窗墙面积比是影响建筑能耗的重要因素，窗墙面积比的确定，是根据不同地区、不同朝向的墙面冬夏季日照情况、季风影响、室外空气温度、

表 4-23 常用窗户的传热系数和传热阻

窗框材料	窗户类型	空气层厚度 / mm	窗框窗洞面面积比 / %	传热系数 / [W/ ($m^2 \cdot K$)]	传热阻 R / ($m^2 \cdot K$ / W)
钢、铝	单层窗	–	20~30	6.4	0.16
	单框双玻窗	12	20~30	3.9	0.26
		16	20~30	3.7	0.27
		20~30	20~30	3.6	0.Z8
	双层窗	100~140	20~30	3.0	0.33
	单层窗 + 单框双玻窗	100~140	20~30	2.5	0.40
木、塑料	单层窗	–	30~40	4.7	0.21
	单框双玻窗	12	30~40	2.7	0.37
		16	30~40	2.6	0.38
		20~30	30~40	2.5	0.40
	双层窗	100~140	30~40	2.3	0.43
	单层窗 + 单框双玻窗	100~140	30~40	2.0	0.50

注：1. 窗户的传热系数应经国家计量认证的质检机构提供的测定值采用；如果无提供的测定值，可按表中的数据采用；
2. 本表中的窗户包括阳台门上部带玻璃部分。阳台门下部不透明部分的传热系数，如下部不做保温处理，可按表中数值采用；如做保温处理，可按计算值采用。
3. 本表根据《民用建筑热工设计规范》（GB 50176-1993）编制。

室内采光设计标准、通风要求、开窗面积与建筑能耗所占的比例等因素而确定的。

一般普通窗户的保温性能比外墙的保温性能差得多,而且窗的四周与墙体相接触之处也容易出现热桥,窗户的面积越大,其传热量也越大。因此,从降低建筑能耗的角度出发,必须限制窗墙面积比。建筑节能设计中对窗的设计原则是:在满足功能要求的基础上尽量减少窗户的面积。

1)严寒及寒冷地区居住建筑的窗墙比

严寒和寒冷地区的冬季时间比较长,建筑采暖的能耗必然比较大,为实现建筑节能的标准要求,对于窗墙面积比要有一定的限制,表4-24列出了严寒和寒冷地区居住建筑的窗墙面积比限值,在进行墙体和窗户设计中可作为参考。

表4-24 严寒和寒冷地区居住建筑的窗墙面积比限值

朝向	窗墙面积比(窗面积/墙面积)	
	严寒地区	寒冷地区
北向	≤ 0.25	≤ 0.30
东、西向	≤ 0.30	≤ 0.35
南向	≤ 0.45	≤ 0.50

从表中可以看出,建筑物的北向取值较小,主要考虑居室设在北向时的采光需要。从建筑节能角度来看,在受冬季寒冷气流吹拂的北向及接近北向主墙面上尽量减少窗户的面积。东向和西向的取值,主要考虑夏季防晒(尤其是西晒)和冬季防冷风渗透的影响。

在严寒和寒冷地区,当外窗的传热系数K值降低到一定程度时,冬季可以获得从南向外窗进入的太阳辐射热,有利于建筑节能,因此一般南向窗墙面积比较大。由于目前住宅客厅的窗户有越来越大的趋势,为减少窗的耗热量,保证设计的节能效果,应降低窗的传热系数。

如果所设计的建筑超过规定的窗墙面积比时,则要求采取有效措施提高建筑围护结构的保温隔热性能。如选择保温性能好的窗框和玻璃,以降低窗的传热系数;加厚外墙的保温层厚度,以降低外墙的传热系数等。同时,应进行围护结构热工性能的权衡判断,检查建筑物耗热量指标是否能控制在规定的范围内。

2)夏热冬冷地区居住建筑窗墙比

我国夏热冬冷地区的气候特点是夏季炎热、冬季寒冷。夏季室外空气温度大于35℃的天数约10～40天,最高气温可达40℃以上;冬季气候寒冷,日平均气温低于5℃的天数约20～80天,相对湿度也较大,日照率远低于北方。从地理位置上由东到西,冬季的日照率逐渐减少。日照率最高的东部仅不足50%,西部地区只有20%左右,加上空气湿度高达80%以上,从而造成了该地区冬季的气候具有阴冷潮湿的特点。

确定该地区的窗墙面积比,是依据这一地区不同朝向墙面冬夏季日照情况、季风影响、室外空气温度、室内采光设计标准、通风要求、开窗面积与建筑能耗所占的比例等因素而确定的。从这一地区建筑能耗分析来看,窗对建筑能耗损失主要有两个原因:一是窗的热工性能较差所造成夏季空调、冬季采暖室内外温差的热量损失的增加;二是窗户因受太阳辐射影响而造成的建筑室内空调采暖能耗的增加。从冬季太阳辐射来看,通过窗口进入室内的太阳辐射有利于建筑节能,由此可见,减少窗的温差传热是建筑节能中降低窗热损失的主要措施。

从夏热冬冷地区几个城市近10年气象参数统计分析可以看出,南向垂直表面冬季太阳辐射量最大,而夏季的太阳辐射量反而变小,同时,东西向垂直表面最大。这些都说明这类地区注重夏季防止东西向日晒、冬季尽可能争取南向日照的原因。表4-25中列出了不同朝向、不同窗墙面积比的外窗传热系数。

夏热冬冷地区居住者无论是过渡季节,还是冬、夏两季普遍有开窗加强房间通风的习惯。通过开窗通

表 4-25 不同朝向、不同窗墙面积比的外窗传热系数

朝向	窗外环境条件	外窗的传热系数 / [W / (m²·K)]				
		窗墙面积比 N ≤ 0.25	窗墙面积比 0.25 < N ≤ 0.30	窗墙面积比 0.25 < N ≤ 0.35	窗墙面积比 0.35 < N ≤ 0.45	窗墙面积比 0.45 < N ≤ 0.50
北（偏东 60° 到偏西 60° 范围）	冬季最冷月室外平均气温 ≥ 5℃	4.7	4.7	3.2	2.5	—
	冬季最冷月室外平均气温 ≥ 5℃	4.7	3.2	3.2	2.5	—
东、西（东或西偏北 60° 到偏南 60° 范围）	无外遮阳措施	4.7	3.2	—	—	—
	有外遮阳（其太阳辐射通过率 20%）	4.7	3.2	3.2	2.5	2.5
南（偏东 30° 到偏西 30° 范围）	—	4.7	4.7	3.2	2.5	2.5

气，一是自然通风改善了室内的空气质量，二是自然通风冬季中午日照可以通过窗口直接获得太阳辐射。夏季在两个连晴高温期间的阴雨降温过程或降雨后连晴高温开始升温过程，夜间的气候凉爽宜人，房间通风后能带走室内的余热蓄冷。因此，这类地区进行围护结构节能设计时，不宜过分依靠减少窗墙比，而应重点提高窗的热工性能。

以夏热冬冷地区某六层砖混结构试验建筑为例，南向四层一房间的尺寸为 5.1m（进深）×3.3m（开间）×2.8m（层高），窗户为 1.5m×1.8m 的单框铝合金窗，在夏季采用空调时，计算不同负荷逐时变化曲线，可以看出通过墙体的传热量占总负荷的 30%，通过窗的传热量最大，而且通过窗的传热中，主要是太阳辐射对负荷的影响，温差传热部分的影响并不大。因此，应当把窗的遮阳作为夏季节能措施的重点来考虑。

3）夏热冬暖地区居住建筑窗墙比

夏热冬暖地区位于我国南部，在北纬 27° 以南，东经 97° 以东，主要包括海南全境、福建南部、广东大部、广西大部、云南部分地区及香港、澳门和台湾省。

夏热冬暖地区为亚热带湿润季风气候（即热湿型气候），其基本特征为夏季时间长、冬季寒冷时间很短，有的甚至几乎没有冬季，长年气温高且湿度比较大，太阳辐射强烈，雨量非常充沛。由于夏季时间长达半年左右，降水比较集中，空气炎热潮湿，因而该类地区建筑必须充分满足隔热、通风、防雨、防潮、防台风的要求。为遮挡强烈的太阳辐射，宜设置可靠的遮阳设施，并要避免西晒。根据我国夏热冬暖地区的特点，又可细化成北区和南区，北区冬季气候稍冷，对窗户还要求具有一定的保温性能，南区不必考虑保温问题。

夏热冬暖地区居住建筑的外窗面积不应过大，各朝向的窗墙面积比，北向不应大于 0.45，东向和西向不应大于 0.30，南向不应大于 0.50。居住建筑的天窗面积不应大于屋顶面积的 4%，传热系数不应大于 4 W/ (m²·K)，本身的遮阳系数不应大于 0.50。当设计建筑的外窗或天窗不符合上述规定时，其空调采暖（制冷）年耗电指数（或耗电量），不应超过参照建筑的空调采暖（制冷）年耗电指数（或耗电量）。表 4-26 和表 4-27 分别是夏热冬暖地区北区和南区外窗的热工指标限值。从表中可以看出，加大窗墙比的代价是要提高窗的综合遮阳系数和保温隔热性能，或者是提高外墙的隔热性能。

4）公共建筑的窗墙比

公共建筑的种类较多，形式多样，功能各异，由于公共建筑多数在城市的繁华地区，所以从建筑师

表 4-26 夏热冬暖地区北区外窗的传热系数和综合遮阳系数的限值

外墙	外墙综合遮阳系数 S_w	外窗的传热系数 / [W / (m²·K)]				
		窗墙面积比 $N \leqslant 0.25$	窗墙面积比 $0.25 < N \leqslant 0.30$	窗墙面积比 $0.30 < N \leqslant 0.35$	窗墙面积比 $0.35 < N \leqslant 0.40$	窗墙面积比 $0.40 < N \leqslant 0.45$
$K \leqslant 2.0$ $D \geqslant 3.0$	0.90	≤2.0	—	—	—	—
	0.80	≤2.5	—	—	—	—
	0.70	≤3.0	≤2.0	≤2.0	—	—
	0.60	≤3.0	≤2.5	≤2.5	≤2.0	—
	0.50	≤3.5	≤2.5	≤2.5	≤2.0	≤2.0
	0.40	≤3.5	≤3.0	≤3.0	≤2.5	≤2.5
	0.30	≤4.0	≤3.0	≤3.0	≤2.5	≤2.5
	0.20	≤4.0	≤3.5	≤3.0	≤3.0	≤3.0
$K \leqslant 1.5$ $D \geqslant 3.0$	0.90	≤5.0	≤3.5	≤2.5	—	—
	0.80	≤5.5	≤4.0	≤3.0	≤2.0	—
	0.70	≤6.0	≤4.5	≤3.5	≤3.0	≤2.0
	0.60	≤6.5	≤5.0	≤4.0	≤3.0	≤3.0
	0.50	≤6.5	≤5.5	≤4.5	≤3.5	≤3.5
	0.40	≤6.5	≤5.5	≤4.5	≤4.0	≤3.5
	0.30	≤6.5	≤6.0	≤5.0	≤4.0	≤4.0
	0.20	≤6.5	≤6.5	≤5.0	≤4.0	≤4.0
$K \leqslant 1.0$ $D \geqslant 2.5$ 或 $K \leqslant 0.7$	0.90	≤6.5	≤6.5	≤4.0	≤2.5	—
	0.80	≤6.5	≤6.5	≤5.0	≤3.5	≤2.5
	0.70	≤6.5	≤6.5	≤5.5	≤4.5	≤3.5
	0.60	≤6.5	≤6.5	≤6.0	≤5.0	≤4.0
	0.50	≤6.5	≤6.5	≤6.5	≤5.0	≤4.5
	0.40	≤6.5	≤6.5	≤6.5	≤5.5	≤5.0
	0.30	≤6.5	≤6.5	≤6.5	≤5.5	≤5.0
	0.20	≤6.5	≤6.5	≤6.5	≤6.0	≤5.5

表 4-27 夏热冬暖地区南区外窗的综合遮阳系数的限值

外墙（$\rho \leqslant 0.80$）	外窗的综合遮阳系数 Sw				
	窗墙面积比 $N \leqslant 0.25$	窗墙面积比 $0.25 < N \leqslant 0.30$	窗墙面积比 $0.30 < N \leqslant 0.35$	窗墙面积比 $0.35 < N \leqslant 0.40$	窗墙面积比 $0.40 < N \leqslant 0.45$
$K \leqslant 2.0$，$D \geqslant 3.0$	≤0.6	≤0.5	≤0.4	≤0.4	≤0.3
$K \leqslant 1.5$，$D \geqslant 3.0$	≤0.8	≤0.7	≤0.6	≤0.5	≤0.4
$K \leqslant 1.0$，$D \geqslant 2.5$ 或 $K \leqslant 0.7$	≤0.9	≤0.8	≤0.7	≤0.6	≤0.5

注：1. 南区居住建筑的节能设计对外窗的传热系数不作规定；
2. 表中的 ρ 是外墙外表面的太阳辐射吸收系数，D 为外墙的惰性系数，K 为外墙的传热系数。

到使用者都希望公共建筑更加通透明亮，建筑立面更加美观，建筑形态更为丰富。因此，公共建筑的窗墙比一般要比居住建筑大一些，并且也没有依据不同气候区进一步细化。但在节能设计中要谨慎使用大面积的玻璃幕墙，以避免加大采暖及空调的能耗。

在我国现行标准《公共建筑节能设计标准》（GB 50189-2005）中，对公共建筑窗墙比作了如下规定：建筑每个朝向的窗（包括透明幕墙）墙面积比均不应大于 0.70。当窗(包括透明幕墙)墙面积比小于 0.40 时,玻璃(或其他透明材料)的可见光透射比不应小于 0.40。当不能满足本条文的规定时,必须按照《公共建筑节能设计标准》中第 4.3 节的规定进行权衡判断。

屋顶透明部分的面积不应大于屋顶总面积的 15%,其传热系数 K 和遮阳系数 S 应根据建筑所处城市的气候分区符合相应的现行国家标准。

夏热冬暖地区、夏热冬冷地区(包括寒冷地区空调负荷大的地区)的建筑外窗(包括透明幕墙)要设置外部遮阳,以满足降低夏季空调能耗的需求。

(2)采取措施降低窗的传热耗能

为了降低窗户的传热耗能,近年来对窗户的节能技术进行了大量研究,所取得的主要成果如图 4-26 所示。

1)采用节能玻璃

节能玻璃要具备两个节能特性:保温性和隔热性。玻璃的保温性(K 值)要达到与当地墙体相匹配的水平。对于我国大部分地区,按现行规定:建筑物墙体的 K 值应小于 1。因此,玻璃窗的 K 值也要小于 1 才能"堵住"建筑物"开口部"的能耗漏洞。

对于有采暖要求的地区,节能玻璃应当具有传热小、可利用太阳辐射热的性能。对于夏季炎热地区,节能玻璃应当具有阻隔太阳辐射热的隔热、遮阳性能。节能玻璃技术中的中空玻璃、真空玻璃主要是减小其传热能力,而表面镀膜玻璃技术主要是为了降低其表面向室外辐射的能力和阻隔太阳辐射热透射。

玻璃对于不同波长的太阳辐射具有选择性。图 4-27 为各种玻璃的透射率与太阳辐射入射波长的关系。

从图中可看出,普通白玻璃对于可见光和波长为 3μm 以下的短波红外线来说几乎是透明的,但能够有效地阻隔长波红外线辐射(即长波辐射),但这部分能量在太阳辐射中所占的比例较少。目前,在节能窗中广泛应用的玻璃有热反射玻璃、Low-E 玻璃、真空玻璃等。

① 热反射玻璃。热反射玻璃是有较高的热反射能力而又保持良好透光性的平板玻璃,它是采用热解法、真空蒸镀法、阴极溅射法等,在玻璃表面涂以金、银、铜、铝、铬、镍和铁等金属或金属氧化物薄膜,或采用电浮法等离子交换方法,以金属离子置换玻璃表层原有离子而形成热反射膜。热反射玻璃也称镜面玻璃,有金色、茶色、灰色、紫色、褐色、青铜色和浅蓝色。

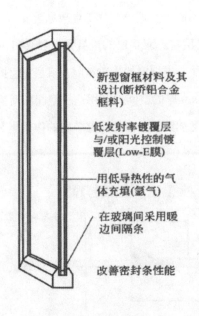

图 4-26 节能窗主要技术成果

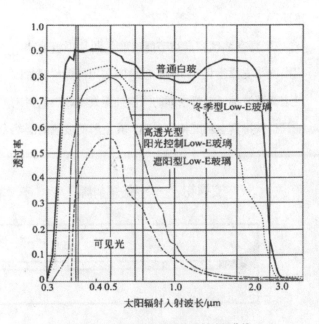

图 4-27 不同种类玻璃的透射特征曲线

热反射玻璃又名镀膜玻璃，是用物理或者化学的方法在玻璃表面镀一层金属或者金属氧化物薄膜，对太阳光有较强烈热反射性能，可有效地反射太阳光线，包括大量红外线，因此在日照时，使室内的人感到清凉舒适。节能测试结果表明：热反射玻璃对来自太阳的红外线，其反射率可达 30% ～ 40%，甚至可高达 50% ～ 60%，这种玻璃具有良好的节能和装饰效果。

② Low-E 玻璃。Low-E 玻璃又称低辐射玻璃，是英文 low emissivity coating glass 的简称。它是在平板玻璃表面镀覆特殊的金属及金属氧化物薄膜，使照射于玻璃的远红外线被膜层反射，从而达到隔热、保温的目的。

按膜层的遮阳性能分类，可分为高透型 Low-E 玻璃和遮阳型 Low-E 玻璃两种。高透型 Low-E 玻璃适用于我国北方地区，冬季太阳能波段的辐射可透过这种玻璃进行室内，从而可节省暖气的费用。遮阳型 Low-E 玻璃适用于我国南方地区，这种玻璃对透过的太阳能衰减较多，可阻挡来自室外的远红外线热辐射，从而可节省空调的使用费用。

按膜层的生产工艺分类，可分为离线真空磁控溅射法 Low-E 玻璃和在线化学气相沉积法 Low-E 玻璃两种。

③ 真空玻璃。真空节能玻璃是两片平板玻璃中间由微小支撑物将其隔开，玻璃四周用钎焊材料加以封边，通过抽气口将中间的气体抽至真空，然后封闭抽气口保持真空层的特种玻璃。真空节能玻璃的隔热原理比较简单，从原理上看可将其比喻为平板形的保温瓶。真空玻璃之所以能够节能，一是两层玻璃的夹层为气压低于 10^{-1}Pa 的真空，使气体传热可忽略不计；二是内壁镀有 Low-E 膜，使辐射热大大降低。

真空节能玻璃是一种新型玻璃深加工产品，是将两片玻璃板洗净，在一片玻璃板上放置线状或格子状支撑物，然后再放上另一片玻璃板，将两片玻璃板的四周涂上玻璃钎焊料。在适当位置开孔，用真空泵抽真空，使两片玻璃间腔的真空压力达到 0.001mmHg，即形成真空节能玻璃。真空玻璃的基本结构如图 4-28 所示。

真空节能玻璃具有优异的保温隔热性能，一片只有 6mm 厚的真空玻璃隔热性能相当于 370mm 的实心黏土砖墙，隔音性能可达到五星级酒店的静音标准，可将室内噪声降至 45dB 以下，相当于四砖墙的水平。由于真空玻璃隔热性能优异，在建筑上应用可达到节能和环保的双重效果。

据统计，使用真空玻璃后空调节能达 50%，与单层玻璃相比，每年每平方米窗户可节约 700MJ 的能源，相当于一年节约 192kW·h 的电、1000t 标准煤，是目前世界上节能效果最好的玻璃。

各种不同类型玻璃的热工参数见表 4-28。

④ 双层窗。双层窗的设置是一种传统的窗户保温节能做法，根据窗的构造不同，双层窗之间常设有 50 ～ 150mm 厚的空间。利用这一空间相对静止的空气层，会增加整个窗户的保温节能的作用。另外，双

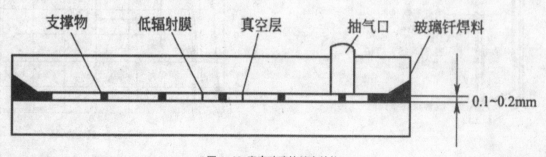

图 4-28 真空玻璃的基本结构

表 4-28 各种不同类型玻璃的热工参数

玻璃类型	可见光透过率	太阳能透过率	传热系数 K 值	太阳能得热系数 SHGC	遮阳系数 S
单层标准玻璃	90%	90%	6.0	0.84	1.00
普通中空玻璃	63%	51%	3.1	0.58	0.67
标准真空玻璃	74%	62%	1.4	0.66	0.76
镀 Low-E 膜中空®玻璃（低透型）	51%	33%	2.1	0.48	0.49
镀 Low-E 膜中空®玻璃（高透型）	58%	38%	2.4	0.49	0.56
PET Low-E 膜中空®玻璃	59%	40%	1.8	0.52	0.60
三层 Low-E 膜双中空玻璃	60%	35%	0.7	0.40	0.46

注：1. 镀 Low-E 膜中空玻璃组成：6mm 玻璃（Low-E 膜）+9mm 空气 +6mm 玻璃。
    2. PET Low-E 膜中空玻璃组成：6mm 玻璃 +6mm 空气 +PET 薄膜 +6mm 玻璃。

层窗在降低室外噪声干扰和除尘方面也具有很好的效果。但是，由于需要使用双倍的窗框，窗的成本会增加较多。

2）提高窗框的保温性能

窗框是墙体与窗的过渡层，是固定窗玻璃的支撑结构，也起着防止周围墙体坍塌的作用，窗框需要有足够的强度和刚度。由于窗框直接与墙体接触，很容易成为传热速度较快的部位，因此窗框也需要具有良好的保温隔热能力，以避免窗框成为整个窗户的热桥。目前，窗框的材料主要有 PVC 塑料窗框、铝合金窗框、钢窗框和木窗框等。

对于窗框提高保温隔热性能的措施可采取以下三个途径：一是选择热导率较低的框料，如 PVC 塑料，其热导率仅为 0.16W/（m·K），这样可避免窗框成为热桥；二是采用热导率小的材料，截断金属框料型材的热桥制成断桥式框料；三是利用框料内的空气腔室，截断金属框扇的热桥，目前应用的双樘串联钢窗，即以此作为隔断传热的一种有效措施。

表 4-29 中列出了几种主要框料的热导率和密度，可作为窗设计时的参考。

3）提高窗户的气密性

窗质量的好坏，主要取决于它的三个重要指标，即窗户的气密性、水密性和抗风压性能。这"三性"直接关系到塑钢门窗的使用功能。气密性不合格，使用中会出现漏风量过大的现象；水密性不合格，使用中可能导致雨天出现雨水渗漏；而抗风压性不合格，则会出现窗户主要受力杆件变形过大，在大的风压下甚至会导致玻璃破碎。完善的密封措施是保证窗户的气密性、水密性、隔声性能和隔热性能达到一定水平的关键。

图 4-29 表示室外冷空气通过窗户进入室内的三条途径。目前，我国在窗的密封方面，多数是在框与扇和玻璃与扇处进行密封处理。由于安装施工中的质量问题，使得框与窗洞口之间的冷风渗透未能很好处理。因此，为了达到较好的节能保温水平，必须对框与洞口、框与扇、扇与玻璃三个部位的间隙均要进行密封处理。国外对于框与扇之间已普遍采用三级密封的做法。通过三级密封处理措施，完全能使窗的空气

表 4-29 几种主要框料的热导率和密度

性能 \ 材料	铝合金	钢材	松木、杉木	PVC 塑料	空气
热导率 /[W/（m·K）]	59%	40%	1.8	0.52	0.60
密度 /（kg/m³）	60%	35%	0.7	0.40	0.46

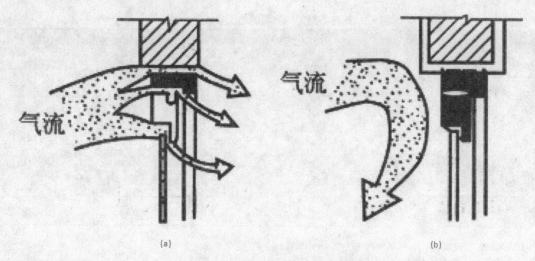

图 4-29 窗缝处的气流情况

(a) 窗缝未经处理　　(b) 窗缝经密封处理

渗透量降到现行标准要求的水平。

我国现行的国家标准《建筑外门窗气密、水密、抗风压性能分级及检测方法》（GB/T 7106-2008）中，将窗的气密性能分为八级，具体数值见表 4-30。

4）开扇的形式与节能

窗的几何形式与面积以及开启窗扇的形式，均对窗的保温节能性能有很大影响。表 4-31 中列出了一些窗的形式及相关参数，可供窗设计中参考。

从表 4-31 中可以看出，编号为 4、6、7 的开扇形式的窗户，缝长与开扇面积均比较小，这样在具有相近的开扇面积下，开扇缝较短，节能效果好。

根据窗户设计的实践经验证明，在其开扇形式的设计方面应注意以下要点：

① 在保证室内空气质量必要的换气次数前提下，尽量缩小开扇的面积。

② 在造型允许的情况下，选用周边长度与面积比小的窗扇形式，即接近正方形，有利于节能。

③ 镶嵌玻璃的面积尽可能地大。

表 4-30 窗户气密性分级

分级	1	2	3	4	5	6	7	8
单位缝长分级指标值 q_1 / [m³/ (m·h)]	$4.0 \geqslant q_1 > 3.5$	$3.5 \geqslant q_1 > 3.0$	$3.0 \geqslant q_1 > 2.5$	$2.5 \geqslant q_1 > 2.0$	$2.0 \geqslant q_1 > 1.5$	$1.5 \geqslant q_1 > 1.0$	$1.0 \geqslant q_1 > 0.5$	$q_1 \leqslant 0.5$
单位面积分级指标值 q_2/[m³/ (m²·h)]	$12 \geqslant q_2 > 10.5$	$10.5 \geqslant q_2 > 9$	$9.0 \geqslant q_2 > 7.5$	$7.5 \geqslant q_2 > 6.0$	$6.0 \geqslant q_2 > 4.5$	$4.5 \geqslant q_2 > 3.0$	$3.0 \geqslant q_2 > 1.5$	$q_2 \leqslant 1.5$

表 4-31 窗的开扇形式与缝长

编号	1	2	3	4	5	6	7
开扇形式							
开扇面积 /m²	1.20	1.20	1.20	1.20	1.00	1.05	1.41
缝长 L_s/m	9.04	7.80	7.52	6.40	6.00	4.30	4.80
L_s/F_s	7.53	6.50	6.10	5.33	6.00	4.10	3.40
窗框长 L_c/m	10.10	10.10	9.46	8.10	9.70	7.20	4.80

5) 特别注意对窗的遮阳

大量的调查和测试表明，太阳辐射通过窗进入室内的热量是造成夏季室内温度过高的主要原因。美国、日本、欧洲的一些国家以及我国的香港地区，都把提高窗的热工性能和阳光控制作为夏季防热和建筑节能的重点，由此可见，在窗外安装遮阳设施是非常必要的。

我国的南方地区，夏季水平面太阳辐射强度可高达 $1000W/m^2$ 以上，在这种强烈的太阳辐射条件下，阳光直接射入室内，将严重地影响建筑室内热环境，必然增加建筑空调的能耗。因此，减少窗的辐射传热是建筑节能中降低窗口得热的主要途径。应根据建筑的实际情况，采取适当的遮阳措施，防止直射阳光的不利影响。

在严寒地区不同于南方温暖地区，阳光充分进入室内，有利于降低冬季采暖能耗。这一地区采暖能耗在全年建筑总能耗中占主导地位，如果遮阳设施阻挡了冬季阳光进入室内，对自然能源的利用和节能是不利的。因此，遮阳措施一般不适用于北方严寒地区。

在夏热冬冷地区，在夏季窗和透明幕墙的太阳辐射得热将会增大空调负荷，冬季则减小采暖负荷，应根据负荷分析确定采取何种形式的遮阳。一般情况下，外卷帘或外百叶式的活动遮阳实际节能效果较好。

外遮阳板是一种新兴的户外遮阳产品，具有遮阳、调光、节能、隔音、保护玻璃幕墙等作用。根据太阳的照射角度来调节叶片的角度，从而达到遮阳调光的最佳效果。开启时能清晰地显露百叶后面的玻璃幕墙；关闭后百叶能在建筑外立面形成一个整体。户外遮阳板遮阳节能效果极佳，主要用于大型场馆，能使建筑物外观更加宏伟壮观。

6) 提高窗保温性能的其他方法

窗的节能方法除了以上几个方面外，设计上还可以使用具有保温隔热特性的窗帘、窗盖板等构件，以增加窗的节能效果。目前较成熟的一种活动窗帘是

由多层铝箔-密闭空气层-铝箔构成，具有很好的保温隔热性能，不足之处是价格昂贵。

采用平开式或推拉式窗盖板，内填沥青珍珠岩、沥青蛭石、沥青麦草、沥青谷壳等，可获得较高的隔热性能及较经济的效果。现在正式试验阶段的另一种功能性窗盖板，是采用相变储热材料的填充材料。这种填充材料白天可以储存太阳能，夜晚关窗的同时关紧盖板，该盖板不仅具有高隔热特性，可以阻止室内失热，同时还将向室内放热。这样，整个窗户当按 24h 周期计算时，就真正成为得热构件。只是这种窗还应解决窗四周的耐久密封问题，及相变材料的造价问题。

夜墙，国外的一些建筑中实验性地采用过这种装置。这种夜墙是将膨胀聚苯板装于窗户两侧或四周，夜间可用电动或磁性手段将其推置于窗户处，可以大幅度地提高窗的保温能力，白天这些小球可以被机械装置吸出吸回，以便恢复窗的采光功能。

4.6 建筑物幕墙节能设计

建筑幕墙是融建筑技术、建筑功能、建筑艺术、建筑结构为一体的建筑装饰构件，是由金属构架与面板组成的，不承担主体结构的荷载与作用，可相对于主体结构有微小位移的建筑外围护结构，应当满足自身强度、防水、防风沙、防火、保温、隔热、隔音等要求。

随着科学技术的不断进步，外墙装饰材料和施工技术也正在突飞猛进地发展，不仅涌现了外墙涂料和装饰饰面，而且产生了玻璃幕墙、石材幕墙和金属幕墙等一大批新型外墙装饰形式，并越来越向着环保、节能、智能化方向发展，使建筑结构显示出亮丽风光和现代化的气息。幕墙工程按帷幕饰面材料不同，可分为玻璃幕墙、石材幕墙、金属幕墙、混凝土幕墙和组合幕墙等。

由于玻璃幕墙实现了建筑围护结构中墙体与门窗合二为一，把建筑围护结构的使用功能与装饰功能巧妙地融为一体，使建筑更具有现代感和装饰艺术性，从而受到人们的青睐。然而大面积的玻璃幕墙因传热系数大、能耗比较高，而成为建筑节能设计的重点部位。玻璃幕墙节能涉及玻璃和型材及构造的热工特性，对于严寒地区、寒冷地区的幕墙要进行冬季保温设计，夏热冬冷地区、部分寒冷地区及夏热冬暖地区的幕墙要进行夏季隔热设计。

热工试验表明，玻璃幕墙的传热过程大致有以下3种：①幕墙外表面与周围空气和外界环境间的换热，包括外表面与周围空气间的对流换热、外表面吸收反射的太阳辐射热和外表面与空间的各种长波辐射换热；②幕墙内表面与室内空气的对流换热，包括内表面与室内空气的对流换热和与室内其余表面间的辐射换热；③幕墙玻璃和金属框格的传热，包括通过单层玻璃的导热，或通过双层玻璃及自然通风，或机械通风的双层可呼吸幕墙的对流换热及辐射换热，还有通过金属框格或金属骨架的传热。

普通单层玻璃幕墙的传热系数与单层玻璃窗户基本相同，具有传热系数较大、保温性能较低等特点，在采暖地区冬季会导致室温降低，采暖的能耗增大，并且很容易在幕墙的内表面形成结露或结冰现象；在气温高的南方地区，夏季隔热性能差，内表面温度偏高，直接导致空调能耗增大。

玻璃幕墙的节能设计应从框材和玻璃及构造措施等多方面综合考虑。由于玻璃幕墙多采用金属材料作框格和骨架，其热导率比较大，当室内外温差较大时，热传导就成为影响玻璃幕墙保温隔热性能的一个重要因素。采用断桥式隔热型材是解决玻璃幕墙框架热传导的关键技术措施，可以取得良好的隔热效果。

此外，玻璃的保温隔热性能是解决幕墙节能的关键技术之一。试验证明，厚度小于12mm的中空玻璃，因其内部的空气层中的气体基本处于不流动状态，产生的对流换热量很小，所以具有较好的保温性能。

高透型低辐射中空玻璃适用于严寒地区、寒冷地区和夏热冬冷地区的玻璃幕墙，具有可见光透过率高、反射率低、吸收性低等特点。这种玻璃允许可见光较好地透过玻璃射入室内，增强采光效果，对红外波段具有高反射率、低吸收性的特点，冬季能有效地阻止室内热能通过玻璃向室外泄漏，夏季能阻挡外部的热能进入室内，大大改善了幕墙的保温隔热性能。

遮阳型低辐射玻璃能选择性透过可见光，降低太阳辐射热进入室内的程度，并同样具有对红外波段的高反射特性。用于炎热气候区的幕墙，能更有效地阻止外部的太阳辐射热透过玻璃进入室内，这样便于降低空调的能耗。

总之，低辐射玻璃因其具有较低的辐射率，能有效阻止室内外热辐射，有极好的光谱选择性，可在保证大量可见光通过的基础上，阻挡大部分红外线透过玻璃，既保持了室内光线比较明亮，又降低了室内采暖、空调能耗等特点，所以现已成为现代节能玻璃幕墙的首选材料。

为了大幅度提高玻璃幕墙的热工性能，可采用新型双层通风玻璃幕墙。双层通风玻璃幕墙又称为热通道幕墙、气循环幕墙、呼吸幕墙、生态幕墙、绿色幕墙、主动式幕墙等。双层通风幕墙的基本特征是双层幕墙和空气流动、交换，所以这种幕墙被称为双层通风幕墙。双层通风幕墙对提高幕墙的保温、隔热、隔声功能起到很大的作用。

采用双层通风幕墙的最直接效果是节能，采用双层幕墙的隔音效果十分显著，它比单层幕墙采暖节能40%～50%，制冷节能40%～60%。但是，双层幕墙的技术比较复杂，施工要求比较高，加上又多了一道外幕墙，其工程造价也较高。

双层通风玻璃幕墙又可分为封闭式内通风幕墙和开敞式外通风幕墙。封闭式内通风幕墙适用于取暖地区，对设备有较高的要求。外幕墙密闭，通常采用中空玻璃，明框幕墙的铝型材应采用断热铝型材；内幕墙则采用单层玻璃幕墙或单层铝门窗。为了提高节能效果，通道内设电动百叶或电动卷帘。

开敞式外通风幕墙与内通风幕墙相反，开敞式外通风幕墙的内幕墙是封闭的，采用中空玻璃；外幕墙采用单层玻璃，设有进风口和排风口，利用室外新

风进入，经过热通道带走热量，从上部排风口排出，减少太阳辐射热的影响，节约能源。它无需专用机械设备，完全靠自然通风，维护和运行费用低，是目前应用最广泛的形式。

双层通风玻璃幕墙的类型如图 4-30 所示；开敞式外通风玻璃幕墙的构造如图 4-31 所示；封闭式外通风玻璃幕墙的构造如图 4-32 所示。

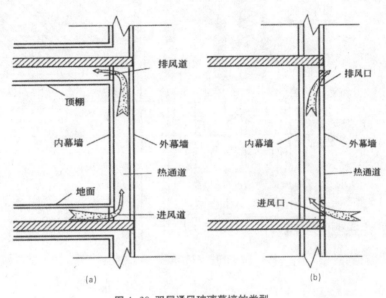

图 4-30 双层通风玻璃幕墙的类型

(a) 封闭式内通风幕墙　(b) 开敞式外通风幕墙

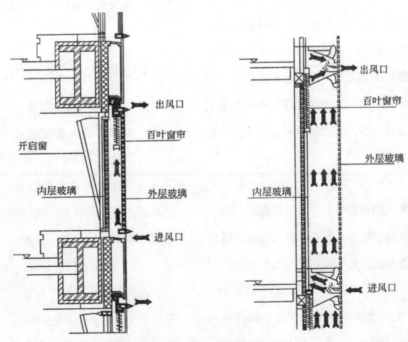

图 4-31 开敞式外通风玻璃幕墙的构造

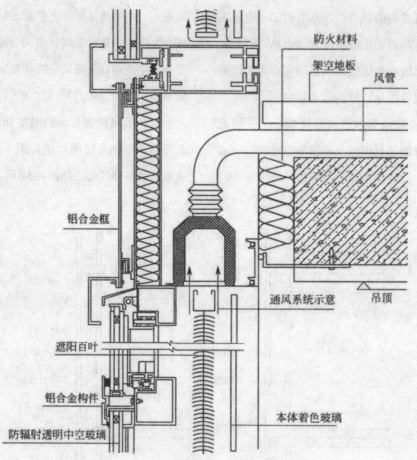

防火材料
架空地板
风管

铝合金框

通风系统示意
吊顶

遮阳百叶

铝合金构件

本体着色玻璃

防辐射透明中空玻璃

图 4-32 封闭式外通风玻璃幕墙的构造

4.7 建筑楼层地面节能设计

建筑节能测试表明，如果底层与土壤接触的地面的热阻过小，地面的传热量就会很大，不仅会使地表面容易产生结露和冻脚现象，而且对室内的热环境也会产生不良影响。因此为减少通过楼地面的热量损失，提高人体的热舒适性，必须分地区按规定标准对底层地面进行节能设计。

底面接触室外空气的架空（如过街楼的楼板）或外挑楼板（如外挑阳台板等），采暖楼梯间的外挑雨棚板、空调外机的搁板等，由于存在二维或三维传热，会致使传热量增大，也应按相关标准规定进行节能设计。

分隔采暖与非采暖房间的楼板存在空间传热损失。住宅户式采暖因邻里不需要采暖或间歇采暖等，

也会因楼地面的保温性能差而导致采暖用户的能耗增大，因此也必须按相关标准规定对楼层地面进行节能设计。

4.7.1 地面的分类及要求

（1）地面的分类方法

地面按其是否直接接触土壤分为两类：一类是不直接接触土壤的地面，在建筑上称为地板，这其中又可分成接触室外空气的地板和不采暖地下室上部的地板，以及底部架空的地板等；另一类是直接接触土壤的地面。

（2）地面的功能要求

地面是楼板层和地坪的面层，是人们日常生活、工作和生产时直接接触的部分，在工程中属于装修范畴，也是建筑中直接承受荷载，经常受到摩擦、清扫

和冲洗的部分。对地面的功能要求主要有以下要求。

1）具有足够的坚固性地面是经常受到接触、撞击、摩擦、冲刷作用的地方，要求在各种外力的作用下不易产生磨损破坏，且要求其表面平整、光洁、易清洗和不起灰。

2）具有良好的保温性能。即要求修建地面的材料热导率较小，给人以温暖舒适的感觉，冬季走在上面不致感到寒冷。

3）具有一定的弹性地面是居住者经常行走的场所，对于人身的舒适感有直接的影响，当在地面上行走时不致有过硬的感受，同时还能起到隔声的作用。

4）满足某些特殊要求对有水作用的房间（如浴室、卫生间等），地面应防潮防水；对食品和药品存放的房间，地面应无害虫、易清洁；对经常有油污染的房间，地面应防油渗且易清扫等。

5）防止地面发生返潮。我国南方在春夏之交的梅雨季节，由于雨水多、气温高，空气中相对湿度较大。当地表面温度低于露点温度时，空气中的水蒸气遇冷便凝聚成小水珠附在地表面上。当地面的吸水性较差时，往往会在地面上形成一层水珠，这种现象称为地面返潮。一般情况下，以底层比较常见，严重的可达到 3 ~ 4 层。

（3）地面的卫生要求

在国家标准《民用建筑热工设计规范》（GB 50176-1993）中的第 4.5.2 条，从卫生和人体健康的角度出发，为避免人的脚过度失热而不适，对地面的热工性能分类及适用建筑类型作出了具体规定，见表 4-32。

（4）地面的保温要求

当地面的温度高于地下土壤温度时，热流便由室内地面传入土壤中。居住建筑室内地面下部土壤温度的变化并不太大，一般从冬季到春季大约 10℃，从夏末至秋天大约 20℃，且变化速度非常缓慢。但是，在房屋与室外空气相邻的四周边缘部分的地下土壤温度的变化是很大的。冬天，它受室外空气以及房屋周围低温土壤的影响，将较多的热量由该部分被传递出去，从而影响地面的温度。

在我国的现行标准《严寒和寒冷地区居住建筑节能设计标准》（JGJ 26-2010）和《公共建筑节能设计标准》（GB 50189-2005）中，对地面保温提出了具体要求，应严格按规定满足保温的标准。

4.7.2 建筑地面的节能设计

（1）地面的保温设计

建筑地面分为周边地面和非周边地面两部分。周边地面是指外墙内侧算起向内 2.0m 范围内的地面，其余为非周边地面。在寒冷的冬季，采暖房间地面下土壤的温度一般都低于室内气温，特别是靠近外墙的地面要比房间中部的温度低 5℃ 左右，热损失也将大得多。如果不采取保温措施，则外墙内侧墙面及室内墙角部位均易出现结露，在室内墙角附近的地面有冻脚的感觉，并使地面传热损失加大。地面周边温度和热流的分布，如图 4-33 所示。

另外，鉴于卫生健康和建筑节能的需要，我国采暖居住建筑相关节能标准规定：在采暖期室外平均低于 -5℃ 的地区，建筑物外墙在室内地坪以下的垂

表 4-32 地面热工性能分类

地面热工性能类别	地面吸热指数 B/[W/（m²·h⁻¹ᐟ²·K）]	适用的建筑类型
I	<17	高级居住建筑、托儿所、幼儿园、疗养院等
II	17 ~ 23	一般居住建筑、办公楼、学校等
III	>23	临时逗留用房及室温高于 23℃ 的采暖房间

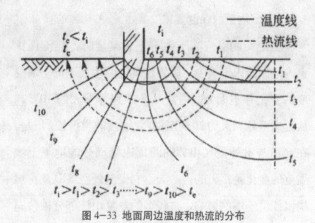

图 4-33 地面周边温度和热流的分布

直墙面，以及周边直接接触土壤的地面应采取保温措施。在室内地坪以下的垂直墙面，其传热系数不应超过《严寒和寒冷地区居住建筑节能设计标准》（JGJ 26-2010）中规定的周边地面传热系数限值。在外墙周边从外墙内侧算起 2.0m 范围内，地面的传热系数不应超过 0.30W／（m²·K）。

满足地面节能标准的具体措施是：在室内地坪以下垂直墙面外侧加 50 ～ 70mm 厚的聚苯板，以及从外墙内侧算起 2.0m 范围内的地面下部加铺 70mm 厚的聚苯板，最好是挤塑聚苯板等具有一定抗压强度、吸湿性较小的保温层。地面保温层构造如图 4-34 所示。非周边地面一般不需要采取特别的保温措施。

此外，夏热冬冷地区和夏热冬暖地区的建筑物底层地面，除保温性能应满足建筑节能要求外，还应采取一些必要的防潮技术措施，以减轻或消除梅雨季节由于湿热空气产生的地面结露现象。

（2）地板的节能设计

节能住宅是通过提高建筑围护结构的热工性能来实现的，其中地板节能是其重要组成部分。采暖（空调）居住（公共）建筑直接接触室外空气的地板（如过街楼地板）、不采暖地下室上部的地板以及存在空间传热的层间楼板等，应当采取有效的保温措施，使地板的传热系数满足相关节能标准的限值要求。

另外，保温层的设计厚度，也应满足相关节能标准对该地区地板的节能要求。地板的保温层构造，一般由细石混凝土、混凝土圆孔板、聚苯板、抗裂砂浆复合耐碱网格布、抹面涂层组成。地板的保温层构造如图 4-34、图 4-35 所示。

直接接触室外空气的地板的保温构造做法及热工性能参数见表 4-33。

由于采暖（空调）房间与非采暖（空调）房间存在一定温差，所以必然存在通过分隔两中房间楼板的采暖（制冷）能耗。因此，对这类层间楼板也应采取保温隔热措施，以提高建筑物的能源利用效率。保温隔热层的设计厚度，应当满足相关节能标准对该地区层间楼板的节能要求。层间楼板保温隔热构造及热工性能参数见表 4-34。

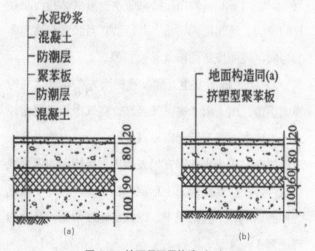

图 4-34 地面保温层构造（一）

(a) 普通聚苯板保温地面　(b) 挤塑型聚苯板保温地面

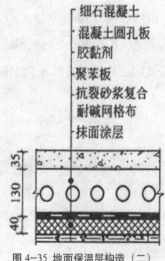

图 4-35 地面保温层构造（二）

表 4-33 接触室外空气的地板的保温构造做法及热工性能参数

简图	基本构造（由上至下）	保温材料 厚度 / mm	传热系数 K / [W/（m²·K）]
	1—20mm 水泥砂浆找平层； 2—100mm 现浇钢筋混凝土楼板； 3—挤塑聚苯板（胶黏剂粘贴）； 4—3mm 聚合物砂浆（网格布）	15 20 25	1.32 1.13 0.98
	1—20mm 水泥砂浆找平层； 2—100mm 现浇钢筋混凝土楼板； 3—膨胀聚苯板（胶黏剂粘贴）； 4—3mm 聚合物砂浆（网格布）	20 25 30	1.41 1.24 1.10
	1—18mm 实木地板； 2—30mm 矿（岩）棉或玻璃棉板； 30mm×40mm 杉木龙骨 @400； 3—20mm 水泥砂浆找平层； 4—100mm 现浇钢筋混凝土楼板	20 25 30	1.29 1.18 1.09
	1—12mm 实木地板； 2—15mm 细木工板； 3—30mm 矿（岩）棉或玻璃棉板； 30mm×40mm 杉木龙骨 @400； 4—20mm 水泥砂浆找平层； 5—100mm 现浇钢筋混凝土楼板	20 25 30	1.10 1.02 0.95

注：表中挤塑聚苯板的热导率 λ=0.030W /（m·K），修正系数 α=1.15；聚苯板的热导率 λ=0.042W /（m·K），修正系数 α=1.20；矿（岩）棉或玻璃棉板的热导率 λ=0.050W /（m·K），修正系数 α=1.30。

表 4-34 层间楼板保温隔热构造及热工性能参数

简图	基本构造（由上至下）	保温材料 厚度 / mm	传热系数 K / [W/（m²·K）]
	1—20mm 水泥砂浆找平层； 2—100mm 现浇钢筋混凝土楼板； 3—保温砂浆； 4—5mm 抗裂石膏（网格布）	20 25 30	1.96 1.79 1.64
	1—20mm 水泥砂浆找平层； 2—100mm 现浇钢筋混凝土楼板； 3—聚苯颗粒保温浆料； 4—5mm 抗裂石膏（网格布）	20 25 30	1.79 1.61 1.46

（续）

简图	基本构造（由上至下）	保温材料 厚度/mm	传热系数 K/[W/（m²·K）]
	1—12mm 实木地板； 2—15mm 细本工板， 3—30mm×40mm 杉木龙骨 @400； 4—20mm 水泥砂浆找平层； 5—100mm 现浇钢筋混凝土楼板	—	1.39
	1—18mm 实木地板； 2—30mm×40mm 杉木龙骨 @400； 3—20mm 水泥砂浆找平层； 4—100mm 现浇钢筋混凝土楼板	—	1.68
	1—20mm 水泥砂浆找平层； 2—保温层： （1）挤塑聚苯板（XPS）； （2）高强度珍珠岩板； （3）乳化沥青珍珠岩板； （4）复合硅酸盐板； 3—20mm 水泥砂浆找平及黏结层； 4—120mm 现浇钢筋混凝土楼板	（1）20 （2）40 （3）40 （4）30	1.51 1.70 1.70 1.52

注：表中保温砂浆的热导率 λ=0.80W（m·K），修正系数 α=1.30；聚苯颗粒保温浆料的热导率 λ=0.06W/（m·K），修正系数 α=1.30；高强度珍珠岩板的热导率 λ=0.12W/（m·K），修正系数 α=1.30；复合硅酸盐板的热导率 λ=0.07W/（m·K），修正系数 α=1.30。

4.8 围护结构的防潮设计

处于自然环境中的所有各类建筑，都要受到温度和湿度的双重作用与影响。大气层中存在的水分，会以不同的形态与途径渗入建筑围护结构内，导致围护结构中的含水量增大，其保温能力降低，从而使通过围护结构的能耗增加。过高的湿度甚至还会导致材料的强度降低、变形、腐烂与脱落，从而降低建筑结构的使用质量，影响建筑物的耐久性。潮湿的材料还会孳生木菌、霉菌和其他微生物，危害室内卫生状况和居住者的身体健康。

从以上可知，围护结构的防潮设计是建筑结构设计的重要内容，建筑师在进行围护结构的设计中，既要注意改善其热状况，又要注意改善其湿状况。热与湿既有本质的区别，又有相互的联系和影响，是研

究和处理围护结构热湿状况问题不可分割的两个方面。一般在节能建筑设计中主要应考虑通过围护结构的蒸汽渗透传湿和外保温层因雨水渗透所引起传湿问题的防护措施。

水蒸汽在围护结构中的渗透过程与围护结构的传热过程有着本质上的区别。水蒸汽渗透过程属于物质的迁移，其往往伴随着形态的变换，既可由气态变成液态再变成固态，又可以由固态再逐渐变成气态，且在这些变换过程中又伴随着热流或温度的变化与影响。传热过程仅属于能量的传递，因此传湿过程要比传热过程复杂得多。

4.8.1 围护结构冷凝的检验

冬季在采暖节能的房屋中，室内空气的温度和湿度都比室外高，使室内空气的水蒸汽分压力高于室

外空气的水蒸汽分压力；同样在夏季高温高湿的地区的空调房间中，室内空气的温度和湿度都比室外低，使室内空气的水蒸汽分压力低于室外空气的水蒸汽分压力。因此，在围护结构中除了存在传热现象外，还存在着水蒸汽由分压力高的一侧向分压力低的一侧渗透的现象。

如果设计的围护结构热工性能不良，或者其构造层次设计不当，当水蒸汽作用于围护结构时，将在围护结构内（外）表面或其内部结构材料的孔隙中凝结成水，在冬季甚至冻结成冰。这些将直接影响房间的正常使用，损害围护结构的质量和耐久性，也会增大通过围护结构的能耗。因此，在进行围护结构的设计中，必须根据建筑所在地区气候、节能标准、工程实际认真检验，并采取相应措施予以防止。

4.8.2 采暖节能建筑围护结构的防潮设计

采暖节能建筑围护结构中所发生的冷凝现象，按照其位置可分为结构表面冷凝和结构内部冷凝两种。围护结构的表面产生凝结现象危害比较轻，但是围护结构的内部冷凝危害是很大的，而且它是一种看不见的隐患，必须按照有关规定对其进行检验。为确保建筑围护结构的节能效果和耐久性，对于表面冷凝和内部冷凝都应采取措施加以防止和控制。

（1）表面冷凝的防止与控制

凡属于水蒸汽在围护结构表面产生冷凝，即由气态变成液态，必然是水蒸汽接触的表面温度低于空气的露点温度。因此，检验房间内围护结构表面是否产生冷凝，实质上是检验该处的温度是否低于室内空气的露点温度。

对于正常湿度的房间，由于节能建筑围护结构的传热阻都高于最小的传热阻，所以其主体部位一般不会产生表面冷凝，但对于围护结构中的传热异常部位，则需要认真检验并按相关标准规定进行保温处理。表面冷凝的防止措施主要有以下几项。

1）正常湿度房间。尽可能使外围护结构内表面附近的气流畅通，围护结构内表面层宜采用蓄热特性系数较大的材料。

2）高湿房间。对于间歇性处于高湿条件的房间，围护结构内表面可增设吸湿能力强且本身又耐潮湿的饰面层或涂层；对于连续处于高湿条件的房间，可设吊顶或加强屋顶内表面附近的通风。

（2）内部冷凝的防止与控制

在采暖节能的房间中，由于房间内部空气的水蒸汽分压力大于房间外部的压力，水蒸汽就会沿着围护结构从室内渗透到室外，当渗透过程中遇到围护结构中温度较低的层次时，则会出现围护结构内部冷凝现象。这种冷凝现象发生在结构内部，很难进行观察和判别，引起的危害更大。

由于围护结构内部湿迁移和水蒸汽冷凝过程比较复杂，而影响围护结构构造的因素又比较多，因而在设计中主要是根据计算结果，并借助一定的实践经验，采取必要的构造措施来改善围护结构的湿状况。

1）采取外保温措施避免内部冷凝

在同一气候条件下，围护结构采用相同的材料时，仅由于材料构造层次的不同，一种构造方案可能会出现内部冷凝，而另一种构造方案则可能不出现这种现象。图 4-36 中所示材料布置层次对内部冷凝的影响，则充分说明了材料构造层次的不同影响。

图 4-36（a）所示的内保温方案，是将热导率小、蒸汽渗透系数较大的保温材料层布置在水蒸汽渗入的一侧，将比较密实、热导率较大而蒸汽渗透系数较小的材料布置于另一侧。由于内层材料的热阻大，温度隔幅大，饱和水蒸汽分压力 p_s 曲线相应地降落也快，但该层透气性大，水蒸汽分压力 p 曲线降落平缓，而外层的情况正好相反。这样 p_s 线与 p 线很容易相交，说明在围护结构内部容易出现冷凝。

图 4-36（b）所示的外保温方案，是将轻质材料的保温层布置在围护结构的外侧，而将密实材料层布

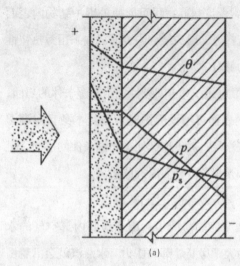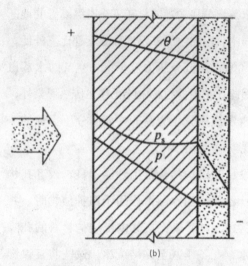

图 4-36 材料布置层次对内部冷凝的影响

(a) 内保温水蒸气易进难出出现冷凝　(b) 外保温水蒸气难进易出不出现冷凝

置在内侧。这样使水蒸汽难进易出，p_s 线与 p 线不易相交，则围护结构内部不易出现冷凝。很显然，从避免围护结构内部出现冷凝的角度，采用图 4-36 (b) 外保温方案是比较合理的，这是在围护结构设计中应当遵循的。

2) 采用倒置式屋面避免内部冷凝

如图 4-37 所示的节能建筑常用的倒置式屋面（USD 屋面）中，将蒸汽渗透阻较大的防水层设在保温层之下，是一种避免出现内部冷凝的有效措施。这样不仅可以避免结构内部出现冷凝，同时又能使防水层得到保护，另外也避免了昼夜间的较大温差引起的温度应力对屋顶结构层的不利作用，有效提高了结构的耐久性。

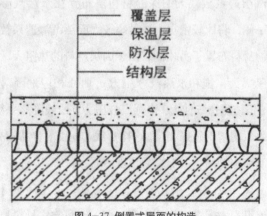

图 4-37 倒置式屋面的构造

3) 设置隔汽层避免内部冷凝

建筑节能设计是一项综合性较强的技术工作，尽管采取"难进易出"是隔汽层合理的设置原则，但有时却很难完全遵循。此时为了消除或减弱围护结构内部的冷凝现象，在内保温水蒸汽渗入的一侧设置隔汽层，使水蒸汽分压力急剧下降，从而避免内部冷凝的产生。图 4-38 表示同一构造方案在有、无隔汽层时内部的湿度状况。从图中可以看出，(b) 方案由于设置隔汽层，使内部 p 曲线急剧下降，不至于与 p_s 曲线相交，从而起到了防止内部冷凝的作用。

由于隔汽层应布置在水蒸汽渗入的一侧，所以对采暖节能房屋应布置在保温层的内侧。

如果在全年中出现双向的蒸汽渗透现象，则应根据具体情况决定是否在内、外侧都要设置隔汽层。必须强调指出，对于采用双面设置隔汽层一定要慎重。在这种情况下，施工中要确实保证保温材料不受潮及隔汽层施工质量良好，否则在施工中保温层受潮或者使用中一旦产生内部冷凝，冷凝水就很难蒸发出去，从而造成隔汽层的破坏、保温隔热能力降低，所以一般情况下应尽可能避免设隔汽层。

工程实测表明，对于虽然存在双向蒸汽渗透，但其中一个方向的蒸汽渗透量较大，且持续时间长，

隔汽层

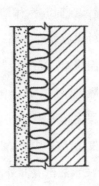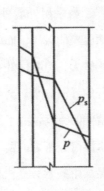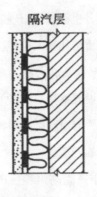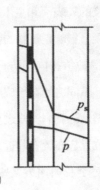

(a)　　　　　　　　　　　　　　　　　　　　　(b)

图 4-38 内保温设置隔汽层防止冷凝

(a) 未设隔气层　　(b) 设置隔气层

而另一个方向的蒸汽渗透量较小，且持续时间短，这时可以只考虑前者。另一个方向产生的渗透凝结，待气候条件发生变化后即能排除出去，不致造成严重的不良后果。

4）设置通风间层或泄气沟道

建筑节能测试证明，设置隔汽层虽然能够改善围护结构的湿状况，但有时并不一定是最有效、最妥当的方法。因为在施工过程中很难确保隔汽层的施工质量完全达到良好，更难保证保温材料一点也不受潮。在这种情况下，在围护结构中设置通风间层或泄汽沟道往往更为妥当，这样使进入保温层的水分能顺利地排出，如图 4-39 所示。

设置通风间层或泄汽沟道，特别适用于夏热冬冷及部分夏热冬暖地区的墙体以及屋顶结构。由于保温层外侧设有一层通风间层，从室内渗入的水蒸汽可以由不断与室外空气交换的气流带出，对围护结构中的保温层起着风干的作用，在炎热的夏天还起着降温

的作用。由于通风间层与外界空气相通，对屋顶保温有不利影响，所以对严寒地区和寒冷地区应当慎用，如果采用必须要设置冬天通风层的关闭措施，否则将会导致采暖能耗的增加。

5）设置密封空气层

设置密封的空气层，就是利用空气层来增加围护结构的传热阻。封闭的空气间层不仅具有良好的保温作用，而且具有很好的防潮性能。一般将空气层布置在主体结构低温侧。若布置在高温侧，则必须采取相应的措施排出空气间层低温侧可能出现的冷凝水。

在围护结构较冷一侧设置密封空气层，利用空气层的各种综合效应，可使处于较高温度侧的保温层经常保持干燥状况，这样便可确保围护结构的节能功能。

（3）空调节能建筑围护结构防潮设计

我国夏热冬冷地区和夏热冬暖地区，尤其是南方的高温高湿地区，夏季多数采用空调降温改善室内的热环境。这些利用空调降温的建筑围护结构，在其

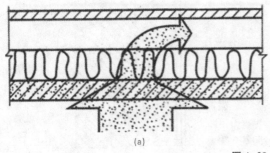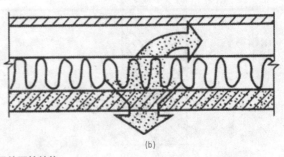

(a)　　　　　　　　　　　　　　　　　　(b)

图 4-39 有通风间层的围护结构

(a) 冬季冷凝受潮　　(b) 夏季蒸发干燥

传热异常部位的外表面和主体部位，也很容易出现表面和内部冷凝，影响建筑物的使用质量和增大能耗。

在夏季围护结构内部防止内部冷凝的方法与冬季基本相同，不同之处在于应注意设置材料层次时的顺序，应遵循从外到内"难进易出"的原则，并将设置隔汽层的位置应布置在靠近室外的一侧。

但是，对于我国南方某些夏季高温高湿地区的空调房间而言，如果按照上述原则来进行设计，夏季的"难进易出"会变成冬季的"易进难出"，冬季的隔汽层会成为夏季围护结构内潮汽向外散发的阻碍，但通过合理的墙体外保温设计则可以较好地解决这一矛盾。根据设计实践经验，空调建筑围护结构的防潮措施主要有：设置防水性能良好的界面砂浆、外墙设置防蒸气和雨水渗透的防护层等。

1）设置防水性能良好的界面砂浆

对夏季南方某些高温高湿地区的空调房间，室外的水蒸汽分压力往往大于室内的水蒸汽分压力，在关闭门窗的空调房间内，水蒸汽可能由墙体外部向内部渗透转移，使墙体内部的湿度增加。对于不做保温层的钢筋混凝土类的重质墙体或其他墙体的传热异常部位，结露一般都处在外墙外表面的一侧，从而会造成墙体外表面潮湿及冷凝水向下滴落或流淌，甚至对外墙饰面造成污染。无保温墙体温度与水蒸汽分压力变化曲线和露点位置如图4-40所示。

当采用外墙外保温系统时，主体墙体的内外表面温差比较小，而外墙外保温层的外侧与内侧的温差比较大，冷凝区处在保温层中。如果设置防水性能良好的界面砂浆，会阻止凝结水向主体墙体转移。但在晴朗的天气，由于保温层实际水蒸发分压力小于饱和水蒸汽分压力，则不会发生结露现象，此时凝结在保温层中的水分会汽化形成水蒸汽并向外部进行扩散。外保温墙体温度与水蒸汽分压力变化曲线和露点位置如图4-41所示。

根据实际情况也可在外保温墙体外侧设置通风空气层，使保温层内的凝结水汽化，并由不断与室外空气交换的气流带出，对围护结构中的保温层起到风干的作用，在夏天通风层兼起到降温作用。

2）设置防蒸汽和雨水渗透的防护层

在阴雨天气中，墙体长期直接暴露在雨水中，内保温墙体和不做保温的墙体面临室外的是重质材料构成的主体结构部分，如混凝土墙体或砖石砌体，这样会吸入大量的雨水，并慢慢地浸透进墙体的内部，使整个墙体处于湿热状态，长期处于湿热状态的墙体不仅其热工性能变差，而且还会发霉、变质和影响其耐久性。水蒸汽还会通过墙体扩散进入室内，增加室内的相对湿度，从而还增加室内除湿能耗。

外保温墙体面临室外的是保温层外具有良好的憎水性和抗雨水渗透性的防护层，如采用ZL胶粉聚

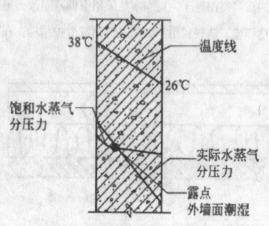

图4-40 无保温墙体温度与水蒸汽分压力
变化曲线和露点位置示意

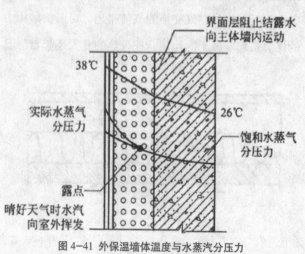

图4-41 外保温墙体温度与水蒸汽分压力
变化曲线和露点位置示意

苯颗粒外墙外保温系统时，其外保温系统是具有良好的抗裂性能和防水性能的饰面层材料，以及高分子乳液弹性防水底层涂料外层，这样可有效地防止雨水的渗透，使大量的雨水被拒之墙体外，如图4-42和图4-43所示。对内保温墙体而言，也必须设置有防水蒸汽和雨水渗透性能的保护层。

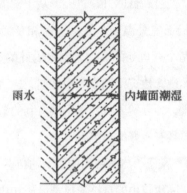

图4-42 无保温墙体雨水渗透示意

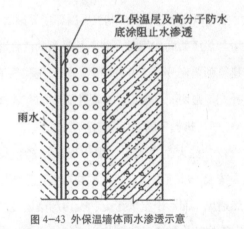

图4-43 外保温墙体雨水渗透示意

4.9 建筑物自然通风设计

自然通风是一种具有很大潜力的通风方式，是人类历史上长期赖以调节室内环境的原始手段。空调的产生，使人们可以主动地控制居住环境，而不是像以往一样被动地适应自然；空调的大量使用，使人们渐渐淡化了对自然通风的应用。而在空调技术得以普及的今天，迫于节约能源、保持良好的室内空气品质的双重压力下，全球的科学家不得不重新审视自然通风这一传统技术。在这样的背景下，把自然通风这种

传统建筑生态技术重新引回现代建筑中，有着比以往更为重要的意义。

自然通风建筑内部的通风条件是决定人们健康、舒畅的重要因素之一。它通过空气更新和气流的生理作用，对人体的生物感受起到直接的影响作用，并通过对室内气温、湿度及内表面温度的影响，而起到间接的影响作用。通常认为，自然通风的作用有三种：第一，健康通风，即保证室内空气质量（IAQ）；第二，热舒适通风，即增加体内散热，以及防止由皮肤潮湿引起的不舒适以改善热舒适条件；第三，降温通风，即当室内气温高于室外的气温时，使建筑构件降温。

据测定，室内外温差大时，开窗10～15min可完全换气一次；室内外温差小时，大约0.5h可交换一次。自然通风最基本的动力为风压和热压。通常的做法为利用建筑物外表面的风压，利用室内的热压，以及风压与热压相结合。

古今中外的实践充分证明，自然通风是一项改善室内环境的重要技术手段，与其他昂贵、复杂的生态技术相比，自然通风可在不消耗或很少消耗能源的情况下，降低室内的温度，带走潮湿的气体，排除室内污浊的空气，满足人体热舒适的要求，并提供新鲜、清洁的自然空气，有利于人的生理和心理健康，减少人们对空调系统的依赖，从而达到节约能源、降低污染和防止空调病的目的。

4.9.1 自然通风的作用

自然通风是当今建筑普遍采取的一项改革建筑热环境、节约空调能耗的技术，采用自然通风方式的根本目的就是取代（或部分取代）空调制冷系统，这一取代过程具有非常重要的经济效益和环境效益。

（1）实现有效被动式制冷

当室外热环境相关参数优于室内时，自然通风可以在不消耗任何不可再生能源的情况下，使室内的空气质量和热舒适度满足人体的要求，实现了对建筑

空调、通风系统的全面取代；当自然通风不能完全满足要求时，可利用机械通风来辅助，则形成对空调、通风系统的部分取代；当机械通风还不能满足要求时才考虑开启空调系统。

即使昼间室外热环境相关参数劣于室内，可以关闭外门窗，开启可控通风及空调系统，待夜间或适当的时间室外热环境相关参数优于室内时，再关闭可控通风及空调系统，打开外门窗进行自然通风，以排除室内余热余湿和污浊空气，并通过围护结构储存室外冷量，以降低次日空调的负荷。

（2）有利于身体心理健康

自然通风不仅可以节约能源，而且可以排除室内的污浊气体；不仅有利于人的身体健康，而且还有利于满足人和大自然交流的心理需求。

4.9.2 自然通风的形式

通常意义上的自然通风指的是通过有目的的开口，产生空气流动。这种流动直接受建筑外表面的压力分布和不同开口特点的影响。压力分布是动力，而各开口的特点则决定了流动阻力。就自然通风而言，建筑物内空气运动主要有两个原因：风压以及室内外空气密度差，这两种因素可以单独起作用，也可以共同起作用。

（1）风压作用下的自然通风

风的形成是由于大气中的压力差。如果风在通道上遇到了障碍物，如树和建筑物，就会产生能量的转换，动压力转变为静压力，于是迎风面上产生正压（约为风速动压力的 0.5 ~ 0.8 倍），而背风面上产生负压（约为风速动压力的 0.3 ~ 0.4 倍）。由于经过建筑物而出现的压力差，促使空气从迎风面的窗缝和其他空隙流入室内，而室内空气则从背风面孔口排出，就形成了全面换气的风压自然通风。某一建筑物周围风压与该建筑的几何形状，建筑相对于风向的方位、风速和建筑周围的自然地形有关。

（2）热压作用下的自然通风

热压是室内外空气的温度差引起的，这就是所谓的"烟囱效应"。由于温度差的存在，室内外密度差产生，沿着建筑物墙面的垂直方向出现压力梯度。如果室内温度高于室外，建筑物的上部将会有较高的压力，而下部存在较低的压力。当这些位置存在孔口时，空气通过较低的开口进入，从上部流出。如果室内温度低于室外温度，气流方向相反。热压的大小取决于两个开口处的高度差和室内外的空气密度差。而在实际中，建筑师们多采用烟囱、通风塔、天井中庭等形式，为自然通风利用提供有利的条件，使得建筑物能够具有良好的通风效果。

（3）风压和热压共同作用下的自然通风

在实际建筑中的自然通风是风压和热压共同作用的结果，只是各自的作用有强有弱。由于风压受到天气、室外风向、建筑物形状、周围环境等因素的影响，风压与热压共同作用时，并不是简单的线性叠加。因此建筑师要充分考虑各种因素，使风压和热压作用相互补充，密切配合使用，实现建筑物的有效自然通风。

（4）机械辅助式自然通风

在一些大型建筑中，由于通风路径较长、流动阻力较大，单纯依靠自然风压与热压往往不足以实现自然通风，而对于空气污染和噪声污染比较严重的城市，直接的自然通风还会将室外污浊的空气和噪声带入室内，不利于人体健康。在这种情况下，常常采用一种机械辅助式的自然通风系统。该系统有一套完整的空气循环通道，辅以符合生态思想的空气处理手段（如土壤预冷、预热、深井水换热等），并借助一定的机械方式加速室内通风。

4.9.3 自然通风的设计

风环境是空气气流在建筑内外空间的流动状况及其对建筑使用的影响。风环境是建筑环境设计的一项主要内容，在以往建筑物理的研究发展中，风环境在一定程度上被忽视了，在自然环境日益受到重视的今天，自然通风与人体舒适度的联系、与建筑节能的关系显得尤为重要，并且逐步被反映到建筑设计的实践中来，尤其是在住宅建筑设计中。

在进行建筑设计规划时，不同的建筑形式和组合会产生不同的通风效果，通过科学的建筑群布局，合理的室内功能空间组合，使自然空气能够在室内外以最畅通的方式流动，从而实现最佳的自然通风效果。

（1）自然通风在住宅设计中的运用

影响自然通风的因素对于建筑本身而言，有建筑物的高度、进深、长度和迎风方位；对于建筑群体而言，有建筑的间距、排列组合方式和建筑群体的迎风方位；对于住宅区规划而言，有住宅区的合理选址以及住宅区道路、绿地、水面的合理布局等，以便达到最佳的通风效果。以下就几方面加以说明。

1）建筑物的朝向

要确定建筑物的朝向，不但要了解当地日照量较多的方向，还要了解当地风的相关特性，包括冬季和夏季主导风的方向、速度以及风的温度。每一个地区有自己风的特点，由于建筑物迎风面最大的压力是在与风向垂直的面上，因此，在选择建筑物朝向时，应尽量使建筑主立面朝向夏季主导风向，而侧立面对着冬季主导风向；南向是太阳辐射量最多的方向，加之我国大部分地区夏季主导风向都是南或南偏东，故无论从改善夏季自然通风、调节房间热环境，还是从减少冬季、夏季的房间采暖空调负荷的角度来讲，南向都是建筑物朝向最好的选择。而且选择南向这样的朝向也有利于避免东、西向日晒，两者都可以兼顾。对于那些朝向不够理想的建筑，就应采取有效措施妥善解决上述两方面问题。

2）建筑物的间距

建筑物南北向日照间距较小时，前排建筑遮挡后排建筑，风压小，通风效果差；反之，建筑日照间距较大时，后排建筑的风压较强，自然通风效果较好。

所以在住宅组团设计中，加大部分住宅楼的间距，形成组团绿地，对改善绿地下风侧住宅的自然通风，有较好的效果，同时还能为人们提供良好的休息和交流的场所。

同时在条件许可的时候，尽量加大山墙的间距。因为室外气流吹过呈行列式布局的建筑群时，在建筑物的山墙之间将形成一条空气射流。当采用错列式布置方式，可以利用住宅山墙间的空气射流，改善下风方向住宅和自然通风，效果显著。山墙间距的大小，取决于住宅间距。住宅间距越大，山墙的间距也应越大，以便使足够的空气射流能吹到后排住宅上。过小的住宅楼山墙间距，对消防、绿化和道路交通有不利的影响。

3）建筑群的布局

建筑群的布置和自然通风的关系，可以从平面和空间两个方面来考虑。

① 从平面规划的角度来分析，建筑群的布局有行列式、周边式和散点式。行列式是最基本的建筑群布局，是条式单元住宅或联排式住宅按一定朝向和合理间距成排布置的方式，其布局包含并列式、错列式和斜列式；并列式布局发生错动，从而形成错列式和斜列式以及周边式的布局。

并列式的建筑布局虽然由于建筑群内部的流场因风向投射角不同而有很大变化，但总体说来受风面较小；错列和斜列可使风从斜向导入建筑群内部，下风向的建筑受风面大一些，风场分布较合理，所以通风好。

周边式住宅建筑沿街坊或院落周边布置的形式，这种布置形式形成封闭或半封闭的内院空间，风的投射面非常小，风很难导入，这种布置方式只适于冬季寒冷地区；散点式住宅布局包括低层独院式住宅，多层点式及高层塔式住宅布局，散点式住宅自成组团或围绕住宅组团中心建筑、公共绿地、水面有规律地或自由布置，通风效果好。

在进行建筑群规划的同时，路网的设计也同时在进行，有时方正的住宅小区地块通过改变小区道路以往"横平竖直"的规划模式，大胆采用以曲代直的规划方法，人为地创造出建筑群的不同布局方式，从而创造出"虽由人做，宛自天开"的自然环境和良好的自然通风来。同时将居住区主要道路设计主通风道，沿通风廊道流向各个住宅组团，然后再从组团内庭院空间分流到住宅，加速自然风的流动。

建筑群的布局对自然风的引入有很大影响，同时风向与建筑的关系也对自然风的引入有很大影响。风向投射角是指风向投射线与房屋墙面法线的交角，对单体建筑来讲，风向投射角愈小，对房间愈有利。但对建筑组团来讲，要考虑前排建筑形成的风影区对后排建筑的影响。比较典型的如居住小区中的住宅，一般都是平行排列的多排建筑。如果正吹，屋后的风影区较大，从而影响了自然通风效果。因此，应避免住宅长轴垂直于夏季主导风向，从而减少前排房屋对后排房屋通风的不利影响，形成很好的通风对流。一般来说，房屋与风向入射角保持30°、60°通风效果最好。

② 从立面设计的角度来分析，应使建筑单体间高低有序。要使气流通过小区时不形成漩涡、下冲气流等不良高速气流。在建筑群体组合时，当一栋建筑远远高于其他建筑或楼间距相近的建筑群体中有两栋建筑间距突然加大，这时下冲气流加大，形成高速

风，造成热损失加大和居住者的不舒适。

同样，在设计时尽量避免建筑之间风的遮挡。建筑群的布局尽可能沿夏季主导风向，临近主导风向建筑宜为低层和多层，处于小区边缘，远离主导风向的建筑宜采用小高层和高层，这样一方面可以把自然风引入小区内，一方面又起到阻隔冬季东北风的作用。

（2）组织自然通风应处理的问题

对于建筑物组织好自然通风，是节能建筑设计中的一项重要内容。为了更好地组织自然通风，在设计过程中应当妥善处理好下列问题。

1）建筑朝向、布局和通风

在设计建筑物的自然通风时，应根据建筑所在地区的风玫瑰图，从用地分析和总图设计着手，使建筑的排列和朝向有利于自然通风。对于建筑形体的不同组合，如一字形、山字形、口字形、锯齿形、台阶形和品字形等，在组织自然通风方面都有各自不同的特点。

我国大部分地区夏季的主导风向都是南或南偏东，所以多数地区的传统建筑为坐北朝南，即使现代建筑仍以南或南偏东为最佳朝向。建筑群错列、斜列的平面布局形式，比行列式与周边式有利于自然通风，行列式和错列式对风的影响如图4-44所示。

当房屋的前后都围有院落时，南侧小院内的空气温度由于受到阳光照射而升高，从而通过南北窗户把北侧小院的较凉爽空气引向南院来，这样也可以起

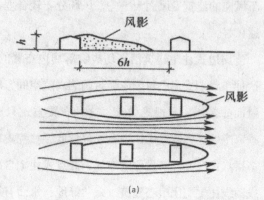

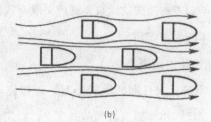

图 4-44 行列式和错列式对风的影响

(a) 行列式布置　(b) 错列式布置

到房间通风的效果。

为了获得良好的室内通风质量，取得合理的风速、风量和风场，还需要考虑建筑室内空间的划分及建筑形体的组合，建筑平面和剖面形式的合理选择是组织自然通风的重要措施。当在湿热地带建房时，为了保持房间的干燥并组织自然通风，可以把第一层楼板抬高架空来设计，将自然通风和供暖、降温及光照设计作为一个整体来进行，室内热负荷的降低可以减少对通风量和效率的要求，中庭和风塔的拔风效应有助于提高通风量和通风效率。

当进行多层建筑设计时，往往可利用热空气上升的基本原理，把各层房间的空气通过楼梯井，或者走廊局部开设的金属透空网格等引到顶层，再通过屋顶的排气天窗、排气孔或通风层脊等排出屋外。

2）绿化、水体布置和通风

在建筑物周围适当位置种植适宜的树木，在一定程度上也能起到引导风向的作用。树木行列数的布置方式有利于组织建筑物的自然通风，如当沿着房屋的长向迎风一侧种植树木时，树木在房屋的两侧向外延伸，则可加强房间内的自然通风效果。当沿着房屋长向的窗前种植树木时，如果树丛把窗的檐口挡住，往往会把吹进房间内的风引向顶棚。

当树丛离开外墙一定距离时，吹来的风有可能大部分越过窗户而从屋顶穿过房子。当在迎风一侧的窗前种植一排低于窗台的灌木，灌木与窗的间距在

4.5 ~ 6m 以内时，可使吹进窗的风的角度向下倾斜，有利于促进房间通风的效果。沿着房屋的长向种植树木加强通风效果如图 4-45 所示。

室外的绿化可以改变吹进的气流状况，不仅对用地的微气候环境调节起到重要的作用，而且良好的室外空气质量也增加了建筑利用自然通风的可能性。进风口附近如果有水面和绿化。在夏季的降温效果是非常显著的。

当风吹过室外绿化带或水面时，由于植物和水面的综合作用，会出现风速减弱、风温降低、风路改变等现象，在炎热的夏天将这样的风引入室内，对于建筑节能和改善室内热环境有很大作用。

3）建筑的开间进深和通风

试验结果表明，房间的自然通风效果不仅与建筑位置、地形、周围环境等因素有关，而且与房屋的开间、进深有密切的关系。在一般情况下，建筑平面进深不超过楼层净高的5倍（一般以小于14m为宜），以便于形成穿堂风，而单侧通风的建筑进深最好不超过楼层净高的2.5倍。

4）窗户的设置方式和通风

窗户是室内、外空气流通的主要通道，窗户的朝向、尺寸、位置和开启方式等，直接影响建筑室内气流的分布，即直接影响建筑的自然通风效果。

建筑窗户开口尺寸的大小，直接影响风速及进风量。开口大，则气流场较大；缩小开口面积，流速

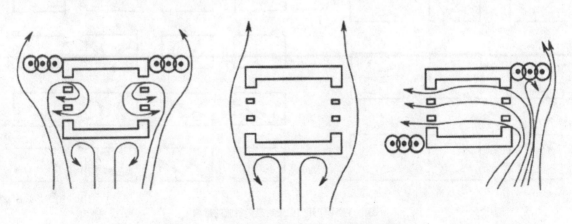

图 4-45 沿着房屋的长向种植树木加强通风效果

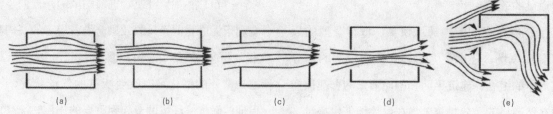

图 4-46 建筑室内的气流场

虽然相对增加，但气流场缩小。建筑室内的气流场如图 4-46 所示。

由以上可知，窗户开口大小与通风效率有密切关系，但不存在正比关系。据测定，当开口宽度为开间宽度的 1/3 ~ 2/3、开口面积为地板面积的 15% ~ 25% 时，通风效果最佳。图 4-46（c）表示进风口大于出风口，结果加大了排出室外的风速；要想加大室内的风速，应加大排气口的面积，如图 4-46（d）所示。

窗户开口的相对位置，不论是平面位置，还是立面高程的高低，都将直接影响气流的路线，图 4-47 表示很多种不同开口位置对室内气流的影响。因此，在进行建筑设计中，应根据对室内气流场的要求调整开口的位置，以取得良好的通风效果。

5）各种建筑构件和通风

组成建筑物的构件种类很多，其中导风板、阳台和屋檐等构件直接影响建筑室内气流分布。如我国南方民居建筑中宽大的遮阳檐口，檐口离窗口距离较小，这样强化了通风的效果，窗口上方遮阳板位置的高低，对于风的速度和分布也有着不同的影响。

在建筑物外部设置挡板对室外的气流引导以及改善室内通风质量起着很大的作用，该类方法可以归纳为四种挡板导风系统（见表 4-35）。在建筑上面设置导风板还可以调节风力的正负压，在出风口设置挡风（如图 4-48 所示），可以使出风口避免室外气流的影响，产生负压区；同时由于挡板的作用，可以将出风口的中轴面提高，增加进风和出风洞口间的高差。

此外，落地长窗、漏窗、漏空窗台、折叠门等通风的构件，均有利于降低气流高度，增大人体的受风面，在炎热地区也是常见的构造措施。

6）双层玻璃幕墙的通风

双层通风玻璃幕墙是当今建筑中普遍采用的一项先进技术，被誉为"可呼吸的皮肤"。双层玻璃

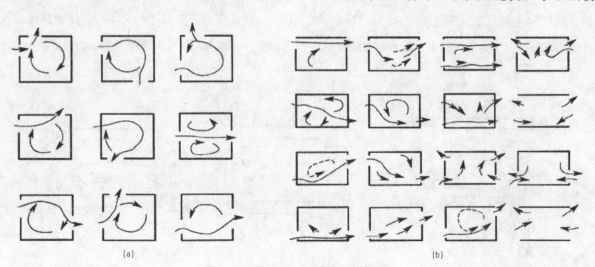

图 4-47 不同开口位置对室内气流的影响

(a) 下方形窗口　　(b) 长方形窗口

表 4-35 挡板导风系统

名称	简图	通风效果示意图	说明
通风型			通过室外围合挡板，可以将室外气流聚集，提高进入室内气流的速度
挡风型			通过垂直板将室外气流引入室内
百叶型			通过百叶，对气流进行人为调整，下压气流覆盖了入流高度
双重型			通过挡板在风口形成了气流正负压，成为通风的动力

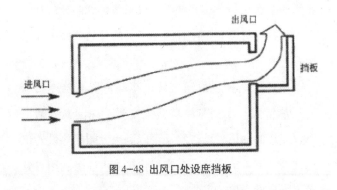

图 4-48 出风口处设庶挡板

通风幕墙的基本特征是双层幕墙和空气流动、交换，所以这种幕墙被称为双层通风幕墙。双层通风幕墙对提高幕墙的保温、隔热、隔声功能起到很大的作用。它分为封闭式内通风幕墙和开敞式外通风幕墙。

封闭式内通风幕墙适用于取暖地区，对设备有较高的要求。外幕墙密闭，通常采用中空玻璃，明框幕墙的铝型材应采用断热铝型材；内幕墙则采用单层玻璃幕墙或单层铝门窗。为了提高节能效果，通道内设电动百叶或电动卷帘。

开敞式外通风幕墙的内幕墙是封闭的，采用中空玻璃；外幕墙采用单层玻璃，设有进风口和排风口，利用室外新风进入，经过热通道带走热量，从上部排风口排出，减少太阳辐射热的影响，节约能源。它无需专用机械设备，完全靠自然通风，维护和运行费用低，是目前应用最广泛的形式。

按照空气间层中通风驱动力的不同，双层玻璃幕墙也可以分为3种类型：气候式外墙——机械通风；自然通风外墙——自然通风；交互式外墙——混合通风（机械通风＋自然通风）。

① 气候式外墙气候式外墙又称为"主动式外墙"，是典型的机械通风双层玻璃幕墙。通常在空气间层的外侧采用夹层保温玻璃，内侧采用单层平板玻璃。自动的遮阳设施可以安装在空气间层中。空气间层的通风完全是以机械通风的方式实现的。

室内废气常常经过内层玻璃底部的缝隙进入空气间层，在内置式风扇的驱动下，回流至通风系统。在有阳光的时候，遮阳设施（百叶）吸收来自太阳辐射的能量，通过在空气间层中的通风将热量带走。当气候式外墙与建筑暖通系统整合时，冬季遮阳设施（百叶）吸收的热量可以通过间层中的通风送至暖通系统，热量被暖通系统回收后又可以用于预热室内供风，给室内提供温暖舒适的环境。

在采暖期间或太阳光较少的时候，由于室内空气进入空气间层中的缘故，内层玻璃的表面温度总是保持在接近室温的状况下，致使在双层玻璃幕墙的室内一侧、建筑周边区域内使用者仍然有舒适的感觉。这种系统由于室内热空气进入空气间层，可以减少外墙的传热损失，因此外层玻璃可以采用的透明的夹层玻璃，更好地利用天然采光，直接节省人工照明的能源，由于减少人工照明而降低了制冷负荷。这种类型的双层通风玻璃幕墙主要适用于寒冷气候中。

② 自然通风外墙。自然通风外墙又称为"被动式外墙"。双层通风玻璃幕墙的外层常常采用单层玻璃，内层采用夹层玻璃。空气间层中的通风是利用室外空气，通过自然通风的方式实现的。这是由于自然通风要利用风压作用和室外与空气间层内部的温差、外层表皮上的通风口等来形成热压作用（烟囱效应）实现通风。

室外与空气间层内部有较大温差时，新鲜的室外空气通过外层玻璃下方的进风口进入空气间层，在空气间层中空气受阳光影响变热、上升，通过外层玻璃上方的排气口排出室外，或者通过内层玻璃上的通风口进入室内。空气间层内外的温差越大，这种系统的通风效果越好。因此，利用烟囱效应进行自然通风

的双层玻璃幕墙，是不适合用于炎热地区的。

自然通风外墙还可以在高层建筑中采用。由于高层建筑受风荷载影响较大，双层通风玻璃幕墙的室内外两侧有较大的风压差。当外层玻璃与内层玻璃都开有通风口或窗户时，室外空气将通过空气间层流入室内。但此时为了避免进入室内的空气气流速度过大，常常在外层玻璃的通风口处设置由中心计算机控制的可以机械调节的通风栅格，以调整进风的气流速度。

在城市环境中，自然通风的采用可能要受到交通噪声和空气污染的影响，噪声可能会传至室内，室外的空气污染可能会降低室内的空气质量，这样的室内环境并不令人感到舒适。因此，自然通风外墙更适合用于气候温和的郊区，在那里室外空气通过空气间层进入室内，可以创造令人满意的室内环境。

③ 交互式外墙交互式外墙也是双层通风玻璃幕墙的一种，其外层常采用夹层玻璃，内层常采用单层平板玻璃。空气间层中的通风可以来自室内空气，也可以来自室外空气。关键的是经过空气间层的通风是以自然通风为主，以机械通风为辅，在空气间层中设置微型风扇。交互式外墙的通风原理很像是自然通风外墙，但最大的不同之处在于其通风是辅助以机械通风的。这意味着该系统不仅仅只依赖烟囱效应和风压作用，还可以在室内外温差不大的炎热气候中正常运行。

因此，这种双层通风玻璃幕墙是有高制冷负荷的炎热气候，或当制冷负荷是主要关注因素的情况下，理想的通风外墙。除了可以利用太阳能热量的优点之外，该系统即使是在高层建筑中也能够利用可开启进行自然通风。

自然通风是一种廉价、简易的生态节能技术，建筑设计者应该从建筑物的规划、建筑单体设计到构造设计的整个过程中都对自然通风的可应用性和实际效果仔细考虑，有效地利用自然通风解决住宅中热舒适性和空气质量问题，在不增加住户投资的情况下，就能营造一个健康、舒适的居室环境。

5 新型城镇环境保护概论

5.1 城镇化建设的环境效应

5.1.1 城镇化和环境变化

城镇化发展是人类科学技术进步、社会建设能力和文化建设能力提高的重要标志。城镇化发展，给人类社会带来了巨大的变化，人类大幅度地改变了生态环境的组成与结构，改变了物质循环和能量转化的功能，扩大了人们的生存空间，改善了人类的物质生活条件，如就业机会、生活方式、产业结构、社会文化等，也由此改变着人类对生态环境的作用方式。即大力发展城镇化和城市现代化，人们不禁想到城镇化进程中出现的八大公害事件。到目前为止，公害事件还时有发生。如1985年墨西哥城化工厂的大爆炸事故，死亡500多人，25000多人受伤。全世界大约每年要发生200多起严重的化学事故。另外，城镇化过程中的交通建设引起水土流失和尘土飞扬、交通运输产生噪音污染、汽车尾气带来大气及土壤污染等，从长远的、大范围的观点来看，生态环境越来越糟，到现在，我们生活的这个星球上，几乎找不到一块地方是没有受到污染的"清洁区"，连南极的企鹅和北极苔藓地也受到了DDT的污染。在一些城市中，人们一代代的在低浓度的有害环境中生活，降低了对病毒的抵抗力，出现了各种职业病和所谓的城市高发性的文明病。可见，城镇化过程中存在着潜在的风险，城镇化过程是有风险代价的。而安全与风险紧密相连。一般认为，风险与安全互为反函数，风险是指评价对象偏离期望值的受胁迫程度，或事件发生的不确定性。而安全是指评价对象在期望值状态的保障程度，或防止不确定事件发生的可靠性。

环境和安全之间的联系一直是学术界和政策制定者广泛争论的课题。在许多文献中，城镇化一直被看做是一个对环境和安全有连带关系的过程。例如，Brennan（1999）发表的文章中，证明了人口增长、城镇化过程、公共健康、环境和国际安全之间的联动作用。Pirages（1997）也提到了城镇化、环境与安全之间的联系，指出"城市中的拥挤和缺乏平等的就业机会的联合作用造成对社会秩序的威胁"，Matthews（1989）主张国家安全的定义必须扩展，包括资源、环境和人口问题。从安全的角度来看，城镇化和环境有更为广泛的涵义。城镇化的环境安全主要表现为城市整体活动基础稳固、健康运行、稳健增长、持续发展，在现代经济生活中具有一定的自主性、自卫力和竞争力。

但城镇化、环境和安全，也不是必然地对立关系。大量的事实也表明，加速城镇化发展并不必然地导致城市生态环境的恶化。例如城镇化促进经济发展，带来更多的环保投资，提高人为净化的能力，缓解生态环境压力，如西欧发达国家城市化水平高，同时，城市生态环境建设质量也很高，关键是如何更好地把握城镇化发展的积极作用。

5.1.2 城镇生态环境的特点

（1）城镇规模相对城市小，生态环境的开放度高于城市，自然性的一面更强。城市生态系统是人工化的生态系统，系统中生产者—消费者—分解者分布呈倒金字塔状，系统从外界输入物质和能量，在进行耗散的同时向外界输出废弃物，系统的运作依赖于外环境输入和接受废弃物的能力等因素。而城镇的生态环境系统由于规模较小、发展水平较低，对于一般城镇，其对城镇系统之外的物流和能流的依赖明显地弱于工业型和商业型城镇，更弱于城市系统。

（2）城镇由于历史及经济水平的限制，生态环境没有明确的规划，处于自发或被动状态。城镇的发展历史及性质不同，生态环境状况也有很大的差异，在历史上以旅游为主的城镇生态环境质量是保持最好的一类，交通枢纽型城镇更注重服务设施的完善，基础设施系统的完备对生态环境的保护具有一定的促进作用。

（3）现代的中国城镇是农村城镇化的产物，一方面农村人口向城镇集中，一方面城市由于环境问题和产业结构而转移出来劳动密集型或污染型行业向城镇集中。

（4）城镇环境保护没有引起高度重视。当前的城镇化过程只重视城镇基础设施和经济社会建设而忽视环境问题，城镇化过程中环境管理没有被提上重要议事日程。由于环境容量相对较小，不严格控制源头污染，容易出现严重的环境问题；城镇规划和管理水平较低，大都没有制订城镇发展区域发展规划，基本处于各自为政的状态，现实的环境污染已到了刻不容缓的地步；污染防治基础设施建设严重不足，生活污水、垃圾处理设施相当落后；农村区域性、流域性、跨地区性环境污染影响农村社会稳定，所取得的经济价值不能抵消长远的负面影响；城镇地表水、地下水资源污染严重。

5.1.3 我国当前城镇化建设进程中的环境问题

城镇化和工业化是在同一时期产生的，二者相辅相成、不可分割。以工业为依托的城镇化在建设过程中不可避免地产生了环境污染问题以及资源损耗问题，生态系统必然会遭到破坏。当前，我国的城镇化进程迅速，城镇化的质量和效益较以前也有了很大的提高，但在快速城镇化的同时，也出现了一系列的环境问题，水、气、噪音、固体废物等环境污染日益严重，给城镇化的可持续发展带来巨大挑战。

（1）城镇空气污染

近年来，空气污染成为我国城镇化过程中最大的环境问题。2013 年初在我国中东部地区出现了以 PM2.5 为主要污染物的持续、大范围的雾霾天气。这主要是由于城镇工业生产、交通运输和居民生活排放出大量的一氧化碳、二氧化硫、二氧化氮、颗粒物质、碳氢化合物以及由其他污染物的反应中形成的二次污染物。研究表明，空气污染对健康的影响巨大，人体持续暴露于空气污染中，会引起身体的不适，并出现一些症状（如咳嗽、流泪、胸闷等）。当空气污染物达到一定浓度时，将严重危害人们身体健康，导致疾病和死亡。空气污染主要引起呼吸系统疾病和心血管疾病，另外，根据空气污染物特点和浓度的不同，还可导致其他的疾病。据研究，PM2.5 能通过支气管进入人体肺部，容易引发呼吸系统、神经系统、心血管疾病，北京十年来肺癌发病率显著增加与空气污染密切相关。

（2）城镇水环境污染

工业化初期我国大量高耗能、高污染工业布局在城镇周围，工业废弃物也造成水体酸碱化、富营养化和矿化。2011 年，全国 200 座城市开展了地下水水质监测。在 4727 个水质监测点上，取样测试分析结果表明，水质呈优良级的占全部监测点的 10.9%；呈良好级的占 29.3%；呈较好级的占 4.7%；呈较差级的占 40.3%；呈极差级的占 14.7%。总体来讲，全国地下水质量状况不容乐观。同时，城镇人口的增多，对水的需求量增大，生活污水相对增多。近年来，随着城镇人口的增加，城镇生活污水排放量已经远远超过工业废水，2012 年，全国城镇生活污水排放量是工业废水排放量的 2 倍多，成为影响水体的主要污染源。城镇化导致土地利用性质改变，道路及下水管网建设使下垫面不透水面积增大，直接改变了当地的雨洪径流形成条件，对城镇及其周边水环境的自净能力也造成极大影响。

（3）城镇土壤污染

有毒有害元素同样改变土壤酸碱度，使重金属富集，毒害成分、病原体经食物进入人体引发疾病。国土资源部指出，2007 年全国受污染的耕地约有 1000 万 hm^2，污水灌溉污染耕地 216.7 hm^2，固体废弃物堆存占地和毁田 13.3 万 hm^2，合计占中国耕地总面积的 1/10 以上。全国每年受重金属污染的粮食达 1200 万吨，直接经济损失超过 200 亿元。由于难以遏止土壤污染加剧的势头，国家层面建立土壤污染防治监督管理体系的时间表被迫推迟至 2020 年。

（4）城镇固体废物污染

城镇固体废物主要包括生活垃圾、农业副产品、人畜禽的粪便、工业有机废弃物等，这些废弃物被排放的结果，一方面造成大量可利用资源的浪费，另一方面也造成了严重的环境污染，特别是"白色污染"问题，在许多城镇及周边乡村地区随处可见。近年来，随着城镇人口的增长，我国城镇生活垃圾数量也连年攀升。但与之相对的是城镇垃圾收集系统不健全和垃圾处理方式的落后。尤其是城镇中仍保存的村庄内生活垃圾直接堆放在道路两旁和村庄周围的现象时有发生。此外，城镇中垃圾处理方式只是简单的填埋，对有害固体废物及危险固体废物的处置技术水平较低。

（5）城镇噪声污染

城镇噪声主要有四个来源：城镇道路拥堵，交通繁忙，产生交通噪声；来自机器和高速运转设备或其他操作程序产生工业噪声；来自建筑施工现场各种建筑机械工作时产生建筑噪声；人口高度聚集，在商业交易、体育比赛、娱乐场所等各种社会活动与日常生活中产生生活噪声。监测表明，全国有 2/3 的城镇居民生活在噪声超标的环境中，不仅危害人的神经系统、心血管系统和胃肠消化系统，引起记忆力减退、失眠、心跳加快、心律不齐、食欲不振，还影响到人们的心理健康。人们受到噪声的侵害，往往感到烦躁不安，对工作和事件难以集中精力，长期受强噪声污染的人，甚至会出现严重的身心疾病。

（6）城镇生态环境破坏

城镇化带来人口密度加大，绿地严重缺乏的效应，人与植物的生物量比值下降。而人与植物的生物量比值是衡量生态环境质量好坏的表征。园林绿地是城市高度人工化系统中生态价值最高的部分。尤其是城市规模日益扩张、城市功能日益增强的形势下，园林绿地的生态效应也显得日益重要。它既是城市生态系统的初级生产者，也是城市生态平衡的调控者。一定数量和质量的绿地不仅是美化城市景观和市容的需要，更是减轻城市环境污染，改善城市生态环境质量所必需的。绿色植物具有维持二氧化碳—氧气平衡，吸滤有毒有害气体、吸滞粉尘、杀灭细菌、衰减噪声、改善小气候和美化环境等多种功能。由于城镇化过程中过多关注经济，忽视生活质量，城镇绿地面积严重不足。

5.1.4 城镇化过程中产生环境问题的原因

北京交通大学的王亮博士对城镇化过程中环境问题的产生原因进行了深入分析，认为城镇化进程中环境问题的产生有着多种原因，主要可概括为以下四个方面。

（1）城镇人口逐渐超出生态承载负荷

城镇化发展到一定阶段后，城市丰富的物质文化和精神文化资源及大量的就业机会等对农业人口具有强大的吸引力。近年来，农业机械化水平的提高不断解放了劳动力，耕地流转等政策使大批剩余劳动力向城镇转移。根据统计数据，2013年，我国城镇人口达到7.31亿，城镇化率达53.7%，表明中国正从一个农业大国进入到以城市型社会为主体的新的城市时代。转移人口很大一部分流向了东部沿海地区，导致当地城市人口激增。未来，随着中国城镇化率的迅速提高，越来越多的农业人口会转移到城市。城镇人口的快速增长必然将其生存发展需求转化为对资源和能源的强大需求，更加速了资源的枯竭，大量的生产和生活垃圾也会加剧环境污染。

因此，在今后的城镇化进程中，如果政府不能处理好城市建设、管理与人口急剧增长的矛盾，随着城镇规模的不断扩大、城镇居民消费的不断升级，生产和生活对能源、交通、土地等资源的超常规利用将不可避免，"城市病"将进一步加重并呈加速蔓延趋势，城镇生态环境日益恶化，环境质量大大下降，生态系统自我调节、自我修复更加困难。

（2）粗放型的经济增长方式加重环境污染

传统工业社会的经济模式是"大量开采—大量生产—大量消费—大量废弃"的线性经济模式。线性经济模式在我国城镇化进程中体现明显，我国长期片面追求GDP增长造成了城市系统内产业生态关系的割裂和物质流的单向性，经济增长与环境质量处于矛盾对立的状态。目前，我国已成为世界第二大经济体，GDP总量庞大。然而，我国能源消耗量大、能源综合效率低、环境压力大，单位产值废弃物排放量远高于世界平均水平，与发达国家相比更有差距，每年因环境污染所造成的经济损失无法准确估量。

一段时期内，我国城市经济增长仍然要依靠工业拉动，部分地区短期内尚不能改变产业结构重型化的局面，高耗能高污染产业的投资还在不断加快，能源消耗量持续增长，对环境的挑战还在加大，非常不利于经济的可持续发展。从长远来看，必须改变传统的以资源过度开发与耗费为前提以换取短期经济效益为目的的线性经济发展模式，必须要在转变生产方式、优化产业结构、调整能源结构上下大力气，

实现经济社会发展与生态环境保护相适应。

（3）法治不完善造成生态环境得不到有效保护

工业文明制度是基于"经济理性"的制度，这种制度下的人在亚当斯密的《国富论》中被定义为"经济人"，"经济人"面临若干不同的选择机会时，总是倾向于短期内能给自己带来更大经济利益的机会。而马克思主义认为：人具有自然属性、社会属性、经济属性等多重属性，其中社会属性是人的本质属性。"社会人"在做出行为选择时兼顾自身、社会以及生态利益。生态学也早已证明，人类不断掠夺、耗费自然资源必然招致自然的报复，但自然对人类的报复往往不会立即显现，这就导致了约束人的行为、保障生态权利的生态制度不完善、效率滞后。我国作为世界上最大的发展中国家，工业化的快速发展使人的经济理性膨胀，经济理性反作用于工业化使之更加提速，导致生态文明制度更为欠缺和乏力。

今天，仍有不少城市唯GDP论发展，缺乏对社会效益、生态效益的关注，生态保障制度和机制缺乏已经成为阻碍城市化水平可持续提升的短板。目前，大多数的环境法规仅是政策性、指导性的，不足以成为强有力执法的科学依据，这就使肆意攫取资源、谋取利益的违法犯罪行为因违法成本低而得不到严厉惩处，环境破坏的势头得不到根本遏制。另外，环境监管机构种类杂乱，法律赋予监管建构的权力太弱，监管机构保护生态的责任和义务还不十分明确，环境监管人员数量少、素质不高，从事环境治理的高技术人才更是缺乏，环境治理的投入少等因素都制约着城市生态权利的保障。

（4）环境教育落后造成国民生态保护意识淡薄

从目前来看，我国环境教育事业还很不完善，仍处于起步阶段。政府部门没有充分认识到生态环境直接关系人民群众的生命安全，环境教育有利于巩固公共卫生事业、维护并提高公众健康水平，进而促进社会管理水平的提高。我国从事环境教育的工作人员尤其是高素质的专业人员缺乏，环境教育内容与经济社会发展理论存在矛盾，环境教育的过程流于形式。

学校的环境教育水平低，社会针对公民的环境教育不足，环境教育落后使公众缺乏对环境危机的认识、面对环境危机不能有效自我保护。一些农民生态意识严重不足，这是因为我国长期存在的重城市、轻农村的不合理政策偏向，使农民特别是偏远落后地区的农民生态意识普遍欠缺，农民对生态环境问题及其成因、危害、防治知识欠缺。广大的农村环保工作开展范围、开展效果远不如城市，农村生态问题若得不到妥善解决，必然潜藏着进一步加剧城市生态风险的危机。

5.2 加强环境保护的必要性

从理论上来讲，城镇化与生态环境之间存在着强烈的交互胁迫作用。一方面，城镇化进程的加快必然会引起城镇化地区周边生态环境的变化；另一方面，生态环境的变化必然引起城镇化水平的变化。可见，城镇化与生态环境是一种相互作用、交互耦合的关系，即城镇化的各方面与生态环境的各要素之间所具有的各种非线性关系的总和，当生态环境改善时可促进城镇化水平的提高和城镇化进程的加快，当生态环境恶化时则限制或遏制城市化进程。

城镇化对生态环境的胁迫效应。人口城镇化对生态环境的胁迫主要通过两方面进行：人口城镇化通过提高人口密度增大生态环境压力，人口密度越大，对生态环境的压力也就越大；人口城镇化通过提高人们的消费水平从而促使消费结构变化，人们向环境索取的力度加大，速度加快，使生态环境不断脆弱。经济城镇化对区域生态环境的胁迫表现为：企业通过占地规模扩大促使经济总量的增加，从而消耗更多资源和能源，排放更多的污染气、液、固体，增加了生态环境的压力。城镇交通扩张对生态环境的胁迫表现为：城镇交通扩张对生态环境产生空间压力，交通扩张刺激车辆增加，增大汽车尾气污染强度。

生态环境恶化对城镇化的约束效应。生态环境恶化降低了居住环境的舒适度，排斥居住人口，阻碍城镇化；生态环境恶化降低了投资环境竞争力、排斥企业资本，减缓城镇化；生态环境恶化降低了生态环境要素的支撑能力（如城镇用水），抑制城镇化；生态环境恶化导致灾害性事件增多从而影响城镇化；改善恶化的生态环境，增强环保的力度，减缓了城镇化步伐。

因此，加强环境保护，促进城镇化建设绿色转型是新型城镇化发展的关键性命题，也是加快转变经济发展方式的重要举措。具体来讲就是以城镇资源环境承载力的约束为前提，对城镇化建设指导思想从"在发展中保护，在保护中发展"的角度进行全面设计，转变产业结构和产业布局，建设资源节约型、环境友好型社会的新型城镇化发展模式。推进城镇化建设绿色转型的主要内容和途径是：城市规划的绿色转型、资源使用的绿色转型、政策措施的绿色转型。

5.3 城镇环境保护的学科基础

5.3.1 环境科学

环境科学是现代社会经济和科学发展过程中形成的一门综合性学科，它是研究人类社会发展与环境（结构和状态）演化规律之间相互作用关系，寻求人类社会与环境协同演化、持续发展途径与方法的科学。从宏观层面研究人类同环境之间的相互作用、相互促进、相互制约的对立统一关系，揭示社会经济发展和环境保护协调发展的基本规律；从微观层面研究环境中的物质，尤其是人类排放污染物的分子、原子等微小颗粒在环境中和生物有机体内迁移、转化和积蓄的过程及其运动规律，探讨它们对生命的影响及作用机理等。环境容量和环境承载力原理是城镇环境保护中最常用到的环境科学原理。在新型城镇环境保护工作中，可通过分析城镇生态系统的环境容量和环境承载力，为城镇总体规划、空间布局、发展方向、发展水平、人口规模和用地规模等规划建设决策提供先决条件，并为供应各种物质资源和消纳废物的空间和基础设施系统设计提供依据。

5.3.2 环境管理学

环境管理的概念形成于 20 世纪 70 年代，是环境科学与管理科学相互交叉融合的一门综合性学科，是管理学在环境保护领域的应用和延伸。环境管理学的研究对象是社会—经济—自然的复合系统，其主要研究内容是这一复合系统中各子系统之间的相关联系、相互影响、相互制约的矛盾运动，运用现代管理学的理论、方法和技术手段，从客观上、战略上、统筹规划上研究解决环境问题的途径，包括环境预测、规划、决策、战略、经济政策等。环境管理学认为，环境管理的本质是运用各种有效管理手段，调控人类行为，协调经济社会发展同环境保护之间的关系，限制人类损害环境质量的活动以维护区域正常的环境秩序和环境安全，实现区域社会可持续发展的行为总体。因此，环境管理学是实现可持续发展的重要理论支撑。新型城镇的发展在很大程度上依赖于科学的管理，因此，环境管理学与公共管理科学一样，是新型城镇发展必不可少的理论支撑。

5.3.3 基础生态学

生态学一词最先于 1969 年由德国生物学家 Ernst Heinrich Haeckel 在其动物学著作中提出，并被定义为：研究动物与其有机及无机环境之间相互关系的科学，特别是动物与其他生物之间的有益和有害关系。之后逐渐发展为生物学中的主要分支学科之一，成为一门研究生物与其生活环境相互关系的科学。生态学认为在生态系统中，各种生物彼此间以及生物与非生物的环境因素之间相互作用、关系密切，而且不断地进行着物质与能量的流动。因此，20 世纪 70 年代以来生态学被进一步概括为物质流、能量流和信息流。随着研究对象和内容的深入，生态学被细化为多个分支，例如按照应用对象分类的农业生态学、工业生态学、污染生态学（环境保护生态学）、城镇生态学等。

在城镇环境保护中，常用到的生态学基本原理如下：

（1）生态平衡原理

生态平衡是生态系统在一定时间内结构和功能的相对稳定状态，其物质和能量的输入输出均接近相等，在外来干扰下能通过自我调节（或人为控制）恢复到原初的稳定状态。当外来干扰超越生态系统的自我控制能力而不能恢复到原初状态时即生态失调或生态平衡的破坏。生态平衡是动态的，维护生态平衡不只是保持其原初稳定状态。生态系统可以在人为有益的影响下建立新的平衡，达到更合理的结构、更高效的功能和更好的生态效益。在城镇建设中，应具备全局观念，注意协调农业各部门、农业与工业、农村与城镇等各种关系，维持生态系统的动态平衡，使城镇生态系统形成最大生产力和活跃的生命力。

（2）生态位原理

生态位是指一个种群在生态系统中，在时间空间上所占据的位置及其与相关种群之间的功能关系与作用。生态位既表示生产空间的特性，又包括生活在其中的生物的特性，如能量来源、活动时间、行为以及种间关系等。在城镇及城镇等人工生态系统中，生态位不仅是地域空间概念、环境最优概念，而且涉及经济范畴。例如人口迁移总是趋于最适宜的生态位，由此而带来城镇地域的分异、空间的变化、结构的调整，从而达到经济的高效运转和资源的集约利用。因此，在城镇环境保护中，应努力创建生态位势高的生态系统，通过规划城镇的性质、功能、地位、作用及其人口、资源、环境等分布，为人们提供各种经济活动和生活行为的良好环境。

（3）多样性导致稳定性原理

生态系统的结构愈多样和复杂，则抗干扰的能力愈强，因而也易于保持其动态平衡的稳定状态。这是因为在结构复杂的生态系统中，当食物链（网）上的某一环节发生异常变化，造成能量、物质流动的障碍时，可由不同生物种群间的代偿作用加以克服。城镇生态系统中，各种用地具有的多重属性保证了城镇各类活动的展开，多种城镇功能的复合作用与多种交通方式使城镇更具有吸引力与辐射力，各部门行业和产业结构的多样性和复杂性使得城镇经济维持稳定。

（4）食物链（网）原理

食物链是生态系统中各生物之间以食物营养关系彼此联系起来的序列，由多条食物链彼此相互交错连结成的复杂营养关系为食物网。一个复杂的食物网是使生态系统保持稳定的重要条件，一般认为，食物网越复杂，生态系统抵抗外力干扰的能力就越强，食物网越简单，生态系统就越容易发生波动和毁灭。在城镇生态建设中，可以应用食物链（网）原理建立生态工艺、生态工厂、生态农业，综合利用各种物质，将"废弃物"重新回收到复杂系统的循环利用过程中，形成各种类型的"生态产业链"，在提高资源利用效率，减少污染物排放的同时，也可以维持城镇生态系统的稳定性。

（5）系统整体功能最优原理

城镇各个子系统功能的发挥影响了系统整体功能的发挥，同时，各子系统功能的状态，也取决于系统整体功能的状态；各子系统具有自身的目标与发展趋势，作为个体存在，它们都有无限制地满足自身发展的需要，而不顾其他个体的潜势存在。城镇各组成部分之间的关系并非总是协调一致的，而是呈现出共生、竞争等多重复杂的关系状态。因此，理顺城镇生态系统结构，改善系统运行状态，要以提高整个系统的整体功能和综合效益为目标，局部功能与效率应当服从于整体功能和效益。

5.3.4 产业生态学

20 世纪 80 年代物理学家 R.Frosch 等人模拟生物的新陈代谢过程和生态系统的循环时开展了"工业代谢"研究，N.Gallopoulos 等人进一步从生态系统的角度提出产业生态系统和产业生态学的概念。1991 年美国国家科学院与贝尔实验室共同组织产业生态学论坛，对产业生态学的概念、内容和方法以及应用前景进行全面系统的总结，产业生态学是应用生态学的一个分支，工业生态系统也应遵循自然生态系统的

"循环性、多样性、地域性、渐变性"原则，遵循工业系统的规律，建立生态工业，实现可持续发展。

产业生态学认为工业系统既是人类社会系统的一个子系统，也是自然生态系统的一个子系统，认为工业系统中的物质、能源和信息的流动与储存不是孤立、简单的叠加关系，而是可以如同在自然生态系统中那样循环运行，形成复杂的、相互连接的网络系统，类似于自然生态学中稳定的自然生态系统。理想的工业生态系统应能以完全循环的方式运行，实现"零污染""零排放"。在这种状态下，没有绝对意义上的废料，对某一个部门来说是废料，对另一部门来说却可能是资源。产业生态学从局地、区域和全球三个层次系统研究产品、工艺、产业部门和经济部门中的物质与能量的使用和流动。

产业生态学为研究人类工业社会与自然环境的协调发展提供了一种全新的理论框架，为协调各学科与社会各部门共同解决工业系统与自然生态系统之间的问题提供了具体可供操作的方法，是人类社会活动中协调经济、社会和环境各系统之间关系的最为有效的理论工具。

5.3.5 生态经济学

生态经济学形成于 20 世纪 60 年代，是自然科学中的生态学和社会科学中的经济学交叉渗透形成的一门边缘学科，也是一门研究人的经济活动与自然生态之间关系和运动规律性的科学。生态经济学研究的最终目的是为人类提供一种科学的决策依据和方法，即选择什么样的经济发展模式将使人类付出的代价最少，以及如何规划人类的社会行为，谋求在生态平衡、经济合理、技术先进条件下的生态与经济的协调。其理论核心是生态与经济协调发展。因此，生态经济既要受客观经济规律的制约，也要受客观生态平衡自然规律的制约，表现出明显的生态与经济协调的特征。

生态经济学具有明显的整体性、综合性、协调性和持续性特点。

生态经济系统、生态经济平衡和生态经济效益是其最基本的理论范畴：生态经济系统是一切经济活动的载体，也是生态经济学的研究对象，要充分认识人在生态经济系统中地位的两重性；生态经济平衡是检验生态与经济协调发展的信号，是推动实现生态与经济协调发展的动力；生态经济效益是人类发展经济的最终目的，这里的效益是经济效益、生态效益和社会效益的综合。三者互相联系又互相制约，指导人类努力正确经营管理生态经济系统，保持生态经济平衡，取得最好的生态经济效益。

生态经济学的研究内容除了经济发展与环境保护之间的关系外，还有环境污染、生态退化、资源浪费的产生原因和控制方法；环境治理的经济评价；经济活动的环境效应等等。另外，它还以人类经济活动为中心，研究生态系统和经济系统相互作用而形成的复合系统及其矛盾运动过程中发生的种种问题，从而揭示生态经济发展和运动的规律，寻求人类经济发展和自然生态发展相互适应、保持平衡的对策和途径。更重要的是，生态经济学的研究结果还应当成为解决环境资源问题、制定正确的发展战略和经济政策的科学依据。总之，生态经济学研究与传统经济学研究的不同之处就在于，前者将生态和经济作为一个不可分割的有机整体，改变了传统经济学的研究思路，促进了社会经济发展新观念的产生。

在城镇环境保护中，生态经济学主要应用于：

（1）生态环境资源可持续利用的生态经济评价；

（2）经济系统的可持续性判断评价指标体系；

（3）揭示大量严重的生态环境问题背后的社会经济关系，为制定协调这种关系的政策提供理论依据；

（4）探索切实可行的生态经济系统量化方法。

5.3.6 景观生态学

邬建国博士在《景观生态学——格局、过程、尺度与等级》一书中定义景观有狭义和广义之分，狭义景观指在几十千米到几百千米的范围内，由不同生态系统组成的、具有重复性格局的地理单元，广义景观包括出现在微观到宏观不同尺度上的，具有异质性或缀块性的空间单元。广义景观强调空间异质性，景观的绝对空间尺度随研究对象、方法和目的而变化。

景观生态学是研究景观单元的类型组成、空间配置及其与生态学过程相互作用的综合性学科。景观生态学研究的核心是空间格局、生态学过程和尺度之间的相互作用。强调空间异质性的维持与发展，生态系统之间的相互作用，大区域生物种群的保护与管理，环境资源的经营与管理，以及人类对景观及其组分的影响。

景观生态学的研究对象可以概括为结构、功能和动态，景观的结构、功能和动态是耦合的动态过程。在景观生态学的各个组织层次上，景观系统的结构决定景观的功能，反过来结构的形成与发展也受到功能的影响。景观也是一个动态变化的过程，景观的结构和功能在自然的、人为的、生物的和非生物的因素影响下随时间而变化。

景观生态学的研究重点主要集中在以下几个方面：（1）空间异质性或格局的形成和动态过程；（2）格局-过程-尺度之间的相互关系；（3）人类活动与景观结构和功能的关系；（4）景观异质性的维持与管理；（5）景观的演化和干扰。

传统生态学的思想强调生态系统的动态平衡、稳定性、均质性、确定性及可预测性。但实际中时间和空间上的异质性才是生态系统的普遍特征，人类的干扰活动加强了这种异质性。景观生态学强调多尺度空间格局和生态学过程的相互作用以及斑块动态过程，更能合理和有效的解决实际的环境和生态问题。

景观生态学为景观及城乡规划提供了一个新的思维模式——景观生态规划，它是在追求"秩序"和生态适应性的经典规划和生态规划方法论之上的又一次思维转变。

5.4 城镇环境保护的基本理论

5.4.1 环境容量和环境承载力理论

环境容量和环境承载力原理是环境科学中两个重要理论，也是新型城镇发展过程中必须遵循的两大原理。

(1) 环境容量和环境承载力的概念

环境容量是指某区域环境对该区域发展规模及各类活动要素的最大容纳阈值。区域环境容量包括自然环境容量（大气环境容量、水环境容量、土地环境容量）、人工环境容量（用地环境容量、工业容量、建筑容量、人口容量、交通容量等）等不同要素的环境容量在人为活动下，相互影响、相互制约。这些容量的综合，即为整体环境容量。区域环境容量的大小随时间、地点和利用方式有所差异，取决于区域环境功能的作用与区域的自然条件、社会经济条件和所选取的环境质量标准等。

环境承载力是指在一定时期、一定的状态或条件下、一定区域范围内，维持区域环境系统结构不发生质的变化、环境功能不遭受破坏的前提下，区域环境系统所能承受的人类各种社会经济活动的能力，或者说是区域环境对人类社会发展的支持能力。因为区域环境承载力的容量大小主要取决于现有自然地理条件下的环境自调节水平，因此具有一定的稳定性，但也会通过经济社会及技术的发展得以改善和提高。

(2) 环境容量与环境承载力的区别

尽管环境承载力与环境容量概念有相同之处，但是，二者是两个截然不同的概念。

环境容量是指在人类生存和自然不致受害的前提下，某一环境所能容纳的污染物的最大负荷量，只反映环境消纳污染物的一个功能；环境承载力在此基础上全面表述环境系统对人类活动的支持功能。二者的差异性表现在：

1) 环境容量是专指环境要素对污染物的最大负荷量，表征环境容量的大小的指标是社会经济活动所排放的某一种污染物的种类和数量；而环境承载力是在分析了社会经济环境系统后，选择众多的指标组成的指标体系，再分析环境系统对每个指标支持能力的大小。指标体系中的指标除了包括排放的各种污染物外，还包括经济、社会方面的指标，如能源供应量、交通运输量、水资源量等。

2) 环境容量主要应用于环境质量控制，为环境污染中的污染物总量控制提供数量依据，并以此为环境规划提供选择方案和措施建议；而环境承载力除了能提供各种污染物应该控制的排放量以外，更重要的是根据选择的社会经济指标，对社会经济发展规模提供量化后的规划意见。

当然，二者从功能上讲具有相似之处，既要实现可持续发展就要以生态环境容量、环境承载能力为前提，以实现环境资源持续利用、生态环境的持续改善和生活质量持续提高、经济持续发展为目的的一种发展形态。环境承载力、环境容量的总量，是将环境资源作为一个自然系统的总体来看待它所能够承受经济发展规模和增长速度的压力和冲击。

但是，环境承载力具有自己的独有特点：第一，环境承载力决定了环境资源的有限性。环境资源可分为耗竭性资源和非耗竭性资源。耗竭性资源又称有限资源，是指具有一定开发利用限度的资源，又有可更新资源和不可更新资源之分，可更新资源必须有一定的更新周期；非耗竭性资源又称为无限资源，包括恒定资源与亚恒定资源，其中后者环境资源"应当合理开发利用，并防止在开发过程中造成污染和破坏"。与人类生活与劳动密切相关的常用环境资源主要是耗竭性资源，以及易误用及易污染资源，这些环境资源的有限性是由环境承载力的环境资源固有属性所决定的。第二，环境承载力决定了经济发展的有限性。环境资源的开发利用是人类社会存在并发展的必然物质决定因素，伴随着科技的发展，环境资源的开发利用速度加快，导致环境问题的频繁发生，最终会导致环境资源耗尽的"悲剧"结果。因而，20世纪 70 年代国际社会确立了"可持续发展"原则，该原则强调经济发展的可持续性、经济发展与环境保护同步进行。第三，环境承载力决定了经济发展的速度。环境承载力可以通过人类依赖科学技术对地区经济发展规模、速度、能源利用等进行分析、研究做出具体的量化指标反映出来，为政府决策和进行宏观调控提供科学依据。

5.4.2 清洁生产理论

（1）清洁生产的概念

清洁生产的概念出现于 20 世纪 70 年代。1979年 4 月欧洲共同体理事会宣布推行清洁生产的政策，首次提出清洁生产的概念。

联合国环境规划署将清洁生产定义为：清洁生产是指将综合预防的环境保护策略，持续应用于生产过程和产品中，以期减少对人类和环境的风险，并认为，清洁生产是对工艺和产品不断运用一种综合性的预防性环境战略，以减少其对人体和环境的风险。

美国环保局将清洁生产称为"污染预防"或"废物最小量化"。废物最小量化是美国清洁生产的初期表述，后用污染预防一词所代替。美国对污染预防的定义为："污染预防是在可能的最大限度内减少生产厂地所产生的废物量。它包括通过源削减（源削减指：在进行再生利用、处理和处置以前，减少流入或释放到环境中的任何有害物质、污染物或污染成分的数量；减少与这些有害物质、污染物或组分相关的对公共健康与环境的危害）、提高能源效率、在生产中重复使用投入的原料以及降低水消耗量来合理利用资源。常用的两种源削减方法是改变产品和改进工艺（包括设备与技术更新、工艺与流程更新、产品的重组与设计更新、原材料的替代以及促进生产的科学管理、维护、培训或仓储控制）。污染预防不包括废物的厂外再生利用、废物处理、废物的浓缩或稀释以及减少其体积或有害性、毒性成分从一种环境介质转移到另一种环境介质中的活动。"

我国的《中国 21 世纪议程》对清洁生产的定义为：清洁生产是指既可满足人们的需要又可合理使用自然资源和能源并保护环境的实用生产方法和措施，其实质是一种物料和能耗最少的人类生产活动的规划和管理，将废物减量化、资源化和无害化，或消灭于生产过程之中。同时对人体和环境无害的绿色产品的生产亦将随着可持续发展进程的深入而日益成为今后产品生产的主导方向。

综上所述，清洁生产的定义包含了两个全过程控制：生产全过程和产品整个生命周期全过程。对生产过程而言，清洁生产包括节约原材料与能源，尽可能不用有毒原材料并在生产过程中就减少它们的数量和毒性；对产品而言，则是从原材料获取到产品最终处置过程中，尽可能将对环境的影响减少到最低。

对生产过程与产品采取整体预防性的环境策略，以减少其对人类及环境可能的危害；对生产过程而言，清洁生产节约原材料与能源，尽可能不用有毒有害原材料并在全部排放物和废物离开生产过程以前，就减少它们的数量和毒性；对产品而言，则是由生命周期分析，使得从原材料取得至产品的最终处理过程中，竭尽可能将对环境的影响减至最低。

清洁生产从本质上来说，就是对生产过程与产品采取整体预防的环境策略，减少或者消除它们对人类及环境的可能危害，同时充分满足人类需要，使社会经济效益最大化的一种生产模式。

（2）清洁生产的内容

清洁生产的主要内容通常包括以下几个方面：

1）清洁及高效的能源和原材料利用。清洁利用矿物燃料，加速以节能为重点的技术进步和技术改造，提高能源和原材料的利用效率。

2）清洁的生产过程。采用少废、无废的生产工艺技术和高效生产设备；尽量少用、不用有毒有害的原料；减少生产过程中的各种危险因素和有毒有害的中间产品；组织物料的再循环；优化生产组织和实施科学的生产管理；进行必要的污染治理，实现清洁、高效的利用和生产。

3）清洁的产品。产品应具有合理的使用功能和使用寿命；产品本身及在使用过程中，对人体健康和生态环境不产生或少产生不良影响和危害；产品失去使用功能后，应易于回收、再生和复用等。

清洁生产最大的特点是持续不断地改进。清洁生产是一个相对的、动态的概念。所谓清洁的工艺技术、生产过程和清洁产品是和现有的工艺和产品相比较而言的。推行清洁生产，本身是一个不断完善的过程，随着社会经济发展和科学技术的进步，需要适时提出新的目标，争取达到更高的水平。

（3）实施清洁生产的途径和方法

实施清洁生产的主要途径和方法包括合理布局、产品设计、原料选择、工艺改革、节约能源与原材料、资源综合利用、技术进步、加强管理、实施生命周期评估等许多方面，可以归纳如下：

1）合理布局，调整和优化经济结构和产业产品结构，以解决影响环境的"结构型"污染和资源能源的浪费。同时，在科学区划和地区合理布局方面，进行生产力的科学配置，组织合理的工业生态链，建立优化的产业结构体系，以实现资源、能源和物料的闭合循环，并在区域内削减和消除废物。

2）在产品设计和原料选择时，优先选择无毒、低毒、少污染的原辅材料替代原有毒性较大的原辅材料，以防止原料及产品对人类和环境的危害。

3）改革生产工艺，开发新的工艺技术，采用和更新生产设备，淘汰陈旧设备。采用能够使资源和能源利用率高、原材料转化率高、污染物产生量少的新工艺和设备，代替那些资源浪费大、污染严重的落后工艺设备。优化生产程序，减少生产过程中资源浪费和污染物的产生，尽最大努力实现少废或无废生产。

4）节约能源和原材料，提高资源利用水平，做到物尽其用。通过资源、原材料的节约和合理利用，使原材料中的所有组分通过生产过程尽可能地转化为产品，消除废物的产生，实现清洁生产。

5）开展资源综合利用，尽可能多地采用物料循环利用系统，如水的循环利用及重复利用，以达到节约资源，减少排污的目的。使废弃物资源化、减量化和无害化，减少污染物排放。

6）依靠科技进步，提高企业技术创新能力，开发、示范和推广无废、少废的清洁生产技术设备。加快企业技术改造步伐，提高工艺技术装备和水平，通过重点技术进步项目（工程），实施清洁生产方案。

7）强化科学管理，改进操作。国内外的实践表明，工业污染有相当一部分是由于生产过程管理不善造成的，只要改进操作，改善管理，不需花费很大的经济代价，便可获得明显的削减废物和减少污染的效果。主要方法是：落实岗位和目标责任制，杜绝跑冒滴漏，防止生产事故，使人为的资源浪费和污染物排放减至最小；加强设备管理，提高设备完好率和运行率；开展物料、能量流程审核，科学安排生产进度，改进操作程序；组织安全文明生产，把绿色文明渗透到企业文化之中等等。推行清洁生产的过程也是加强生产管理的过程，它在很大程度上丰富和完善了工业生产管理的内涵。

8）开发、生产对环境无害、低害的清洁产品。从产品抓起，将环保因素预防性地注入到产品设计之中，并考虑其整个生命周期对环境的影响。

这些途径可单独实施，也可互相组合起来加以综合实施。应采用系统工程的思想和方法，以资源利用率高、污染物产生量小为目标，综合推进这些工作，并使推行清洁生产与企业开展的其他工作相互促进，相得益彰。

（4）清洁生产的目标

清洁生产的基本目标就是提高资源利用效率，减少和避免污染物的产生，保护和改善环境，保障人体健康，促进经济与社会的可持续发展。

对于企业来说，应改善生产过程管理，提高生产效率，减少资源和能源的浪费，限制污染排放，推行原材料和能源的循环利用，替换和更新导致严重污染、落后的生产流程、技术和设备，开发清洁产品，鼓励绿色消费。引入清洁生产方式应是实现这些目标的关键，但是当末端治理方案构成合理对策的一部分时，也应当加以采用。

从更高的层次来看，应当根据可持续发展的原则来规划、设计和管理生产，包括工业结构、增长率和工业布局等内容。应采用清洁生产理念开展技术创新和攻关，为解决资源有限性和未来日益增长的原材料和能源需求提供解决途径；应建立推行清洁生产的合理管理体系，包括改善有关的实用技术，建立人力培训规划机制，开展国际科技交流合作，建立有关的信息数据库；最终要通过实施清洁生产，提高全民对清洁生产的认识，最终实现可持续发展的目标。

还应当说明，从清洁生产自身的特点看，清洁生产是一个相对的概念，是个持续不断的过程、创新的过程。

5.4.3 循环经济理论

（1）循环经济的概念

循环经济（Circular Economy）一词是对物质闭环流动型（Closing Materials Cycle）经济的简称。20世纪90年代以来，学者和政府在实施可持续发展战略旗帜下，越来越有共识地认识到，当代资源环境问题的根本在于工业化运动以来高开采、低利用、高排放（所谓两高一低）为特征的线性经济模式，为此提出人类社会的未来应该建立起一种以物质闭环流动为特征的经济，即循环经济，其本质上是一种生态经济，是在可持续发展思想指导下把资源的综合利用、清洁生产、生态设计和可持续消费融为一体的经济模式。从而实现可持续发展所要求的环境与经济"双赢"，即在资源环境不退化甚至得到改善的情况下促进经济增长。

（2）循环经济的 3R 原则

循环经济的建立依赖 3R 原则，即减量化原则（Reducing）、再利用原则（Reusing）和再循环原则（Recycling）。3R 原则分别从输入端、过程和输出端对生产提出了要求。循环经济 3R 原则要求减少进入生产和消费流程的物质量，延长产品和服务的时间强度，把废物再次变成资源以减少其最终处理量。

减量化原则要求在生产过程中减少进入生产和消费流程的物质量，以尽量少的资源和能源的投入达到给定的生产目的和消费目标，即是预防废弃物的产生而不是产生后治理在生产过程中，从而在经济活动的源头就注意节约资源和减少污染。同时要求产品体积小型化和产品质量轻型化，在包装上要求简单、朴实。在消费中，要求人们减少对物品的过渡需求，选择包装物较少和可循环的物品等。

再使用原则要求产品和包装容器能够以初始的形式被多次使用，防止物品过早的地成为垃圾，从而提高产品和服务的利用效率。在生产中制造商要按标准尺寸和模式进行设计和生产，以便物品的维修和部件的更换，而不是整个物品地废弃；在生活中，应该对物品进行维修而不是简单地更换，对于可利用的物品要送入到循环利用的渠道而不是简单地抛弃。

在循环原则要求生产出来的物品在完成其使用功能后作为新的资源重新利用，即把废物变成资源以减少末端处理的负荷和废物对环境的污染。

（3）循环经济的特点

循环经济是按照生态规律组织整个生产、消费和废物处理过程，其本质是一种生态经济，与传统的经济模式相比，循环经济具有三个重要的特点和优势。

第一，循环经济可以最大限度地提高资源和能源的利用效率，减少废弃物的排放，保护生态环境。传统经济是由"资源—产品—污染物排放"所构成的单向物质流动的经济，对资源的利用是粗放式的和一次性的。循环经济的模式是"资源—产品—再生资源—再生产品"，遵循资源输入减量化、延长产品和服务使用寿命、使废物再生资源化等三个原则，使得整个产业过程基本不产生或者产生很少的废物，提高资源的使用周期和寿命。

第二，循环经济可以实现社会、经济和环境的协同发展。传统的经济发展片面追求经济效益的最大化，盲目地开发资源和破坏生态，各个产业之间各自为战，缺少必要的联系和合作，其经济特点是高开采、高消耗、高排放、低利用的线性经济。循环经济以协调人与自然关系为准则，使社会生产从数量型的物质生产转行质量型的服务增长，拉长了产业链，推动环保产业和其他新型产业的发展，增加就业机会，促进社会发展。

第三，循环经济通过三个层面将生产和消费有机结合成为一个整体。循环经济的三个层面是：一是企业内部的清洁生产和资源循环利用；二是共生企业间或产业间的生态工业网络；三是区域和整个社会的废物回收和再利用体系。

因此发展循环经济是协调社会经济发展的前进性和资源能源供给的有限性的根本途径，也是解决生态环境问题的重要措施。

（4）循环经济的要点

循环经济在 3R 原则指导下，通过清洁生产、生态工业、生态农业、持续农业、绿色消费和废物处理等环节，使物质和能量在企业、区域乃至整个社会系统实现闭路循环流动。

1）清洁生产

清洁生产将整体预防的思想应用于生产过程、产品和服务中，以增加生态效率以减少人类及环境的风险。对生产过程要求节约原材料和能源，淘汰有毒原材料，减少或降低所有废弃物的数量和毒性；对产品要求减少从原材料提炼到产品最终处置的生命周期的不利影响；对服务，要求将环境因素纳入设计和所提供的服务中。

2）生态工业

生态工业是以清洁生产为导向的工业，根据循环经济的思想设计生产过程。生态工业园是实现生态工业和工业生态学的重要途径，他通过在工业园区内模拟自然生态系统的物流和能流，在企业间的建设共生网络，以实现原料和能源的循环和梯级利用，减少废弃的物和能的产生。

3）持续农业

持续农业包括有机农业、生态农业等形式，其目的是实现农业增产、农业安全的同时保护环境，持续农业以有机肥代替化肥，培育优良品种，改善耕作和灌溉技术等手段促进农业的发展。

4）绿色消费

绿色消费包含三方面的内容：一是选择未被污染、有助于促进清洁生产或有助于公众健康的绿色产品；二是在消费中注重对产品的淘汰方式和对垃圾的处理，不造成环境污染；三是崇尚自然、健康的消费观念。

5）废物处理

"垃圾是放错地方的资源"，循环经济中的废物处理要求将废旧物资回收利用，用循环经济理论改造传统的生产方式，将废物循环利用，以实现零排放。

（5）循环经济的层次

循环经济具体体现在经济活动的三个重要层面上，分别运用 3R 原则实现三个层面的物质闭环流动。

1）企业层面（小循环）

在企业内通过推行清洁生产，减少生产和服务中物料和能源使用量，实现废弃物排放的最小化，组织厂内物料循环是循环经济在微观层次的基本表现。

2）区域层面（中循环）

按照工业生态学原理，通过区域间的物质、能量和信息集成，形成区域间的产业代谢和共生关系，建立生态工业园区。单个企业的清洁生产和厂内循环具有一定的局限性，因为它肯定会形成厂内无法消解的一部分废料和副产品，于是需要从厂外组织物料循环。生态工业园区就是要在更大的范围内实施循环经济，把不同的工厂连接起来形成共享资源和互换副产品的产业组合，使得一家工厂的废气、废热、废水、废物成为另一家工厂的原料和能源。

3）社会层面（大循环）

通过废弃物的再生利用，实现消费过程中和消费过程后物质和能量的循环。大循环有两个方面的交互内容：政府的宏观政策指引和市民群众的微观生活行为。政府必须制定和完善适应生态城镇的法律法规体系，使城镇生态化发展到法律化、制度化；政府必须加强宣传教育，普及环境保护和资源节约意识，倡导生态价值观和绿色消费观，使公众特别是各级领导干部首先树立牢固的可持续发展思想，在决策和消费时能够符合环境保护的要求；政府要通过实行城镇环境信息公开化制度，通过新闻媒体将环境质量信息公之于众，不断提高公众环境意识。

总之，在循环经济发展模式中，没有了废物的概念，"所有的废弃物都是放错了地方的资源"，每一个生产过程产生的废物都变成下一个生产过程的原料，所有的物质都得到了循环往复的利用，是一种可持续发展模式。发展循环经济是保护环境和削减污染的根本手段，同时也是实现可持续发展的一个重要途径。

（6）我国发展循环经济的政策环境

循环经济是国际社会推进可持续发展的一种实践模式，强调最有效利用资源和保护环境，表现为"资源－产品－再生资源"的经济增长方式，做到生产和消费"污染排放最小化、废物资源化和无害化"，以最小的成本获得最大的经济效益。

2002 年 11 月 25 日，朱镕基同志会见第三届中国环境与发展国际合作委员会第一次会议的中外委员时的讲话："增强国家的可持续发展能力将是中国全面建设小康社会进程中的一项重要任务。中国政府高度重视可持续发展战略，将环境保护作为强国富民安天下的大事来抓。中国将把发展循环经济放在突出的位置，使环境保护与经济建设互相促进。"

2003 年 7 月 2 日，曾培炎同志在全国重点流域区域污染防治工作会议上的讲话："在发展经济的同时，降低资源消耗，是减少污染排放、减轻生态破坏、

促进可持续发展的治本之策。要坚定不移地走新型工业化道路，积极发展循环经济和环保产业。要鼓励发展资源节约型和废物循环利用的产业。规范资源回收与再利用的市场运行机制，扶持并鼓励资源再生利用产业的发展。建立健全各类废旧资源回收制度和生产者责任延伸制度，通过法律法规明确资源回收责任。加强政策引导，制定和完善废物循环利用的经济政策、自然资源合理定价相关政策。"

2005 年 10 月，国家发展和改革委员会、国家环保总局等 6 个部门联合选择了钢铁、有色、化工等 7 个重点行业的 43 家企业，再生资源回收利用等 4 个重点领域的 17 家单位，13 个不同类型的产业园区，涉及 10 个省份的资源型和资源匮乏型城市，开展第一批循环经济试点，目的是探索循环经济发展模式，推动建立资源循环利用机制。截至 2016 年底，国家发改委等六部委相继启动两批共计 178 家循环经济试点，范围涉及重点行业（企业）、产业园区、重点领域以及省市。2010 年以来，发展改革委、财政部等部门又组织开展了园区循环化改造、"城市矿产"示范基地、餐厨废弃物资源化利用等方面的试点示范工作。

2008 年 8 月 29 日，《中华人民共和国循环经济促进法》由中华人民共和国第十一届全国人民代表大会常务委员会第四次会议审议通过，自 2009 年 1 月 1 日起施行。

2010 年 4 月，国家发改委、财政部等四个部门联合下放了《关于支持循环经济发展的投融资政策措施意见的通知》，对各地发展循环经济加大资金扶持力度。

2012 年底，十八大提出要"发展循环经济，促进生产、流通、消费过程的减量化、再利用、资源化"，并提出了"推动资源利用方式根本转变"。2013 年 2 月，国务院印发《循环经济发展战略及近期行动计划》，紧紧围绕生态文明建设的总体要求，把提高资源能源利用效率、改善环境质量等任务贯穿始终，按照"减

量化、再利用、资源化，减量化优先"的原则，明确了提高资源产出率、土地产出率、水资源产出率等资源利用效率和效益的具体目标，较为完整地提出了在生产、流通、消费各环节发展循环经济的具体政策措施，同时对各行业、各领域和全社会发展循环经济做出了具体安排部署。

2015 年，为贯彻党的十八大、十八届三中、四中全会关于生态文明建设的战略部署，落实《循环经济促进法》和《循环经济发展战略及近期行动计划》（国发 [2013]5 号），加强统筹协调，强化部门协作，扎实推进 2015 年循环经济工作，国家发改委制定实施了《2015 年循环经济推进计划》，努力完成"十二五"规划纲要提出的循环经济各项目标，以及《循环经济发展战略及近期行动计划》提出的目标任务。

2016 年 5 月，国家发展改革委、财政部印发了《关于印发国家循环经济试点示范典型经验的通知》（发改环资 [2016] 965 号），综合国家循环经济试点示范验收评估意见，总结了若干可推广的典型经验和做法。

2016 年 12 月，国家发展改革委、财政部、环境保护部、国家统计局联合发布了《循环经济发展评价指标体系(2017 年版)》，科学评价循环经济发展状况，推动实施循环发展引领行动。

5.4.4 低碳经济理论

(1) 低碳经济的概念

"低碳经济"是国际社会应对人类大量消耗化石能源、大量排放二氧化碳引起全球气候灾害性变化而提出的新概念。"低碳经济"一词最早出现在 2003 年公布的英国能源白皮书《我们能源的未来——创建低碳经济》中。在其中，"低碳经济是通过更少的自然资源消耗和更少的环境污染，获得更多的经济产出；低碳经济是创造更高的生活标准和更好的生活质量的途径和机会，也为发展、应用和输出先进技术创造了机会，同时也能创造新的商机和更多的就业机会。"

我国环境保护部认为：低碳经济是以低能耗、低排放、低污染为基础的经济模式，是人类社会继原始文明、农业文明、工业文明之后的又一大进步。其实质是提高能源利用效率和创建清洁能源结构，核心是技术创新、制度创新和发展观的转变。发展低碳经济是一场涉及生产模式、生活方式、价值观念和国家权益的全球性革命。

我国著名学者冯之浚和牛文元认为：低碳经济是低碳发展、低碳产业、低碳技术、低碳生活等一类经济形态的总称；它以低能耗、低排放、低污染为基本特征，以应对碳基能源对于气候变暖影响为基本要求，以实现经济社会的可持续发展为基本目的。

中国发展低碳经济途径研究课题组认为：低碳经济是一个新的经济、技术和社会体系，与传统经济体系相比在生产和消费中能够节省能源，减少温室气体排放，同时还能保持经济和社会发展的势头。

(2) 低碳经济的实质

低碳经济的实质在于提升能源的高效利用、推行区域的清洁发展、促进产品的低碳开发和维持全球的生态平衡，是从高碳能源时代向低碳能源时代演化的一种经济发展模式。发展低碳经济关键在于降低化石燃料消耗，提高可再生能源比重。

(3) 低碳经济的特点

综合性。低碳经济不是一个简单的技术或经济问题，而是一个涉及经济、社会、环境系统的综合性问题。

战略性。气候变化所带来的影响，对人类发展的影响是长远的。低碳经济要求进行能源消费方式、经济发展方式和人类生活方式进行一次全新变革，是人类调整自身活动、适应地球生态系统的长期的战略性选择，而非权宜之计。

全球性。全球气候系统是一个整体，气候变化的影响具有全球性，涉及人类共同的未来，超越主权国家的范围，任何一个国家都无力单独面对全球气候变化的严峻挑战，低碳发展需要全球合作。

（4）低碳经济的要素

低碳经济包括五大要素：低碳技术、低碳能源、低碳产业、低碳城镇和低碳管理。

1）低碳产业是载体，起到承载、传递和催化作用，带动现有高碳产业转型，形成新的经济增长点，促进经济"乘数"发展。

2）低碳城镇是平台，以低碳理念为指导，以低碳技术为基础，以低碳规划为抓手，从生产、消费、交通、建筑等各个方面推行低碳发展模式。

3）低碳能源是核心，主要包括可再生能源、核能和清洁的化石能源。

4）低碳技术是驱动力，主要包括化石能源的清洁高效利用、可再生能源和新能源开发利用、传统技术节能改造、碳捕获和封存等。

5）低碳管理是保障，包括明确的发展目标、完善的法律法规、创新的体制机制等。

（5）低碳经济发展的重点

《中国发展低碳经济途径研究课题组》通过深入的分析和研究，给出了我国发展低碳经济的途径：

1）走新型、低碳工业化道路，提高碳生产力

优化产业结构，淘汰落后产能，促进产业升级，大力发展服务业，特别是知识、技术和管理密集型的现代服务业；工业内部培育发展新型产业和高技术产业，如节能环保、电子信息、技术密集型的制造业等。大力发展循环经济，开展资源节约利用，降低资源使用量；强化重点行业资源能源消耗管理，提高资源综合利用率；推进清洁生产，强化污染预防和全过程控制，降低污染物和温室气体排放。加快技术进步，提高工业部门能源利用效率。

2）走新型城镇化道路，建设低碳城镇

倡导紧凑型城镇化道路，适度提高城镇密度；优化城镇土地使用功能布局，改善城镇形态与空间布局；依托特大城镇和中心城镇，发展城镇群、城镇带和城镇组团，提高城镇资源配置效率。大力发展公共交通和步行、自行车等无碳交通系统，倡导改善出行方式，提高公共交通分担率，优化城镇交通模式；大力发展混合燃料汽车、电动汽车等低碳排放的交通工具。加强建筑节能技术和标准的推广，开展既有高耗能建筑节能改造，建设城镇低碳建筑。改进城镇能源供给方式，推进热电联产和热、电、冷三联供分布式能源供给方式，推进供热体制改革，扩大新能源利用。加强城镇能源管理，开展节能产品认证。

3）优化能源结构，大力发展低碳能源

大力发展先进燃煤发电技术，推进热电、热电冷联供等多联产技术，提高煤炭资源清洁、高效利用水平。优化石油天然气供应，增加天然气对煤炭和石油的替代，提高天然气在能源消费中的比重。大力发展水电、核电、风电、太阳能等低碳和无碳能源。构建智能电网，增加可再生能源入网率，就地利用可再生能源。

4）加强宣传教育和政策引导，建立可持续消费模式

加强制度建设，制定出台相关法律、法规、标准等。加强宣传教育力度，研究开展国家、社区、企业、学校、家庭等不同层面的宣传教育，增强公民绿色消费意识；逐步建立公民低碳消费行为准则。建立绿色信息共享和监督机制，建立有关法律、标准、行政程序、技术和产品的信息公开制度；研究提出适合中国国情的碳排放量（碳足迹）公式，并在全社会推广；建立实时的、可监测的碳排放信息公开机制。

5）改善土地利用，扩大碳汇潜力

通过造林和再造林、退化生态系统恢复、建立农林复合系统、减少毁林、改进采伐作业措施、采取替代物减少林业产品使用等措施增加森林碳汇。通过秸秆还田、施肥管理、退耕还林和还草、施用有机肥、发展替代产业等增加耕地碳汇。通过草地恢复、防止过度放牧、采取合理的畜牧业管理措施等保持和增加草原碳汇。

6) 促进低碳技术的创新和应用，形成新的国际竞争优势

推广应用先进成熟技术，积极引进国外先进能效技术，提高能效水平。安排部署新一代低碳技术研发和示范。构建低碳技术创新支撑体系，完善政策激励。

(6) 我国发展低碳经济的政策环境

2007年9月8日，原国家主席胡锦涛在亚太经合组织（APEC）第15次领导人会议上，明确主张"发展低碳经济"、研发和推广"低碳能源技术""增加碳汇""促进碳吸收技术发展"。

2008年1月，清华大学在国内率先正式成立低碳经济研究院，重点围绕低碳经济、政策及战略开展系统和深入的研究，为中国及全球经济和社会可持续发展出谋划策。

2008年"两会"，全国政协委员吴晓青明确将"低碳经济"提到议题上来，建议应尽快发展低碳经济，并着手开展技术攻关和试点研究。

2009年8月24日，在十一届全国人大常委会第十次会议上，国家发改委副主任解振华受国务院委托，向大会作了《国务院关于应对气候变化工作情况的报告》：我国将继续建设性地推进气候变化国际谈判，以最大的诚意，尽最大的努力，推动今年12月哥本哈根会议取得成功；中国将试行碳排放强度考核制度，探索控制温室气体排放的体制机制，在特定区域或行业内探索性开展碳排放交易。

2009年9月15日，原国家主席胡锦涛在新加坡出席气候变化非正式早餐会，强调各方应恪守《联合国气候变化框架公约》、《京都议定书》以及"巴厘路线图"中的原则和要求，遵循共同但有区别的责任原则。发达国家应继续承担大幅量化减排义务；发展中国家根据本国国情，在发达国家资金和转让技术的支持下，尽可能减缓温室气体排放，努力适应气候变化；建立有效资金机制，发达国家应承担向发展中国家提供资金支持的责任。

2009年9月22日，原国家主席胡锦涛在联合国气候变化峰会开幕式上发表题为《携手应对气候变化挑战》的重要讲话。指出，应对气候变化，实现可持续发展，是摆在我们面前一项紧迫而又长期的任务，事关人类生存环境和各国发展前途，需要各国进行不懈努力。

2009年11月，在哥本哈根世界气候大会上，我国政府作出了降低单位国内生产总值二氧化碳排放量的承诺，到2020年中国国内单位生产总值二氧化碳排放量将比2005年下降40%-45%。

2010年7月19日，国家发展改革委发布《关于开展低碳省区和低碳城市试点工作的通知》（发改气候[2010]1587号），确定广东、辽宁、湖北、陕西、云南五省和天津、重庆、深圳、厦门、杭州、南昌、贵阳、保定八市为我国第一批国家低碳试点。

2011年11月，国家发改委发布《关于开展碳排放权交易试点工作的通知》（发改办气候[2011]2601号），同意北京市、天津市、上海市、重庆市、广东省、湖北省、深圳市开展碳排放权交易试点。《通知》要求，各试点地区要研究制定碳排放权交易试点管理办法，明确试点的基本规则，测算并确定本地区温室气体排放总量控制目标，研究制定温室气体排放指标分配方案，建立本地区碳排放权交易监管体系和登记注册系统，培育和建设交易平台，建设碳排放权交易试点支撑体系。

2012年11月26日，国家发改委下发《国家发展改革委关于开展第二批低碳省区和低碳城市试点工作的通知》（发改气候[2012]3760号文件），确立了包括北京、上海、海南和石家庄等29个城市和省区成为我国第二批低碳试点。

2013年6月18日，深圳碳交易市场正式开市交易，11月26日、11月28日，上海和北京也相继启动碳交易。

2014年11月13日，中美发表气候变化联合声明，我国提出计划到2030年左右二氧化碳排放达到峰值的目标，并计划到2030年非化石能源占一次能源消

费比重提高到 20% 左右。

2014 年 11 月 24 日，《国家应对气候变化规划（2014 ～ 2020 年）》公开发布，明确 2020 年前我国应对气候变化总体工作部署。

2014 年 12 月 12 日，国家发改委发布《碳排放权交易管理暂行办法》，2015 年 1 月起实施。京津沪渝鄂粤深 7 试点省市碳交易平台全部上线交易。

2015 年 6 月 30 日，作为温室气体排放第二大国，我国积极承担作为发展中大国承担的国际责任。我国向《联合国气候变化框架公约》（UNFCCC）秘书处正式递交了国家自主贡献方案（INDC），明确提出到 2030 年碳排放强度在 2005 年基础上下降 60%-65%，非化石能源目标达到 20% 左右，在 2030 年左右二氧化碳排放达到峰值，森林蓄积量目标比 2005 年增加 45 亿立方米左右。为完成我国承诺的自主贡献，《国民经济和社会发展第十三个五年规划纲要》将碳排放强度指标纳入约束性指标，并提出支持优化开发区域率先实现碳排放达到峰值。《"十三五"控制温室气体排放工作实施方案》将碳排放强度控制指标分解到各省市。

2016 年 1 月 11 日，国家发改委发布《关于切实做好全国碳排放权交易市场启动重点工作的通知》（发改办气候 [2016] 57 号），明确 2017 年启动全国碳排放权交易，实施碳排放权交易制度。

5.4.5 区域可持续发展理论

（1）区域可持续发展的概念

1987 年 7 月，世界环境与发展委员会向联合国提交了题名为《我们共同的未来》的报告。报告对当前人类在发展和环境保护方面进行了全面和系统的分析，提出了一个为世人普遍接受的有关可持续发展的概念，即：既满足当代人的需求，又不损害后代人满足其需求能力的发展。

"区域可持续发展"是可持续发展思想在地域上的落实与体现，是指不同尺度区域在较长一段时期内，经济和社会同人类、资源生态环境之间保持和谐、高效、优化、有序的发展，亦即是确保其经济和社会获得稳定增长的同时，谋求人口增长得到有效控制，自然资源得到合理开发利用，生态环境保持良性循环。

区域可持续发展的研究对象是区域可持续发展系统。区域是一个不断发展的多层次的巨系统，区域可持续发展系统同一般系统一样，具有集合性、关联性、整体性、功能性、层次性和动态性的特点。

（2）区域可持续发展的实质和内涵

1）区域可持续发展的实质

发展是人类永恒的主题，是生命本性的需求，是经济和社会循序前进的变革。但传统的区域发展理论往往将经济增长率和产业结构转换作为发展的目的，忽视了人的需求以及资源的有限性和发展对环境的破坏，完全立足于市场而发展。区域可持续发展理论的实质是追求人类自身的发展，以人的发展为本位，谋求社会公平和人人康乐。

2）区域可持续发展的内涵

区域可持续发展理论具有深刻的内涵，综合了可持续发展的经济观、社会观和自然观。区域可持续发展在经济观上追求经济的持续发展。经济的持续发展是区域发展的前提和基础。在发展的过程中为了满足人们的需要而追求效率，以最少的资源成本获得最大的福利总量，最终形成一种持续发展的经济。区域可持续发展在社会观上主张公平，包括区内公平和区际公平、代内公平和代际公平，消除贫困，公平分配有限资源。本区域的发展以不影响其他区域的发展为前提，当代人的发展以不影响后代人的发展为保证。区域可持续发展在自然观上注重环境效益，要求在经济持续发展的同时，充分考虑到经济、社会发展对生态环境造成的压力，要努力改善环境质量，注意协调人与自然的关系。

（3）区域可持续发展的原则

1）公平性原则

在区域可持续发展理论中，人与自然作为构成区域复合生态系统的重要组成部分，在系统中的地位应是公平的，人不能把自己凌驾于自然之上。人与人之间也是公平的，包括当代人之间的横向公平和不同世代人之间的纵向公平两层意思，这也是可持续发展理念中公平性原则的体现。地区之间同样公平，一个区域的生产、消费以及对资源环境的实践活动不能够对其他区域生产、消费和资源、环境产生削弱与危害。

2）持续性原则

区域环境生态系统作为发展的支持系统，其维持取决于系统内部物质与能量的平衡。在一定限度内，人类活动可以改变物质与能量的流量，满足社会对自然资源、环境适度以及废物处理能力的需要。但一切环境系统都有一定的承载力，存在着承受干扰的上限与下限，如果超过这些界限，就会造成环境破坏，从而限制了发展也危害了人类。在区域可持续发展理论中，要求区域在发展的同时，也要根据区域生态系统持续性的条件和限制因子调整生产生活方式和对资源的需求，在生态系统可以保持相对稳定的范围内确定发展的消耗标准，把资源视为财富，而不是把资源视为获得财富的手段。

3）共同性原则

由于发展历史、发展条件的不同，不同区域间发展水平差异很大。在区域可持续发展理论中，各区域可持续发展的具体目标、政策和实施步骤不可能是统一的，应该根据自身的环境特点、相关因素、发展过程，因地制宜地探讨各自适当的发展模式。

4）需求性原则

需求是人的生命存在、发展和延续的直接反映，是人体机能客观的综合要求，是自然界生命物质和社会历史长期进化的产物。人类在追求幸福的过程中，从来没有忘记过寻找满足自己需要的最优途径。在区域可持续发展理论中，需求性原则要求区域发展要立足于人的合理需求而发展，强调人对区域资源和环境无害的需求，而不是一味地追求市场利益，目的是向所有的人提供实现美好生活愿望的机会。

5）高效性原则

区域可持续发展的高效性不仅仅是根据区域经济生产率来衡量的，更重要的是根据人们的基本需求所得到的满足程度来衡量，是人类整体发展的综合和整体的高效。对于物质生产来讲，高效性是指在区域生态系统可容许的界限内，达到在时空上对资源的最大利用效率和以尽可能低的代价产出尽可能多的效益；对于非物质生产来讲，高效性包括能充分吸收利用人类一切先进文明成果，形成有利于实践活动实现高效率的社会文化价值和经济运行机制。

（4）区域可持续发展理论在城镇环境保护中的应用

在城镇环境保护中应用区域可持续发展理论，应主要从以下几方面去考虑：

1）城镇基础设施建设中不要盲目仿效大城镇，片面求大、求宽、求洋、求高、求快，应根据自身特点，在功能区划分、交通布局、建筑形式等方面，因地制宜，形成新型城镇的独特个性优势，同时避免大城镇所特有的环境公害。

2）城镇不仅要满足人的物质需要，更要满足人的精神需要，不仅要追求物质量的增加，而且要追求文明的行为和生态环境的美化舒适。在城镇环境保护中，应根据城镇的资源环境特点，建立符合自身特点的低消耗、少污染、高附加值的可持续发展生产体系，重视保护自然资源，保持资源的可持续供给能力，特别是保持耕地总量，提高工业废水和生活污水的处理率，实现生态环境趋向良性循环。

3）城镇建设中，自然山水的价值和本地生物往往被忽略和遗忘，城镇周围任意开山取石、自然河道任意裁弯取直、河流水面堤岸随意固化，一些具有重要生态价值的山体、湿地被夷平或者填平，连接城乡之间的一些天然绿色通道被人为开发不当而破坏，失去了作为永久生物栖息地和城镇中残遗的自然保护地的功能和价值，当地乡村和自然山水中的动物种类数量减少。这些均会对城镇生态平衡造成严重的影响，降低城镇生态系统的稳定性。

5.4.6 区域协调发展理论

区域协调发展是我国区域经济学研究和实践的热点问题，也是我国区域经济研究的一大重要理论成果。20 世纪 90 年代，我国为解决区域发展不均衡问题提出了区域协调发展的重要方针，并在"十五"计划、"十一五"规划、"十二五"规划中得到继续贯彻和强化。

（1）区域协调发展的定义

对于区域协调发展定义的研究，众多学者从不同的角度给出了不同的表述。从总体来看，针对区域协调发展内涵的理解主要存在两种不同的观点：一种是以经济为主的区域协调发展，认为区域协调发展不同于区域可持续发展，其核心是区域经济的协调发展，通过区域间在经济上的相互联系、关联互动、正向促进，使区域间经济利益同向增长、经济差异趋于缩小，最终实现各区域经济发展水平和人民生活水平的共同提高，社会实现共同进步。另一种是将社会、文化、政治、生态环境等因素在内的整体的、综合的协调发展。这种观点，使区域协调发展的内涵更为丰富，外延更为宽泛，也更能体现出科学发展观与和谐社会的内在本质要求。

（2）区域协调发展与新型城镇化的关系

区域协调发展，事关社会主义现代化建设的全局和全面建成小康社会奋斗目标的实现。党的十八大提出要积极稳妥推进城镇化，提升城镇发展质量和水平，更多依靠经济发展方式转型和城乡区域发展协调互动来不断增强长期发展后劲。

从目前我国的发展战略来看，新型城镇化是引领区域协调发展的重要途径。

以新型城镇化引领区域发展战略与现代化战略衔接。从现代化建设的全局出发，着眼国际政治经济格局的变化，站在保障国家安全的高度，统筹研究和实施城镇化战略。城镇化布局既要遵循经济规律，也要考虑国家安全。城镇化结合区域发展和国际形势统筹布局，综合考虑全面推进现代化建设和区域空间均衡的要求，适时研究调整优化行政区划，促进要素流动和功能整合，建立以新型城镇化为核心的区域规划，推动跨省或地区的区域合作，提升东部城镇化质量，通过推动中西部地区城镇化加快发展，带动中西部地区的发展，形成新的经济增长极。

以新型城镇化引领区域协调有序发展。将推进新型城镇化与主体功能区战略相结合，继续实施区域发展总体战略，优化城镇布局、增强城镇功能。既要实现"人的城镇化"，又要在县域、小城镇、重点区域实施差异化发展。要按照城镇化、工业化、信息化、农业现代化协同推进的路径，以"提质加速、城乡一体"为目标，逐步把城镇群作为推进城镇化的主体形态并发挥其核心辐射力，把加强中小城镇和小城镇建设作为重点，促进不同区域大中小城镇和小城镇协调发展，形成有序分工、优势互补的空间布局。

以新型城镇化引领区域均衡、持续发展。要按照区域环境承载力和绿色集约原则确定城镇化发展的蓝图，保持城镇化与经济、社会和生态系统的平衡与协调，积极打造城镇地域文化特色，打造城镇形象和品牌。城镇化要与区域产业转移和产业升级相结合，实现产业在城乡间、不同区域间合理布局，准确结合区域特点，构建具有区域竞争力和特色的现代产业体系。在城镇化过程当中，消除城乡和城镇内部的二元结构，解决农业转移人口的市民化问题，加快改变公共服务"城高乡低"的状况，促进公共服务的城乡均等和城乡融合，实现区域城乡一体化和均衡发展的重要转变。

6 新型城镇能源系统优化与大气环境污染防治

能源是世界发展和经济增长的最基本的驱动力，是人类赖以生存的基础。从某种意义上讲，人类社会的发展离不开优质能源的出现和先进能源技术的使用。但是，由于社会的不断发展和城市化、工业化进程的不断加快，人类在享受能源带来的经济发展、科技进步等利益的同时，也遇到一系列无法避免的能源安全、能源短缺、资源争夺以及过度使用能源造成的大气环境污染等问题。

新型城镇化的发展同样离不开能源系统的支持。随着我国城镇化水平的不断提高，城镇的能源消耗总量日益增加，能源消费产生的环境问题不容忽视。因此，针对城镇能源系统的特点，依据低碳发展和绿色发展战略，系统优化城镇能源系统、科学规划大气污染防治规划，是新型城镇化的重要内容之一。

6.1 低碳背景下能源发展战略

6.1.1 我国能源现状

（1）我国能源资源的特点

从资源总量上来说，我国拥有较为丰富的化石能源资源。根据国土资源部发布《中国矿产资源报告（2013）》，2012 年我国煤炭查明储量 14208 亿 t，石油查明储量 33.3 亿 t，天然气查明储量 43790 亿 m³。

截至 2012 年底，全国已探明油气田 920 个，其中油田 673 个，天然气田 247 个；石油累计探明地质储量 341 亿 t，天然气 10.8 万亿 m³。油页岩、煤层气等非常规化石能源储量潜力较大。此外，我国拥有较为丰富的可再生能源资源，水力资源理论蕴藏量折合年发电量为 6.19 万亿 kW 时，经济可开发年发电量约 1.76 万亿 kW 时，相当于世界水力资源量的 12%，列世界首位。

从人均资源拥有量来说，我国人均能源资源拥有量在世界上处于较低水平。煤炭和水力资源人均拥有量相当于世界平均水平的 50%，石油、天然气人均资源量仅为世界平均水平的 1/15 左右，耕地资源不足世界人均水平的 30%，制约了生物质能源的开发。

从资源禀赋分布来说，我国能源资源分布广泛但不均衡。煤炭资源主要赋存在华北、西北地区，水力资源主要分布在西南地区，石油、天然气资源主要赋存在东、中、西部地区和海域。但我国主要的能源消费地区集中在东南沿海经济发达地区，资源赋存与能源消费地域存在明显差别。大规模、长距离的北煤南运、北油南运、西气东输、西电东送，是我国能源流向的显著特征和能源运输的基本格局。

从资源开采难度来说，我国能源资源开发难度较大。我国煤炭资源地质开采条件较差，大部分储量需要井工开采，极少量可供露天开采。石油天然气资源地质条件复杂，埋藏深，勘探开发技术要求较高。页岩气等非常规油气资源开发在技术、环境以至政策上均有阻碍，目前的页岩气产量近乎零，未开发的水力资源多集中在西南部的高山深谷，远离负荷中心，开发难度和成本较大。非常规能源资源勘探程度低，经济性较差，缺乏竞争力。

(2) 我国能源生产和消费现状

随着社会经济的快速发展，我国能源生产和消费总量均以较快的速度持续增长。1980 ~ 2012 年，我国一次能源生产总量从 6.4 亿 t 标准煤增加到 33.3 亿 t 标准煤，成为世界上第一大能源生产国。能源消费总量从 6.0 亿 t 标准煤增加到 36.2 亿 t 标准煤，是全球最大的能源消费国，占世界能源消费总量的 20% 以上。目前我国正处于工业化和城镇化快速发展的阶段，发展经济仍是我国未来很长一段时期的首要任务。大规模的经济建设、城镇化和人民生活水平提升等都将对能源提出巨大需求。自"十一五"以来，我国实施了严格的节能减排政策，"十二五"期间又提出了能源消费总量控制的要求，能源消费量的增长速率正在减慢。

在能源结构方面，我国以煤为主、缺少油气的资源禀赋，决定了我国目前的能源生产和消费结构。在一次能源生产量中，煤炭所占比例始终保持在 70% 以上，水电、核电等可再生能源所占比例由 3.8% 提高到 8.8%。在一次能源消费结构中，我国煤炭消费总量所占比例也始终保持在 70% 左右。2013 年，煤炭消费占一次能源消费总量的比例达到 67.5%，达到历史最低。鉴于目前的经济发展速度、技术水平等因素，我国其他类型能源供给的增长短期内无法满足经济发展的要求，以煤为主的能源生产和消费结构在相当长的时间内难以根本改变。

同时，我国正处于工业化初期，经济增长方式相对粗放，能源装备技术水平和管理水平相对落后，导致我国能源利用效率较低，主要产品能耗均高于主要能源消费国家的平均水平（见表 6-1 和表 6-2 所示）。

6.1.2 低碳能源发展战略

近年来，气候变化问题已经成为国际社会普遍

表 6-1 万美元国内生产总值能耗的国际比较　　　　　　　　　　　　　　　　　单位：tco/万美元

国家和地区	2000 年	2002 年	2003 年	2004 年	2005 年	2006 年
世界	3.08	3.06	3.08	3.10	3.07	3.03
中国	9.23	8.45	8.75	9.24	9.08	8.89
印度	9.99	9.53	9.02	8.81	8.35	8.00
南非	8.37	7.44	8.09	8.45	7.95	7.67
巴西	2.94	2.93	2.95	2.94	2.93	2.91

资料来源：世界银行 WDI 数据库。

表 6-2 几种高耗能产品能耗的国际比较

指标 ＼ 年份	2000 年		2005 年		2007 年	
	中国	国际先进	中国	国际先进	中国	国际先进
火电供电煤耗 / (gce/kWh)	392	316	370	314	356	312
钢可比能耗 / (kgce/t)	784	646	714	610	668	610
水泥综合能耗 / (kgce/t)	181	126	167	127	158	127
乙烯综合能耗 / (kgce/t)	1125	714	1073	629	984	629

资料来源：中国 2050 年低碳发展之路。

关注的焦点。19 世纪末科学家阿累尼乌斯提出"化石燃料燃烧将会增加大气中二氧化碳的浓度，从而导致全球变暖"的假说，其后一百多年间，对这一假说一直存在不同看法。2007 年，联合国政府间气候变化专门委员会发布的气候变化第四次评估报告证实了这一假说，并且认为如果不采取有效行动，世界平均温度在未来 100 年最高可能增加 5.8℃，并对全球的可持续发展造成重大威胁。同时，也有数据显示，能源相关的二氧化碳排放量占到全球温室气体排放量的 61%。控制温室气体排放已经成为世界能源发展中一个新的制约因素。

我国作为世界上最大的发展中国家，也是一个能源生产和消费大国。积极实践、探索一条既能保证能源长期稳定供给又不会造成环境污染的可持续的低碳经济发展途径，已成为我国可持续发展的重要课题之一。

中国工程院杜祥琬院士认为，低碳能源战略朴素的意思是减少温室气体，主要是二氧化碳排放的能源战略，主要包括三部分内容：提高能效，节约用能，控制总量；高效洁净化的利用化石能源，使黑色能源逐步地绿色化；加快核能和可再生能源的发展，使其逐步成为中国能源的绿色之柱。

（1）提高能效，节约用能，控制总量

尽管低碳能源的理想形态是充分发展太阳能、风能、生物质能等低碳或无碳能源，但现阶段对于这些新能源的利用无论从成本还是技术手段，离市场化、实用化还有一定的距离。例如目前太阳能光伏发电的成本是煤电、水电的 5～10 倍，一些地区风能发电价格也高于煤电、水电；开发生物燃料，如利用粮食生产燃料乙醇、利用油料生产生物柴油等，非但供应量有限，也可能在一定程度上引发粮食、食用油价格的上涨，造成粮食危机。同时，研究数据显示从世界范围看，预计到 2030 年太阳能发电只达到世界电力供应的 10%，而根据现在的消耗速度，

全球已探明的石油、天然气和煤炭储量将仅能分别维持 40 年、60 年和 100 年左右。因此，在未来"碳素燃料文明时代"向"太阳能文明时代"（风能、生物质能都是太阳能的转换形态）过渡的几十年里，发展低碳能源最主要的途径就是节约化石能源的消耗，为新能源普及利用提供时间保障。这一点对我国尤为重要，从我国的能源结构看，低碳即意味着节能，低碳经济就是以低能耗、低污染为基础的经济。

（2）高效洁净化地利用化石能源

在新能源难以大规模替代化石能源的情况下，节约能源是首选途径。能源是社会经济发展的动力，能源的利用是必需的，因此对化石能源进行洁净化成为能源利用技术探索的新方向。其中煤炭作为最主要的一次能源，其清洁、高效利用技术最受关注。现代的煤炭洁净化利用技术多是指以煤气化为基础、以实现二氧化碳零排放为目标、将高碳能源转化为低碳能源的技术。其理论基础是因为煤炭的氢碳原子比一般小于 1:1，石油氢碳比约 2:1，天然气的氢碳比为 4:1，而氢能是无碳能源，在利用过程中不会产生二氧化碳。二氧化碳捕获和封存技术（CCS）是近年来逐渐兴起的一项通过化石能源洁净化利用达到减排目的的新型技术，其主要针对煤炭的清洁利用。化石能源，尤其是煤炭洁净化利用对我国而言具有更为重要的意义。

（3）提高可再生能源和核能利用率

可再生能源泛指多种取之不竭的能源，严格来说，是人类历史时期内都不会耗尽的能源，包括水能、风能、太阳能、生物质能、地热能和海洋能等非化石能源，其中大部分可再生能源如风能、生物质能等其实都是太阳能的储存。可再生资源潜力大，环境污染低，可永续利用，是有利于人与自然和谐发展的重要能源。对于我国来说，可再生能源的发展潜力很大，也受到了较高的重视。国家已经制定并颁布了《中华人民共和国可再生能源法》，以促进可再生能源的开发和利

用，之后又制定了《可再生能源中长期发展规划》，提出到 2010 年，我国可再生能源消费量占能源消费总量的比重要达到 10%，2020 年达到 15%，形成以自主知识产权为主的可再生能源技术装备能力，实现有机废弃物的能源化利用，基本消除有机废弃物造成的环境污染。核能从发现以来就备受关注，其最大的优点就是能量密度比化石燃料高上几百万倍，例如一座 1000MW 的核能电厂一年只需 30t 的铀燃料，一航次的飞机就可以完成运送，同时核能在应用过程中不像化石燃料那样排放大量的污染物质到大气中进而造成大气污染，也没有二氧化碳等温室气体的排放，既属于清洁能源也属于低碳能源。但是核能原料具有大量的放射性物质，在应用过程中风险较高，往往会造成周边群众的恐慌和抵制。我国对核能尤其是核电的发展也极为重视，专门制定了《国家核电发展专题规划（2005 ～ 2020 年）》，提出到 2020 年，我国核电运行装机容量争取达到 4000 万 kW；核电年发电量达到 2600 ～ 2800 亿 kW·h；2020 年末在建核电容量应保持 1800 万 kW 左右。

6.2 城镇低碳型能源系统优化配置

6.2.1 城镇能源系统特点

与大中城市相比，城镇的能源系统具有以下特点：

（1）能源需求量较小。从城镇的定义可以看出，城镇的人口规模和经济规模均较小，且大型的公用设施较少，生活能耗大多仅为饮食和居民家用，对能源消费的总体需求量较小。

（2）建筑能耗所占比例相对较高。由于城镇经济规模不大，工业、交通能耗所占比例相对较低，建筑能耗占城镇总能耗的比重达到 80% 左右。

（3）能源基础设施建设相对薄弱。受限于城镇的建设规模，与大中城市相比，城镇热电厂、供热管网、燃气管网等能源系统基础设施建设相对薄弱，多数城镇住户采暖多靠自行解决，日常生活仍使用单体燃煤炉灶、罐装液化石油气等。

（4）可再生能源利用种类较多，但利用水平不高。相对大中城市而言，城镇尤其是农村地区，生物质能、太阳能、风能等可再生能源资源丰富，但由于资金、技术等限制，利用方式以薪柴燃烧、小型沼气池、太阳能热水器等为主，利用水平不高。

6.2.2 能源系统优化配置方法

（1）能源系统优化配置的战略目标

能源系统对整个国民经济系统关系极大，且自身又是一个极其负责的系统。对于小城镇而言，在对能源资源的生产和消费情况进行深入调查、分析、研究的基础上，根据小城镇社会经济发展目标对能源需求以及资源和环境制约的条件，对能源系统进行优化配置，是实现城镇可持续发展的一项重要的基础工作。

城镇能源系统优化配置的战略目标一般应满足以下基本要求：

1）保障能源供给。能源是发展国民经济和提高人民生活水平的基础。因此城镇能源系统优化配置最基本的目标即是要保障社会经济发展对能源消费的需求。优化配置方案应在充分利用城镇所占区域能源资源禀赋的基础上，积极拓展能源新类型，并注重节约能源，构筑科学合理的城镇能源保障供给体系。

2）提供能源供应最佳方案。由于能源供应具有可替代性，因此可以有多个供应方案满足能源需求。通过对能源系统的优化配置，合理调整能源系统内部各部门、各环节的增长速度、比例和结构，确定最佳的能源供给方案。

3）提高能源利用水平。低水平的能源生产和利用方式会造成能源资源的极大浪费。能源系统优化配置方案应实现合理有效的利用能源资源和可供能源系统的投资，充分提高能源利用效率。

4）减少生态破坏和环境污染。能源的开发、转换、加工、储运、利用等过程都会对环境产生污染。人类的生存和发展既要有充足的能源供应，又要有良好的环境。因此城镇能源系统优化配置方案应充分考虑能源给环境带来的影响，尽可能达到能源、环境、经济发展的协调与平衡。

（2）能源系统优化配置的基本原则

对城镇能源系统进行优化配置，应遵循以下原则：

1）因地制宜、合理利用原则

我国幅员辽阔，城镇因所处地理位置不同，类型不同，能源资源禀赋也是千差万别。因此，在城镇能源系统优化配置过程中，不应固守统一的模式，应尊重城镇能源资源的地区差异性和类型多样性，对城镇所处区域的能源资源类型、种类、数量、质量等进行深入研究规划，选用技术可靠、经济合理的利用方式，以获得较好的社会、经济与环境效益。

2）确保供应、开源节流原则

能源供应安全是能源系统优化配置的首要议题。因此城镇能源系统优化配置首先要立足区域能源资源，深入挖掘城镇所占区域能源资源潜力，保障能源供给。同时，要尽可能采用先进的能源生产和利用技术，提高能源利用效率，避免能源浪费。

3）区域互动、部门协作原则

能源系统作为国民经济系统的一个子系统，包含多个部门和环节。对于城镇而言，能源系统也是一个开放的系统，不仅需要协调城镇内部的各种关系，还要与周边区域协调统一。因此城镇能源系统优化配置要建立良好的区域和部门协调机制，通过区域互动、部门协作共同完成。

4）切实可行、长期有效原则

能源系统是一个大时间常数的惯性系统，每个项目的建设周期长，服役期长，投资龄大。因此能源系统的优化配置方案应立足当前的实际情况，着眼长远，使长期规划的任务具体化。

（3）能源系统优化配置的内容

城镇能源系统优化配置的内容主要包括 4 个方面：能流分析、确定能源供应种类、能源需求预测和能源系统优化。

1）能流分析

能流分析是指对提供人类所消费的商品或服务所需能源的分析，包括能源的输入、转换、分配、使用的全过程系统分析。在能流分析中，分析的对象主要包括生物质（燃料）、化石燃料、能源产品、电力等。

在能流分析中，能流可以分为四个阶段，即能源输入、能源转换、终端能源和有用能源、能源输出，如图 6-1 所示。

a. 能流输入

能源输入即为直接能源输入或者总一次能源输入。主要包括来自区域自然环境中的各种富含能流的物质（生物质、化石燃料等），利用的水能、风能、原子能、太阳能等，还包括从其他区域调入的化石燃料（原料或产品）、生物质（燃料）、电力等。

b. 能源转换

能源转换是指通过计算一次能源转变为终端能源过程中的转化平衡。一般指化石燃料、水能等一次能源直接或间接转变为电能、热能、汽油、煤油、柴油、煤气等二次能源。在能源转换过程中，不可避免地会伴有转换损失，如废热、摩擦损失等。进入系统的能源通常以不同的方式转换为其他能源，最终作为终端能源，即直接用于提供能源服务。能源输入的一部分没有用于能量供给，而是作为能源储备或富能物质存储下来。

c. 终端能源和有用能源

终端能源是指用于生产有用能源和最终能源服务的能源，也包括人类为了生产和活动，以及耕作动物所消耗的营养能源——生物质。能源服务是通过使用能源而获得的非物质服务。有用能源是指在提供能

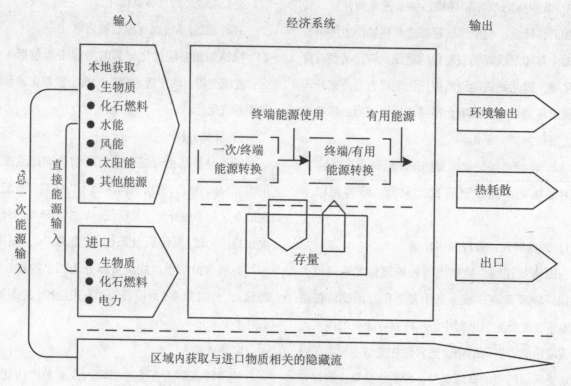

输入　　　　　　　　　经济系统　　　　　　　输出

图6-1 区域环境—经济系统能流分析研究框架

源服务中实际做功的能源，主要包括动力、热能、光、数据处理等用能。终端能源和有用能源仅指系统中的能源转换。从一次能源到终端能源，一次能源中的相当部分在转换过程中损失掉了，或者用于其他非能量目的。

d. 能源输出

能源输出主要包括能源在转换、使用过程中产生的环境污染物（主要指大气污染物、固体废弃物等）、热耗散、输出／出口到区域外部的能源，以及本地获取所产生的隐藏流和出口能源相关的隐藏流。

在城镇能源系统优化配置中，通过能流分析不仅可以为城镇能流的优化管理、优化能源使用结构提供依据，也可以为区域污染物总量控制、节能减排等能源政策的制定提供导向。

2）确定能源供应种类

城镇能源系统优化配置最根本的目标是要保障能源供应。因此，摸清家底，做好城镇能源资源（包括可再生资源）的普查和评价工作尤为重要。城镇能

源资源调查的具体内容如下：

a. 确定能源资源的总量、类型和结构；

b. 论证能源资源开发的技术可行性、社会经济可行性；

c. 根据可行性论证进行不同能源开发量间的分配与平衡测算；

d. 在无法达到平衡时，采取协调消费与增长关系的措施。

在城镇能源系统中，可供采用的能源供应种类除煤炭、石油、天然气等化石燃料外，生物质能、太阳能、地热能、非常规水源热能、风能等新能源和可再生能源均具有极大的利用空间。

3）能源预测

能源预测的基本任务是分析社会对能源需求的变化以及能源系统能否满足这些要求，前者是需求预测，后者为供应预测。能源预测是能源系统优化配置的依据，也是目标。

能源需求预测是指从某一特定的区域范围（如

国家、地区等）内能源消费的历史与现状出发，寻求消费与各种影响因素之间的关系，根据这些关系对未来能源需求发展趋势做定性或定量的估计。能源供应预测是对一个国家或地区能源供应潜力进行估计和评价，对能源系统能否满足所预测的能源需求量给出清楚的回答。

能源需求预测的方法，目前国内应用的主要有人均能量消费法、弹性系数法、回归分析法、部门分析法、经济计量模型法、投入产出法等，但这些传统方法都有一定的局限性。随着信息技术的发展，国内外已出现一些具体的能源预测模型，如美国的长期能源替代规划系统模型（LEAD 模型）、清华大学的投入/产出与能源系统优化模型（I/O-INDJ 模型）等。能源供应预测通常采用的方法主要有趋势预测法、投入产出法、优化法等。

城镇能源预测相对一个国家、区域或大中城市较为简单，但所用方法基本一致。

4）能源系统优化

优化是指在综合平衡的前提下，使经济规划的某项指标达到最优或多个指标实现共同合理分配，综合效果达到最优。能源系统优化主要是针对能源供应的优化。城镇能源系统优化主要包括自身开发和外部输入两部分。优化方案的拟订，不仅要满足量上的需求，还要重视时态分配。同时，生态环境备受重视的今天，生态环境效益也已成为能源系统优化重点考虑的因素。因此，在城镇能源系统优化配置的过程中，应在对能源需求总量进行合理预测的基础上，对能源结构进行合理优化以期达到能源、环境、经济效益三者的协调统一。

6.2.3 能源系统对环境的影响识别

在能源的生产、储运、使用过程中，落后或不适宜的方式均会产生大量环境污染物，对环境产生不利影响。

（1）对大气环境的影响

能源活动对大气环境的影响主要来源于化石燃料燃烧过程中产生的大气污染物。根据国家发改委能源研究所、环保部环境规划院、自然资源保护协会等多家机构在 2013 年 10 月共同发布的《煤炭使用对中国大气污染的贡献》研究报告，2012 年，全国煤炭使用对 PM2.5 年均浓度贡献度约 56%，对于二氧化硫、氮氧化物、烟粉尘、一次 PM2.5 和汞等主要的大气污染物，煤炭直接燃烧以及和煤炭使用直接相关的行业都贡献了超过一半的排放量，煤炭直接燃烧对于二氧化硫的贡献接近 80%，是几种污染物中直接燃烧贡献率最高的。煤炭使用对京津冀 PM2.5 年均浓度的贡献区间为 51%～62%，我市煤炭使用对 PM2.5 年均浓度的贡献区间为 50%～60%（北京为 44%～54%）。

1）二氧化硫

二氧化硫主要来源于煤炭和石油的燃烧。二氧化硫进入大气环境会对植物、建筑物与材料、人体健康等造成直接的影响。当大气中二氧化硫浓度达到 0.5ppm 以上，就会对人体产生潜在影响；在 1～3ppm 时多数人开始感到刺激；在 400～500ppm 时人会出现溃疡和肺水肿直至窒息死亡。二氧化硫与大气中的烟尘有协同作用，造成光化学烟雾等二次污染。如伦敦烟雾事件、马斯河谷事件和多诺拉等烟雾事件，都是这种协同作用造成的危害。

2）氮氧化物

就全球来看，大气中的氮氧化物主要来源于天然源，但城市大气中的氮氧化物大多来自于燃料燃烧，即人为源。各种燃料油、重油、天然气都能产生氮氧化物。氮氧化物（NO_x）种类很多，造成大气污染的主要是一氧化氮（NO）和二氧化氮（NO_2）。氮氧化物对环境的损害作用极大，它既是形成酸雨的主要物质之一，也是形成大气中光化学烟雾的重要物质和消耗臭氧的一个重要因子。

3）烟尘

烟尘是由燃料及其他物质在燃烧过程中的分解、合成产生的悬浮于排放气体中的颗粒状物质，主要包括烟尘、燃料的灰分、煤粒、油滴以及高温裂解产物等。因此烟气对环境的污染是多种毒物的复合污染。烟尘随燃料的不同产出量也不同，天然气几乎没有烟尘产出，而煤则较多。烟尘对人体的危害性与颗粒的大小有关，对人体产生危害的多是直径小于10μm的飘尘，尤其以1～5μm的飘尘危害性最大，即目前被大家广泛所知的PM10和PM2.5。

PM2.5主要对呼吸系统和心血管系统造成伤害，包括呼吸道受刺激、咳嗽、呼吸困难、降低肺功能、加重哮喘、导致慢性支气管炎、心律失常、非致命性的心脏病、心肺病患者的过早死。老人、小孩以及心肺疾病患者是PM2.5污染的敏感人群。

4）汞

我国煤炭汞含量较高，且煤炭在能源结构中所占比例最大，使得我国面临严峻的燃煤大气汞污染形势。汞可以通过呼吸系统、消耗系统等多种途径进入人体，并可在体内蓄积，对健康造成严重影响。研究显示，长期低剂量的汞暴露可对人体不同器官系统产生毒效应。汞对人体的毒效应主要体现在三个方面：①神经系统毒性，汞的神经毒性与能通过血脑屏障的有机汞有关；②发育毒性，汞及其化合物，尤其是甲基汞，可以迅速通过胎盘，且对胎儿血红素的亲和性较高，使胎儿体内的汞含量高于母体，诱发神经管畸形；③对肾脏、生殖、心血管和免疫系统等的毒性。

（2）对土壤的影响

能源系统对土壤的影响主要体现在能源的生产和储运过程中。矿业尾矿和煤矸石的堆放不仅侵占土地，对农业生产产生直接影响，堆放在地面的固体废物以及渗出物也会改变土壤的成分和生物化学结构，有毒的废物还会杀伤土壤中的微生物和动物，降低土壤肥力，破坏大自然的生态平衡。同时，石油、天然气的运输管道铺设也会破坏地表物理结构。

（3）对水体的影响

能源活动产生的固体废物及其渗出物进入水体，一方面减小水体容积，造成洪涝灾害隐患；另一方面也会对水体造成污染，影响水生生物的生存和水资源的利用。例如，采矿及选矿废水中含有各种矿物质悬浮物、有关金属溶解离子和各类浮选剂，另外石油和天然气在开采、炼制加工及储运过程中如果出现溢漏等事故将对水体产生巨大的破坏作用。

（4）对气候变化的影响

一氧化碳、二氧化碳是化石燃料直接燃烧产生的，其对环境的影响主要表现为温室效应。近年来，随着全球变暖以及由此带来的气候异常、海平面升高、冰川退缩、冻土融化、河（湖）冰迟冻与早融、中高纬生长季节延长、动植物分布范围向极区和高海拔区延伸、某些动植物数量减少、一些植物开花期提前等等问题逐渐引起人类的广泛关注，能源活动所造成的温室气体排放也越来越受到重视，成为能源系统规划和优化配置过程中重点关注的问题之一。

对于我国而言，能源消费产生的温室气体减排压力空前严峻。据国际能源署测算，中国2010年二氧化碳排放就已接近75亿t，超过世界总量的20%，人均排放超过5t，高于世界平均水平。2000年至2010年，我国二氧化碳排放增量超过全球增量的60%。未来随着我国能源消费量，特别是非化石能源消费的不断增加，温室气体的排放量还会继续增加。

6.3 城镇大气环境污染防治规划

6.3.1 我国大气污染现状及趋势

随着社会经济的高速发展，我国的大气环境质量持续恶化。2011年，世界卫生组织公布了世界1082个城市2008～2010年可吸入颗粒物年均浓度分布，我国32个重点城市参与排名，最好的是海口，排名814位，其余均在890位以后。国内32城市的PM10

平均浓度为 94μg/m³，而排名前十的城市仅为 7μg/m³，前者是后者的 13.4 倍。2013 年以来，"雾霾"更成为了我国当之无愧的年度热词之一，国内 25 个省 100 多个大中城市被雾霾所困扰，全国平均雾霾天数达到 29.9 天，较往年同期偏多 9.43 天，创 52 年之最，且持续性霾过程增加显著。在 74 个根据空气质量新标准监测的城市之中，仅海口、舟山和拉萨 3 个城市空气质量达标，超标城市比例为 95.9%。74 个城市环境空气质量平均超标天数比例为 39.5%，京津冀地区超过 60%。PM2.5 是全中国最主要的污染物，浓度年均值 72μg/m³，超过二级标准 1.1 倍。

从空间分布看，华北、长江中下游和华南地区呈增加趋势，其中珠三角地区和长三角地区增加最快，广东深圳和江苏南京平均每年增加 4.1 天和 3.9 天。中东部大部地区年雾霾日数为 25 ~ 100 天，局部地区超过 100 天。此外，大城市比小城镇的增加趋势更为明显，还呈现雾霾天气持续时间多、范围广、影响大、污染重等特点。

2013 年以来，新一届国家领导人习近平和李克强分别多次在公开场合表达政府治理环境污染的决心，2013 年 9 月 12 日，国务院下发《大气污染防治行动计划》，并与北京、天津、河北、山西、内蒙古、山东等 6 个省区市签订了大气污染防治目标责任书，力争在未来五年改善空气质量，减少污染天数，全国空气质量总体改善，到 2017 年全国 PM10 浓度普降 10%，京津冀、长三角、珠三角等区域的 PM2.5 浓度分别下降 25%、20% 和 15% 左右。

6.3.2 城镇大气污染防治规划

城镇的大气环境规划，主要包括大气环境综合分析和大气环境综合整治规划。首先通过估算大气环境容量，分析大气污染物排放总量，提出城镇的大气环境规划目标，然后根据规划目标，制订出详细的大气环境综合规划方案，将污染物总量控制提出的目标

及各项措施具体落实，如果与总量控制规划不一致，应将问题反馈给总量控制规划。

（1）大气环境容量分析

各大气环境功能区环境容量，即污染物宏观控制总量限值可以按照《制定地方大气污染物排放标准的技术方法（GB/T 1320-1991）》中规定的方法计算，公式如下：

$$Q_{ak} = \sum_{i=1}^{n} Q_{aki} \qquad \text{(式 6-1)}$$

式中：Q_{ak}——总量控制区某种污染物年允许排放总量限值，10^4t；

Q_{aki}——第 i 功能区某种污染物年允许排放总量限值，10^4t；

n——功能区总数；

t——规划区内各功能分区的编号；

a——总量下标；

k——某种污染物下标；

$$Q_{aki} = A_{ki} \frac{S_i}{\sqrt{S}} \qquad \text{(式 6-2)}$$

$$S = \sum_{i=1}^{n} S_i \qquad \text{(式 6-3)}$$

式中：S——总量控制区面积，km^2；

S_i——第 i 功能区面积，km^2；

A_{ki}——第 i 功能区某种污染物排放总量控制系数 10^4t·a⁻¹·km⁻¹。

由以上两式可以看出，控制区和功能区划定以后，总量限值的计算关键在于如何确定 A_{ki} 值，根据国家标准规定，A_{ki} 与污染物控制标准，地理区域有关。

各类功能区内某种污染物排放总量控制系数 A_{ki} 由下式计算：

$$A_{ki} = AC_{ki} \qquad \text{(式 6-4)}$$

式中：C_{ki}——GB 3095-2012 等国家和地方有关大气环境质量标准所规定的与第 i 功能区类别相应的年日平均浓度限值，mg·mN⁻³；

A——地理区域性总量控制系数，10^4·km·a⁻¹，可参照表 6-3 所列数据选取。A_{ki} 可按国家标准《制定

表 6-3 我国各地区总量控制系数

地区序号	省（市）名	A
1	新疆、西藏、青海	7.0 ~ 8.4
2	黑龙江、吉林、辽宁、内蒙古（阴山以北）	5.6 ~ 7.0
3	北京、天津、河北、河南、山东	4.2 ~ 5.6
4	内蒙古（阴山以南）、山西、陕西（秦岭以北）、宁夏、甘肃（渭河以北）	3.5 ~ 4.9
5	上海、广东、广西、湖南、湖北、江苏、浙江、安徽、海南、台湾、福建、江西	3.5 ~ 4.9
6	云南、贵州、四川、甘肃（渭河以南）、陕西（秦岭以南）	2.8 ~ 4.2
7	静风区（年平均风速小于 1m/s）	1.4 ~ 2.8

地方大气污染物排放标准的技术方法（GB/T 13201-1991）》附录 A2 方法求取，或经环境大气质量评价和预测研究后确定。

（2）城镇大气污染防治规划设计

1）目标确定

a. 自然环境基本现状分析

重点分析影响城镇大气污染物扩散的主要气象要素的基本状况及参数。分析各类污染源、污染物产生、排放、治理措施的现状和发展趋势以及大气环境现状与发展趋势，提出主要环境问题。

b. 建立大气环境污染源与环境质量输入响应关系模型

该类模型的基础是大气扩散模型。对于一般的污染物质，其扩散模型的基本形式可以采用高斯扩散模型。各城镇可以根据各地区的实际情况在此基础上进行修订，对于颗粒物污染的扩散问题，可以采用高斯扩散，沉积模型式源损耗模型等。在上述扩散模型基础上，为了适应规划模型的需要，常要在污染源与大气环境质量之间建立起一种线性对应关系，可以采取《制定地方大气污染物排放标准的技术方法（GB/T 13201-1991）》中针对二氧化硫一类污染源采用的排放当量的计算方法，即首先将污染源分类并将排放量换算成排放当量，在排放当量与排放量之间建立起线性对应关系。

c. 确定规划目标

依据功能区划分结果，根据环境污染现状、发展趋势、社会经济承受能力以及规划方案的反馈信息，制定出各功能区分期的规划目标，确定最终的环境质量目标和总量控制目标。

2）方案制定

城镇大气污染防治规划方案应根据当地大气环境的基本特点建立相应的方法与模型。目前普遍采用系统分析方法和数学规划模型，可采用源治理与集中控制相结合的方法，建立包括能源性污染和工艺废气在内的综合控制规划模型，寻求针对各类用能设施和工艺尾气中污染物控制的综合优化方案，并将经过优化分析的各规划方案根据环境目标和经济承受能力等因素采用综合协调的方法进行规划方案的决策分析，以保证规划方案的可实施性。

确定规划可行后，将方案按轻、重、缓、急，按时间安排进行分解，并逐一落实到各执行部门和污染源单位，使决策方案成为可实施方案。

a. 按实施过程的时间序列分解

这种分解方式是按照先易后难的原则，将各项措施进行科学安排，制定成若干年滚动计划或年度计划。对投资少、易上马、见效快的项目给予优先安排，以经济效益带动环境效益；同时尽量使控制措施与城市建设计划相协调，争取同步实施。为使计划更科学，可将各类措施排队列表，在广泛征求意见的基础上，采用层次分析的方法，计算出各项措施重要性程度的排序，供制订计划时参考。

b. 按规划区域的空间分解

这种分解方式是结合环境功能区划，将环境效益较高的综合治理项目，尽量安排在环境要求严格的功能区以及人口密集区、城镇中心区和上风向区域，以重点区域带动一般区域。在分解过程中，应将城镇建设因素、区域功能因素，以及人口和经济因素，进行加权处理，相互协调，最终确定规划项目定位。

在综合整治规划中，还要将有关措施按部门所属关系分解到位，将规划项目变成有关部门的工作计划。重点项目要分解到电力、物资和煤炭加工部门，要特别注意能耗大户和重点污染源企业，要将有关的指标分解到位，并将综合规划和部门治理规划结合起来，当这些部门落实困难较大或有可能超前时，可采用参数修订的方式将信息反馈给规划系统。

6.4 大气污染防治实用技术

6.4.1 燃料燃烧大气污染防治技术

燃料燃烧是城镇大气污染物最主要的来源之一，包括发电机组、供热锅炉、工业窑炉等燃烧设施以及机动车等。

(1) 燃烧设施的大气污染防治

对于城镇来说，燃烧设施主要包括电厂、供热站、工业锅炉和窑炉等，其大气污染防治工作主要是烟气脱硫、脱硝和除尘。

1) 脱硫

烟气脱硫经过了近 30 年的发展已经成为一种成熟稳定的技术，在世界各国的燃煤电厂中各种类型的烟气脱硫装置已经得到了广泛的应用。从烟气脱硫技术的种类来看，除了湿式洗涤工艺得到了进一步的发展和完善外，其他许多脱硫工艺也进行了研究，并有一部分工艺在燃煤电厂得到了使用。烟气脱硫技术是控制二氧化硫和酸雨的有效手段之一，根据脱硫工艺

脱硫率的高低，可以分为高脱硫率工艺、中等脱硫率工艺和低脱硫率工艺，最常用是按照吸收剂和脱硫产物的状态进行分类可以分为三种：湿法烟气脱硫、半干法烟气脱硫和干法烟气脱硫。

湿法烟气脱硫工艺是采用液体吸收剂洗涤二氧化硫烟气以脱除二氧化硫。常用方法为石灰/石灰石吸收法、钠碱法、铝法、催化氧化还原法等，湿法烟气脱硫技术以其脱硫效率高、适应范围广、钙硫比低、技术成熟、副产物石膏可做商品出售等优点成为世界上占统治地位的烟气脱硫方法。但由于湿法烟气脱硫技术具有投资大、动力消耗大、占地面积大、设备复杂、运行费用和技术要求高等缺点，所以限制了它的发展速度。

半干法烟气脱硫工艺是采用吸收剂以浆液状态进入吸收塔（洗涤塔），脱硫后所产生的脱硫副产品是干态的工艺流程。

干法烟气脱硫工艺是采用吸收剂进入吸收塔，脱硫后所产生的脱硫副产品是干态的工艺流程，干法脱硫技术与湿法相比具有投资少、占地面积小、运行费用低、设备简单、维修方便、烟气无需再热等优点，但存在着钙硫比高、脱硫效率低、副产物不能商品化等缺点。

常见有效的脱硫工艺为湿法烟气脱硫、半干法烟气脱硫和干法烟气脱硫，可根据需要选择相应技术配套的设备。

2) 脱硝

世界上比较主流的工艺分为：选择性催化还原技术（SCR）和选择性非催化还原技术（SNCR）。

选择性催化还原技术（SCR）是目前最成熟的烟气脱硝技术，它是一种炉后脱硝方法，最早由日本于 20 世纪 60 ~ 70 年代后期完成商业运行，是利用还原剂（NH_3，尿素）在金属催化剂作用下，选择性地与 NOx 反应生成 N_2 和 H_2O，而不是被 O_2 氧化，故称为"选择性"。世界上流行的 SCR 工艺主要分

为氨法 SCR 和尿素法 SCR 两种。此两种方法都是利用氨对 NOx 的还原功能，在催化剂的作用下将 NOx（主要是 NO）还原为对大气没有多少影响的 N_2 和 H_2O，还原剂为 NH_3。

在 SCR 中使用的催化剂大多以 TiO_2 为载体，以 V_2O_5 或 V_2O_5-WO_3 或 V_2O_5-MoO_3 为活性成分，制成蜂窝式、板式或波纹式三种类型。应用于烟气脱硝中的 SCR 催化剂可分为高温催化剂（345℃～590℃）、中温催化剂（260℃～380℃）和低温催化剂（80℃～300℃），不同的催化剂适宜的反应温度不同。如果反应温度偏低，催化剂的活性会降低，导致脱硝效率下降，且如果催化剂持续在低温下运行会使催化剂发生永久性损坏；如果反应温度过高，NH_3 容易被氧化，NOx 生成量增加，还会引起催化剂材料的相变，使催化剂的活性退化。国内外 SCR 系统大多采用高温，反应温度区间为 315℃～400℃。

该方法的优点是脱硝效率高，价格相对低廉，广泛应用在国内外工程中，成为电站烟气脱硝的主流技术。缺点是燃料中含有硫分，燃烧过程中可生成一定量的 SO_3；添加催化剂后，在有氧条件下，SO_3 的生成量大幅增加，并与过量的 NH_3 生成 NH_4HSO_4。NH_4HSO_4 具有腐蚀性和粘性，可导致尾部烟道设备损坏。虽然 SO_3 的生成量有限，但其造成的影响不可低估。另外，催化剂中毒现象也不容忽视。

选择性非催化还原法是一种不使用催化剂，在 850～1100℃ 温度范围内还原 NOx 的方法。最常使用的药品为 NH_3 和尿素。一般来说，SNCR 脱硝效率对大型燃煤机组可达 25%～40%，对小型机组可达 80%。由于该法受锅炉结构尺寸影响很大，多用作低氮燃烧技术的补充处理手段。其工程造价低、布置简易、占地面积小，适合老厂改造，新厂可以根据锅炉设计配合使用。

3）除尘

除尘的技术包括袋式除尘器技术、电除尘器技术和电袋结合除尘器技术。

袋式除尘器具有适应各种粉尘特性烟气、除尘效率高、结构紧凑占地面积小、布置灵活、滤袋拆装方便、清灰高效彻底、设备运行稳定可靠等特点。

电除尘器具有性能可靠、除尘效率高、抗高温、二次扬尘小、易于维护等特点。

电袋组合式除尘器是综合利用和有机结合电除尘器与布袋除尘器的除尘优点，先由电场捕集烟气中大量的粉尘，再经过布袋收集剩余细微粉尘的一种组合式高效除尘器。具有除尘稳定（≤50mg/Nm³）、系统阻力小、设备使用寿命长、性能优异等特点。

随着国家对烟气污染治理要求的逐步加严，新建设施的污染防治工艺逐步向脱硫脱硝除尘一体化工艺改进，现已有很多的研究和工程实践。

（2）机动车尾气污染防治

机动车尾气大气污染控制主要从减少排放和环境净化两方面采取措施。

减少排放除了机动车自身的设计和油品改进之外，可以通过道路规划建设和日常交通管理来实现。首先，合理设计道路系统，优化城镇路网建设，避免断头路、尽头路，增加环路，提高交通便捷程度和机动车利用效率，从而降低污染物排放。其次，科学管理道路交通，减少道路拥堵，从而降低污染物排放。

环境净化主要通过道路绿化景观工程来实现改善大气环境的目标。选取具有一定环境净化作用的绿化植被，充分利用榆树、垂柳、丁香等植物对含硫污染物、颗粒物、有机污染物等的吸收作用，将绿化植物的景观效应、生态效应、环境效应发挥到最大。

6.4.2 工艺废气污染防治技术

生产工艺中产生的大气污染物主要是生产过程中产生的有毒有害气体及特征污染物，例如喷漆废气、有机废气、恶臭等。通常来说，工艺废气的产生量均较小，但由于近距离接触工人，具有较大的危害性。

（1）工艺废气污染防治原则

工艺废气的控制，首先要大力推进清洁生产，改善生产工艺，安装必要的净化、处理装置，并制定实施严格的环境监察制度，落实环评中所提出的大气环境保护措施，减少污染物排放或保证处理达标后排放。针对使用气体原料或易挥发液体原料的生产工艺或流程，要采取有效的封闭措施，杜绝或减少生产过程中的无组织排放；针对产生有毒有害气体的生产工艺或流程，必须采用密闭容器，减少有害气体外逸；针对产生其他工艺废气的生态工艺或流程，要采用必要的喷淋、吸附等净化处理设施，减少工艺废气的产生和排放；针对有恶臭污染源的企业和生产工艺，采取相应的防范措施，如在厂区内做好绿化，此外，还要保证留出 200 米防护距离，减缓特殊气味对人群的影响。在选择工艺废气的处理方法的时候，要针对废气的物理化学特点，选择处理效果好、操作简单、成本较低的方法。

（2）挥发性有机污染物治理技术

随着雾霾天气治理任务的加重，挥发性有机污染物的治理越来越被重视。常见的挥发性有机废气治理方法主要包括吸附法、催化燃烧、液体吸收等。

1）吸附法

吸附法在有机废气的处理过程中应用极为广泛。吸附法是利用多孔性固体吸附剂处理流体混合物，使其中所含的一种或书中组分浓缩于固体表面上，达到分离的目的。吸附法主要用于低浓度高通过量有机废气（如含碳氢化合物废气）的净化。该方法去除率高，无二次污染，净化效率高，操作方便，且能实现自动化。

吸附法的关键在于对吸附剂的选择。吸附剂要具有密级的细孔结构，内表面积大，吸附性能好，化学性质稳定，耐酸碱、耐水、耐高温高压、不易破碎，对空气阻力小。重用的吸附剂主要有活性炭（颗粒状和纤维状）、活性氧化铝、硅胶、人工沸石等。目前在采用吸附法治理有机废气中，活性炭性能最好，

其去除率高，物流中有机物浓度在 1000×10^{-6} 以上，吸附率可到 95% 以上。

2）催化燃烧技术

催化燃烧技术是指在较低温度下，在催化剂的作用下使废气中的可燃组分彻底氧化分解，从而使气体得到净化处理的一种废气处理方法。该法适用于处理可燃或在高温下可分解的有机气体。催化燃烧主要具有以下优点：①为无火焰燃烧，安全性好；②对可燃组分浓度和热值限值较小；③起燃温度低，大部分有机物和一氧化碳在 200 ~ 400℃ 即可完成反应，故辅助燃料消耗少，而且大量的减少了氮氧化物的产生。但是其缺点是工艺条件要求严格，不允许废气中含有影响催化剂寿命和处理效率的尘粒和雾滴，也不允许有使催化剂中毒的物质，因此，采用催化燃烧技术处理有机废气必须对废气做前处理，且不适用于有回收价值的废气。

3）液体吸收处理技术

在废气治理工程中，液体吸收法是最常用的方法之一。该法不仅能消除气态污染物，还能回收一些有用的物质，可用来处理气体流量一般为 300-15000m³/h、浓度为 0.05% ~ 0.5%（体积分数）的 VOCs，去除率可达到 95%。吸收法的优点是工艺流程简单、吸附剂价格便宜、投资少、运行费用低，适用于废气流量大、浓度较高、温度较低和压力较高情况下气相污染物的处理，其缺点是对设备要求较高、需要定期更换吸附剂，同时设备易受到腐蚀，且存在二次污染。

6.4.3 扬尘污染防治技术

城镇扬尘的污染防治主要是针对施工扬尘和散体物料堆场扬尘。

（1）施工扬尘

施工扬尘的防治可以从五个方面入手：采取边界有效围挡、出入口路面硬化、易扬尘物料有效苫盖、出入车辆冲洗、喷淋（喷洒）等。

1) 围挡

施工工地中的围挡属于通用的组织措施中的一部分，在各类工程预算基价中已有体现和明确要求，一般延施工红线敷设。一方面体现文明施工，一方面可以一定程度上起到控尘作用。

围挡设置过程中应满足以下参数及管理要求：

a. 围挡材质可以选择彩涂钢板或者砖混墙等；

b. 围挡地上部分高度一般不低于 1.8m；

c. 围挡基础根据工地预计施工期、地质勘查报告、当地水文地质情况等多方面因素综合考虑，采用现浇混凝土连续墙基础，基础深度满足设计要求；

d. 满足文明施工工地要求。

2) 硬化

施工工地中的场地道路硬化属于通用的组织措施中的一部分，在各类工程预算基价中已有体现和明确要求，一般延施工图中有明确的规定。包括硬化方式、硬化面积等。

场地硬化作用：便于施工中所需物料加工，物料运输转移、垃圾渣土等外运，同时是文明施工的一部分。场地硬化应满足以下性能参数要求：

a. 硬化方式：根据现场的需求，分为普通硬化和场地硬化；

b. 普通场地硬化采用三七灰土或者渣土等敷设、压实；

c. 施工工作场地（含道路）符合临时道路施工规范，采用素土/渣土垫层分层碾压压实，上敷设 200mm C20/30 混凝土；

d. 硬化面积：根据场地情况一般硬化面积占整个施工场地的 20% ~ 40%；

e. 硬化强度应考虑最大车辆最大载重和合理的施工期。

3) 苫盖

苫盖是适用于大多数堆场的有效覆盖措施，苫盖的基本要求是拴牢、压实、接口紧密，接口处互相叠盖，不留空隙，做到风刮不开，雨漏不进；垛要整齐、肩有斜度、苫盖拉挺、平整，不得有折叠和凹陷。具体方法有：①苫布苫盖法（包括使用篷布、塑料布苫盖）；②席片苫盖法；③竹架苫盖法；④隔离苫盖法。

4) 车辆冲洗

合理的车辆冲洗是目前控制车轮带泥的最佳适用技术，车辆冲洗包括：前后感应设施、冲洗装置采用滚轴动力旋转运输车辆的双排车轮，冲洗装置两侧至少各有 10 个高压喷头，具有水循环利用和自动排泥功能。

其工作原理如下：远红外感应渣土车辆外出，自动启动水泵和加药泵，从侧喷嘴和底喷嘴喷出含高分子絮凝剂的高压水流，对车辆的车轮及底盘进行冲洗，由转轴带动的车轮的各面均可被完全冲洗到，含泥冲洗废水落入水箱后经过絮凝沉淀可循环使用；后感应设施感应到车辆离开后，延时冲洗一定时间后停止冲洗。

5) 喷淋（喷洒）

主要包括日常场地内洒水控尘，拆除工程中特殊的喷洒压尘湿法作业。

（2）散体物料堆场扬尘

散体物料堆场扬尘的防治主要包括围挡、喷淋、覆盖、除尘设备设施等。

1) 围挡

围挡措施主要通过防风抑尘网（墙）实现。根据《港口道路、堆场铺面设计与施工规范》（JTJ 296-1996）、《化工粉体物料堆场及仓库设计规范》（HG/T 20568-2014）、《建筑设计防火规范》（GB 50016-2006）等国家相关法律法规和规范等文件要求，对于物料堆场选用的防风抑尘网（墙）应符合以下技术参数：

a. 抑尘网高度（H）为堆场煤堆高度的 1.1 ~ 1.2；

b. 抑尘网高度（H）需高出煤堆高度 2 ~ 3m；

c. 防护距离不大于 H 的 16 倍，最大距离大于防护距离时应在堆场中间设置防风抑尘网（墙）；

d. 根据地质勘查报告确定的地质情况和地基承载力等确定合理的防风抑尘网（墙）的基础形式和做法；

e. 为防止降水后物料泥水外溢，挡风墙下部可设置 1.2～1.5m 的挡土砖墙；

f. 支护结构设计应按风力风速选择参数，采用钢支架支护，支架主体选用钢管，采用钢筋砼支柱作"防风抑尘网"的支架；

g. 防风抑尘网（墙）挡风抑尘扳具体尺寸、弯曲度、开孔率应根据堆场的实际情况进行设计；

h. 材质可选择高密度聚乙烯材质的单层、多层防风抑尘网；0.5～1.5mm 厚的低碳钢板、镀锌板、彩涂钢板、镁铝合金板、不锈钢板等基材表面进行必要的表面（喷砂＋静电粉末喷涂）处理；

i. 防风抑尘网（墙）长度，最大单块长度不宜大于 6.5m；

j. 煤厂煤堆高度不宜大于 6m。

宜根据以上参数确定防风抑尘网的选择条件。

2) 喷淋

堆场喷淋措施分为：场内喷淋（防风抑尘网的辅助设备设施）、道路喷淋、进出口车辆冲洗等。

3) 覆盖

物料堆场的有效覆盖措施较多，常见的有苫盖、固化剂覆盖等。

苫盖详见施工扬尘中的"苫盖"。

固化剂覆盖是在物料堆场表面喷洒固化剂，固化剂一般采用高分子分散剂、渗透剂、塑性剂、多功能助剂等添加剂，由多种无机、有机材料配制而成。喷洒固化剂后可在堆场的物料堆表面形成一层致密的外壳，有效防止扰动起尘。具备抑尘效果明显的特点，但是具备一次性，当表层被机械破坏后，破坏部分失去防护效果。同时过多喷打固化剂可能影响物料的使用效果，影响企业产品的品质和生产的稳定性。

4) 除尘设备设施

通过固定式或者移动式除尘设施，将无组织排放的一般性粉尘转变为有组织排放的一般性粉尘，与成规模的烟尘、粉尘治理相比，仅规模较小，治理工艺等基本相似，可以视为烟尘除尘系统的简化版，即采用简单手动控制或者简易的联动控制方式控制设施启停运行、弱化除灰等公辅设备设施，简化吹灰方式等。

6.5 城镇新能源应用技术

6.5.1 城镇发展新能源的意义

新能源又称非常规能源，是指人类新进才开始利用或正在积极研究、有待推广的能源。新能源包括：太阳能、地热能、风能、海洋能、生物质能和核聚变能等。新能源是未来能源开发的重点领域。

在能源安全日趋严峻、生态环境恶化的形势下，因地制宜的开发利用新能源，是保障城镇能源供应、提高经济效益、改善大气环境、实现可持续发展的有效途径，也是新型城镇建设的重要内容之一。

（1）缓解能源供应紧张局面

我国人口众多，人均能源资源占有量非常低。随着社会经济的高速发展，对能源的需求也成倍增长。目前，我国石油对外依存度已达近52%，并逐年上升。能源安全已成为不容忽视的严峻挑战。随着城镇化建设的不断深入，城镇社会经济发展对能源的需求也不断增大，能源供应问题也日益凸显。开发利用新能源可以有效缓解这一局面。研究和实践表明，太阳能、风能、地热能、生物质能等新能源资源丰富，分布广泛，可以再生，是目前大量应用的化石能源的替代能源。开发利用这些新能源，可直接、大量、稳定地增加城镇能源供应，有效解决城镇能源紧缺问题。

（2）改善生态环境质量

化石能源的大量开发和利用，是造成大气和其他类型环境污染与生态破坏的主要原因之一。过度和低效的使用能源势必造成严重的环境问题。以太阳能、生物质能等新能源替代化石能源，不但可以解决城镇居民生活用能紧张问题，还可以有效减少化石能源造成的污染物排放和碳排放，减轻能源消费给生态环境造成的不利影响。例如，通过生物质能转化技术，实施秸秆综合利用、沼气项目建设等，可以将农村的"三废"（秸秆、粪便、垃圾）变成"三料"（燃料、饲料、肥料），实现能源供给的同时，可低成本地降低污染、洁净环境，阻断疫病传播等。

（3）带动城镇经济发展

能源作为社会生产的原动力，直接决定和影响社会再生产及经济增长的发展规模和发展速度，城镇社会经济发展同样离不开能源的支持。开发利用新能源，一方面可以弥补能源供给不足，为城镇经济发展提供能源支持；另一方面与当地的生产发展相结合，因地制宜地开发利用新能源也是一个系统的联动工程，可以直接推动城镇产业结构的调整和优化升级，带动社会经济的发展。

6.5.2 太阳能

太阳能（Solar）一般指太阳光的辐射能量。太阳向宇宙空间发射的辐射功率为 3.8×10^{23} kW 的辐射值，其中二十亿分之一到达地球大气层。到达地球大气层的太阳能，30% 被大气层反射，23% 被大气层吸收，其余的到达地球表面，其功率为 800000 亿 kW，也就是说太阳每秒钟照射到地球上的能量就相当于燃烧 500 万 t 煤释放的热量。平均在大气外每平方米面积每分钟接受的能量大约 1367W。广义上的太阳能是地球上许多能量的来源，如风能、化学能、水的势能等等。狭义的太阳能则限于太阳辐射能的光热、光电和光化学的直接转换。太阳能既是一次能源，又是可再生能源。它资源丰富，既可免费使用，又无需运输，对环境无任何污染。

我国幅员辽阔，有着丰富的太阳能资源。据估算，我国陆地表面每年接受的太阳辐射能约 50×10^{18} kJ，全国各地太阳能年辐射总量达 3350～8370MJ/m^2·年。按照太能能辐射量的大小，全国大致可分为五类地区，见表 6-4 所示。

人类对太阳能的利用有着悠久的历史。我国早在两千多年前的战国时期，就知道利用钢制 4 面镜聚焦太阳光来点火；利用太阳能来干燥农副产品。发展到现代，太阳能的利用已日益广泛，包括太阳能光热利用、光电利用、光化学利用以及光生物利用等。在新型城镇化过程中，对太阳能的利用方式主要有太阳能热水器、太阳能热泵、太阳能光伏发电、太阳能采暖等。

（1）太阳能热水器

太阳能热水器是利用太阳能将光能转化为热能提供热水的装置，通常由集热器、绝热贮水箱、连接管道、支架和控制系统组成。其中太阳能集热器是太阳能热水器接受太阳能量并转换为热能的核心部件和关键技术，集热器受阳光照射面温度高，集热管背阳面温度低，而管内水便产生温差反应，利用热水上浮冷水下沉的原理，使水产生微循环而达到所需热水。

表 6-4 我国太阳能资源的划分

	年日照时数（h）	年辐射总量（MJ/m^2）	主要地区
一类地区（丰富地区）	3200～3300	6700～8370	青藏高原、甘肃北部、宁夏北部和新疆南部等地
二类地区（较丰富地区）	3000～3200	5860～6700	河北西北部、山西北部、内蒙古南部、宁夏南部、甘肃中部、青海东部、西藏东南部和新疆南部等地
三类地区（中等地区）	2200～3000	5020～5860	山东、河南、河北东南部、山西南部、新疆北部、吉林、辽宁、云南、陕西北部、甘肃东南部、广东南部、福建南部、江苏北部和安徽北部等地
四类地区（较差地区）	1400～2200	4190～5020	长江中下游、福建、浙江和广东的一部分地区
五类地区（最差地区）	1000～1400	3350～4190	四川、贵州

太阳能热水器按照使用分类，太阳能热水器可分为季节性热水器、全年性热水器以及有辅助热源的全天候热水器；按照集热器原理和结构分类，可分为平板型热水器和真空管热水器；按照结构分类，可分为普通式太阳能热水器和分体式热水器。其优点是不需要消耗其他能源，环保、安全、节能、卫生、经济，尤其是带辅助电加热功能的太阳能热水器，以太阳能为主，电能为辅的能源利用方式，能够全年全天候使用。其缺点是安装复杂，如安装不当，会影响住房的外观、质量及城市的市容市貌；维护较麻烦，因太阳能热水器安装在室外，多数在楼顶、房顶，相对于电热水器和燃气热水器较难维护。

目前，我国太阳能热水器已经成为太阳能成果应用中的一大产业。2007年，我国太阳能热水器总产量达到2300万 m^2，保有量达到10800万 m^2，均占世界总量的一半以上，是世界上最大的太阳能热水器生产国和使用国。

在城镇建设中，居民住宅以多层（4~5层）、低层（2~3层）和小高层毗连式住宅为主，十分适合采用分体式太阳能热水器系统。例如，在天津市东丽区华明示范小城镇的建设中，每栋住宅楼的顶部都统一安装了太阳能热水器（图6-2），在为居民提供便利舒适的生活条件的同时，有效减少了传统化石能源的使用，降低了污染物和二氧化碳排放，保护了城镇生态环境。

图6-2 天津市东丽区华明镇住宅楼顶太阳能热水器

（2）太阳能照明

太阳能照明系统是以白天太阳光作为能源，利用太阳能电池给蓄电池充电，把太阳能转换化学能储存在蓄电池中，晚间使用时以蓄电池作为电源给节能灯提供能量，把蓄电池中的化学能转变成光能，使照明灯工作。一套基本的太阳能照明系统包括太阳能电池板、充放电控制器、蓄电池和光源，既可直接产生低压直流电，也可通过逆变器转换成220 V交流电，然后供给照明负载。

与传统照明系统相比，太阳能照明系统是一个自动控制的工作系统，具有节能、环保、安全、经济的优点。太阳能利用自然光源，无需消耗电能，是可再生能源；太阳能照明系统以太阳能替代化石能源，节约能源的同时，可有效减少二氧化硫等有害物质以及温室气体的排放，符合绿色环保的要求；由于太阳能照明系统不使用交流电，而且采用蓄电池吸收太阳能，通过低压直流电转化为光能，是最安全的电源；产品使用寿命长，虽然安装成本较高，但为一次性投入，后期维护成本低，且仅每年节省的电能用于工业生产，其创造的价值也远超出太阳能路灯的投资。

目前太阳能照明系统应用最多的是太阳能路灯。与传统路灯相比，太阳能路灯不需要电线，不需铺设管线，且随着道路的眼神，扩容十分方便，一次性投入，后期维护成本也低。根据测算，太阳能路灯平均价格在1.6万元左右，使用寿命期约20年，每5年维护1次。一般使用太阳能路灯4~6年即可与普通路灯的总投资持平，以后则可长期受益。

在城镇建设中，太阳能照明系统，尤其是太阳能路灯可以作为街道、居住区内道路的照明系统。在天津滨海高新区华苑科技园内，一以非晶硅太阳能电池生产为主的企业，利用自身已有的技术和产品优势，将太阳能电池应用于本厂路灯和办公照明系统，示范性地在厂区安装了太阳能发电装置和太阳能路灯，用于夜间厂区照明以及办公用电，取得了一定的经济效益和社会示范效益（图6-3）。

图 6-3 太阳能发电装置和太阳能路灯

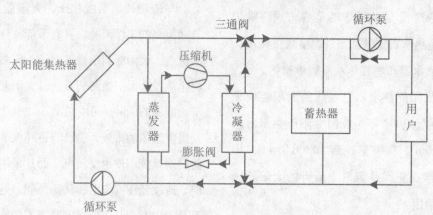

图 6-4 太阳能热泵系统工作原理

（3）太阳能热泵

太阳能热泵是一种把太阳能作为低温热源的特殊热泵。在太阳能热泵中，太阳能技术和热泵技术相结合，弥补了两种系统各自的缺点，从而达到优势互补的效果。太阳能热泵系统的工作原理如图 6-4 所示：工质在蒸发器内吸热后变为低温低压过热蒸汽，在压缩机中经过绝热压缩变为高温高压气体，再经冷凝器定压冷凝为高压中温的液体，放出工质的气化热，与冷凝水进行热交换，使冷凝水被加热为热水，供用户使用；液态工质再经过膨胀阀绝热节流后变为低温低压气液两相混合物，并回到蒸发器定压吸收低温热源热量，蒸发变为过热蒸汽；如此形成一个完整的循环过程。整个系统主要由太阳能集热器、压缩机、蒸发器、冷凝器、蓄热器等组成。根据太阳能集热器与热泵的组合形式，太阳能热泵可分为直膨式和非直膨式；根据太阳能集热环路与热泵循环的连接形式，

非直膨式又可以进一步分为串联、并联和混联等三种形式。

太阳能热泵同其他类型的热泵一样也具有"一机多用"的优点，即冬季可供暖，夏季可制冷，全年可提供生活热水。太阳能热泵夏季制冷运行，只需消耗少量的电能，就可以在空气中吸收大量的热量，每消耗 1kW·h 电即可产生 10000 ～ 14000kJ 的热量，可节省电力 65%。冬季制热运行，热泵的 COP（热泵出力与热泵入力（功耗）之比为性能系数 COP，是评价热泵装置的重要指标）平均可达 3.0，在整个系统运行中，集热器吸收太阳能的利用率接近 100%，辅助加热的电力消耗只占系统总能耗的 7% ～ 14%，较常规能源的热水系统可至少节能 85% 以上。

近年来，日本、美国、瑞典、澳大利亚等发达国家实施了多项太阳能热泵示范工程，将太阳能热泵技术应用于宾馆、住宅、学校、医院、图书馆以及

游泳馆等，都取得了一定的经济效益和良好的社会效益。我国在太阳能热泵利用上也有一些示范工程。例如，北京市西城区一所多功能体育训练馆，采用太阳能—热泵中央热水系供应运动员洗浴用卫生用水，并辅助市政热力为游泳池加热。该项目所采用的太阳能辅助加热空气源热泵机组平均制热性能系数可达 3.0，太阳能热泵中央热水系统每年消耗常规能源 8.23 万 kW·h，只占系统年总耗能的 9%，年综合节能率可达 90% 以上。天津高新技术产业开发区华苑科技园内的一座办公大楼，在大楼设计建设时，把太阳能作为系统运行的能源之一，在大楼顶层设置安装有太阳能集热器，与地下建设的天然气锅炉共同作为大楼冬季采暖、夏季制冷的能源供应系统，成为目前较大的非电太阳能空调系统，见图 6-5。

在城镇建设中，太阳能热泵系统可以应用于医院、学校以及一些大型公共建筑中。

（4）太阳能光伏发电

通过太阳能电池将太阳辐射能转换为电能的发电系统统称为太阳能电池发电系统，太阳能光伏发电目前工程上广泛使用的光电转换器件晶体硅太阳能电池，生产工艺技术成熟，已进入大规模产业化生产。

太阳能光伏发电系统的运行方式，主要可分为离网运行和联网运行两大类。未与公共电网相连接的太阳能光伏发电系统称为独立太阳能光伏发电系统，主要应用于远离公共电网的无电地区和一些特殊场所。与公共电网相联结的太阳能光伏发电系统称为联网太阳能光伏发电系统，是太阳能光伏发电进入大规模商业化发电阶段、成为电力工业组成部分之一的重要方向，是当今世界太阳能光伏发电技术发展的主流趋势。其中，与建筑结合的住宅联网光伏系统，由于具有建设容易，投资不大的优点，在各发达国家备受青睐，发展迅速，成为主流。

住宅联网光伏系统的主要特点是所发的电能直接分配到住宅的用电负载上，多于或不足的电力通过连接电网来调节。住宅系统并可分为有倒流和无倒流两种形式。有倒流系统，是在光伏系统产生剩余电力时将该电能送入电网，由于是同电网的供电方向相反，所以称为倒流；当光伏系统电力不够时，则由电网供电。住宅系统由于输出的电量受天气和季节的制约，而用电又有时间的区分，为保证电力平衡，一般都设计成倒流系统。住宅联网光伏系统通常是白天光伏系统发电量大而负载耗电量小，晚上光伏系统不发电而负载耗电量大。将光伏系统与电网相联，就可将光伏系统白天所发的多余的电贮存到电网中，待用电时随时取用，省掉了贮能蓄电池。其工作原理是：太阳能电池方阵在太阳光辐照下发出直流电，经逆变器转换为交流电，供用电器使用；系统同时又与电网相联，白天将太阳能电池方阵发出的多余的电

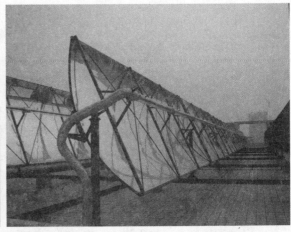

图 6-5 太阳能中央空调实物图

能经联网逆变器逆变为符合所接电网电能质量要求的交流电溃入电网，在晚上或阴雨天发电量不足时，由电网向住宅供电。

此外，太阳能光伏发电还可与建筑形成集成系统。常见的太阳能光伏建筑集成系统主要有光伏屋顶、光伏幕墙、光伏遮阳板、光伏天窗等，其中光伏屋顶系统的应用最为广泛，光伏幕墙和光伏遮阳板的发展也非常迅速。目前，国内光伏建筑集成技术主要应用于国家和地方的各示范工程中，尚未实现完全商业化发展。并网系统是目前国外光伏建筑集成系统的首选发电方式。

目前，太阳能光伏发电单位千瓦发电容量投资 0.8 万 ~ 12.5 万元，发电成本在 2.01 ~ 2.98 元 /KW·h，相对而言成本很高，还有待技术上的改进和成本的缩减。太阳能光伏发电技术昂贵的成本，也是制约光电技术在城镇中推广的主要因素。

（5）太阳能采暖

太阳能采暖是通过建筑朝向和周围环境的合理布置，内部空间和外部形体的巧妙处理，以及建筑材料和结构、构造的恰当选择，使其在冬季能集取、保持、贮存、分配太阳热能，从而解决建筑物的采暖问题；同时在夏季又能遮蔽太阳辐射，散逸室内热量，从而使建筑物降温，达到冬暖夏凉的目的。

太阳能采暖系统可以分为被动式和主动式两大类。被动式太阳能采暖是太阳能采暖中最简单的一种形式，通过建筑的朝向和周围环境的合理布置，以及建筑材料和结构构造的恰当选择，使建筑物在冬季尽可能多地吸收和贮存热量，以达到采暖的目的。这样集热面积、蓄热体积均由建筑设计决定，调节控制的可能性较小，但它构造简单，造价便宜。主动式太阳能采暖系统是使用常规能源，利用水泵或风机等动力设备，将热水或热空气从太阳能集热器输送到储热器或采暖房间内，系统中的各部分均可控制而达到需要的室温。它的系统复杂，初投资高。主动式太阳能

采暖按使用热媒种类不同，可分为空气式及热水式；按照太阳能利用方式不同，可分为直接式和间接式。

对于我国来说，不仅北方寒冷地区可以采用太阳能采暖，南方炎热地区也可以采用太阳能降温。城镇建筑相对比较分散，采用太阳能采暖系统，既可补充集中供热之不足，又能缓解能源紧张状况，且没有任何污染。

6.5.3 生物质能

生物质能是太阳能以化学能形式贮存在生物质中的能量形式，即以生物质为载体的能量。它直接或间接地来源于绿色植物的光合作用，可转化为常规的固态、液态和气态燃料，取之不尽、用之不竭。生物质能的原始能量来源于太阳，所以从广义上讲，生物质能是太阳能的一种表现形式。

生物质能一直是人类赖以生存的重要能源，是仅次于煤炭、石油和天然气而居于世界能源消费总量第四位的能源，在整个能源系统中占有重要地位。据估计，每年地球上仅通过光合作用生成的生物质总量就达 1440 ~ 1800 亿 t（干重），其中蕴含的能量相当于全世界能源消耗总量的 10 ~ 20 倍，而目前的利用率尚不到 3%。有关专家估计，生物质能极有可能成为未来可持续能源系统的组成部分，到 21 世纪中叶，采用新技术生产的各种生物质替代燃料将占全球总能耗的 40% 以上。目前，生物质能技术的研究与开发已成为世界重大热门课题之一，受到世界各国政府与科学家的关注。许多国家都制定了相应的开发研究计划，如日本的阳光计划、印度的绿色能源工程、美国的能源农场和巴西的酒精能源计划等，其中生物质能源的开发利用占有相当的比重。

我国拥有丰富的生物质能资源，据测算，我国理论生物质能资源为 50 亿 t 左右标准煤。在可收集的条件下，我国目前可利用的生物质能资源主要是传统生物质，包括农作物秸秆、薪柴、禽畜粪便、生活

垃圾、工业有机废渣与废水等。在经济增长和环境保护的双重压力下，开发利用生物质能等可再生的清洁能源资源对我国建立可持续的能源系统，促进国民经济发展和环境保护具有重大意义。

生物质能的利用主要有直接燃烧、热化学转换和生物化学转换等三种途径。热化学转换，是指在一定的温度和条件下，使生物质气化、炭化、热解和催化以产生气态燃料；生物化学转换，主要是指利用农业废弃物、动物粪便的发酵，产生沼气。直接燃烧是最传统的利用方式，但利用效率低，对环境影响大。在城镇建设中，生物质能的利用方式应重点推广沼气和生物燃油。

(1) 沼气

沼气，是各种有机物质，在隔绝空气（还原条件），以及适宜的温度、湿度下，经过微生物的发酵作用产生的一种可燃烧气体，其主要成分是甲烷和二氧化碳。沼气的发热值相当高，一般为 20934 ~ 25121kJ/m³，燃烧最高温度可达 1400℃，高于城市液化气的热值，是一种优质燃料。同时沼气是一种可再生无污染的能源，只要有太阳和生物的存在，就能不断地周而复始地来制取沼气，其燃烧的主要产物为水和二氧化碳，而二氧化碳又可进入生态系统的碳循环过程，不会释放更多的二氧化碳。相反，制取沼气所用的原料——人畜粪便以及城镇有机废物等，经过沼气池厌氧发酵、沉淀作用，能杀灭病菌和寄生虫卵，有效防止疾病传染。同时，沼气余渣的肥效是普通农家肥的三倍多，可有效地促进作物增产，提高农产品质量，同时减少化学肥料的施用量，改善土壤因长期使用化肥出现的板结情况，有效控制农村面源污染；沼液可以用来施肥、养殖鱼虾、浸种，创造经济效益。

经过 20 多年的摸索，我国的沼气技术已经发展成熟，已有相关国家或行业标准。沼气利用方式可根据应用条件分为庭院式和集中式两大类。在以庭院式住宅形式为主的小城镇建设中，可利用庭院式沼气形式；在以多层甚至高层住宅形式为主的城镇中，可利用采用集中式沼气形式。

庭院式沼气池的形式有固定拱盖的水压式池、大揭盖水压式池、吊管式水压式池、曲流布料水压式池、顶返水水压式池、分离浮罩式池、半塑式池、全塑式池和罐式池等，但归总起来大体由水压式沼气池、浮罩式沼气池、半塑式沼气池和罐式沼气池四种基本类型变化形成的。在沼气池的设计过程中，必须要遵循三个原则：① "四结合"原则，即沼气池与畜圈、厕所、日光温室相连，使人畜粪便不断进入沼气池内，保证正常产气、持续产气，并有利于粪便管理，改善环境卫生，沼液可方便地运送到日光温室蔬菜地里作肥料使用。② "圆、小、浅"原则，即池型以圆柱形为主，池容 6 ~ 12m³，池深 2m 左右，这种沼气池具有占地小、节能材料、密闭性好、池体牢固、利于保温、表面积相对扩大等优点。③ 进出料分开原则。

集中式沼气形式的原料来源除了居民日常的生活垃圾、生活污水外，还可以利用乡镇企业，像造酒厂，副食品加工厂，养猪场等的有机废物，解决能源问题的同时，减少了环境污染。

(2) 秸秆燃气

秸秆燃气，是利用生物质通过密闭缺氧，采用干馏热解法及热化学氧化法后产生的一种可燃气体，这种气体是一种混合燃气，含有一氧化碳、氢气、甲烷等，亦称生物质气。获得秸秆燃气的技术称为秸秆气化技术。秸秆气化炉，亦称生物质气化炉、制气炉、燃气发生装置等，是秸秆转化为秸秆燃气的装置。秸秆制气炉具有生物质原料造气、燃气净化、自动分离的功能。当燃料投入炉膛内燃烧产生大量一氧化碳和氢气时，燃气自动导入分离系统执行脱焦油、脱烟尘，脱水蒸气的净化程序，从而产生优质燃气，燃气通过管道输送到燃气灶、点燃（亦可电子打火）使用。秸秆气化炉分直燃（半气化）式和导气（制气）

式气化炉，其中导气式气化炉中又分上吸式、下吸式、流化床气化炉。直燃式气化炉是适用二次进风产生二次化燃烧，而导气式气化炉是运用热化学反应原理产生可燃气体燃烧。

目前，秸秆气化集中供气技术是我国农村能源建设重点推广的一项生物质能利用技术。它是以农村丰富的秸秆为原料，经过热解和还原反应后生成可燃性气体，通过管网送到农户家中，供炊事、采暖燃用。国家对这项技术开发利用和示范推广工作十分重视，"七五"期间开始进行科研攻关，"八五"期间由国家科委、农业部在山东等地进行试点，从1996年开始在全国各地示范推广。

6.5.4 地热能

地热能包括深层地热能和浅层地热能。

深层地热能来自地球深处的可再生性热能，起于地球的熔融岩浆和放射性物质的衰变。深层地热有多种类型，其中地热水是集"热、矿、水"三位一体的宝贵自然资源。通常地热水温度较高，可直接用于建筑供暖，并可结合水源热泵机组实现地热水梯级（供暖）利用。和燃煤、石油等能源相比，地热不仅清洁，而且能反复利用，属于可再生资源。深层地热能的利用，包括建筑供暖、洗浴、医疗保健、农业生产、水产养殖、饮用矿泉水等。其中建筑供暖是最广泛的应用方式。

浅层地热能是指地表以下一定深度范围内（一般为恒温带至200m埋深），温度低于25℃的土壤和地下水中所蕴藏的低温热能，其能量主要来源于太阳辐射与地球梯度增温。浅层地热能也是地热资源的一部分，相对深层地热能，具有分布广泛、储量巨大、再生迅速、采集方便、开发利用价值大等特点。浅层地热能的应用，不但可以满足供暖（冷）的需求，同时还可以实现供暖（冷）区域的零污染排放，直接改善本区域的大气质量。截至2009年6月，我国应用浅层地热能供暖制冷的建筑项目共2236个，建筑面积近8000万 m^2，其中80%集中在京津冀辽等华北和东北南部地区。其中，北京市有1500万 m^2 的建筑利用浅层地热能供暖制冷，沈阳市则超过2000万 m^2。2008年，我国通过开发利用浅层地热能，实现二氧化碳减排1987万 t。

在城镇建设中，地热资源的利用主要用于建筑供热，利用方式主要为地热井和地源热泵。

（1）地热井

地热井是深层地热能的主要利用方式。地热井采用地热水系统和采暖系统双套循环系统，梯级换热。地热井工艺流程如图6-6所示。地热井的热量采用梯级利用方式，一方面循环水与地热水梯级换热，另一方面换热的热水首先用于采暖供热，采暖系统回水再次用于洗浴用水，梯级利用以保证将热量最大限度转化。

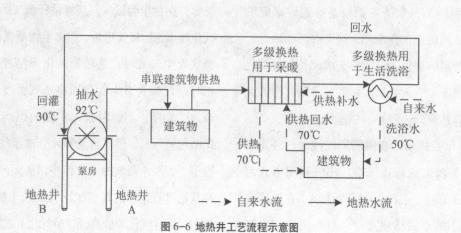

图6-6 地热井工艺流程示意图

地热井供热系统热能高、性能好，但在应用中要注意以下问题：① 严格执行"一采一灌"的利用模式，避免对地下水资源造成影响。② 充分挖掘热交换潜力，降低回灌水温度，充分利用地热资源。

（2）地源热泵

地源热泵是一种利用地下深层土壤热资源（也称地能，包括地下水、土壤或地表水等）的热转换装置，既可供热又可制冷的高效节能系统。地源热泵利用地热一年四季地下土壤温度稳定的特性，冬季把地热作为热泵供暖的热源，夏季把地热作为空调制冷的冷源。地源热泵供暖空调系统主要分三部分：室外地能换热系统、地源热泵机组和室内采暖空调末端系统。其中地源热泵机主要有两种形式：水—水式或水—空气式。三个系统之间靠水或空气换热介质进行热量的传递，地源热泵与地能之间换热介质为水，与建筑物采暖空调末端换热介质可以是水或空气。地源热泵空调系统每消耗 1kW 的能量，用户即可得到 4kW 左右的热量或冷量，比传统的风冷热泵空调节能 40%，比电采暖节能 70%，而且地埋管的寿命长达 70 年。作为一种高效节能的可再生能源技术，地源热泵技术近年来引起社会的重视。

相比较传统锅炉集中供热，地源热泵具备以下优点：① 开关灵活，可自主调节设备运行时间，便于节约成本减少能耗。② 不耗用煤炭等一次能源，可大量减少燃煤带来的二氧化硫等大气污染物和二氧化碳等温室气体的排放量。③ 一套设备同时解决全厂供热与制冷，节省管材和安装费用。

根据室外换热系统铺设方式，地源热泵可以分为水平式地源热泵和垂直式地源热泵。水平式地源热泵通过水平埋置于地表面 2 ~ 4m 以下的闭合换热系统，与土壤进行冷热交换，适合于制冷供暖面积较小的建筑物，如别墅和小型单体楼，初投资和施工难度相对较小，但占地面积较大，如 6-7 所示。垂直式地源热泵通过垂直钻孔将闭合换热系统埋置 50 ~ 400m 深的岩土体与土壤进行冷热交换，适合于制冷供暖面

图 6-7 水平式地源热泵示意图

图 6-8 直式地源热泵示意图

积较大的建筑物，周围有一定的空地，如大型公共建筑和写字楼等，初投资较高，施工难度相对较大，但占地面积较小，如 6-8 所示。

6.5.5 非常规水源热能

非常规水源热能贮存于城市污水、工业或电厂冷却水、海水以及江河湖等地表水中，属于低品位热源。非常规水源热能的利用主要通过热泵实现。非常规水源热泵是以非常规水源作为提取和储存能量的冷热源，借助热泵机组系统内部制冷剂的物态循环变化，消耗少量的电能，从低品位热源中提取热量，将其转换成高品位清洁能源，从而达到制冷制暖效果的一种创新技术。

目前，非常规水源热泵主要分为城市污水源热泵、工业用水源热泵、地表水热泵三种。非常规水源热泵具有如下优点：

① 废热利用。非常规水源热泵主要利用城市废热和自然环境中的热能作为冷热源，进行能量转换，

替代化石能源消耗。同时，不产生废渣、废水、废气，有效降低对环境的污染。

② 能效比高。目前非常规水源热泵技术已较成熟和稳定，所需水源的温度与城市污水、电厂冷却水等的温度相适宜，大大降低了化石燃料的消耗。据测算，非常规水源热泵能效比高于其他集中供热方式，非传统水源热泵的能效比为 4 ~ 6 左右，而传统锅炉能效比仅为 0.9，空气源热泵能效比为 2.5 左右。

③ 清洁环保。非常规水源热泵机组的运行没有任何污染，没有燃烧，没有排烟，不产生任何废渣、废水、废气和烟尘，不需要堆放燃料废物的场地，且不用远距离输送热量。据测算，非常规水源热泵主要大气污染物排放是锅炉房的 10%。

④ 节约土地。非常规水源热泵省去了锅炉房和与之配套的煤场、煤渣以及冷却塔和其他室外设备。结构紧凑，体积小，占用空间少。在供热能力相同的情况下，非常规水源热泵占地面积仅为传统锅炉房的 20%。

⑤ 应用广泛。非常规水源热泵技术主要是以水作为能量介质，因此凡是具有污水源的地域和城市，均可利用此技术为建筑物提供制冷、供暖和热水服务，实现一机三用（制冷、供暖、生活热水）。该项技术可广泛应用于商场、场馆、宾馆、酒店、写字楼、工矿企业车间等建筑的供冷、供热。

⑥ 运行费低。非常规水源热泵初次投资低，运行费用低，经济性优于传统供热、供冷方式。与其他可再生能源（风能、太阳能）比较，非常规水源热泵经济效益最为突出。

因此，在城镇建设中推广使用非常规水源热泵，将其作为未来集中供热系统的有益补充，对于优化建筑用能结构、实现节能降耗目标、改善环境质量、节约土地资源，具有深远而重大的意义。

（1）污水源热泵

污水源热泵是以城市污水作为提取和储存能量的冷热源，借助热泵机组系统内部制冷剂的物态循环变化，消耗少量的电能，从而达到制冷制暖效果的一种创新技术。城市污水是北方寒冷地区不可多得的热泵冷热源，其温度一年四季相对稳定，冬季比环境空气温度高，夏季比环境空气温度低，这种温度特性使得污水源热泵比传统空调系统运行效率要高，节能和节省运行费用效果显著。污水源热泵技术系统无需设冷却塔，利用的是城市原生污水，也可节约大量水资源。

污水源热泵的主要工作原理是借助污水源热泵压缩机系统，消耗少量电能，在冬季把存于水中的低位热能"提取"出来，为用户供热，夏季则把室内的热量"提取"出来，释放到水中，从而降低室温，达到制冷的效果。其能量流动是利用热泵机组所消耗能量（电能）吸取的全部热能（即电能＋吸收的热能）一起排输至高温热源，而起所消耗能量作用的是使介质压缩至高温高压状态，从而达到吸收低温热源中热能的作用。

污水源热泵系统由通过水源水管路和冷热水管路的水源系统、热泵系统、末端系统等部分相连接组成。根据原生污水是否直接进热泵机组蒸发器或者冷凝器分为直接利用和间接利用两种方式。直接利用方式是指将污水中的热量通过热泵回收后输送到采暖空调建筑物；间接利用方式是指污水先通过热交换器进行热交换后，再把污水中的热量通过热泵进行回收输送到采暖空调建筑物。

污水源热泵最早于 1980 年挪威奥斯陆开始建设，1983 年投入运行，此后引起了各供热发达国家的重视，瑞典、日本、美国、德国相继建成一批以污水为低温热源的大型热泵站。国内污水源热泵应用是近年来才提出的。在北京高碑店污水处理厂等地进行了小型实验并取得了良好的效果后，天津、山西、陕西、新疆等各省市均建造了污水源热泵，并取得良好的社会经济环境效益。

（2）地表水源热泵

地表水源热泵是利用江、河、湖、海等地表水作为热泵机组的热源。与空气、土壤、地下水等冷热源相比，地表水具有水量大、热容量大、换热系数大、无需回灌、不影响水资源等独特优势。当建筑物的周围有大量的地表水域可以利用时，可通过水泵和输配管路将水体的热量传递给热泵机组或将热泵机组的热量释放到地表蓄水体中。根据热泵机组与地表水连接方式的不同，地表水源热泵可分为两类：开式地表水源热泵系统和闭式地表水源热泵系统，如图6-9所示。

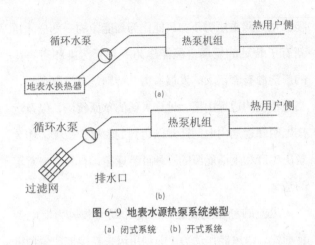

图6-9 地表水源热泵系统类型
(a) 闭式系统　(b) 开式系统

对地表水源热泵系统的研究，英国、美国、俄罗斯、瑞典、瑞士及日本等发达国家起步很早。英国早在20世纪50年代初建成的伦敦皇家节日音乐厅和苏黎世市的联邦工艺学院，分别使用了泰晤士河和利马特河的河水作为热泵的热源；美国南佛罗里达的居民使用运河水作为热泵的热源。目前地表水源热泵在国际上应用已较为普遍。近年来，我国对地表水源热泵的应用也有了长足进步，很多小区集中生活热水系统利用水源热泵从小区的景观水、河水等低质水源中取能，取得良好的效果。

在地表水源热泵中，对海水源热泵的研究和应用最广泛。一般情况下，海水水质清洁，水温在9～25℃之间，最不利的冬季，水温也能保持在9℃以上，并且水量稳定可靠。但海水硬度高、腐蚀性强，为确保运行的安全可靠，必须采用特殊材料的换热器后加装辅助清洁设备等，解决换热器腐蚀问题。海水源热泵的应用在中、北欧国家较为广泛和普遍。我国青岛、大连等沿海城市也已取得一定成效。华电青岛发电有限公司建成了我国第一个海水源热泵项目，

并于2005年初投入使用。该项目不但为该公司面积为1870m²的食堂供热、给灶间供冷，而且为职工澡堂提供热水，使用效果较为理想。

6.5.6 风能

风能是地球表面大量空气流动所产生的动能。由于地面各处受太阳辐照后气温变化不同和空气中水蒸气的含量不同，因而引起各地气压的差异，在水平方向高压空气向低压地区流动，即形成风。风能资源决定于风能密度和可利用的风能年累积小时数。风能密度是单位迎风面积可获得的风的功率，与风速的三次方和空气密度成正比关系。据估算，全世界的风能总量约1300亿kW，我国的风能总量约16亿kW。

按照风能资源量的大小，全国大致可分为四类地区，见表6-5所示。

人类利用风能的历史悠久，但数千年来，风能技术发展缓慢，没有引起人们足够的重视。自1973年世界石油危机以来，在常规能源告急和全球生态环

表6-5 中国风能资源分布

	年有效风能密度 (w/m²)	年≥3m/s 累计小时	年≥6m/s 累计小时	主要地区
丰富区	> 200	> 5000	> 2200	东南沿海、山东半岛和辽东半岛沿海地区；三北地区（东北、华北北部和西北地区）；松花江下游区
较丰富区	150～200	4000～5000	1500～2200	东南沿海内陆和渤海沿海区；三北（东北、华北北部和西北地区）的南部区；青藏高原区
可利用区	50～150	2000～4000	350～1500	两广沿海区；大小兴安岭山地区；中部地区
贫乏区	< 50	< 2000	< 1500	川云贵和岭山地区；雅鲁藏布江和昌都地区；塔里木盆地西部区

境恶化的双重压力下,风能作为新能源的一部分才重新有了长足的发展。风能作为一种无污染和可再生的新能源有着巨大的发展潜力,特别是对沿海岛屿,交通不便的边远山区,地广人稀的草原牧场,以及远离电网和近期内电网还难以达到的农村、边疆,作为解决生产和生活能源的一种可靠途径,有着十分重要的意义。

风能的利用主要是以风能作动力和风力发电两种形式。以风能作动力,即利用风来直接带动各种机械装置,如带动水泵提水等。在小城镇建设中,风力发电是风能的主要应用形式。

风力发电的原理,是利用风力带动风车叶片旋转,再透过增速机将旋转的速度提升,来促使发电机发电。依据目前的风车技术,大约每秒三米的微风速度(微风的程度),便可以开始发电。风力发电所需要的装置,称作风力发电机组。风力发电机组,大体上可分风轮(包括尾舵)、发电机和铁塔三部分。

广东省电力局南澳岛地处台湾海峡喇叭口西南端,素有"风县"之称。从1986年开始对风能进行开发,陆续完成了八期风电场的开发配套建设,共安装了各式风力发电机组80台,总装机容量26930kW,年发电量可达7500万kW·h。目前,南澳风电场已建成亚洲海岛最大的风电场,并开辟配套建设了华南地区唯一具有风电特色的生态游览区和汕头市科普教育基地,取得了良好的经济、生态效益(图6-10、图6-11)。

图 6-10 风车

图 6-11 南澳风电场

6.6 新型城镇的绿色交通实施

6.6.1 城镇交通现状及特点

(1) 城镇现状及问题

城镇经济的迅猛增长、社会经济活动的活跃及城镇规模的不断扩大,使居民出行次数及出行距离均有增加,城镇交通流量大幅提高。与此同时,随着近几年国家对汽车产业的政策倾斜和居民对出行方便性和舒适性要求的不断提高,小轿车迅速进入家庭,城镇机动化水平快速提高,有关专家预测:到2020年全国机动化将达到每千人拥有127辆小汽车的水平,居民出行交通方式结构对可持续发展的城镇构建带来巨大挑战。城镇交通已经与"城镇环境污染、城镇住房"并称为当今世界城镇面临的三大问题。各城镇当前虽然投入大量资金进行城镇交通基础设施建设，道路网设施容量和道路面积增长速度很快，但交通需求和道路供给之间的矛盾依然严重。

城镇交通作为城镇生活赖以运转必不可少的条件之一，不仅要满足社会经济快速发展的需要，也受到生态环境和资源短缺的制约。随着机动车数量的不断增长，交通环境污染等一系列城镇的自然、经济、社会问题接踵而来，成为城镇可持续发展的最大阻碍，不仅造成了汽车尾气污染、噪声污染等自然环境问题，还造成了交通拥挤、交通事故频发等社会环境影响，产生了城镇生态恶化、大气环境污染等很多难以解决的问题。

另一方面，由交通拥挤带来的交通系统服务水平下降、交通延误增加、交通事故频繁、能源浪费巨大、汽车尾气污染等诸多问题也日渐突出，这些与社会可持续发展的整体目标相违背。传统的城镇交通规划理论已不能适应新世纪城镇交通"通达、有序；安全、舒适；低能耗、低污染"的发展要求，可持续发展的理念指导下的绿色交通理念及以此为核心的"以人为本"的交通规划方法势在必行。

（2）城镇交通的特点

我国城镇交通的发展具有两大特征：

①城镇交通与城镇对外交通的联系加强了，综合交通和综合交通规划的概念更为清晰；

②随着城镇交通机动化程度的明显提高，城镇交通的机动化已经成为现代城镇交通发展的必然趋势。

现代城镇交通重要表象是"机动化"，其实质是对"快速"和"高效率"的追求。城镇交通拥挤一定程度上是城镇经济繁荣和人民生活水平提高的表现。随着城镇交通机动化的迅速发展，城镇机动交通比例不断提高，机动交通与非机动交通、行人步行交通的矛盾不断激化，机动交通与守法意识薄弱的矛盾日渐明显。交通需求越来越大，而城镇交通设施的建设就数量而言，永远赶不上城镇交通的发展，这是客观的必然。现代城镇交通机动化的迅速发展也势必对

人的行为规律和城镇形态产生巨大影响，城镇交通机动化的发展也会成为城镇社会经济和城镇发展的制约因素。现代城镇交通的复杂性要求我们对城镇交通要进行综合性的战略研究和综合性的规划，城镇规划要为城镇和城镇交通的现代化发展做好准备。

6.6.2 绿色交通概念及主要影响因素

（1）绿色交通促进健康城镇化

面对当前中国城镇化的快速发展背景，需要对"加强规划引领，促进城乡发展"的传统思路进一步提升，使之与时俱进，更好地促进健康城镇化发展，图 6-12 我国人口流动的主要趋势示意图。

"十二五"期间，我国城镇化率将突破50%，社会发展将进入新阶段。随着城镇化水平的不断提高，社会经济结构和生活方式将随之逐步发生深刻变迁。在二元结构向城乡统筹发展的大背景中，空间不断拓展的城镇体系内的大量"农转非"人口的交通出行必定导致整个交通系统不同层次的出行需求。为了确保健康城镇化，交通供给方面也必然需要形成一个多层次的、一体化的绿色交通系统。

随着城镇化水平的不断提高，城镇体系空间不断拓展，当前区域城镇化和城镇区域化同步发展的趋势已经显现，这在我国东部地区尤为明显。超出以往市域范围的服务功能要素将加速集聚，中心城镇服务范围向区域扩展的趋势将愈发明显，我国城镇化的快速发展对交通提出了更高的要求。

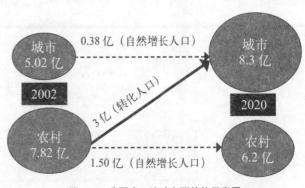

图6-12 我国人口流动主要趋势示意图

在注意交通系统与土地利用间互动关系的同时，交通系统自身也必须秉持可持续发展理念，在资源和环境紧约束的现实中，去寻求基于健康城镇化理念的综合交通规划"满意解"，图6-13为规划思路转变示意图。

交通需要在城镇体系发展规划过程中变被动为主动。交通规划不应是被动的配套，绿色交通应主动引导城镇体系健康发展。主动的绿色交通规划的内涵包括以下两个要点：

①应当强化交通导向，主动引导空间拓展和功能布局的优化调整，培育一种集约化可持续发展的集聚环境，促进城乡协调发展，促进资源节约型发展；

②应当强调绿色低碳，秉持可持续发展和节能减排理念，主动塑造低碳城镇、生态城镇，促进环境友好型发展。

在城镇化和机动化联动发展的背景条件下，城镇规划应坚持"交通引导发展"的理念。以此为视角，在中国的快速城镇化进程中，需要以主动的绿色交通规划促进城镇体系健康发展。

（2）绿色交通概念

绿色交通是一个理念，也是一个实践目标，广义上是指采用低污染，适合都市环境的运输工具，来完成社会经济活动的一种交通概念。狭义指为节省建设维护费用而建立起来的低污染，有利于城镇环境多元化的协和交通运输系统。其根本的含义是创造一个协和的交通，即为了减低交通拥挤、降低污染、促进社会公平、节省建设维护费用，通过发展低污染的有利于城镇环境的多元化城镇交通工具来完成社会经济活动的协和交通运输系统，图6-14绿色交通低碳出行。

图6-14 绿色交通、低碳出行

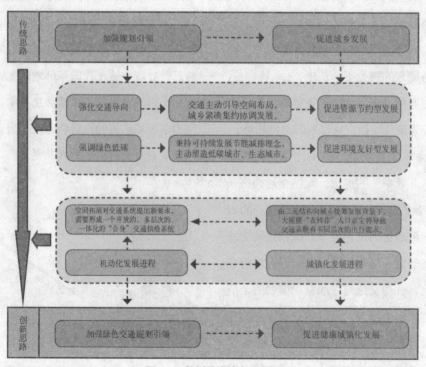

图6-13 规划思路转变示意图

发展绿色交通，是建设城镇文明的标志，是维护城镇生态平衡的重要举措，是实现城镇交通可持续发展的有效手段，对于缓解我国城镇交通目前面临的交通拥挤、环境污染、交通安全等方面的困境，实现"通达、有序、安全、舒适、低能耗、低污染"的城镇交通可持续发展目标，具有重要的现实意义和指导作用。绿色交通与解决环境污染问题的可持续发展的概念一脉相承，同时综合交通宁静区、自行车推广运动、新传统邻里的城镇设计方法以及低污染公共汽车、无轨电车、现代有轨电车、轻轨为导向的公共交通运输等观念，成为交通工程中一个重要的发展领域。

绿色交通主要表现为减轻交通拥挤、降低环境污染，这具体体现在以下几个方面：减少个人机动车辆的使用，尤其是减少高污染车辆的使用；提倡步行，提倡使用自行车与公共交通；提倡使用清洁干净的燃料和车辆等等。

传统绿色交通方式主要指城镇市域范围内的步行、自行车、地面公交、轨道交通等节能环保的交通出行方式。对绿色交通工具进行优先级排序依次为：步行、自行车、公共交通、共乘车、最后为单人驾驶的自用车。此外，绿色交通还可囊括更广阔的含义，包括体现可持续发展理念的铁路交通模式、内河航运模式、低碳化的货物集疏运体系等促进绿色低碳发展的交通模式及其系统。

(3) 影响城镇绿色交通的因素

① 可达性因素：一般是指到达一个地方的方便程度，其中涵盖了出行时间、交通成本、交通舒适程度等概念。城镇各个方向相对可达性的不同，将会导致城镇不同方向扩展速率的差异，从而形成各种不同的特征形态。同时，城镇内部结构的分散或集中，也受到可达性的影响，在规划中，若能有意识地运用可达性的吸引作用，就可以人为地引导城镇形态的演变，以增加城镇发展中的可控制性因素。

② 机动性因素：是指人或货物发生空间移动的力量。一个国家或城镇的经济发达程度与其运输机动性之间存在一种彼此促进的关系。发展城镇交通的目的，就在于促进相关区域机动性的提高。机动性的增加使人们获得更多的活动空间和选择自由，城镇的形态也为之而发生变化，体现在随着机动性得提高使得城镇范围扩展。机动性的提高同时也代表了人类文明的进步，人类从步行时代进步到马车时代小汽车时代随着文明发展，交通技术不断革新，机动性也随之革命性的提高。

③ 城镇密度：城镇人口与就业的密度会对不同交通方式产生作用。城镇密度的下降会使公共汽车出行的费用相对于私人交通增长快得多，密度下降私人交通的出行比例增加，公共交通出行比重降低。

6.6.3 绿色交通体系的规划及设计以中新天津生态城为例

随着全球生态环境问题的加剧，各国都在探索新的城镇发展与建设道路。在此背景下，中国与新加坡两国政府经过沟通，签署了在天津建设生态城的框架协议。中新天津生态城（以下简称"生态城"）项目为绿色交通实践提供了良好契机。作为落实国家战略的示范项目，其目的在于探索应对全球气候变化、加强环境保护、节约资源与能源以及构建和谐社会，并作为其他城镇可持续发展的样板。

生态城绿色交通系统规划的关键是 3 个层面的实践：

① 目标层面，核心在于明确追求什么，这不仅是规划编制的方向，也是遇到不同见解时进行评判和选择的试金石；

② 功能规划层面，核心在于如何针对服务对象和目标分析其本原的功能需求，确定合理的服务模式和服务标准。精确引导生活模式和出行方式选择；

③ 系统规划层面，核心在于解决设施规划问题，如慢行交通系统、公共交通系统、机动交通系统、停

车系统等。

（1）概况

生态城位于京津冀发展轴与环渤海产业带交汇处、蓟运河与永定新河交界处至入海口的区段。距滨海新区核心区约10km，距天津中心城区约40km，距北京市约150km（图6-15），占地面积约30km²，呈规整的菱形，东西长约4.7km，南北长约10km，由营城水库及蓟运河故道分隔成南北两片。现状用地以盐田与水库为主，有少量村庄用地及耕地。

周边现有城镇轨道交通津滨轻轨线（天津中心城区—天津经济技术开发区），规划中的国家铁路及城镇轨道交通有津秦高铁（天津—秦皇岛）、京津塘城际铁路（北京—天津—塘沽）以及天津市域轨道交通塘汉线（塘沽—汉沽）。现状高速公路有唐津高速（唐山—天津），规划高速公路及城镇快速路有海滨大道高速、京港高速（北京—天津港东疆港区）、112国道高速（汉沽—廊坊）、津汉快速（天津中心城区—汉沽）、塘汉快速（塘沽—汉沽）及中央大道（汉沽—塘沽—大港）快速路。

生态城的空间结构是在生态格局的基础上确定的。以将要治理的污水库及现状高尔夫球场为生态核，以蓟运河河道及两岸缓冲地带为生态链，并由生态核与生态链自然分隔成四个生态片区。城镇中心位于中部片区，其余片区设次级中心（东北片区因以产业用地为主而未设次级中心），另有居住社区中心，如图6-16所示。一期建设南部综合片区，二期建设中部综合片区，三期建设北部与东北部综合片区。

（2）目标确定

生态城绿色交通规划以绿色交通理念为基础，紧紧围绕生态主题展开。提出环境友好、资源节约、出行距离合理、出行结构可持续和服务高效五项目标，分三个层次展开，体现了对绿色交通内涵、活动模式、交通系统服务三大问题的解答，实现了从目标到手段、从理念到实际的推进。

第一层次目标是对能源消耗和环境影响的控制。包括环境友好目标：减少机动车出行需求，降低交通运行排放；资源节约目标：提高交通设施用地效率，充分利用空间资源。

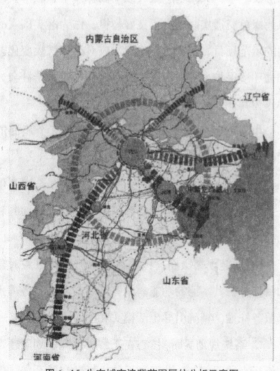

图6-15 生态城京津冀范围区位分析示意图

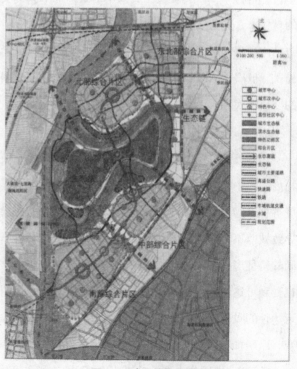

图6-16 空间结构分析图

第二层次目标是针对空间布局考虑，在满足出行需求的前提下减少出行总消耗，即出行距离合理目标：步行 200～300m 可到达基层社区中心，步行 400～500m 可到达居住社区中心，80% 的出行可在 3km 范围内完成。

第三层次目标是服务模式和服务标准，按照绿色交通的优先次序，明确提出步行和自行车是主导出行方式。公共交通是主要出行方式，小汽车作为严格控制对象。包括出行结构可持续目标：对外出行中公交出行占 70% 以上，内部出行中非机动出行占 70% 以上、公交出行占 25% 以上、小汽车出行占总出行量的 10% 以下；服务高效目标：对外实现快速通达目标，对内实现公交车站周边 500m 服务半径全覆盖。

（3）功能规划

功能规划层面的关键在于土地利用和交通空间布局模式（图 6-17）。规划采取了引导活动、协调公共服务中心与交通系统、综合交通系统组织三大策略。

1）以本地居住与就业平衡为主，公共服务中心布局实现就近服务

在本地居住本地就业、本地居住外地就业、外地居住本地就业三种类型中，明确提出以本地居住本地就业为主，本地就业率力争达到 65%～70%，从根本上减少通勤出行需求，节约总出行消耗。

另外，公共服务中心是城镇居民出行活动的组织核心，既要充满活力，又要降低人们的出行消耗。因此，要在较小的出行距离范围内、合理的中心规模下进行公共服务中心的布局，为生活、娱乐等弹性出行奠定节约总出行消耗的基础。生态城以生态细胞为基础单元，生态细胞内包含住宅、绿地及其他完成日常生活所必需的公共设施（图 6-18）。生态细胞之上是生态社区、生态片区和生态城。随着城镇组织等级的逐渐提高会有更高级别的公共设施。城镇居民的出行由此被分成若干层次：较为基础的生活出行需求可以在 400m 范围内的生态细胞中完成；较为高级的长距离出行需求才被引导至片区中心或城镇中心区，以此削减不必要的出行。

2）公共服务中心与交通系统相协调引导出行行为

公共服务中心与交通系统的协调是引导居民出行行为的保障因素。一是要求片区级公共服务中心布局在轨道交通车站周围，同时对机动车停车场的供给采取控制；二是让慢行交通系统直接与公共服务中心相连，机动交通系统在服务中心外围通过。

3）以绿色交通系统为主导实现综合交通系统组织

建立独立的慢行交通系统网络。既可创造良好的环境质量，又可提供高可达性的网络覆盖；控制机动车交通网络的覆盖范围，对外交通通道采取有限进

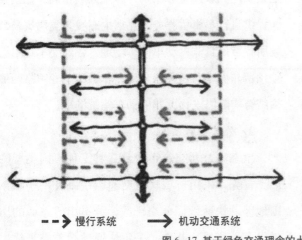

- - → 慢行系统　→ 机动交通系统

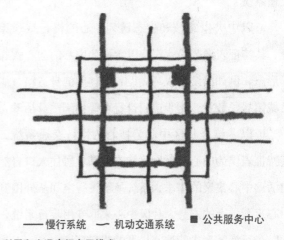

—— 慢行系统　— 机动交通系统　■ 公共服务中心

图 6-17 基于绿色交通理念的土地利用和交通空间布局模式

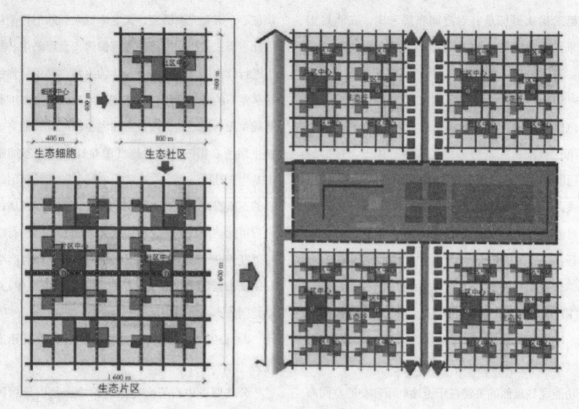

图 6-18 生态城总体布局模式

出口容量的设施供给，区内建立有限覆盖的机动车道路网络、集中布设机动车停车场；实现机非分离的空间网络形态；实现公共交通网络的高可达性覆盖以及与慢行交通系统的方便衔接。

（4）系统规划

1）慢行交通系统

结合生态城的空间布局，规划三种类型的慢行交通系统：

a.以中央生态核和生态链为中心的慢行交通系统，其特征表现为沿水岸及以水面为中心的向心式布局形态，例如沿滨河或环湖设置的休闲健身道路，满足城镇居民散步、跑步或骑自行车等休闲健身活动；

b.以各综合片区中心为核心的慢行交通系统。其特征表现为中心放射网络状态，满足居住人口自然向活动中心集聚的需求，系统呈现慢行空间从外围到中心逐渐扩大的态势，片区中心采取专用步行系统，如以步行街区形式营造高标准的慢行环境；

c.服务各居住区周围的慢行交通系统，其特征表现为均匀分布的小间距高密度网格，使居民走出家门就有方便的慢行交通系统，创造高可达性。作为居民日常非机动出行的道路，线型相对顺畅。连通性和便捷性均高于机动车交通网络。红线宽度为18m，自行车路面宽度为5m以上。

非机动车停车场需充分考虑使用者需求，遵循足量供应和就近服务原则，多点分散布局，在重要地区提供自行车租赁服务。要求生态城各类建筑及公共场所预留足量非机动车停车场地，各公交车站附近必须预留非机动车换乘停车场，非机动车专用路两侧必须结合实际需求预留非机动车停放场地。

2）公共交通系统

生态城公共交通系统承载着三种不同类型的功能。首先，采用市域轨道交通系统以及一些联系外围地区的快速地面公交干线，为进出生态城的出行提供高速联系；其次，采用快速地面公交干线串联各片区中心，为片区之间中等距离的出行提供快速、方便的服务；第三，采用高可达性的公交支线，满足片区内居民内部出行以及换乘至干线系统的需求，这类支线公交具有站距小、片区中心呈放射状、覆盖各居住单元、与干线车站衔接紧密的特征。

3）机动交通系统

机动车交通系统规划提出控制普通机动车的可达性范围，同时保障紧急疏散、应急通道、特殊服务的高覆盖性。将道路等级分为干路和支路两类，干路承担普通机动车的对外联系和片区间的联系功能；支路A依托干路并与干路垂直相交。组成鱼骨状网络结构，支持机动交通组织，支路B用于鱼骨状网络中支路之间的联系，保障特殊服务车辆的进出。

停车方面，严格限制机动车停车泊位供应总量与用地规模。泊位供应的空间分布遵循分区差异化原则，控制力度遵循逐期从严的原则。禁止设置路内停车场，必须采用地下停车场（库）或地面立体停车楼形式。轨道交通车站周边地区严格控制机动车停车泊位，外围地区结合公交车站预留P+R停车场，其他地区适当预留集中布设的公共停车场。

（5）管理模式

规划实践的最终目的是营造安全、舒适、宜人的生活环境，而生活环境的营造主体是生态城中的居民。规划方案尚不足以成为实现绿色交通的所有保障，绿色交通管理模式是实现规划意图的重要组成部分。其中最为重要的是社会共享模式的体现，包括社区机动车泊位使用的共享服务、自行车的自助服务等等。

以停车泊位共享制度为例，生态城的机动车停车泊位采用以社区为单位的集中设置方式，以此来改变机动车与家的空间距离关系。同时，停车泊位的使用特性也发生相应改变，所有泊位均为公共泊位，居民机动车可夜间停放。社区集中公共停车场的设置打破了原有停车场分类的界限，打破了配建与公用停车的界限。适当拉开小汽车出行终点与居民住

所的距离，从而增加小汽车出行的时间及距离，在一定程度上抑制小汽车出行。与此同时，提供优美、可达性高的步行空间以及近距离的自行车停车泊位，实现对绿色交通方式的"推拉战略"，并以此改善公共空间环境。

"绿色交通"的精髓在于"绿色"而非"交通"，最高层次的规划目标在于削减交通量而非以"绿色交通方式"应对交通需求。生态城绿色交通规划基于新建城镇小尺度、高密度的特性，依据"以人为本"的规划理念，以引导人的活动为出发点，采取分级设置"公共服务中心"并协调慢行交通系统的策略削减机动交通需求。生态城慢行交通系统实现了完全的空间专用及设施保障优先，相比机动交通，优先考虑自行车停车场设置的密度以及与轨道交通车站的关系。因此，慢行交通方式成为直接体现"绿色"内涵的载体。交通方式的绿色级别——步行、自行车、公共交通、小汽车，不仅仅需要在交通规划中体现，更应体现在公共资源分配与公共管理中。

6.6.4 绿色交通设施

（1）铁路交通

在城镇群、都市圈等一体化发展背景和趋势下，铁路交通（包括高铁以及市郊通勤铁路）的建设，强化城镇体系内部的主核、副（次）核之间的联系越来越受到重视。中国高速铁路、客运专线铁路的建设拉近了不同尺度城镇体系的空间距离，较邻近的城镇之间的通勤圈相当一部分重合，一日（半日）生活圈（商圈）的边界大大拓展。大容量公共交通的发展有利于城镇体系的集约式集聚发展，有利于城镇体系的空间结构优化，有利于区域交通的结构优化以及交通系统节能减排可持续发展。

例如，未来上海东站、沪通铁路二期及其东西向铁路联络线的建成运营，将使浦东新区融入长三角区域，将在相当大程度上促进长三角区域、上海市域

和浦东新区三个不同空间尺度下健康城镇化发展。

（2）公共交通

大力发展运能大、速度快、无污染的公共交通系统，是解决城镇交通（特别是大城镇）问题的最重要途径，其发展趋势为：

① 以锚固"轨道交通＋骨干道路"方式引导城镇体系空间结构优化调整，倡导以公共交通枢纽（轨道交通站点为主）为"核"，以公共交通走廊（轨道交通通道为主）为"骨"，塑造城镇体系空间框架。主要公共交通枢纽应与城镇体系的公共中心有机结合；主要公共交通走廊应与城镇体系的发展轴有机结合，避免由城镇体系空间布局分散导致土地资源浪费。

② 公共交通的层次性与多元化发展趋势显现。包括轨道交通、快速公交（BRT）、有轨电车、常规公交、穿梭巴士以及辅助公交（轮渡、出租车）等在内的公共交通系统在城镇体系的中心城、新城、小城镇、外围边缘组团以多层次、多元化的形式满足不同的交通需求。

③ 轨道交通系统内部，各种类型呈现新的发展趋势。市域快速轨道线（R线）：呈现跨越市域边界，服务更大尺度的广域空间的发展趋势。作为连接郊区新城的轨道网络的骨架，市域快速轨道线已开始跨越公共交通服务的市域边界，促进服务更大尺度的广域

要素的集聚发展。市区地铁线（M线）：呈现中心城 M 线加密，服务覆盖率（以 60m 轨道交通站点服务半径计算）超过 150%，常规公交向外围区域转移的发展趋势。巴黎中心城的轨道交通系统线网密度已超过日本东京，巴黎中心城公共交通基本采用轨道交通出行，常规公交较少，常规公交服务基本在城镇中心区外围地区发展，相当一部分为接驳公共交通枢纽的常规公交。市区轻轨线（L线）：呈现联系非公共中心性质的集聚区域的发展趋势。市区轻轨线（L线）联系非公共中心的集聚区域，如大学城、体育场馆、开发区等节点；公共中心主要由市域快速轨道线（R线）和市区地铁线（M线）联系，图 6-19 轨道交通系统发展趋势示意图。

④ 促进的轨道交通运输组织方式的多样化发展趋势。日本京成线有 6 种快慢组合交通组织方式；为构建大能力通道，纽约地铁系统采用通道内四线配置的交通组织方式。这些国际最佳实践都说明，轨道交通通道的客运能力可以通过快慢组合和不同线路组合（包括跨站快线）等形式得到大幅提高。所以，促进多样化的轨道交通运输组织方式代表未来发展趋势。轨道交通形态规划及其组织运营规划同步进行将有助于更好地充分利用城镇土地资源，形成更加高效的大容量公共交通体系。

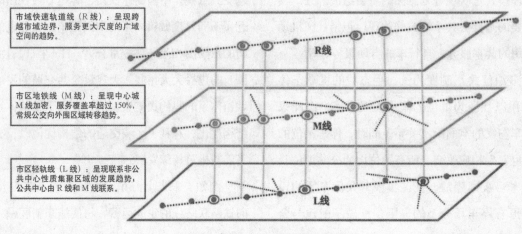

图 6-19 轨道交通系统发展趋势示意图

(3) 慢行交通

慢行交通（步行与自行车）是"以人为本"的绿色交通模式，任何交通工具、任何目的的交通出行，最终的 OD 点都离不开慢行交通，慢行交通设施能增强各种交通模式间的有效衔接（图6-20）。

图 6-20　便民自行车

一个完整的交通系统，应该有快有慢。完善的交通系统，除了快速的机动交通，还应有完善的"点到点"的慢行交通系统，以促使交通圈、通勤圈、生活圈、商务圈与商业圈的有效融合。现在应当是反省仅仅以"效率"为导向的城镇交通系统规划的时候了，城镇公共空间通过高速运转的交通系统使"交通"功能较好实现的同时，"交流"的功能却在不断弱化。应当提倡以步行为代表的绿色交通模式，使公共空间从"交通"功能导向转变为"交通＋交流"功能导向。

因为慢行交通在提升地区环境的吸引力和交通系统的整合效率，促进区域发展方面的作用越来越明显，根据国际最佳实践，慢行交通是构建"以人为本"的人性化交通系统的关键之一，慢行交通系统构建越来越被重视。

提升慢行交通应当注意以下几点：

自行车交通系统作为绿色交通模式之一，以及整个交通系统的有益补充，也可在城镇外围区域发展。可借鉴德国"绿廊"的先进理念和最佳实践，将城镇体系内部的连接性交通走廊结合绿地塑造为"绿廊"，同时考虑非机动车道设置，鼓励城镇中心区居民到城镇外围区域的"绿肺"区域体憩。

在城镇体系空间结构中的"核"内部（如中心城、新城等），强化公共交通与慢行交通的无缝衔接：可考虑 B+R（Bike+Rail）交通模式衔接，在轨道交通站点附近设置公共自行车停车网点和租赁网点，推广绿色出行模式，促进形成绿色交通系统；步行系统应当与其他交通模式进行整合，这有助于提升不同交通模式之间的"无缝衔接"。

步行系统应当通过地下空间、二层连廊等途径与周边公共空间和建筑单体进行整合，这有助于提升地块的活力，有助于交通圈、通勤圈、生活圈、商务圈与商业圈的融合。

步行系统应当与城镇家具以及景观小品进行整合，这有助于交通系统与景观系统的融合，有助于提升环境的宜人性。

(4) 静态交通

一个完整的交通系统，应该有动有静。成功的金融城交通系统，良好的静态交通系统是不可或缺的一部分。

停车需求可以分为拥车需求和用车需求两类，其中拥车需求是由于车辆拥有而产生的需求，为刚性需求，主要通过小区配建（私车）和单位场院（公车）解决。用车需求是指人们在出行过程中的停车需求，为弹性需求。

按服务对象停车场可以分为公共停车场（含路外和路内两种形式）和配建停车场两大类。公共停车场是指为社会车辆提供停车服务而投资建设的相对独立的停车场，主要用于解决车辆出行产生的停车需求。配建停车场主要是各类建筑或设施附属建设，其中配建停车场为解决停车需求的主要方式。住宅小区的配建用来满足拥车停车需求，公建配建用于满足人们出行时产生的用车需求，从而形成"以配建为主，路外公共停车场为辅，路内公共停车场为补充"的停车场规划格局。因此在进行设施规划时分别从配建停车场和公共停车场两个层面进行规划，并通过路网容量限制和投资额控制停车场布局规模。

停车规划的总体思路如图 6-21 所示，分为设施规划和实施保障两大部分。

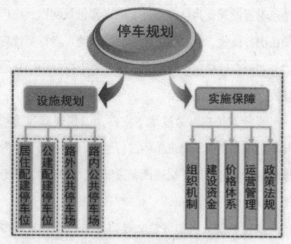

图 6-21 停车规划总体思路

设施规划方面，当前的停车规划应当重点注意以下四点：

① 停车规划应当根据区域差别化原则并且紧紧结合交通需求管理措施，确保拥车需求（刚性需求）和用车需求（弹性需求）得到满足。

② 停车规划对所有静态交通需求进行响应，即对于机动车停车，应当同时周全考虑机动车停车（Parking），公交车停站（Stopping）和出租车与货车停驻（Standing）三类静态交通需求，不可忽视其中任何一类需求。

③ 停车规划应贯彻绿色低碳理念。结合交通枢纽布局规划将慢行交通（步行与自行车）和轨道交通或大容量公共交通进行无缝衔接。

④ 结合 P+R 轨道交通枢纽，注重社会公共停车场建设。

6.6.5 绿色交通管理规范建设

根据城镇绿色交通的含义，建设绿色交通系统需要遵循以下原则：

① 因地制宜原则：城镇绿色交通应以当地的社会经济发展水平相适宜，避免不切实际的高标准、过度超前建设。

② 协调性原则：城镇绿色交通建设一要协调好与城镇土地利用的关系，坚持功集约化用地模式；二要协调绿色交通方式之间的关系；三要协调好绿色交通与对外交通、小汽车交通等其他交通方式的关系；四要协调好绿色交通的供需平衡关系。

③ 最低费用原则：通过各种措施尽可能减少城镇整体的出行距离与出行耗时，减少出行对能源的耗费，让人们可以不必花很多出行时间和出行费用，即可满足其基本需要。

④ 社会公平原则：社会公共设施特别是道路建设投资为大多数人所使用，强调人的可达性优于车辆的移动性。

⑤ 公众参与原则：城镇居民以步行、自行车和公交车交通方式出行的人占大多数，作为绿色交通方式的主体，参与到城镇交通的规划建设中是非常必要的。公众参与不仅可以减少城镇绿色交通建设中的失误，保障公众利益，而且能使绿色交通意识深入人心，促进居民对绿色交通方式出行的选择。

（1）绿色交通理念树立

发挥广播电视报纸网络等传播媒介，广泛持久地宣传鼓励绿色交通、绿色出行。积极开展公共交通周及无车日等活动，号召居民尽可能选用公共交通、自行车、步行等绿色交通方式出行。

城镇正处于城镇化快速发展阶段，随着居民收入水平的提高，机动车的使用意向会迅速上升，如果不及时加以意识引导，高能耗高污染的机动会在中小城镇风靡。私家车出行发展到一定程度，再制定限制政策，居民的抵制情绪将很难消除，政策执行难度加大，容易引发社会矛盾。

意识引导就是引导公众参与绿色交通的过程，具体过程为：利益群体分析→民意调查→整理信息与公众意识层级分析→采取宣传、说服、特定活动等引导策略→绿色交通行动。通过这一过程实现公众出行向绿色交通方式的转变（图6-22、图6-23）。

（2）交通管护能力建设

① 建设完善城镇智能交通综合管理指挥平台

以城镇为中心，通过信息技术、计算机技术、自动控制技术、通讯技术提升交通管理的信息化、智能化、集成化、网络化，改善交通状况，提高交通运输效率和提高汽车行驶性能，缓解交通堵塞，减少交通事故、降低交通对环境的污染。

② 提升城镇道路交通秩序管理水平

畅通有序的城镇交通环境是城镇现代化水平和文明程度的重要标志，也是促进经济社会健康发展、保障人民群众安居乐业、建设生态城镇的重要基础。

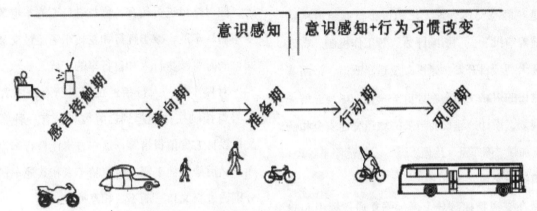

图6-22 公众对于绿色交通的意识与行为水平图

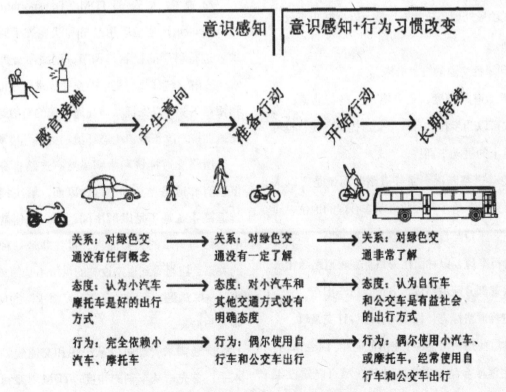

图6-23 意识层级与行为等级之间的关联情况

提升城镇道路交通秩序管理水平，一是提出科学、合理的城镇交通管理方案，制定有针对性缓堵保畅措施，着力解决市区主要道路人车混行问题；深入分析引起城镇交通拥堵的供需性、结构性和管理性矛盾，研究缓解交通拥堵的综合措施。

二是在动态交通管理上，广泛运用交通工程技术，加强路口渠化，及时完善交通标志、标线及安全防护设施，优化交通组织。

三是在静态交通管理上，积极推行城镇道路建设的"前置审批"、"影响评估"等工作机制。有效实施城区大型项目开发、建设以及道路改造、涉路基础设施建设的道路交通影响评价与审核，尽可能解决因城镇规划、设计、建设而带来的城镇交通安全和畅通隐患。加强"停车乱"治理，进一步规范停车管理，提高城镇静态交通管理水平。

四是在交通指挥疏导上，加强交通指挥中心建设，提高指挥、调度、控制和诱导能力；全面落实轻微交通事故快速处理机制，推行轻微事故"互碰自赔"和先撤除现场后处理事故措施，最大限度减小事故对交通的影响。

③ 有利绿色交通的技术措施

一是增加道路密度，重点增加支路与巷道：增加支路不仅可以为步行和自行车交通提供方便，也可以缓解干道上的机动车拥挤。

二是完善道路断面：完善道路断面就是要以人为本，公平路权，给步行和非机动车合理的地位，建设或改造适合步行与自行车交通的道路断面，如增加人行道、自行车道，以林荫化为目标完善道路绿化。

三是改善部分陡坡路段，方便自行车出行。

四是完善道路标志、标线，合理设计交叉口。

五是推广使用清洁能源、使用低能耗、绿色车辆。

六是完善城乡结合部道路建设，尽可能建设柔性路面。

（3）道路交通标志建设

交通标志、标线是交通安全设施的一个重要组成部分，它对于引导驾驶员正常有序地行驶起了重要的作用，同时可提高交通安全，划分各条道路及车道的交通功能，使得行人、车辆各行其道，以便组织交通流。

交叉口由于车辆的合流、分流，冲突造成了等候或延误，为了使交叉口通行能力与路段相一致或接近，应对路口进行拓宽，增加进口道的车道数，辟出专用右转车道，减小直行和左转车辆通过交叉口的时间，同时可减少行人和自行车的干扰。

对停车线、人行横道位置进行合理布置，结合信号灯控制往往能起到良好效果。有一种新型的交叉口设计方案值得借鉴，这一方案让自行车停在最前面，然后是其他车辆，以便骑车人和其他车辆按顺序分别通过交叉口，而不会相互冲突。

（4）交通管理制度

① 交通需求管理（TDM）

交通需求管理TDM（Transportation Demand Management）是指运用经济和法规等手段对交通需求量进行科学的控制与调节，削减不合理的交通需求，分解、转移相对集中的交通需求，从而使供需达到相对平衡，以保证城镇交通系统的有效运行，缓解交通拥挤，改善城镇生态环境和生活环境质量。

道路交通拥挤和堵塞虽然有道路自身的原因，但也有非道路自身的原因。因而，解决拥堵只靠改善道路系统是不足以解决问题的。即便就道路设施的供给与需求的关系而言，也并非是一种双向制约的关系，应当看到道路设施的供给不是简单地对"需求"一味满足，而同时存在对"需求"的反作用——刺激与抑制。

交通需求管理可以从车辆和交通规划两个角度入手：首先，从车辆的角度，TDM对策可以分为车辆拥有需求管理和车辆使用需求管理。其次，通过交通规划实现：交通产生阶段，尽量减少出行的产生；交通分布阶段，将出行由交通拥挤的终点向非拥挤终点转移；交通方式选择阶段，将出行方式由低容量向高容量转移；交通分配阶段，将出行由拥挤路线向非拥挤路线转移、由拥挤时间段向非拥挤时间段转移。

对城镇来说交通拥堵现象产生的可能性很小，所以城镇交通需求管理措施就有一定的特殊性，具体可通过以下需求管理措施来促进绿色交通：

a. 在车辆上对城镇居民购买使用摩托车进行限制；对货车的行驶路线和行驶时间做出规定和限制；对汽车尾气排放标准进行规定，淘汰尾气排放不达标的车辆。

b. 积极开展面向公共交通的上地开发活动（TOD），以减小跨片区出行活动，缩短出行距离，减轻有限通道的交通压力。在城镇用地发展上采用紧凑城镇的模式，减少出行产生；

c. 公共交通优先必须在综合交通政策上确立公共交通优先发展的地位，在规划建设上确立公共交通优先安排的顺序，在资金投入、财政税收上确立对公共交通的倾斜政策，在道路通行权上确立公共交通的优先权限。此外，需规范出租车市场秩序、积极建立自行车交通网络、逐步淘汰摩托车；

d. 对自行车出行者给予一定的补贴，鼓励使用自行车；

e. 提高道路步行环境质量，完善行人过街设施，提高安全度，增加步行吸引力。

② 以人为本，完善步行系统

道路使用应为行人提供优先。具体来说，就是要完善步行系统，实现人车分离，建设必要的天桥、地下通道、人行横道等人行过街设施，设置行人信号灯，形成无障碍交通，消除人行道过街危险。加宽步行道、开辟商业步行街。

③ 加强停车场等静态交通设施管理

静态交通设施的规划与管理都会在很大程度上影响动态交通的需求及其运行状态。在城镇交通中，车辆行驶属于动态交通，车辆驻留属于静态交通。动态交通和静态交通是构成交通现象不可分割的两个部分，静态交通处理不好，势必影响动态交通的正常秩序。目前在中小城镇有这样一种现象，一方面停车场不足，另一方面许多驾驶员不愿将车停到停车场，各种车辆乱停乱放在人行道上，甚至是主干路上的现象屡见不鲜，这不但降低了道路的通行能力，而且更进一步加剧了市区交通的紧张程度。停车难与停车设施空闲在当前同时存在，这种现象的解决，必须建立在"疏"（提供统一价位的、方便的收费停车设施）与"堵"（严格违章停车管理与处罚相结合）的策略之上，否则，对停车需求与市场方面将会有十分不利的影响。

④ 规范行为

要定期在全体市民中开展交通安全宣传教育活动，大力提倡人们自觉遵守交通规则。同时教育应与执法相结合，处罚与教育相结合。让人们认识到整体、畅通、安全的大交通观念。对商家占街经营与当街摆摊设点的行为进行规范，限制施工挤占道路的行为与挤占时间，合理诱导临时占道行为，对占道行为进行处罚。对出租车上下客进行管理，变行驶候客为定点停驶候客，降低空驶率。

⑤ 利用现代信息技术与卫星定位系统，提供交通诱导

通过检测传输与显示系统不断提供行驶中的车辆位置与各路段的实际流量状况的信息，为司机选择行车路线创造条件，这对均布路网车流量，减少某些路段、路口的拥挤有良好的效果。

⑥ 调整道路功能

调整某些道路的功能，建设商业步行街、货运专用线路、公交专用线、自行车专用路等，消除混合交通带来的不利影响，减少或消除穿城的货运交通或过境交通。

⑦ 建立健全交通管理队伍

在道路建设跟不上车辆及交通流增长，交通控制和管理手段不足，市民交通意识淡薄的情况下，通过交通组织、现场指挥、巡逻、疏导来充分发挥现有路网的潜力，是缓解交通拥挤或阻塞，提高交通秩序的重要保证。建议在今后一段时间内，配备足够的警力，同时把交通警察岗前培训和在职教育进一步正规化，争取接收一些交通工程专业人才，以便在充实第一线警力的同时，还能够收集交通基础资料，进行各项专题研究，寻找解决交通问题的对策，提高交通管理队伍的平均素质和应变能力。

中国城镇化快速发展导致城镇体系空间不断拓展，基于城镇化与交通机动化联动发展的背景，"加强绿色交通规划引领，促进健康城镇化发展"是一种必然选择。新的发展背景促使绿色交通的内涵更加丰富，绿色交通理念下的多种交通模式各自也有新的发展趋势。为了确保中国的健康城镇化，需要强化绿色交通规划的引领作用；同时，还需要在规划体系的诸多方面保障绿色交通规划发挥引领作用，更好地促进城镇发健康的发展。

6.7 区域能源系统优化典型案例

6.7.1 工业园区区域能源系统建设工程

（1）工程简介

1）区域工业余热情况调研

本工程拟供热区域为某工业园区的综合配套服务区，建筑类型为住宅、商业公共建筑及标准厂房。供热规划范围作为临港经济区发展的重点地区，需要充分体现地区优势，通过规划促进城市功能的强化，其重点内容是根据园区工业特点，合理利用土地，集约建设，建设园区综合配套服务区和高效益的工业区。

现场调研表明，园区内拥有诸多大型化工类工业企业，工业余热资源十分丰富，余热的主要形式为工艺冷却循环水、蒸汽及高温烟气等。各企业愿意对外提供的余热形式为工艺冷却循环水余热，并要求利用过程"只取热不取水"，同时保证在厂区内设置循环保障旁通措施。工业区余热利用集中供热工程性质为区域基础设施，体现了强化城市功能、集约建设、打造低碳循环经济的区域发展理念。因此，临港工业区的区域能源系统建设工程选取工业余热作为突破点，利用热泵提取技术，建设余热供热工程。

2）热源选择

通过企业调研分析，区内某化工厂A的工艺冷却循环水余热量最大，不仅能满足供热需求，同时因为有较大的富余量，所以资源可靠性最高。因此，选定该工厂的工艺冷却循环水余热作为能源站热泵机组的低温热源。

3）供热需求

项目供热规划范围为园区内的标准厂房和配套生活区，用地现状主要为工业、居住、绿化用地以及少量市政设施用地，规划总供热面积为438.93万 m^2。能源站区位及供热区域规划图，详见图6-24。

规划范围内，各类建筑的具体供热需求详表6-6，表中原设计供回水温度指在确定利用工业余热实现集中供热方案前单体建筑设计方确定的室内供暖系统设计供回水温度。而运行供回水温度指确定新供热方案后项目建设方与单体建筑设计方协商认定的设计供回水温度。

（2）工程方案

1）工程目标

利用园区内工业冷却循环水中的低位热能，以水源热泵＋调峰锅炉方式实现对临港经济区一期最终438.93万 m^2 综合配套服务区建筑的集中供热，其中拟供热的住宅及标准厂房共计89.67万 m^2。

2）工艺方案

本工程的工艺技术方案为，设有燃气调峰热源的工业余热型燃气溴化锂吸收式水源热泵集中供热系统。

该方案的主要优势在于：既能最大限度地高效

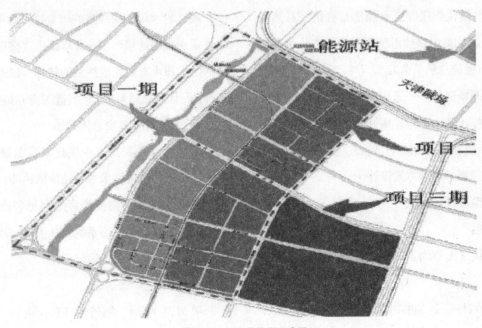

图 6-24 工程供热区示意图

表 6-6 已确定的配套生活区和标准厂房的供热需求

序号	用热项目	用地面积 / 万 m²	建筑面积 / 万 m²	起始时间	供热负荷 / MW	原设计供回水 温度 / ℃	运行供回水 温度 / ℃	备注
1	厂房1	9.43	6.60	2011	7	70/50	70/50	
2	厂房2	9.69	6.78	2011	9	80/60	80/55	在建
3	厂房3	10.79	7.55	2011	7.5	85/60	80/55	
4	住宅1	9.84	14.76	2011	6.37	85/60	80/55	
5	住宅2	14.52	21.78	2011	11.25	80/55	80/55	在建
6	住宅3	19.25	28.88	2011	12.255	45/35	45/35	

利用工业余热，又能兼顾区内既有热用户多数要求供暖设计供水温度不低于80℃的要求。同时，由于设有调峰热源提高了能源站的供热温度及温差，自能源站引出的供热主管道的直径不大于1000mm，满足市政道路竖向空间的限制要求。

3) 工艺方案主要内容描述

① 余热类型——工业循环冷却水，冬季水温范围25～30℃。利用温差≥5℃时，能源站制热系统对循环水的最大需求量为11910m³/h;

② 余热来源——某化工厂A淡水循环厂厂区循环冷却水处理中心;

③ 余热利用形式——燃气溴化锂吸收式水源热泵机组自工业循环冷却水取热加热集中供热一次管网回水，提供集中供热系统所需的基本热负荷;

④ 集中供热系统形式——能源站（基础热负荷低于实际热负荷时燃气锅炉补热）→ 换热站 → 庭院管网 → 用户热力入口;

⑤ 一次管网输配形式——分布变频泵系统的二级泵系统，其中一级泵设于能源站，分布变频泵设于地块换热站一次侧。一级泵承担能源站内部压降，变流量运行;二级泵承担一次网最不利环路供回水管道及地块换热站一次侧压降;能源站主机配置——

设有 8 台燃气溴化锂吸收式水源热泵机组,总热负荷 128MW,满足集中供热系统所需的基本热负荷,基本热负荷占系统总热负荷的 72.7%;

⑥ 燃气调峰锅炉——选用 8 台燃气锅炉设在能源站与热泵机组串联运行,调峰热负荷 48MW,调峰热负荷占系统总热负荷的 27.3%。

(3) 关键技术环节方案设计

1) 供水温度设计

设计原则:

① 全系统(由户内系统到能源站)全寿命期成本最低;

② 兼顾项目近、远期的用户供热参数需求特点,即近期用户要求供暖设计供水温度高,远期用户要求温度较低;

③ 热用户各种形式供暖系统实现合理的"工程习惯设计供回水温差",因为这些也是优化与运行实践得到的数据;

④ 合理低温,因为热源为低品位热源;

2) 调峰热源设置

调峰热源燃气锅炉与热泵机组的运行方式有串联运行和并联运行两种。

3) 水源侧连接形式构造与技术分析

① 直接连接:水源水直接进入机组蒸发器,由水源水直接完成热量的转移。

② 间接连接:水源水不直接进入机组蒸发器,而是通过换热器与介质水换热,介质水进入机组蒸发器,由水源水、换热器、介质水共同完成热量的转移。

通过对水源不同连接的增量投资简单 LCC 分析,确定采用直接连接形式。即水源水直接进入机组蒸发器,由水源水直接完成热量的转移。该方式不仅技术可行,而且其投资最低,运行能源费亦最低(表 6-7)。

4) 系统技术方案总体描述

通过对余热利用集中供热系统关键技术环节的分析,该工程系统技术方案总体描述为:设有燃气调峰热源的水源侧直接换热余热利用型燃气溴化锂吸收式水源热泵集中供热系统并且供热一次网采用"二级泵"分布变频泵系统输配。

(4) 节能环保效益

项目达产后,每个供暖季的总供热量约为 1286971GJ,利用工业余热 475663GJ,能够产生明显的节约能源和减少排放的效果体现在:

1) 年利用工业余热 475663GJ,折合节约标准煤——16233 t 标准煤 / 年;

2) 于利用了原本主要依赖水的蒸发而排入大气的工业余热,可节水 116894 t / 年;

3) 年减少 CO_2 排放——42530 t / 年;

4) 年减少 SO_2 排放——390 t / 年;

5) 年减少 NO_x 排放——147 t / 年。

6.7.2 以能源企业为核心的循环经济系统构建

能源产业是国民经济发展的重要支柱,与其他各行各业循环经济发展都有着密切的关联,因此能源产业的循环经济企业构建是建设循环经济社会的主要着力点。能源产业中,以发电企业为代表,通过循

表 6-7 连接形式技术分析

连接形式	优点	不足
直接连接	①系统简单,易于管理; ②没有中间换热器及介质水循环泵,设备投资低; ③无中间换热温差损失,机组效率高,运行费低; ④无需介质水循环泵,运行费低;	水源侧水质由工业冷却水决定,水质无法保证,机组使用寿命略低;
间接连接	进入机组水质易于保证,机组可靠性高,使用寿命比直接连接略长;	①需设置中间换热器及介质水循环泵,系统投资高; ②系统运行需开启介质水循环泵,运行能耗及运行费高; ③存在换热温差损失,机组效率低,运行能耗及运行费高;

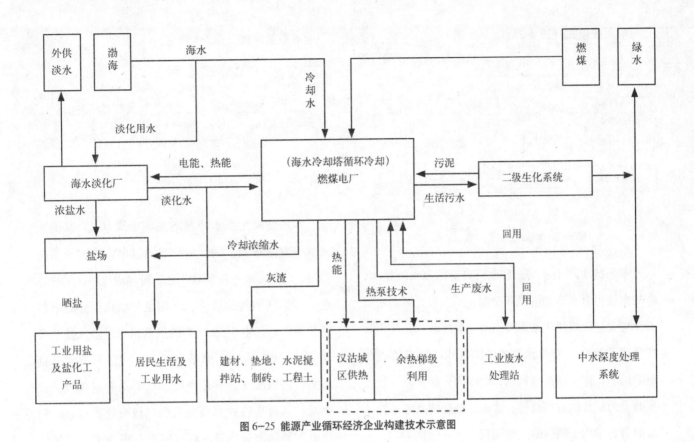

图6-25 能源产业循环经济企业构建技术示意图

环经济企业构建，可形成独具特色的循环经济企业示范，有效提高区域循环经济水平。

（1）系统概述

以能源产业为核心的循环经济系统构建综合采用水电联产、热电联产的水—电—热—盐—化工—渔一体化系统，如图6-25所示：

1）采用海水淡化水作为工业用水和生活用水的水源，并实现了热电联产、水电联产，利用电厂生产的产品热能和电能来进行海水淡化，对附近城区供热，建立了能量的梯级利用产业链，节约了能源和资源消耗。

2）采用"零排放"的设计方式，所有的生产废水和生活污水不外排，实现了水资源的合理循环利用。

3）将海水淡化产生大量的浓盐水供给盐场作为制盐原料，可以节省大量的盐田浓缩用地量。

4）产生的主要固体废物包括灰渣、脱硫石膏和

污水处理中的污泥等。污泥经脱水后，制成泥饼，投入锅炉中焚烧，最后成为灰渣。灰渣再利用于建材、垫地、水泥搅拌站、制砖、工程土等，全部综合利用。

（2）技术内容

本系统不仅采用了"电水联产、热电联产"，而且设计形成了发电、供热、海水淡化、制盐、灰渣综合利用的生态工业链，达到了污水和工业固体废物的零排放，同时间接的产生了节省土地和增加区域水资源的效益。主要特点体现在以下几个方面：

1）生产系统

传统模式（图6-26）：

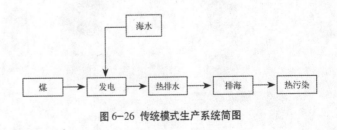

图6-26 传统模式生产系统简图

本系统模式（图 6-27）：

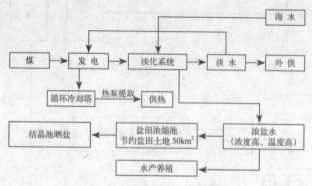

图 6-27 本系统模式生产系统简图

本系统生产用水均来自电厂自身的海水淡化水，冷却水使用海水冷却塔循环冷却，不占用天然淡水资源，其大量优质淡化水还可供附近居民和企业使用，其排出的循环冷却排水和淡化浓盐水，排至附近盐田浓缩池，作为制盐原料水，同样因含盐量高、温度高而成为制盐的有利条件，缩短了制盐结晶的过程，从而节省了用于晒盐的土地面积。

2）循环冷却水 传统模式（图 6-28）：

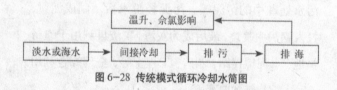

图 6-28 传统模式循环冷却水简图

本系统模式（图 6-29）：

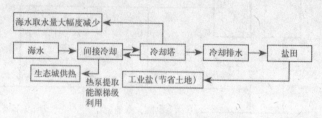

图 6-29 本系统模式循环冷却水简图

本系统采用海水冷却塔循环冷却方式，从而大大减少取海水量。同时本技术通过电厂冷却水余热利用，采用多级热泵串联工艺，可向周边城区供热，进一步达到节能的效果。利用电厂余热供热的具体工艺为，返回电厂的 15℃ 的热网回水，进入换热器和 25～30℃ 的电厂循环水换热，使热网回水升到 25℃，再依次通过利用电厂抽气驱动的双效吸收式热泵、单效吸收式热泵及双级高温吸收式热泵，回收电厂循环水余热量，热网回水升到 90℃，再通过蒸汽加热器将回水升至 130℃ 供出。在用户热力站处进入包括热水型单效吸收热泵及换热器集成的大温差换热装置，逐级降温到 15℃ 后再返回电厂，完成循环。130～85℃ 的高温热水用来作为热水型单效

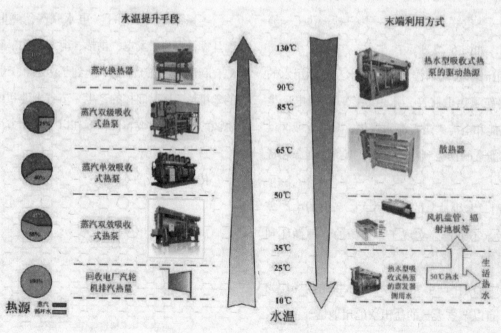

图 6-30 循环冷却水余热供热工艺流程图

吸收式热泵的驱动热源，85～60℃的热水用于配置散热器的建筑，60～40℃的热水用于风机盘管、地板采暖，35～15℃的热水经过单效吸收式热泵的蒸发器侧被提取热量后返回电厂。通过该项工艺可以做到能源的梯级利用，最大限度地利用能源。

3）生态影响

传统电厂设计将冷却水直接排海易造成温升和余氯的影响，排放的冷却水含阻垢剂，从而会对海洋流场和海洋生物产生一定的影响。本技术设计将海水经过电厂利用后排放到盐田中，有利于制盐并节省了土地。采用的海水循环冷却，梯级利用的技术有效地减少了海水的使用量，从而有效减少了项目本身对海水的生态环境影响。

4）废污水

传统模式（图6-31）：

本系统将生活污水零排放模式（图6-32、图6-33）：

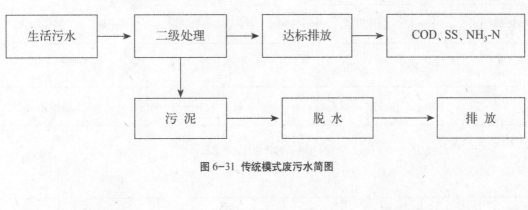

图6-31 传统模式废污水简图

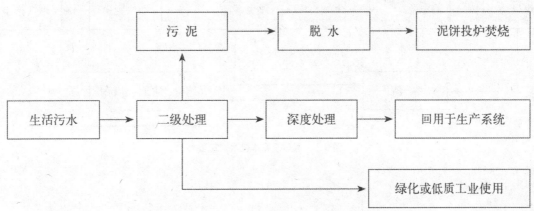

图6-32 本系统生活污水零排放模式

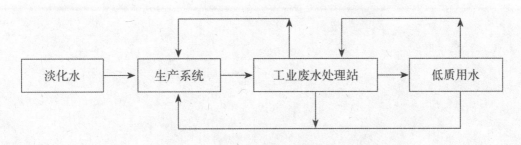

图6-33 本系统生产废水零排放模式简图

经过二级生化处理后部分用于绿化，其余污水再进行深度处理，生产废水经过工业废水处理站处理后，回用于各低质用水系统，剩余废水也将进行深度处理。经深度处理系统处理的出水，水质好于中水，可进入脱硫废水等对水质要求较高的系统进行再利用，处理系统的污泥经过脱水后与燃煤进入锅炉焚烧，从而实现全厂废污水零排放。该运行模式基本实现企业内部物质再利用的小循环，符合 3R 原则中"再循环"行为原则。

5）固体废物

传统模式（图 6-34）：

本系统模式（图 6-35）：

火电企业产生的固体废物为灰渣和脱离石膏，本技术采用烟气脱硝技术，氮氧化物排放总量大为减少，同时采用固废综合利用，灰渣还可用于区域开发填方造地的工程土。

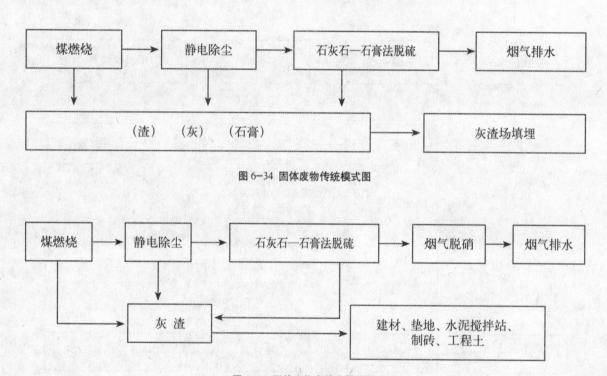

图 6-34 固体废物传统模式图

图 6-35 固体废物本技术模式图

7 新型城镇水资源优化配置与水环境污染防治

1977 年联合国教科文组织和世界气象组织对水资源共同提出的涵义为："水资源是指可资利用或有可能被利用的水源，这种水源应当有足够的数量和达到使用要求的质量，可以逐年得到恢复和更新，并在某一地区为满足某种用途而得到利用"。水资源是人类赖以生存的不可替代的重要资源和物质基础，是经济发展和社会进步的生命线。我国是世界上缺水较为严重的国家，淡水资源极其紧缺，加之自然水体污染日益严重，水已不再是一种"取之不尽，用之不竭"的自然资源。水资源已成为"社会—资源—环境"复杂系统中资源子系统的一部分，其供给、利用、再生和循环，受系统中其他要素的影响，同时也影响着其他要素和系统整体的存在状态和发展趋势。水环境保护事关人民群众切身利益，事关全面建成小康社会，事关实现中华民族伟大复兴中国梦。当前，我国一些地区水环境质量差、水生态受损重、环境隐患多等问题十分突出，影响和损害群众健康，不利于经济社会持续发展。因此，水资源的节约和循环利用以及水环境的保护和改善是城镇化建设的重要内容。

7.1 水资源和水环境现状

7.1.1 水资源现状

（1）全国水资源情况

我国是世界上缺水较为严重的国家，人均水资源量少，时空分布严重不均。根据《2016 年中国水资源公报》，2016 年全国水资源总量为 31273.9 亿 m³，其中，地表水资源量 31273.9 亿 m³，地下水资源量 8854.8 亿 m³，地下水与地表水资源不重复量为 1192.5 亿 m³。我国水资源总量占全球水资源总量的 6% 左右。但人均水资源量不足，只有 2300m³，仅为世界平均水平的 1/4、美国的 1/5，在世界上名列 121 位，是全球 13 个人均水资源最贫乏的国家之一。从水资源分别来看，我国水资源呈现地区分布不均和时程变化的两大特点，长江流域和长江以南地区水资源量占全国的 80%；黄、淮、海三大流域水资源量只占全国的 8%。按照国际标准，人均水资源低于 3000 m³ 为轻度缺水，低于 2000 m³ 为中度缺水，低于 1000 m³ 为重度缺水，低于 500 m³ 为极度缺水。照此，目前我国有 16 个省区重度缺水，6 个省区极度缺水；全国 600 多个城市中有 400 多个属于"严重缺水"和"缺水"城市。京津冀人均水资源仅 286 m³，为全国人均的 1/8，世界人均的 1/32，远低于国际公认的人均 500 m³ 的"极度缺水"标准。水资源短缺导致供需矛盾突出，水资源保障能力脆弱。按照国际经验，一个国家用水量超过其水资源的 20%，就很可能会发生水资源危机。最近几年的水资源状况分析，我国已接近水资源危机的边缘。水利部的资料也显示，我国用水总量正逐步接近国务院确定的 2020 年用水总量控制目标，开发空间十分有限，目前年均缺水量高达 500 多亿立方米。而且，局部水资源过度开发，超过水资源可再生能力。海河、黄河、辽河流域水资源开发利用率分别高达 106%、82%、76%，远远超过国际公认的 40% 的水资源开发生态警戒线，严重挤占生态流量，水环境自净能力锐减。全国地下水超采区面积达 23 万平方公里，引发地面沉降、海水入侵等严重生态环境问题。与此同时，我国水资源的利用方式比较粗放，万元工业增加值用水量为世界先进水平的 2～3 倍，农田灌溉水有效利用系数仅为 0.542，与世界先进水平 0.7～0.8 有较大差距。随着工业化、城镇化深入发展，水资源需求将在较长一段时期内持续增长，水资源供需矛盾将更加尖锐，我国水资源面临的形势将更为严峻。

（2）供用水现状

2016 年年末，全国城市供水综合生产能力达到 3.03 亿立方米 / 日，其中，公共供水能力 2.39 亿立方米 / 日。供水管道长度 75.7 万公里。年供水总量 580.7 亿立方米，其中，生产运营用水 160.7 亿立方米，公共服务用水 81.6 亿立方米，居民家庭用水 220.5 亿立方米。用水人口 4.70 亿人，人均日生活用水量 176.9 升，用水普及率 98.42%。

近年来，随着城市化进程的不断推进，全国县城及建制镇的供水规模不断扩大，供水设计综合生产能力及供水总量呈持续增长趋势，供水设施投入也不断增加。2015 年，全国县城供水管道密度达到 10.71 km/km²，县城和建制镇用水普及率（用水普及率：建成区用水人口与建成区人口的比率）分别达到 89.96% 和 83.79%，人均日生活用水量分别为 119.43L 和 98.69L。但与城市相比尚有差距，2015 年城市用水普及率已经达到 98.07%。

7.1.2 水环境现状

（1）地表水水质状况

目前，我国水污染状况依然严重，区域性、复合型、压缩型水污染日益凸显，已经成为影响我国水安全的最突出因素，防治形势十分严峻。根据《2016 年中国环境状况公报》，2016 年，全国地表水 1940 个评价、考核、排名断面中，Ⅰ类、Ⅱ类、Ⅲ类、Ⅳ类、Ⅴ类和劣Ⅴ类水质断面分别占 2.4%、37.5%、27.9%、16.8%、6.9% 和 8.6%。以地下水含水系统为单元，潜水为主的浅层地下水和承压水为主的中深层地下水为对象的 6124 个地下水水质监测点中，水质为优良级、良好级、较好级、较差级和极差级的监测点分别占 10.1%、25.4%、4.4%、45.4% 和 14.7%。338 个地级及以上城市 897 个在用集中式生活饮用水水源监测断面（点位）中，有 811 个全年均达标，占 90.4%。

从流域水环境质量来看，长江、黄河、珠江、松花江、淮河、海河、辽河等七大流域和浙闽片河流、西北诸河和西南诸河的 1617 个国考断面总，Ⅰ～Ⅲ类、Ⅳ～Ⅴ类和劣Ⅴ类水质断面比例分别为 71.2%、19.7% 和 9.1%。主要污染指标为化学需氧量、总磷和五日生化需氧量。

湖泊（水库）富营养化问题突出。2016 年，112 个国控重点湖泊（水库）中，Ⅰ～Ⅲ类、Ⅳ～Ⅴ类和劣Ⅴ类水质的湖泊（水库）比例分别为 66.0%、25.9% 和 8.0%。主要污染指标为总磷、化学需氧量和高锰酸盐指数。108 个监测营养状态的湖泊（水库）中，5 个为中度富营养状态，占 4.6%；20 个为轻度富营养状态，占 18.5%；73 个为中营养状态，占 67.6%；10 个为贫营养状态，占 9.3%。

污染物排放远超环境容量，水环境隐患多。目前，我国工业、农业和生活污染排放负荷仍然很大，接近或者说超过环境容量。不少流经城镇的河流沟渠黑臭。全国近 80% 的化工、石化项目布设在江河沿岸、人口密集区等敏感区域；部分饮用水水源保护区内仍有违法排污、交通线路穿越等现象，对饮水安全构成潜在威胁。突发环境事件频发，饮用水污染事件时有发生，严重影响人民群众生产生活，因水环境问题引发的群体性事件呈显著上升趋势，国内外反映强烈。

水生态受损重。湿地、海岸带、湖滨、河滨等自然生态空间不断减少，导致水源涵养能力下降。三江平原湿地面积已由建国初期的 5 万平方公里减少至 0.91 万平方公里，海河流域主要湿地面积减少了83%。长江中下游的通江湖泊由 100 多个减少至仅剩洞庭湖和鄱阳湖，且持续萎缩。沿海湿地面积大幅度减少，近岸海域生物多样性降低，渔业资源衰退严重，自然岸线保有率不足 35%。

（2）地下水水质状况

根据《2016 年中国环境状况公报》，全国 31 个省(区、市)225 个地市级行政区的 6124 个监测点位中，依据《地下水质量标准》（GB/T 14848-93），综合评价结果为水质呈优良级、良好级、较好级、较差级和极差级的监测点分别占 10.1%、25.4%、4.4%、45.4% 和 14.7%。主要超标指标为锰、铁、总硬度、溶解性总固体、"三氮"（亚硝酸盐氮、硝酸盐氮和氨氮）、硫酸盐、氟化物等，个别监测点存在砷、铅、汞、六价铬、镉等重（类）金属超标现象。

（3）污水排放状况

村镇生活污水处理是改善农村人居环境、提高村镇居民生活水平的重要内容。随着村镇生活水平的提高，水冲厕所在农户开始普及，洗涤用水增加，农村地区的生活用水量和集中供水率逐年提高，村镇生活污水排放量逐年增大。2015 年我国农村人口 7.97 亿，按照人均日生活用水量 83 升，排放系数 0.8 估算，全年累计需处理农村生活污水 193 亿立方米，占全国生活污水排放总量的 31%。然而，2015 年末，行政村污水处理率仅为 11.4%，大量农村生活污水未经处理排出，已成为农村、湖泊和河流富营养化等环境污染的主要原因之一。

7.2 城镇水资源与水环境系统规划

7.2.1 水资源优化配置

水资源优化配置研究源于 20 世纪 40 年代 Masse

提出的水库优化调度问题，国内外诸多学者经过半个世纪多的实践研究，在水资源优化配置方面取得了丰硕的研究成果。国内学者在经历水资源评价、"四水转化"与地表水地下水联合配置、基于区域宏观经济的水资源配置、基于二元水循环模式和面向生态的水资源配置、基于实时调度的水资源配置与调控、基于 ET 的水资源整体配置等历时 30 多年的研究过程，未来的重点突破方向将是水量水质联合配置与调控。水资源优化配置的指导思想经历了由"以需定供"、"以供定需"、"基于宏观经济"、"面向可持续发展"到目前的"遵循科学发展观"的过程。

20 世纪 70 年代以来，伴随着数学规划和模拟技术的发展及其在水资源领域的应用，水资源优化配置模型和方法的研究成果不断增多，研究方法从模拟技术和常规优化技术（线性规划、非线性规划、整数规划、动态规划等）发展到优化技术与模拟技术相结合，以及随机规划、模糊优化、神经网络、遗传算法、复杂系统理论、供应链理论等新技术的应用。

（1）水资源优化配置理论

1）水资源优化配置的概念

水资源优化配置是针对水资源短缺和用水竞争性提出的。可以定义为："在一个特定流域或区域内，以有效、公平和可持续的原则，对有限的、不同形式的水资源，通过工程与非工程措施在各用水户之间进行的科学分配"其最终目的就是实现水资源的可持续利用，保证社会、经济、资源、生态环境的协调发展。水资源优化配置的实质就是提高水资源的配置效率，一方面是提高水的分配效率，合理解决各部门和各行业（包括环境和生态用水）之间的竞争用水问题；另一方面则是提高水的利用效率，促使各部门或各行业内部高效用水。合理开发利用水资源、实现水资源的优化配置，是我国实施可持续发展战略的根本保障。

根据水资源与生态经济系统的关系和水资源系统的演变过程，水资源的配置方式，大体上经历了四种类型的历史演变：初始型、发展型、增长型和协调型。

a. 初始型水资源配置方式

在人类早期的社会里，资源完全由自然支配，人类基本上被自然掌握，生活的需要主要靠大自然的恩赐，自发地对生活资料进行被动地摄取和逐渐地有所选择的摄取，这就开始了自发的资源配置。实质上，这种资源的配置方式并不构成真正意义上的资源配置。

b. 发展型水资源配置方式

这种水资源配置方式是在社会发展到自然经济和半自然经济的农业社会时代逐渐出现的。这时，人们对自然资源的本质有了一定的认识和配置能力。春秋战国时期，农业已开始向精耕细作方向发展，并开始有意识地利用水资源，诸如兴建郑国渠、芍坡和都江堰等大型水利灌溉工程。在古埃及、巴比伦、印度等国也先后利用水资源，发展农业生产。尽管人们对自然界和其资源的认识仍很肤浅，但由于社会生产力发展和科技进步，人类对资源配置与利用的能力大大提高了。

c. 增长型水资源配置方式

这种水资源配置方式是随着工业产业革命而出现的。为了满足工业化和人口、经济的发展需求，各种资源的配置被强化了，以满足经济的不断发展，并取得了经济发展的辉煌业绩。这种强化资源配置的方式是增长型经济发展模式的产物，目的是支持经济的迅速增长和不断发展。增长型的资源配置方式虽然取得了经济增长，却带来了世界性的环境污染和生态破坏，对人类的生存和发展越来越构成了现实的威胁。

d. 协调型水资源配置方式

面对增长型资源配置方式的后果，寻求一条经济、社会和环境协调发展的资源配置之路就是协调型资源配置方式必然出现的依据。其特点是：对满足经济、社会发展需要的自然资源利用的配置，必须与环境、资源的保护协调一致，以维持当代人和后代人永续地持续发展。协调型资源配置方式是实施可持续发展战略必然选择的最佳资源配置方式。

2) 水资源配置理论及发展方向

a. "以需定供"的水资源配置

在过去很长一段时间内，在水资源的利用中强调"供水管理"，水资源配置实行"以需定供"。"以需定供"的水资源配置理论建立在"水资源取之不尽、用之不竭"的思想基础上，以经济效益最优为唯一目标。这种思想将水资源供需不平衡、供水短缺看成是受水源开发问题的制约，因而主要通过加强水资源开发、修建水利设施等增加供水能力的办法来解决供水不足。此外，以过去或目前的国民经济结构和发展速度资料预测未来的经济规模，通过该经济规模预测相应的需水量，并以此得到的需求水量进行供水工程规划。这种思想将各水平年的需水量及过程均作定值处理而忽视了影响需水的诸多因素间的动态制约关系，着重考虑了供水方面的各种变化因素，强调需水要求，通过修建水利水电工程的方法从大自然无节制地索取水资源，其结果必然带来不利影响，诸如河道断流，土地荒漠化甚至沙漠化、地面沉降、海水倒灌、土地盐碱化等。另一方面，由于"以需定供"，没有体现出水资源的价值，毫无节水意识，也不利于节水高效技术的应用和推广，必然造成社会性的水资源浪费。因此，这种牺牲资源、破坏环境的经济发展，必然付出沉重的代价，只能使水资源的供需矛盾更加突出。

b. "以供定需"的水资源配置

与"以需定供"的水资源配置理论相反，"以供定需"的水资源配置强调"需水管理"。它是以水资源的供给可能性进行生产力布局，强调资源的合理开发利用，以资源背景布置产业结构，它是"以需定供"的进步，有利于保护水资源。但是，水资源的开发利用水平与区域经济发展阶段和发展模式密切相关，比如，经济的发展有利于水资源开发投资的增加和先进技术的应用推广，必然影响水资源开发利用水平。因此，水资源可供水量是与经济发展相依托的一个动态变化量，"以供定需"在可供水量分析时与地区经济发展相分离，没有实现资源开发与经济发展的动态协调，可供水量的确定显得依据不足，并可能由于过低估计区域发展的规模，使区域经济得不到充分发展。这种配置理论也不适应经济发展的需要。

c. 基于宏观经济的水资源配置

无论是"以需定供"还是"以供定需"，都将水资源的需求和供给分离开来考虑，要么强调需求，要么强调供给，忽视了水资源利用与区域经济发展的动态协调。于是结合区域经济发展水平并同时考虑供需动态平衡的基于宏观经济的水资源优化配置理论应运而生。

某一区域的全部经济活动就构成了一个宏观经济系统。制约区域经济发展的主要影响因素有以下三个方面：第一，各部门之间的投入产出关系。"投入"是指各部门和各企业为生产一定产品或提供一定服务所必需的各种费用（包括利税）；"产出"则是指按市场价格计算的各部门各企业所生产产品的价值。在某一经济区域内其总投入等于总产出。通过投入产出分析可以分析资源的流向、利用效率以及区域经济发展的产业结构等。第二，年度间的消费和积累关系。消费反映区域的生活水平，而积累又为区域扩大再生产提供必要的物质基础和发展环境。因此，保持适度的消费—积累比例，既有利于人民生活水平的提高，又有利于区域经济的稳步发展。第三，不同地区之间的经济互补（调入调出）关系。不同的进出口格局必然影响区域的总产出，进而影响产业的结构调整和资源的重新分配。上述三方面相互作用共同促进区域经济的协调发展。

基于宏观经济的水资源优化配置，通过投入产出分析，从区域经济结构和发展规模分析入手，将水资源优化配置纳入宏观经济系统，以实现区域经济和资源利用的协调发展。

水资源系统和宏观经济系统之间具有内在的、相互依存和相互制约的关系。当区域经济发展对需水量要求增大时，必然要求供水量快速增长，这势必要求增大相应的水投资而减少其他方面的投入，从而使经济发展的速度、结构、节水水平以及污水处理回用水平等发生变化以适应水资源开发利用的程度和难度，实现基于宏观经济的水资源优化配置。

另一方面，作为宏观经济核算重要工具的投入产出表只反映了传统经济运行和均衡状况，投入产出表中所选择的各种变量经过市场而最终达到一种平衡，这种平衡只是传统经济学范畴的市场交易平衡，忽视了资源自身价值和生态环境的保护。因此，传统的基于宏观经济的水资源优化配置与环境产业的内涵及可持续发展观念不相吻合，环保并未作为一种产业考虑到投入产出的流通平衡中，水环境的改善和治理投资也未纳入投入产出表中进行分析，必然会造成环境污染或使生态遭受潜在的破坏。因此，传统的宏观经济理论体系有待革新。

d. 可持续发展的水资源配置

水资源"优化配置"的主要目标就是协调资源、经济和生态环境的动态关系，追求可持续发展的水资源配置。可持续发展的水资源优化配置是基于宏观经济的水资源配置的进一步升华，遵循人口、资源、环境和经济协调发展的战略原则，在保护生态环境（包括水环境）的同时，促进经济增长和社会繁荣。

关于可持续发展，目前我国的研究还没有摆脱理论探讨多、实践应用少的局面，并且理论探讨多集中在可持续发展指标体系的构筑、区域可持续发展的判别方法和应用等方面。在水资源的研究方面，也主要集中在区域水资源可持续发展的指标体系构筑和依据已有统计资料对水资源开发利用的可持续性进行判别上。对于水资源可持续利用，主要侧重于"时间序列"（如当代与后代、人类未来等）上的认识，对于"空间分布"上的认识（如区域资源的随机分布、环境格局的不平衡、发达地区和落后地区社会经济状况的差异等）基本上没有涉及，这也是目前对于可持续发展理解的一个误区，理想的可持续发展模型应是"时间和空间的有机祸合"。因此，可持续发展理论作为水资源优化配置的一种理想模式，虽然在模型建立和模型结构上与实际应用都还有相当的差距，但它必然是水资源优化配置研究的发展方向。

（2）水资源优化配置模型

水资源优化配置模型大致可分为以下几类：静态规划模型、动态规划模型、多目标决策模型、大系统优化理论、遗传算法及其他一些优化模型。

1）静态规划模型

这包括线性规划模型和非线性规划模型。在解决在水资源系统规划管理中，经常遇到两类问题：一是在某项任务确定后，如何统筹安排，以最少的人力、物力和财力去完成该项任务即使系统费用最小或净效益最大的水资源最优分配问题；二是面对一定数量的人力、物力和财力资源，如何安排使用，使得完成的任务最多即寻求最有效的资源开发利用模式。实际上，这是一个问题的两个方面，线性规划和非线性规划方法对于有限维总是可以解决的。

2）动态规划

这一种解决多阶段决策过程最优化问题的数学规划法。它的数学模型和求解方法比较灵活，其实质是把原问题分成许多相互联系的子问题，而每个子问题是一个比原问题简单得多的优化问题，且在每一个子问题的求解中，均利用它的一个后部子问题的最优化结果，依次进行，最后一个子问题所得最优解，即为原问题的最优解。但是由于它一个子问题，用一个模型，用一个求解方法，且求解技巧要求比较高，没有统一处理方法；状态变量维数不能太高，一般要求小于6，导致出现"维数灾"而难于求解。

3）多目标决策模型

这选取能够反映水资源承载力的社会、经济、人口、生态环境等若干目标，影响这些目标的主要因素是相通的，而且目标之间又相互依存、相互制约。按照社会可持续发展的原则，不追求单个目标的优化，只追求整体的最优。用系统分析和动态分析方法研究不同水平年、不同策略方案下水资源所能承载的生态、经济、人口规模。利用多目标决策模型，可以将水资源系统（自然系统）与区域宏观经济系统（社会系统）作为一个综合体来考虑。在这个综合体中全面研究水资源开发利用与区域社会、经济、环境发展目标间的动态联系，供水需水间的动态联系，以及投资与效益间的动态联系等。

4）大系统优化方法

大系统优化方法一般采用分解协调法。它既是一种降维技术，即把一个具有多变量、多维的大系统分解为多个变量较少、维数较少的子系统；又是一种迭代技术，即各子系统通过各自优化得到的结果，还要反复迭代计算进行协调修改，直到满足整个系统全局最优为止。

5）遗传算法

在水资源优化配置研究中，由于优化问题所涉及的影响因素很多，解空间也较大，而且解空间中参变量与目标值之间的关系又非常复杂，所以，在复杂系统中寻求最优解一直是努力解决的重要问题之一。而对于这类问题，遗传算法是一种较为有效的优化技术。遗传算法（Genetic Algorithms）是模拟生物界的遗传和进化过程而建立的一种搜索算法，体现着"生存竞争、优胜劣汰、适者生存"的竞争机制。

生物遗传物质的主要载体是染色体，染色体通常是一串数据（或数组），用来作为优化问题解的代码，其本身不一定是解。遗传算法的基本思想是：首先，随机产生一定数目的初始"染色体"，这些随机产生的染色体组成一个"种群"，种群中染色体的数目称为种群的大小或种群规模。其次，用评价函数来评价每一个染色体的优劣，也就是计算染色体的"适应度"，以此作为以后进行遗传操作的依据。然后，执行选择过程，其目的是为了从当前种群中选出优良的染色体，使它们成为新一代的种群。评价染色体好坏的准则就是各自的适应度，适应度大的染色体被选择的几率高，相反，适应度小的染色体被选择的可能性小，被选择的染色体进入下一代。通过选择过程，产生一个新的种群，再对这个新的种群进行交叉操作，它模拟基因重组原理，个体之间通过基因和部分结构的随机交换和重组方式，生成新的种群，是遗传算法中主要的遗传操作之一。接着进行变异操作，它使种群的个体位串中的基因代码反转，目的是防止重要基因的丢失，并产生新的基因，维持种群基因类型的多样性，克服有可能限于局部最优解的弊病。经过上述运算产生的新的种群称为"后代"。然后，对新的种群重复进行选择、交叉和变异操作，经过若干代之后，算法收敛于最好的染色体，该染色体就是问题的最优解或近似最优解。

（3）需水量预测

1）需水量预测的原则

a. 充分考虑经济发展结构和产业结构，按照可持续发展理念，统筹兼顾社会、经济、生态环境等各部门发展对水的需求。

b. 全面贯彻节水的方针，在各部门需水量预测中，考虑水资源紧缺对需水量增长的制约作用，合理设置用水指标。

c. 重视现状基础调查资料，结合历史情况进行规律分析和合理的趋势预测，力求需水预测符合该城镇的区域特点。

2）需水量预测方法

目前城镇需水量预测的理论及方法归纳起来主要包括：人均综合指标法、单位用地指标法、线性回归法、年递增率法、生长曲线法、生产函数法以及分类加和法等。各方法具体介绍如下：

a. 人均综合指标法

根据有关资料及经验确定人均综合用水指标，用该指标乘以用水人口得到城镇最高日需水量。合理确定人均用水量指标是本法的关键。城镇的性质及产业结构是影响人均综合用水指标的主要因素。

b. 单位用地指标法

根据有关规范及资料确定城镇各类建设用地的单位用水量指标，根据拟预测城镇各类用地规模，推算出城镇用水总量。本法的关键是合理确定各类建设用地的单位用水量。

c. 线性回归法

根据过去相互影响、相互关联的两个或多个因素的资料，由不确定的函数关系，利用数学方法建立相互关系，拟合成一条曲线或一个多维平面，然后将其外延到适当时间，得到预测值。

d. 年递增率法

根据历年供水能力的年递增率，并考虑经济发展的速度，选定供水的递增函数，再由现状供水量，推求出未来一段时间的供水量。这种方法的前提是需要有较详细的历年供水资料，关键是合理地确定递增率。

e. 生长曲线法

城镇用水总量从历史发展过程中看，呈S型曲线，即生长曲线。这符合城镇用水量在人口和用水标准上的变化规模，从初始发展到加速发展，最后发展速度减缓。使用生长曲线法的关键是根据相关资料合理拟合出生长曲线，然后根据规划期限得出总需水量。

f. 生产函数法

根据历史数据，用回归方法求出生产函数的参数值，即确定城镇投入的水资源量与城市发展之间的函数关系。根据历史数据和数学模型求解，得到城镇用水量的预测值。

g. 分类加和法

分别对各类城镇用水进行预测，获得各类用水量，再进行加和。通常的分类为：居民生活用水，公建用水、工业用水、市政用水、未预见及管网漏失用水等。

由于城镇的现状供水资料缺乏并较难收集，因此对城镇需水量预测的方法要慎重选择，以免与实际产生太大的偏离。在上述各种用水量预测的理论及方法中，线性回归法、年递增率法、生长曲线法、生产函数法等均需要多年较详细的、具有代表性的供水资料，而城镇恰恰缺乏多年的、具有代表性的供水基础资料，因此，这几种方法均不宜用于城镇规划时用水量的预测。

单位用地指标法，仅需规划专业提供各类用地的规模，参考《城市给水工程规划规范》中各类用地用水指标即可推算出城镇用水量，可适用于城镇用水量的预测。分类加和法，只需规划专业提供规划人口，根据所确定的居民生活用水指标即可推求出居民生活用水，公建用水、工业用水、市政用水、未预见及管网漏失用水采用相应的比例来推求，此方法也可适用于城镇用水量的预测，但推求用水量时的关键是合理确定各项用水的比例。城镇用水量预测涉及到未来发展的诸多因素，为减少预测结果与城镇发展实际间的差距，用水量预测时宜采用多种方式相互校核。

3）需水量计算方法

a. 工业需水预测

利用不同产业和产量把已有企业和新建企业分别加上对应的补水量定额进行预测，预测的方法很多，一般采用趋势法和回归法，下面介绍一下趋势法：

利用历年的工业用水增长率推算工业用水量，预测的公式为：

$$Q_t=Q_d\times(1+P)^n \qquad (式7-1)$$

式中：Q_t——工业用水量；

Q_d——预测起始年份的工业用水量；

P——为工业用水平均增长率；

n——为起始年至预测年份的时间间隔（年）。

回归法：

$$y=alnx+b \qquad (式7-2)$$

式中：y——工业用水增长率（%）；

x——工业产值增长率（%）；

a——回归系数。

把工业增长率和工业产值增长率绘于对数纸上，求算其相关关系，并换算成工业用水量。

对于新开发建设的城镇，可采用用地指标法，对工业需水量进行预测，在拟发展的主导已确定的基础上，采用类比的等方法，确定各主导行业单位用地的需水指标，从而推算工业用水量，预测的公式为：

$$Q_t=I_1\times S_1+I_2\times S_2+\cdots I_n\times S_n \qquad (式7-3)$$

式中：Q_t——工业用量；

I_1、I_2、I_n——各主导行业单位用地需水指标；

S_1、S_2、S_n——各主导行业占地面积。

b. 城镇用水量预测

城镇是人类生活相对集中的地方，用水较多。随着城镇规模的扩大、人口的增长、住房面积的增大、各项公共事业设施的增多、生活水平的提高、用水标准的提高而增长。城镇生活需水包括城市居民住宅生活需水和城镇公共需水两部分。

城镇居民生活用水量计算：

$$Q_生=L\times P\times 365 \qquad (式7-4)$$

式中：$Q_生$——城镇生活用水总量；

L——城镇人均日生活用水定额；

P——城镇用水的人口规模。

城镇公共需水量计算：

城镇公共需水范围广，包括美化环境、清洁街道和消防用水等。

绿化和清洁街道用水量计算：

$$Q_环=F\times Q_d \qquad (式7-5)$$

式中：$Q_环$——绿化用水与清洁用水；

F——绿化用水或清洁用水面积；

Q_d——每平方米用水量。

消防用水量计算：

$$Q_消=n\times Q_d\times t \qquad (式7\text{-}6)$$

式中：$Q_消$——消防用水；

Q_d——用水定额；

n——灾情次数；

t——持续时间。

风景区用水量的计算：

$$Q_风=f\times(E\text{-}P+W) \qquad (式7\text{-}7)$$

式中：$Q_风$——风景区用水量；

f——湖泊或河道面积；

E——蒸发量；

P——天然降水量；

W——区内渗透量。

c. 农业用水量预测

灌溉用水量：

$$Q_灌=f\times(q_灌+q_泡)+E+q_渗\text{-}p \qquad (式7\text{-}8)$$

式中：$Q_灌$——灌溉用水量；

f——灌溉面积；

$q_灌$——净灌溉定额；

$q_泡$——泡田用水量；

E——生育期蒸发量；

$q_渗$——生育期田间渗透量；

p——生育期降水量。

林业用水量计算：

$$Q_林=f\times q \qquad (式7\text{-}9)$$

式中：$Q_林$——林业用水量；

f——灌溉面积；

q——灌溉定额。

畜牧业用水量计算：

$$Q_牧=\sum n\times q \qquad (式7\text{-}10)$$

式中：$Q_牧$——畜牧业用水量；

n——各种畜牧的头数；

q——各种畜牧的用水定额。

渔业用水量的计算：

$$Q_渔=f\times q\times(E\text{-}P+W) \qquad (式7\text{-}11)$$

式中：$Q_渔$——渔业用水量；

f——养殖水面积；

q——放水量；

E——年蒸发量；

P——年降水量；

W——年渗透量。

根据以上介绍的城镇水资源需求预测理论及计算方法，以某城镇为例，简要预测其水资源需求量。

该城镇为规划新建城镇，规划面积约34.2km²，规划人口规模35万人。总用地中建设用地比例约为75%，其余为生态用地，建设用地内主要用地类型及其所占比例见表7-1。

表7-1 某城镇规划用地情况

序号	用地类型	比例
1	居住用地	42.7%
2	公共设施用地	9.6%
3	道路广场用地	10.3%
4	绿地	23.9%
5	商务工业用地	5.0%
6	仓储用地	0.4%
7	市政设施用地	1.7%
8	混合用地	6.4%
总建设用地面积		100%

由于该城镇是规划新建城镇，无历史用水资料，因此不能采用线性回归法、年递增率法等方法进行预测，因此综合采用人均综合指标法、单位用地指标法及分类加和法对城镇需水量进行预测。

① 用水指标确定

a. 人均生活用水量

预计城镇人均生活用水指标为150L/人·d。其中日人均新鲜水耗120L/人·d，冲厕等生活杂用水需求量30L/人·d。

b. 产业用水

规划发展的主导产业为环保产业等研发创意产业，用水 0.4 万 $m^3/km^2 \cdot d$。

c. 公共设施用水

公共设施包括行政办公、商业、文娱、医疗等，用水 0.4 万 $m^3/km^2 \cdot d$。

d. 生态补水

城镇所在区域年蒸发量最高为 1840mm，换算为自由水面蒸发量约为 900.5mm/ 年。此外，区内景观水体平均每年换水 2 次。

e. 绿地用水

绿化耗水量约 1.5 ~ 4.0L/$m^2 \cdot d$，规划城镇所在地区缺水且土壤含盐量高，考虑以集约化管理方式提高用水效率，绿化需水指标取 2.7L/$m^2 \cdot d$，即 0.27 万 $m^3/km^2 \cdot d$。建设用地以外的生态绿地一般对浇灌的需求量较少，以 1.5 万 $m^3/km^2 \cdot d$ 计。

f. 道路用水

道路冲洗用水约为 0.1L/$m^2 \cdot$ 次，以每天冲洗 2 次计，因此道路冲洗用水指标取 0.2 万 $m^3/km^2 \cdot d$；

② 用水需求量预测

对规划城镇基本建成后的用水量需求进行预测如下：

生活用水：$Q_1 = 150$L/ 人·d×35 万人 = 5.25 万 m^3/d；

产业用水：

$Q_2 = 0.4$ 万 $m^3/km^2 \cdot d \times 1.279km^2 = 0.51$ 万 m^3/d；

公共设施用水：

$Q_3 = 0.4$ 万 $m^3/km^2 \cdot d \times 2.465km^2 = 0.99$ 万 m^3/d；

生态补水：水域面积约 4.2 km^2，水深约 1.7m，生态补水量总共：

$Q_4 = 900.5$mm /a × 4.2km^2 + 1.7m × 4.2km^2 × 2 次 /a = 4.95 万 m^3/d；

绿地用水：公共绿地 4.44km^2，生态绿地 6km^2，则：

$Q_5 = 0.27$ 万 $m^3/km^2 \cdot d \times 4.44km^2 + 0.15$ 万 $m^3/km^2 \times$

6km^2 = 2.1 万 m^3/d；

道路用水：

$Q_6 = 0.2$ 万 $m^3/km^2 \cdot d \times 2.64km^2 = 0.53$ 万 m^3/d；

日需水总量：

$Q = Q_1 + Q_2 + Q_3 + Q_4 + Q_5 + Q_6 = 14.33$ 万 m^3/d

综上，该城镇日需水总量为 14.33 万 m^3/d。管网渗漏损失按 10% 计，渗漏量约 1.43 万 m^3/d，考虑管网渗漏后的水需求总量 15.76 万 m^3/d。

7.2.2 供水体系

（1）可供水资源

城镇水资源应包括符合各种用水水源水质标准的淡水（地表水、地下水、雨水）、海水，及经过处理后符合各种用水水质要求的淡水（地表水、地下水、雨水）、海水、再生水等。

1）城镇给水水源选择的原则

城镇给水水源选择应贯彻节约用水的原则，水源应合理配置、高效利用。选择城镇给水水源，应以水资源勘察或分析研究报告和城镇供水水源开发利用规划、有关的区域、流域水资源规划为依据，并满足城镇用水量和用水水质等方面的要求，选择水质良好、水量充沛、便于防护的水源。

城镇给水水源选择还应按照优质水源优先供生活饮用的原则，统一规划、合理布局，做好水源的卫生防护。协调与农田灌溉、工业、养殖业等关系，合理利用水资源。

水资源不足的城镇，应节约用水，宜将雨、污水处理后用作工业用水、生活杂用水及河湖环境用水、农业灌溉用水等，其水质应符合相应标准的规定。常规水源匮乏的地区，宜适当收集雨水作为分散给水水源。

2）城镇水源选择的一般顺序

地下水和地表水是我国城镇给水的常规水源。目前北方城镇多以地下水为水源，南方则多用地表水。由于采用地下水具有经济、安全而且便于水处理和维护管理的优点，城镇应优先选择符合国家有关标准规定的地下水为给水水源。对多个可供选择的水源，应进行全面技术经济比较后，择优确定。

城镇常规水源的选择顺序可考虑为：

a. 地下水源：泉水、承压水（深层地下水）、潜水（浅层地下水）；

b. 地表水源：水库水、山溪水、湖泊水、河水；

c. 便于开采但尚需适当处理方可饮用的地下水，如水中所含铁、锰、氟等化学成分超过生活饮用水水质标准的地下水；

d. 需进行深度处理的地表水；

e. 淡水资源匮乏地区，可修建雨水收集系统，直接收集雨水作为分散式给水水源。

对于部分缺水严重的城镇来说，除地表水、地下水等常规水源外，还应积极地开发特色水资源和非传统水资源作为给水水源或第二水源，如岩溶水、雨水和再生水等，拓宽给水水源范围。如西南岩溶地区应大力开发岩溶水；西北黄土高原、苦咸水地区、缺少优质淡水的沿海等地区应积极进行雨水集蓄利用；经济实力较强的华东及华北城镇，可开展污水回用，采取分质供水，促进水系统的良性循环。

（2）水资源供应体制

城镇给水系统，按水源种类可分为地表水给水系统、地下水给水系统、雨水集蓄给水系统等，按宏观规划又可分为区域给水系统和独立给水系统。同时这些系统并非孤立，而是可以互相交叉和综合，在实际情况中可以灵活地进行系统选择与组合。

1）城镇群区域给水系统

城镇在解决水质和满足水量需求方面，往往存在本身无法克服的困难，要从根本上解决这一问题，最好的出路是实施区域供水。区域供水是供水事业发展到高级阶段的一种形式，它是几个相邻地区共享一个或多个水源、水厂集中化、管网连成一片的经济适用的供水系统，统一规划、统一管理，按照水系、地理环境特征划分供水区域，可打破行政界限。

区域供水有利于提高效益、节省基建投资和运行费用；有利于水资源的合理利用与保护；有利于提高水质，保证供水安全稳定性。区域供水使给水工程由分散向集中，小型向大、中型，低建设标准向高标准转变，能建立起区域性（城镇群）的有效供给体系。

区域供水要求经济发展水平和城市化水平较高、城镇群相对集中，还需要具有丰富的水资源和较为平坦的地形。位于大中城市规划区范围内的郊区建制镇，应该列入城市供水当中一并考虑，实行城乡联网区域供水。

一般情况下，距中心城市相对较远、但较集中分布或连绵分布的城镇群，应该优先考虑联片区域供水，统建、联建区域水厂，实现供水设施的联建共享。不单独设水厂的城镇可酌情设配水厂。由于经济发展水平是能否实施区域供水的首要因素，经济发达地区的城镇应首先考虑区域供水的模式。考虑到区域供水建设资金投入变化较大，因此需对区域供水的可行性及供水范围进行仔细的投资效益分析，合理设置供水半径及供水管网布置形式。

2）城镇独立给水系统

独立给水系统是城镇目前普遍采用的给水系统建设模式，即各个城镇独立建设给水设施。此种系统规模较小，适用于相对独立分散、地形较复杂及水源缺乏地区，尤其是山区、边远山区的城镇。在普遍实行区域供水的地区，处于不同供水区域之间空白地带或地理位置偏僻的城镇，也可以采取独立给水。

城镇独立给水系统可分为集中式给水系统和分散式给水系统。集中给水系统是指全镇集中建厂，建设统一而完整的取水工程、净水工程及输配水工程。目前尚无条件建设集中式给水系统的小城镇，可以以家庭或小区为单位进行分散式给水。

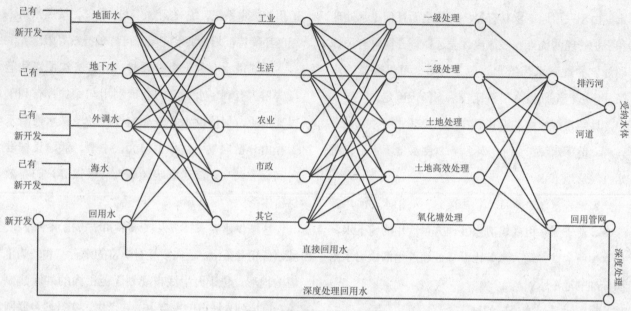

图 7-1 城镇供需水系统网络图

（3）城镇水流系统

通过水资源优化配置和供水体系设计，形成基于水资源综合利用的城镇水流系统，城镇的水流系统由水资源的开发、调入、使用、排放、处理与回用、排放等过程构成，城镇水流系统构成图参见图 7-1。

7.2.3 水环境系统规划

（1）饮用水源地保护

城镇水资源保护，首先应加强饮用水源地的保护，在集中式饮用水源地建立饮用水水源保护区。饮用水水源保护区分为地表水饮用水源保护区和地下水饮用水源保护区。地表水饮用水源保护区包括一定面积的水域和陆域。地下水饮用水源保护区指地下水饮用水源地的地表区域。

集中式饮用水水源地应分级划分保护区，兼顾城市发展要求、水域的水质现状和发展趋势，以及各地区对水量、水质的近期和远期需求。一般划分为一级保护区和二级保护区，必要时可增设准保护区。原国家环境保护总局 2007 年 1 月 9 日发布的《饮用水源地保护区划分技术规范》（HJ/T 338-2007）中分别对河流水源地、湖泊（水库）水源地、地下

水水源地保护的分级划分方法做了详细的规定。例如在一般河流水源地，一级保护区水域长度为取水口上游不小于 1000m 至下游不小于 100m 范围内的河道水域。

对于地表水水源地，取水口、一级和二级保护区的水质按国家《地面水环境质量标准》（GB 3838-2002）应达到相应的水质标准。集中饮用水源地的保护措施主要包括：饮用水源一级保护区内禁止新建、改建、扩建与供水设施和保护水源无关的建设项目；在二级保护区内禁止新建、改建、扩建排放污染物的建设项目，已建成的要拆除或关闭；在准保护区内应实行积极的保护措施，县级以及县级以上地方政府要根据保护饮用水源的实际需要，在准保护区内采取工程措施或建造湿地、水源涵养林等生态保护措施；合理布局水源地周边产业结构，推行清洁生产，严禁有毒有害污染物的排入；控制周边农业农药、化肥的污染等。

（2）污染源治理

城镇主要水污染源包括工业污染源、生活污染源（城镇生活污水、农村生活污水）、农业面污染源等，城镇水污染治理要从多方面入手综合考虑。

1）生活污水治理

城镇生活污水治理，首先应完善排水系统，采取集中与分散相结合的处理方式，建设污水处理设施，对于地理位置比较集中的城镇，生活污水处理设施以集中处理为主，对于地理位置相对分散的城镇，如山区，则以分散处理为主，就地回用，逐步提高城镇生活污水处理率。对经济较发达的城镇，还可因地制宜的考虑污水的深度处理，进一步减少污染物的排放总量，还可以建立再生水回用系统，将污水处理后再利用。对生活污水排放进行严格管理，避免未经处理直接排入环境中。

2）工业污水治理

加强对城镇工业污染源和乡镇企业的管理，限制污染严重企业的发展，关停或升级改造规模小、技术工艺落后、经济效益差、污染严重并且没有污水处理能力的企业。加强对工业企业污水排放的监督管理，贯彻执行三同时制度，使工业废水达标排放。鼓励工业企业内部开展水资源循环利用及梯级利用，减少工业废水排放量。加快城镇污水管网的铺设，对工业废水集中处理。企业排污口的设置应符合国家法律、法规的要求，严禁私设暗管或者采取其他规避监管的方式排放水污染物。

3）面源污染防治

面源污染又称非点源污染，是指在农业生产活动中的氮素和磷素等营养物质、农药以及其他有机或无机污染物，通过农田地表径流和农田渗漏形成地表和地下水环境的污染。主要包括化肥污染、农药污染、集约化养殖场污染等。面源污染具有量大、面广、分散性强、污染负荷大、难以集中控制的特点。

在农业生产中减少或控制农药、化肥的施用量，提高农业生产科技水平，实行科学合理施肥，发展生态农业，从源头控制农业面源污染。对于化肥、农药施用带来的农业面源污染，可利用微区域集水技术、人工水塘技术、植被缓冲技术等一系列技术，使污染物在水塘得到相对富集，并构建湿地生态系统，延长水流滞留时间，通过沉淀、过滤、吸附、离子交换、植物吸收和微生物分解来实现对污水的高效净化。

畜禽养殖行业生产过程中会产生大量的废水和粪尿，如不经处理排入水环境，会加重水体的富营养化程度，污染水体水质。将城镇畜禽养殖业纳入环保监督管理的范围，合理布局，严禁在集中饮用水源地、生态环境敏感区建设畜禽养殖场。支持畜禽粪便、废水的综合利用，化废为宝，将养殖粪便用于种植业或渔业，作为肥料或鱼饵。建设畜禽养殖粪便、废水无害化处理设施，使污水达标排放。

（3）水环境保护

1）采用生态的方法治理水体的富营养化问题，比如种植水生植物，利用植物去除水体中的营养物质，使水质得到改善，水体透明度提高，水生动植物多样性得到自然恢复，使河道水体变清。

2）尽量保持河道的自然特征及水流的多样性，禁止裁弯取直，为水生动植物创造良好的栖息环境，保护河道水生态环境，提高河流自净能力。

3）在河流两岸建设林带绿地，在水边种植湿生树林、挺水植物、沉水植物等水生植物，恢复水生态系统，改善水环境质量。

4）水利工程调度要由传统的城市防洪功能向兼顾保护水生态系统功能转变，要兼顾河流水生态系统和防洪安全，统筹考虑。

本章8.3和8.4节将对城镇污水处理设施及再生水处理设施建设的技术及应用进行详细说明。

7.3 城镇水资源节约利用和非常规水资源利用

7.3.1 水资源节约利用

节水是在水资源利用过程中加强循环经济理念，遵循循环经济的3R原则，建立循环经济型社会，形成循环型水利用模式，以实现节水和减少排放或零排放以至于负排放（用水区域再生水量大幅度超过排放量）的目标。节水可以通过以下几方面的措施来实现：

（1）生活节水

城镇生活节水首先要增加城镇居民用水普及率，逐步减少依靠井泵水、河水和库塘水的饮水习惯。其次由于城镇生活用水供给量集中，水质要求高，随着城镇人口的不断增长，生活需水量也不断增长，城镇的生活节水需通过宣传教育增强全社会节水意识。同时应加快节水器具改造，推广节水设备，杜绝跑、冒、滴、漏现象；新建民用建筑普及节水器具。有条件的地区可在城镇公共建筑或居民小区铺设再生水回用管道，将再生水作为共建保洁用水及冲厕用水。同时推广节水器具，提高水利用率。推广先进节水器具和设备。

（2）农业节水

农业节水在城镇用水中所占比例较大，具有较大节水潜力。在农业生产中推广科学灌溉制度和先进农业灌溉技术，研究不同农作物的用水定额，探索农业灌溉定额控制的节水灌溉方式，调整农业种植种类结构，推进适应性种植，在缺水地区改种低耗水作物等；完善农田水利设施，减少田间蒸发和输水过程蒸发、渗漏，提高渠系水利用系数，减少农业灌溉水的浪费；因地制宜发展管灌、喷灌、滴灌、渗灌、微灌面积，节约灌溉用水量。

（3）工业节水

在城镇整体来看，要制定合理的产业规划，调整工业结构，确定产业发展方向，优化工业发展方式，限制规模小、污染大、浪费水资源多的企业的发展，同时加强工业用水管理，避免浪费。在水资源紧缺的地区，应限制水资源消耗量大的工业行业发展，鼓励低耗水行业发展。

对于企业自身，应依靠技改推动企业节约用水，大力提倡清洁生产技术，改造落后的工艺和设备，积极推广和引进节水型工艺和设备，提高工业用水重复利用率，在工艺中以再生水替代新鲜水，达到降低万元产值耗水量，提高水的利用效率的目的。

（4）市政设施节水

市政设施的用水主要包括道路冲洗、公共设施用水等。城镇污水处理厂处理后的污水可以作为市政设施用水的来源；建设雨水储集设施，充分利用自然降水。另外，加强城镇供水管网的维护管理、改进测漏手段、采取有效措施进行治漏、努力减少管网漏失量，是城镇节水的另一个重要方面。在城镇管网中推广新型管材，减少漏失率；公共场所选择质量好的节水型用水器具，拓展再生水利用途径，可节约大量新鲜水。

（5）园林绿地节水

城市需要耗水培育绿荫和草地，然而，许多城市靠远处的水库供水，水资源紧缺而珍贵，因此，采用多种方法来建立少浇灌、或不用浇灌的植被就很重要，以下是几种成功的做法（图7-3～图7-5）。

1）种植本土植物物种（树、草、灌木）和深根植被，减少浇灌水量。

2）尽量避免对草地进行修剪，以减少土壤的水分蒸发。

3）夏天气温高时，在太阳落山后喷水浇灌，减少灌溉水的蒸发损失。

4）枯枝落叶能帮助土壤吸收雨水，阻隔太阳直接辐射土壤，使土壤中的水分得以很好地保留。

图7-3 城市中的天然植被不必人工浇灌

图 7-4 草坪根系比较——长根系植被有利于节水

图 7-5 生态城市弗莱堡中随处可见天然植被

7.3.2 雨水资源的利用

(1) 雨水资源利用的意义

现代意义上的雨水利用尤其是城市雨水的利用是从 20 世纪 80 年代到 90 年代约 20 年时间里发展起来的。它主要是随着城市化带来的水资源紧缺和环境与生态问题而引起人们的重视。在优质淡水资源缺乏的城镇，合理利用雨水资源，收集雨水径流，简单处理后用于冲厕、洗车、绿化等，或利用透水地面、生态池（坑、塘、井）等，拦蓄雨水回补地下水，可实现补源和防洪相结合。在居住小区可将雨水蓄存用于绿化，可做到雨水不外排。

城镇雨水利用主要有以下几点好处：

① 与河川径流及地下水相比，除某些初期雨水水质较差外，雨水所受污染较少，是安全可靠的水源

之一。利用雨水资源能够增加可利用水源量，并将多余的雨水回补地下，缓解城市供水紧缺矛盾和地下水超采的趋势。

② 雨水利用是微型工程，不会产生大型水利工程带来的生态环境问题，并有利于改善水环境，提高居民生活质量。

③ 雨水便于就地利用，可以就地集中，就地存蓄，就地利用。其工程简单，有许多简单易行的利用技术，并且投资、运行费用较低，便于推广。

④ 雨水就地收集、就地利用或回补地下水，可减轻城市防洪压力，减小市政管道管径及排水量，减少或避免马路及庭院积水。

但在城镇使用雨水资源也存在缺点，即雨水源的时间、空间分布不稳定，不能保证常年供水。

雨水集蓄利用是解决半干旱和半湿润易旱区（如西北黄土高原）、西南岩溶区、高氟饮水区、苦咸水地区、缺少优质淡水的沿海地区，以及所有地表、地下水集中型水源缺乏或季节性缺乏或开发利用困难的城镇水源问题的重要途径。而其他地区的城镇，也可以因地制宜地将雨水用于备用水源、城市卫生、消防、环境绿化、回灌地下、水面景观等方面。

(2) 雨水利用的方式

雨水利用的主要过程是：收集—储存—净化水质—利用（图 7-6）。

① 雨水的收集和储存

建设雨水收集、储存设施是雨水收集和储存的最直接方法，其优点是简便、易操作，见效快，贮水设施可以是蓄水池（罐）、水库、湖体，也可以是塘坝。依据道路、屋面、庭院、停车场建筑物的非透水下垫面大致分为道路集雨、屋面集雨和园林水域集雨。其中，道路集雨主要用于市区街道、居民小区、高速公路等地，路面收集雨水的损耗约在 85% 左右，收集的雨水可以用于道路两旁绿化用水。屋面集雨是利用建筑物屋顶面积蓄水，收集储存的雨水可用于庭院绿

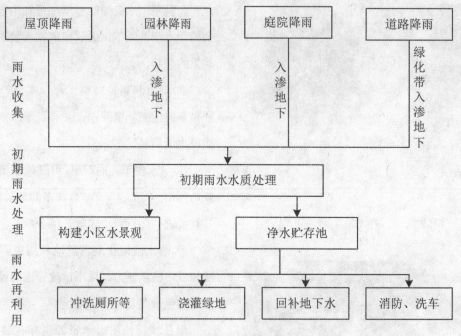

图7-6 城镇雨水利用流程图

化、冲洗厕所等。园林水域集雨是充分利用绿地景观湖体的拦蓄作用发展的集雨技术，主要用于生态需水。

人工就地下渗系统也是雨水集蓄的重要途径，主要是通过建造人造渗透地面、渗透井、渗透管、渗透浅沟、渗透池（塘）等设施增加雨水下渗量的过程。人造渗透地面的材料主要为多孔嵌草砖、碎石地面、透水砖、透水性混凝土，可广泛用于步行街、广场、停车场地。渗透井因占地面积和所需地下空间小，适用于拥挤的城区活地面和地下可利用空间小、表层土壤渗透性差而下层土壤渗透性好的场合。渗透管是由多孔管材在埋藏于地下或经雨水管改造后向四周土壤的渗透设施，因其易堵塞，可在广场、建筑物周边布置。渗透浅沟又称（植被浅沟）适用于渗透能力较强的土质，浅沟可使雨水在汇集和流动过程中不断下渗，减少雨水径流排放量，渗透浅沟最好有良好的植被覆盖，植物能减缓雨水流速，有利于雨水下渗，减少水土流失。渗透池在土壤充足及土壤渗透性能好时可考虑使用。在实际的工程建设中，可将各种技术综合协调，组成一个环境效益和经济效益最大的人工就地下渗系统（图7-7）。

② 雨水的净化

雨水处理包括利用前和利用后处理两个过程。使用前可采用过滤、沉降、病原体消除、消毒处理等方法，除去雨水中病害、杂质，净化雨水水质，此过程可镶嵌整合到收集、储存系统之中。资源化利用后的雨水处理大致有两种思路：一是循环再生利用，只是改变了雨水的物理性质，对后续利用并无碍是以循环利用为主。二是雨水质变程度大，无法再利用的要经过简单的污水水处理设备后并入中水或地下污水管道，与城市污水一同做进一步的综合处理。

（3）雨水资源利用实例

雨水利用在发达国家非常普遍，许多国家开展了相关的研究并建成一批不同规模的示范工程，如日本、美国、丹麦、德国、澳大利亚等，我国的部分城镇也已经开展了雨水资源的收集利用。

① 日本的雨水利用

日本是个水资源比较缺乏的国家，目前全国水资源利用率已达到20%左右，新辟水源所需的投入越来越大。为此，日本政府十分重视对雨水的利用（图7-8）。

图 7-7 雨水渗透系统

(a) 雨水渗透地面　　(b) 雨水渗透井　　(c) 雨水渗透管　　(d) 雨水渗透浅沟　　(e) 雨水渗透塘

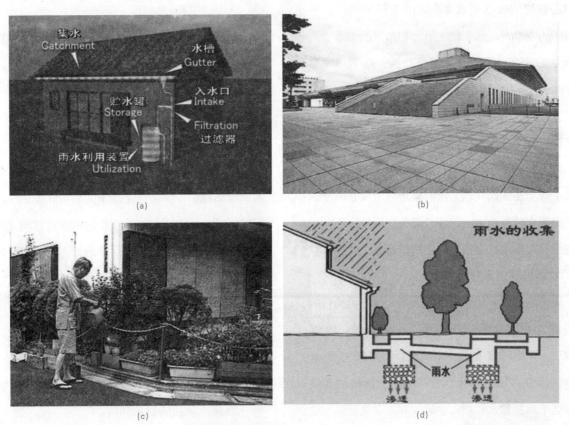

图 7-8 日本的雨水利用

(a) 东京一座具有收集雨水功能的建筑物　　(b) 东京市民家庭收集雨水的设施示意图
(c) 东京市民在用收集的雨水浇花　　(d) 雨水收集利用示意图

早在 1980 年，日本建设省就开始推行雨水贮留渗透计划，利用雨水贮留渗透的场所一般为公园、绿地、庭院、停车场、建筑物、运动场和道路等。采用的渗透设施有渗透池、渗透管、渗透井、透水性铺盖、浸透侧沟、调节池和绿地等。

经过有关部门对东京附近 20 个主要降雨区 22 万 m^2 长达 5 年的观测和调查，平均降雨量 69.3mm 的地区，平均流出量由原来的 35.59mm 降低到 5.48mm，流出率由 51.8% 降低到 5.4%。在东京，已经有 8.3% 的人行道采用了透水性柏油路面。雨水通过透水性柏油路面下渗到地下，经过收集系统处理后加以利用。

此外，日本还在一些城市的建筑物上设计了收集雨水的设施，将收集到的雨水用于消防、植树、洗车、冲厕所和冷却水补给等，也可以经处理后供居民饮用。据统计，日本目前已拥有利用雨水设施的建筑物上百座，屋顶集水面积 20 多万 m^2。东京江东区文化中心修建的收集雨水设施集雨面积 5600m^2，雨水池容积为 400m^3，每年作饮用水和杂用的雨水占其年用水量的 45%。东京有一座相扑馆，每天用水量可达 300m^3，其中一半用于冲厕所。这些水的大部分是利用大屋顶收集到的雨水。

在建筑物上收集雨水，多采用沉淀和过滤的方法，维修管理很方便，一般只需清扫沉淀池和过滤池。为解决降尘和酸雨问题，通常采用分离设置微滤网，以清除雨水贮存池内的泥沙。部分集雨设施还备有注氯装置，对雨水贮存池进行定期消毒。

② 美国的雨水利用

美国的雨水利用常以提高天然入渗能力为目的。如美国加州富雷斯诺市的地下回灌系统，10 年间（1971～1980 年）的地下水回灌总量为 1.338 亿 m^3，其年回灌量占该市年用水量的 20%。其他很多城市还建立了屋顶蓄水和由入渗池、井、草地、透水地面组成的地表回灌系统。美国不但重视工程措施，而且还制定了相应的法律法规支持雨水利用。如科罗拉多

州、佛罗里达州和宾夕法尼亚州均制定了《雨水利用条例》，这些条例规定，新开发区的洪峰流量不能超过开发前的水平，所有新开发区（不包括独户住家）必须实行强制的"就地滞洪蓄水"。

③ 丹麦的雨水利用

丹麦过去供水主要靠地下水，一些地区的含水层已经被过度开采。为此丹麦开始寻找可替代的水源，在城市地区从屋顶收集雨水，收集后的雨水经过收集管底部的预过滤设备，进入贮水池进行储存。使用时利用泵进水口的浮筒式过滤器过滤后，用于冲洗厕所和洗衣服。在 7 个月的降雨期，从屋顶收集起来的雨水量，就足以满足冲洗厕所的用水。而洗衣服的需水量仅 4 个月就可以满足。该措施每年能从居民屋顶收集 645 万 m^3 的雨水，水量相当于居民冲洗厕所和洗衣服实际用水量的 68%，同时占居民总用水量的 22%，占市政总饮用水产量的 7%。

④ 德国的雨水利用

德国雨水利用的特点是：放跑雨水要收费。利用公共雨水管收集雨水，采用简单的处理后，达到杂用水水质标准，便可用于街区公寓的厕所冲洗和庭院浇洒。如位于柏林的一家公寓始建于 20 世纪 50 年代，经过改建扩建，居民人数迅速增加，屋顶面积仅有少量增加。通过采用新的卫生原则，并有效地同雨水收集相结合，实现了雨水的最大收集。从屋顶、周围街道、停车场和通道收集的雨水通过独立的雨水管道进入地下贮水池。经简单地处理后，用于冲洗厕所和浇洒庭院。利用雨水每年可节省 2430m^3 饮用水。

另外德国还制定了一系列有关雨水利用的法律法规。如目前德国在新建小区之前，无论是工业、商业还是居民小区，均要设计雨水利用设施，若无雨水利用措施，政府将征收雨水排放设施费和雨水排放费。

⑤ 澳大利亚的雨水利用

澳大利亚在在很多新开发居民点附近的停车场、人行道上铺装透水砖，并在地下修建蓄水管网。雨

水收集后，先被集中到第一级人工池里过滤、沉淀；然后，在第二级人工池里进行化学处理，除去一些污染物；最后在第三级种有类似芦苇的植物并养鱼的池塘里进行生物处理，也就是让池塘中的动植物除去一些有机物。经过这三道工序后，雨水就被送到工厂作为工业用水直接利用。

⑥ 北京的雨水利用

最近，北京市为提高城市水资源利用率，开始在城区内实施雨水回收计划。目前雨水分层渗入地下试验已获成功，雨水有望不再直接排入市政管线。雨水回收利用的主要措施是结合降水特点及地质条件，采用雨水渗透间接利用方案，设计出一种从"高花坛""低绿地"到"浅沟渗渠"逐级下渗的雨水利用模式。这项雨水利用方案的出台将开创我国在雨水资源利用方面的范例。

北京市目前已开始执行《关于加强建设工程用地内雨水资源利用的暂行规定》，要求以后所有新建、改建、扩建工程均应加入雨水利用工程的建设。根据要求，建筑工程的雨水利用和收集有三种方式：如果建筑物屋顶硬化，雨水应该集中引入绿地、透水路面，或引入储水设施蓄存；如果是地面硬化的庭院、广场、人行道等，应该首先选用透水材料铺装，或建设汇流设施将雨水引入透水区域或储水设施；如果地面是城市主干道等基础设施，应该结合沿线绿化灌溉需要建设雨水利用设施。此外，居民小区也将安装简单的雨水收集和利用设施，雨水通过这些设施收集到一起，经过简单的过滤处理，就可以用来建设观赏水景、浇灌小区内绿地、冲刷路面，或供小区居民洗车和冲马桶，这样不但节约了大量自来水，还可以为居民节省大量水费。

7.3.3 再生水资源的利用

(1) 再生水资源利用的意义

在经济较发达，给排水设施建设较为完善的城镇，可考虑再生水回用、采取分质供水，开源节流与治污并举。如华北地区人均水资源拥有量很少，同时水资源开发利用潜力已经很小，水污染状况又较严重。因此，开发再生水资源，以再生水作为常规水源的补充水源，是缓解缺水地区城镇水资源供应压力的重要手段之一。

城镇污水水质水量相对稳定，易于收集，并且目前已有较为成熟的处理技术。对于缺水城镇，尤其是已建有城镇污水处理厂或正在筹建污水处理厂的城镇来说，开发新水源、新建或扩建自来水厂，不如开展再生水回用、采取分质供水。变消耗型开采利用模式为重复利用保护型模式，不仅能有效缓解城市供水不足的状况，同时对减小排水系统规模和负荷、保护水环境也是有利的，具有现实和可持续发展的意义。

(2) 再生水资源利用的途径

世界上许多国家把再生水回用于农业和生态环境建设，成功经验主要包括：

① 正确处理清洁水、再生水与水利用三者之间的关系，把清洁水作为饮用水源，实行清污分流。其他农业、工业、景观等方面用水，凡能用再生水替代清洁水的，尽量充分利用。

② 在再生水利用方面，不仅用于农作物灌溉以提高产量和保护水环境，更多的用于河道、湿地、林地、绿地、运动场、公园、娱乐场所等生态建设用水，采用多种生态结构工程来处理利用污水。

③ 对再生水回用于农业的水质实行分级管理，要求不同的处理水平。例如，回用于棉花等经济作物，要求一级处理；回用于牧草、酿酒葡萄，要求二级处理；回用于蔬菜，要求二级以上处理加消毒。并对灌溉时期的方法作了明确规定，对各种污染物制定了严格的控制标准。

④ 建立严格的管理法律、法规和标准，并严格执行。

再生水资源在城镇的回用途径，按照规模和使用方式分类，主要包括：

① 家庭内部使用型：将家庭日常生活产生的洗涤用水等优质杂排水等收集起来，用于冲厕所、擦地板或者浇花种草，该途径可以通过手工收集或者家庭小型的中水设备和管网改造实现。

② 小区或单位集中处理使用型：在小区或工业企业等用水单位自建的小型中水处理回用系统，它仅收集一定区域内的建筑物排水，经处理后再回用于该区域，包括工业低质用水、小区绿化、景观、洗车或将再生水管道入户作为卫生间用水等。

③ 大规模集中处理统一使用型：即市政中水，通过大型市政管网收集城市污水进行集中处理，再通过市政管网系统统一使用，一般用来作为工业低质用水、市政环卫、绿化以及农业用水等。

以上途径中，家庭内部使用无需大规模的管路改造，比较容易实现。而小区集中处理使用方式所需水量较大，如果小区有较大的建筑物外部用水量，如小区景观水体、绿化、洗车等，则可以在较小投资的基础上取得较大成效。大规模集中处理统一使用需大规模建设中水管网，且污水处理厂的运行费用等较高，需合理选择处理工艺、使用方式等因素。

（3）再生水回用的标准与要求

再生水根据其水质不同，其回用类型也不同，目前主要的利用方式有：城市杂用、地下水回补、景观环境用水、工业冷却等几个方面。我国针对再生水不同的用途和使用方式，颁布了《城市污水再生利用》系列标准。包括《城市污水再生利用 分类》（GB/T 18919-2002）、《城市污水再生利用 城市杂用水水质》（GB/T 18920-2002）、《城市污水再生利用 景观环境用水水质》（GB/T 18921-2002）、《城市污水再生利用 补充水源水质》（GB/T 18922-2002）、《城市污水再生利用 工业用水水质》（GB/T 18923-2002）、《城市污水再生利用 农业用水水质》（GB/T 18924-2002）六项标准。

以天津市再生水回用于农业为例，目前天津淡水普遍受到严重污染，而且供水保证率只有75%。农业灌溉用水主要来自汛期河道蓄水和城市污水，且保证率不足50%。在平水年份农业缺水约4.4亿 m^3，今后随着工业和城市用水增长，农业用水将更加短缺。

2009年天津市日平均污水量为163万 m^3/d，并且近五年均保持在160万 m^3/d 左右，是基本稳定的水源。因此，开发利用经处理净化后的再生水是保障天津农业可持续发展和生态环境建设的一项重大措施。

按照生态学整体优化的观点，完善的、无害化的再生水回用灌溉系统应能最大限度地使污水中的水、肥资源加以回收利用，并使之在利用中循环再生，达到资源化的目的。此外还可使农田生态系统不至于被破坏，人类健康得以保护，水体污染得以控制和减轻。

为此，必须把污水处理后的农业回用系统，看做是包括污染治理—输水河流—农田水利系统—农田土壤作物—承接水体（包括海洋、地下水）的一个复杂的人工—自然生态系统。其主要内容应当包括：

① 控制污染源

尽量节约和循环用水，最大限度地减少终端废水排放。凡是农业生态系统不能接受的有毒物质，包括可造成土壤性能破坏的酸、碱、盐类，污染土壤、毒害作物或污染食物链的重金属及其他无机离子（B、Mo、Se…），人工合成的有毒有机物，以及致病微生物等，应在污染源进行有效治理。

② 城市生活和工业污水都必须先治理后回用

按卫生要求，污水至少必须经过二级处理或相当于二级处理，才能保证灌溉水的质量，污水处理厂正常运转并建立起回用污水的配套水利工程是污水回用的关键。鉴于农业用水的季节性与污水稳定排放之间的矛盾，为了充分利用这些水资源，建立一定的储存水库和调节系统，实行生态优化组合，使非灌溉季节的再生水得到调节或储存，供旱季利用，并减轻对水体污染。

③ 滨海地区的污水利用

滨海地区污水均应经过处理后充分用于滨海地区的生态建设,一部分用于造林,形成有规模的和有一定森林郁闭度的滨海防护林体系;一部分用于园林绿化,一部分用于湿地恢复。这些生态环境工程建设需要大量水源,除丰水年份可能有部分地表水外,主要应依靠当地再生水。这样,不仅滨海生态建设用水有了保证,渤海的主要污染物氮、磷也将进一步得到控制和削减。

(4) 再生水利用技术实例

1) 再生水厂

常规污水处理厂不能充分去除污水中数百种有害有机污染物与无机污染物,也不能灭活或去除污水中的有害微生物。用常规方法处理被高浓度有机物严重污染的水时,病毒显示出特有的抵抗力,因此发展废水的深度处理技术在水污染严重的区域显得更为迫切,其处理水平依回用目标不同而异。世界卫生组织在 1973 年提出符合废水再用卫生标准的推荐处理方法(表 7-2)。

目前,已建成的再生水厂选用的处理工艺包括混凝、沉淀和过滤工艺,膜生物反应器(MBR)工艺、反渗透(RO)技术及其组合工艺等。这四种常用的再生水处理工艺过程如下:

(1) 混凝、沉淀和过滤:二级出水→混凝→臭氧脱色→机械加速澄清池→Ⅴ型滤池→紫外线消毒→出水。

(2) MBR 工艺:城市污水→曝气沉砂池→ MBR →臭氧脱色→二氧化氯消毒→出水。

(3) MBR+RO 工艺:城市污水→曝气沉砂池→ MBR → RO →二氧化氯消毒→出水。

(4) 二级 RO 工艺:二级出水→过滤器→紫外消毒→微滤→一级 RO → pH 调节→二级 RO →加氯消毒→出水。

2) 人工湿地系统净化再生系统

① 人工湿地系统净化再生系统简介

根据城镇的实际情况,可采用生态净水的观念进行再生水处理,如深度处理塘+人工湿地系统,该系统对污水处理厂二级出水进行深度处理,充分利用城镇周边的芦苇塘,以太阳能作为初始能源,使芦苇塘的自然生态系统通过多条食物链的物质迁移、转化和能量的逐级传递、转化,将进入塘中的有机污

表 7-2 符合废水再用卫生标准 * 的推荐处理方法

卫生标准	灌溉			娱乐		城市再用		
	人类不直接食用的农作物 (A+F)	烧熟的食用农作物养鱼 B+F (或 D+F)	生吃的农作物 (D+F)	人体不接触(B)	人体接触(D+G)	工业上再用(C 或 D)	非饮用(C)	饮用(E)
初级处理	…		…	…	…	…	…	…
二级处理				…			…	…
砂滤或等效的净化方法								…
硝化								…
脱氮								…
化学澄清								…
炭吸附								…
离子交换或其他离子去除法								…
消毒			…		…		…	…

注:① 本表根据世界卫生组织对再用水的有关规定的技术报告:废水处理方法与卫生保护(1973 年第 517 期于日内瓦)。
② 卫生标准:A. 去除粗固体;主要去除寄生虫卵。B. 同 A. 加上有效地去除细菌。C. 同 A. 加上更有效地去除细菌,加上去除某些病毒。D. 80 的样品中大肠杆菌不大于 100 个 /100 毫升。E. 100 毫升水中无粪便大肠杆菌,1000 毫升水中无病毒颗粒,无对人体有毒害物质,加上其他饮用水水质标准。F. 在农作物或鱼类中无讨厌的残存化学物质。G. 无引起黏膜与表皮发炎的化学物质。为了满足卫生标准的要求,符号·表示这种处理方法极为重要,符号·表示这种处理方法或多或少也是重要的,符号·表示有时才需要用。
③ 为一小时后的游离氯。

染物进行降解、转化，净化出水可以回用。该工艺具有结构简单，工程造价低，运行稳定可靠、维护方便，运营费用低等优势，并具有良好的抗冲击负荷能力，系统污泥产量很少，适宜城镇污水处理及再生回用。

②人工湿地系统净化再生系统实例

通过人工湿地系统净化水环境典型的成功例子是成都市在府南河边建的活水公园，既能起到净化水质的作用，同时也是一个休闲娱乐的公园。

首先，混浊的府南河水被泵入具有"厌氧沉淀池"功能的喷泉池，容积为780m³（图7-9）。第二步：经过初步沉淀的水，流入一串形似花瓣的莲花石溪，称为"水流雕塑"完成水流的暴气充氧（图7-10）。第三步：水通过水流雕塑后，进入微生物池，也叫"兼氧池"，它的深度为1.6m、容积为48m³。污水在池中被微生物部分净化后，从微生物池泵入植物池，植物池是一个人工湿地生态系统（图7-11），是"活

水公园"水处理工程的核心部分，它由六个植物塘、12个植物床组成，其中养殖的植物达数十种，包括：漂浮植物、挺水植物、浮叶植物、沉水植物等，还有多种鱼类、昆虫和两栖动物（图7-12）。

7.3.4 海水资源的利用

（1）海水利用的意义

海水是世界上储量最大的水资源。对于沿海的城镇，海水是最廉价、最丰富的水资源，可通过海水淡化和直接利用技术用海水替代淡水资源，降低淡水资源的使用量。

（2）海水资源利用的途径和技术

1）海水淡化

海水淡化即利用海水脱盐生产淡水。海水淡化可以增加淡水总量，是淡水资源的替代与开源增量的重要手段之一。

图7-9 喷泉厌氧沉淀池

图7-10 莲花暴气池

图7-11 植物池（人工湿地系统）

图7-12 经植物池净化后的水（黑点是鱼）
（资料来源：李皓 摄）

海水淡化是人类追求了几百年的梦想。早在 400 多年前，英国王室就曾悬赏征求经济合算的海水淡化方法。从 20 世纪 50 年代以后，海水淡化技术随着水资源危机的加剧得到了加速发展，在已经开发的二十多种淡化技术中，蒸馏法、电渗析法、反渗透法都达到了工业规模化生产的水平，并在世界各地得到广泛应用。目前，全球海水淡化日产量约为 3500 万 m³ 左右，其中 80% 用于饮用水，解决了 1 亿多人的供水问题，即世界上 1/50 的人口依靠海水淡化提供饮用水。海水淡化已经成为世界许多国家解决缺水问题而普遍采用的一种战略选择，其有效性和可靠性已经得到越来越广泛的认同。

目前被广泛应用的海水淡化法有蒸馏法、电渗析法、反渗透法。

a. 蒸馏法

蒸馏法是把海水加热使之沸腾蒸发，再把蒸汽冷凝成淡水，是最早采用的淡化法，其优点是结构简单、操作容易、所得淡水水质好等。蒸馏法有很多种，如多效蒸发、多级闪蒸、压气蒸馏、膜蒸馏等。多效蒸发：即让加热后的海水在多个串联的蒸发器中蒸发，前一个蒸发器蒸发出来的蒸汽作为下一个蒸发器的热源，并冷凝成为淡水。其中低温多效蒸馏是蒸馏法中最节能的方法之一，主要发展趋势为提高装置单机造水能力，采用廉价材料降低工程造价，提高操作温度，提高传热效率等。低温多效蒸馏法海水淡化设备通常包括供汽系统、布水系统、蒸发器、淡水箱及浓水箱。

多级闪蒸：所谓闪蒸，是指一定温度的海水在压力突然降低的条件下，部分海水急骤蒸发的现象。多级闪蒸海水淡化是将经过加热的海水，依次在多个压力逐渐降低的闪蒸室中进行蒸发，将蒸汽冷凝而得到淡水。目前，全球海水淡化装置仍以多级闪蒸方法产量最大，技术最成熟，运行时安全性高、弹性大，主要与火电站联合建设，适合于大型和超大型淡化装置。多级闪蒸技术成熟、运行可靠，主要发展趋势为

提高装置单机造水能力，降低单位电力消耗，提高传热效率等。

压汽蒸馏：即海水预热后，进入蒸发器并在蒸发器内部分蒸发，所产生的二次蒸汽经压缩机压缩提高压力后引入到蒸发器的加热侧，蒸汽冷凝后作为产品水引出，如此实现热能的循环利用。

膜蒸馏：即热海水接触疏水微孔膜，由于膜另一侧的温度较低，相应的饱和蒸汽压也较低，膜面上的海水蒸发并透过膜的微孔到低压侧，并在冷凝面凝结为纯度较高的淡水。膜只起到汽水分离器和增加蒸发面积的作用。

b. 电渗析法

电渗析法即将具有选择透过性的阳膜与阴膜交替排列，组成多个相互独立的隔室，一个隔室里的海水被淡化，而相邻隔室海水被浓缩，从而使淡水与浓缩水得以分离。其原理是利用具有选择透过性的离子交换膜在外加直流电场的作用下，使水中的离子定向迁移，并有选择地通过带有不同电荷的离子交换膜，从而达到溶质和溶剂分离的过程。电渗析主要有频繁倒机电渗析（EDR）、填充离子交换树脂电渗析等。其技术关键是新型离子交换膜的研制。离子交换膜是 0.5 ~ 1.0mm 厚度的功能性膜片，按其选择透过性区分为正离子交换膜（阳膜）与负离子交换膜（阴膜）。但是，电渗析过程对不带电荷的物质如有机物、胶体、细菌、悬浮物等无脱除能力，因此，将其用于淡化制备饮用水不是最理想的方法。

c. 反渗透法

反渗透法通常又称超过滤法，是 1953 年才开始采用的一种膜分离淡化法。其原理是利用只允许溶剂透过、不允许溶质透过的半透膜，将海水与淡水分隔开。在通常情况下，淡水会通过半透膜扩散到海水一侧，从而使海水一侧的液面逐渐升高，直至升到一定的高度才停止，这个过程为渗透。此时，海水一侧高出的水柱静压称为渗透压。如果对海水一侧施加一大

于海水渗透压的外压，那么海水中的纯水将反渗透到淡水中。反渗透法的最大优点是节能，它的能耗仅为电渗析法的 1/2，蒸馏法的 1/40。因此，从 1974 年起，美国、日本等发达国家先后将发展重心转向反渗透法。

反渗透海水淡化技术发展很快，工程造价和运行成本持续降低，主要发展趋势为降低反渗透膜的操作压力，提高反渗透系统的回收率，不断研究廉价高效的预处理技术，增强系统抗污染能力等。

在海水淡化技术已日趋成熟的今天，经济性是决定其广泛应用的重要因素。在国内，成本和投资费用过高一直是海水淡化难以被大胆使用的主要问题，在海水淡化过程中，能耗是直接决定其成本高低的关键。经过多年的研究与实践，海水淡化的能耗指标已经大大降低，成本随之大为降低。

目前，我国海水淡化的能耗指标已经较最初降低了 90% 左右（从 26.4 kW·h/m³ 降到 2.9 kW·h /m³），成本也随之降至 4 ~ 7 元 /m³，苦咸水淡化的成本则降至 2 ~ 4 元 / m³，如天津大港电厂的海水淡化成本为 5 元 / m³ 左右，河北省沧州市的苦咸水淡化成本为 2.5 元 / m³ 左右。如果进一步综合利用，将淡化后的浓盐水用来制盐和提取化学物质等，则其淡化成本还可以大大降低。

2）海水直接利用

海水直接利用主要用于海水冷却和大生活用水两个用途，是直接采用海水替代淡水的开源节流技术。

在新型城镇建设发展的过程中，海水可直接用于工业冷却水和低质生产用水。

a. 用于工业冷却水

在工业用水中，约 80% 为工业冷却水，因此，开发利用海水代替淡水作为工业冷却用水的意义重大。日本早在 20 世纪 30 年代开始利用海水，目前，几乎沿海所有企业如钢铁、化工、电力等部门都采用海水作为冷却水，仅电厂每年直接使用的海水量就达几百亿 m³。

b. 低质生产用水

海水可以直接作为印染、制药、制碱、橡胶及海产品加工等行业的生产用水。将海水直接用于印染行业，可以加快上染的速度。海水中一些带负电的离子可以使纤维表面产生排斥灰尘的作用，从而提高产品的质量。海水也可作为制碱工业中的工业原料。青岛碱厂用海水替代淡水作直流冷却、化盐和化灰等生产用水，日用海水 12.6 × 10⁴ m³，其中仅化灰用海水就达 3 × 10⁴ m³/d。天津碱厂采用海水和淡水混用的方法化盐，既节水又省盐，具有很好的经济效益。烟台海洋渔业公司利用海水做人造冰脱盘、刷鱼，每年可节约淡水 7000 多万 m³。

（3）海水淡化实例

从目前的我国实际应用情况来看，反渗透海水淡化技术应用于市政供水具有较大优势，而对于具有低品位蒸汽或余热可利用的电力、石化等企业来说，制备锅炉补给水和工艺纯水，则多采用低温多效蒸发技术。

①海水淡化实例 1——水杭州长岛县小钦岛 75t/d 海水淡化工程

2001 年 5 月国家海洋局杭州水处理技术研究开发中心在长岛县小钦岛建设一套日产 75t 的小型海水淡化装置，彻底解决了长期困扰小钦岛人民的引水问题，由于采用效率更高的柱塞泵，在水温 16℃时测得反渗透海水淡化装置耗电量仅 2.8 kWh/t 淡水（不包括取水及供水泵的电耗）。岛上原来开采苦咸水通过电渗析脱盐后使用，水价高达 16 元 /t 淡水，而目前苦咸水资源也快枯竭，现在使用反渗透海水淡化装置后，水价降至 10 元 /t 淡水。

② 海水淡化实例 2——水嵊山 300t/d 反渗透海水淡化工程

本工程由杭州水处理中心设计并施工，耗电指标为 5.2KWh/t 水。工程总投资 612 万元，造水总成本 3.35 元 /t，包括投资回收 3.35 元 /t，运行费用 4.17 元 /t。

③ 海水淡化实例3——水沧州化学工业股份有限公司18000t/d 反渗透淡化工程

本工程于 2000 年正式竣工，由天津海水淡化所完成可行性报告并提供安装调试指导，由广西玉柴绿源公司提供设备和施工。该工程计划总投资 5300 万元，其中设备投资 409 万元。设计造水总成本 2.48 元 /t，经营成本 1.82 元 /t。

④ 海水淡化实例4——水山东黄岛电厂 3000t/d 低温多效海水淡化工程

由天津海水淡化所运用"九五"攻关成果提供工程设计和安装调试指导，被确定为我国"九五"攻关示范工程。该工程计划投资 4500 万元，其中设备投资 360 万美元。设计造水总成本 5.48 元 /t，经营成本 3.16 元 /t。

7.4 城镇污水处理设施建设技术及实例

7.4.1 小型污水处理技术及实例

（1）小型污水处理设施的特点

1）由于负担的排水面积小，污水量较小，一天内水量水质变化较大，频率较高；一天中水质和水量有两个高峰和一个低谷。第一个高峰发生在中午左右此时污水流量和污水浓度都达到峰值；第二个高峰发生在下午六时左右，低谷则发生在午夜。高峰值和低谷值的大小与出现时间直接与服务人口和生活习惯有关。

表 7-3 是美国资料提供的各类小区的污水流量变化系数，可供参考。由于水质和水量的变化很大，因而小型污水处理设施必须设置调节池。

2）一般在城镇小区或企业内修建，由于所在地区一般不大，而且厂外污水输送管道也不会太长。所以，其占地往往受到限制，处理单元应当尽量布置紧凑。

3）一般要求自动化程度较高，以减少工作人员配置，降低经营成本。

4）污水处理厂往往位于小区或工业企业内，平面布置可能会受实际情况限制，有时可能靠近居民区或地面起伏不平等，平面布置应因地制宜，变蔽为利。

5）由于规模较小，一般不设污泥消化，应采用低负荷，延时曝气工艺，尽量减少污泥量，同时使污泥部分好氧稳定。

（2）小型污水处理设施适用技术

小型污水处理设施使用的污水处理技术主要包括物理方法、生物方法和化学方法，按出水水质可以分为污水的一级处理、二级处理和深度处理。

其中生物处理技术可以分为以下几种方法：

1）活性污泥法（包括传统法、延时法、吸附再生法、纯氧法、射流曝气法、深井法、SBR 和 ICEAS 序批法、二段法、AB 法等）

2）生物膜法

3）厌氧法技术

4）厌氧—好氧技术

5）氧化沟（塘）技术（如奥贝尔氧化沟、卡鲁塞尔氧化沟、交替式氧化沟）多种类型的稳定塘法（厌氧塘、兼性塘、好氧塘和曝气塘）和土地处理技术（包括湿地、漫流、快速渗滤等）

表 7-3 各类型小区的污水流量变化系数

变化时段	独立居民区		小商业区		小社区	
	范围	典型值	范围	典型值	范围	典型值
最大时	4 ~ 8	6	6 ~ 10	8	3 ~ 6	4.7
最大天	2 ~ 6	4	4 ~ 8	6	2 ~ 5	3.6
最大周	1.25 ~ 4	2.0	2 ~ 6	3	1.5 ~ 3	1.75
最大月	1.2 ~ 3	1.75	1.5 ~ 4	2	1.2 ~ 2	1.5

物理分离技术包括：沉淀、澄清、气浮、过滤、机械分离等。

物化处理技术包括：电渗析、反渗透、超滤、离子交换、混凝、化学氧化、活性炭等技术。

化学处理技术包括：化学混凝法、中和法、化学沉淀法和氧化还原法。

（3）小型污水处理设施技术及实例

1）农村污水处理一体化地埋设备

该技术为农村污水处理的工艺设施，利用成熟的工艺技术，灵活的处理设施以及高超的自控能力实现农村污水处理系统化，高效化，资源化。

农村生活污水中的主要污染成分包括有机物质，氮磷营养物质，悬浮物及病菌等，主要污染物排放浓度一般为：COD 250-400mg/L；NH_3-N 40-60mg/L；TP 2.5-5mg/L。同时，农村居民生活用水量受生活条件状况（给水系统，卫生器具完善程度，水资源利用方式等）、生活习惯、节气等因素直接影响，针对农村现状以及水质特征，农村污水处理一体化地埋设备

具有投资省、占地小、操作简单、出水水质稳定的显著特点，经过处理的污水可以充分回用，为社会主义新农村生态建设做出了重要的贡献。

针对现有农村污水处理设施中受经济因素限制，增加运行难度；处理工艺落后，不符合农村水质特征；管理者操作水平和维护能力有限；出水水质不稳定，不符合回用标准，浪费水资源等问题，农村污水一体化地埋设备采取的技术方案是：（1）作为全地埋水处理设施，针对农村污水特点采用了成熟的生活污水处理工艺，即利用调节池均化水质水量，利用提升泵。（2）进行提升污水，进入核心处理工艺 A-O 处理设施，兼氧池内设置填料。（3）用于固着生物，MBR 池内设置核心组件 MBR 膜组件。（4）利用膜抽吸泵。（5）排至清水池，同时利用加药系统。（6）对清水池内进行消毒从而达标排放或者回用。在 MBR 池内，利用风机。（7）对池内进行供氧和膜组件的冲刷，回流泵。（8）进行污泥回流，实现较好的硝化与反硝化反应，从而实现水的稳定

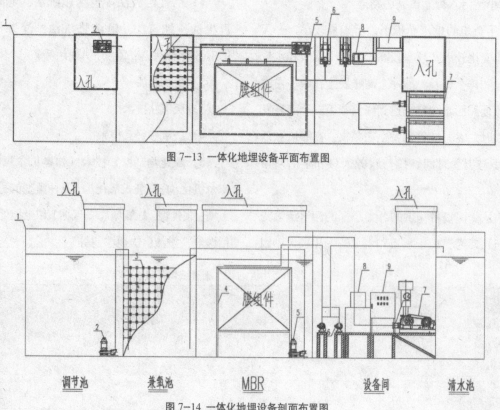

图7-13 一体化地埋设备平面布置图

图7-14 一体化地埋设备剖面布置图

化处理。设备内各管路均设置控制阀门。各设备均采用 PLC 控制，实现全面自控系统，基本实行无人管理状态，设施可以自动运行。设备整体采用碳钢焊接的箱体设施，箱体均放置在全地下，节省占地。一体化地埋设备平面布置图和剖面布置图见图 7-13 和 7-14。

该设备采用核心处理工艺 MBR 处理系统，其优点在于：出水水质稳定、占地节省、土建工程少、污泥排放量少、模块化设计、运行方式灵活、脉冲式曝气设计、节省运行费用、工艺流程最简单、运行管理方便等。

与其他农村污水处理设相比的最大的优点在于：可以实现模块化处理，维护管理方便，出水水质稳定，同时工程造价较低，运行费用低，并在经济效益、环境效益和社会效益方面均具备重大的意义：

① 经济效益。污水处理的直接经济效益与当地水资源的短缺程度密切相关。处理后的生活污水可作为灌溉水或其他用途使用，从而节约淡水资源。

② 环境效益。农村生活污水处理的最直接效果就是环境条件的改善，提高居民的生活环境质量。

③ 社会效益。污水处理既可提高水资源的重复利用率、缓解水资源供需矛盾、促进农业生产的发展，又可改善农村地区的生态环境条件、缓解城市的人口压力、促进社会的和谐发展，对我国社会经济的健康持续发展具有积极的作用。

2）车载移动式污水处理技术

该技术是由 A²/O 与 MBR 相结合的污水处理装置，整个设备安装在汽车集装箱内，具有可移动性、灵活方便，可广泛应用于农家乐、度假村、建筑工地、农村居民点和污染事故地等分散式污水处理，利用 A²/O 可以达到同步脱氮除磷的效果。同时，在好氧池中安置膜组件，能高效地进行固液分离，由于膜的高效截留作用，出水达到或超过国家中水回用水质标准和杂用水标准，可回用到园林绿化、景观用水、车辆冲洗、建筑施工等方面。污水处理车主体工艺采用"A²/O +MBR 膜生物反应器"，具体工艺路线和流程如下：

① 工艺路线

处理装置前端设有便携式污水提升泵，可置于坑塘或化粪池出水井内提升污水，处理装置自进水端至出水端利用隔板依次分成厌氧池、缺氧池和好氧池，各单元区间留有过水通道，在缺氧池、好氧池中安装高性能生物填料，同时在好氧区后端安置 MBR 膜组件，好氧区底部安装微孔曝气器，由曝气风机供气，系统内部设置污泥回流，系统设置放空、溢流口；处理装置生物净化处理后的出水采用消毒剂消毒后达标排放。处理装置采用 PLC 模块化触屏控制，主单元整体采用碳钢＋防腐结构，内置固定安装于厢式货车底盘上。

污水处理车内设置了高效先进的膜生物反应器系统，膜生物反应器（Membrane Bioreactor，简称 MBR）是一种将膜分离技术与传统污水生物处理工艺有机结合的新型高效污水处理与回用工艺，膜分离设备放置在反应器中，用膜对生化反应池内的含泥污水进行过滤，可将活性污泥和大分子有机物质截留，实现泥水分离，同时使反应器内活性污泥浓度有较大提高，从而大大提高了生化反应的降解效率。膜分离与生化处理工艺两项技术的有机结合获得高效率和高品质的出水。在膜生物反应器中，由于用膜组件代替传统活性污泥工艺中的二沉池，可以进行高效的固液分离，克服了传统活性污泥工艺中出水水质不够稳定、污泥容易膨胀等不足。

② 工艺流程

详见图 7-15。

a. 外部污水通过外接污水泵提升进入厌氧池—缺氧池，外接污水泵外设置格栅网用于隔离去除污水中大块悬浮物和漂浮物，防止对提升泵、管道及设备的堵塞、损坏。

b. 在厌氧池—缺氧池内，在厌氧、兼氧微生物作用下，有机物发生水解酸化反应，大分子有机物转变为小分子有机物，污水可生化性得到提高，有利于后续的好氧降解。厌氧池设置污泥回流，缺氧池中设置高性能生物填料。

c. 好氧池采用接触氧化工艺，池中布置高效生物填料，填料下部设置曝气系统，用鼓风机鼓泡充氧，污水中的有机污染物被吸附于填料表面的生物膜上，被微生物分解氧化。一部分生物膜脱落后变为活性污泥，在循环流动的过程中，吸附和氧化分解污水中的有机物。好氧区后端安置 MBR 膜组件，MBR 膜系统对经处理后的泥水进行分离。污泥定期由排泥管排出处理系统。

d. MBR 膜系统的出水投加次氯酸钠消毒剂后达标排放。

7.4.2 湿地污水处理系统及实例

湿地是地球上生产力最高的环境系统之一，在维持生态平衡等方面具有决定性作用，被形象地喻为"地球之肾"。湿地具有调蓄洪水、降解污染物、维持生物多样性和物种平衡、增加降水调节局部气候等重要功能，同时在提供各类自然资源、发展旅游观光、实施教育科研等方面也有着不可替代的价值。

（1）湿地污水处理工艺简介

1）湿地处理工艺分类

根据湿地的水力学形式，可以将常用的湿地污水处理工艺分成以下几种类型（图 7-16）：

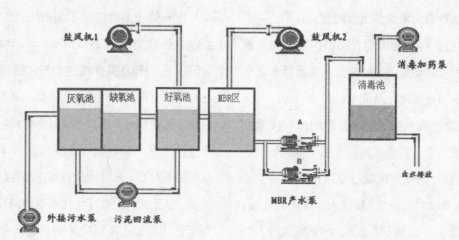

图 7-15 车载移动式污水处理工艺流程图

图 7-16 湿地处理工艺的分类

2）湿地污水处理工艺简介

a. 天然湿地（Natural wetland）

天然湿地为天然湿洼地、沼泽地、苇塘等，湿地中通常生长有一种或多种水生植物，其生长密度和生长状况很不均匀。湿地的形状为不规则形，利用自然形状，只是采取极少的人工堵截工程措施，如围堤、导流堤等，使之形成有利于污染物净化的水力学条件。尽管地表很不平整，但不采取任何人工平整措施，水深差异较大，水的流速及水力学路线不易控制，污水的主要流动路线限制在较深的沟状区域，湿地各处水深也很不一致（5～80cm），湿地面积的有效利用率较低。布水区一般选择地是较高的一端，地势较低的一端作为出水口。天然湿地系统只能作为三级处理。

污水与土壤、植物，特别是与湿地地表根毡层和植物茎秆上的生物膜相互作用而得到净化。水力负荷2.5～3.0cm/d，水深5～80cm，HRT10～15d，如图7-17所示。

b. 水面型湿地（Free-water surface wetland）

水面型湿地以地面布水，并保持一定水层，面水体呈推流、以地表出流为主要特征。工程通常维持原场地纵坡，辅以尽可能少的人工平整，底部不封闭、保持原貌不扰动，污水在缓坡上以推流形式缓慢流动，形成自由水面状态，水沿床面流动时，水面与空气之间可发生快速的气体交换。污水与土壤、植物，特别是与土壤表层由气生根、水生根和枯枝落叶等形成的湿地地表根毡层和植物茎秆上的生物膜相互作用而得到净化。

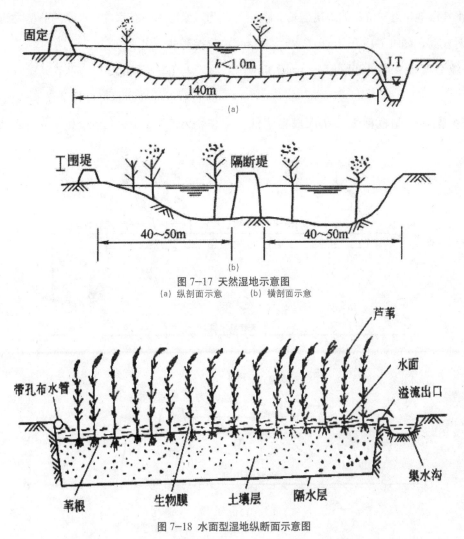

图 7-17 天然湿地示意图

(a) 纵剖面示意　(b) 横剖面示意

图 7-18 水面型湿地纵断面示意图

水力负荷 2.5 ~ 3.5cm/d，水深 10 ~ 40cm，HRT 1.5 ~ 3d。本类型湿地具有工程简单、易于控制、运行调节较灵活的优点，但有机负荷和水力负荷较低、冬季运行难度较大，如图 7-18 所示。

c.渗滤型湿地（Seepage wetland）

渗滤型湿地采用地表布水、经水平和垂直入渗汇入集水暗管和集水沟出流，它能充分利用地表和地下两部分的物理、化学和生物作用使污水得以净化。处理单元包括布水区和收水区两部分，并有进出水控制设施。单元设计主要考虑水力负荷、布水方式、集水系统布设位置、地下水位、土壤渗透性等。

水力负荷 3 ~ 6cm/d，水深 30 ~ 40cm，HRT 1 ~ 2d，暗管埋深 0.7 ~ 1.5m。渗滤湿地的特点是：全年水力负荷大、污染物去除率高、能保证冬季安全连续运行、能维持湿地生态和植被的最佳生长条件。但工程投资相对较高，如图 7-19 所示。

d. 地下潜流型湿地 -I 型（Subsurface water flow wetland）

地下潜流型湿地 -I 型也称人工苇床或根区法

（root-zone method）湿地。系统由渗透性较好的土壤或其他介质（碎石、粗砂等）与生长在其中的植被（通常为芦苇、蒲草等）组成。系统设有防渗层，底部具一定坡度，布水区与集水区为粒径约 10mm 的砾石，污水沿介质水平渗流进入集水区。集水区底部设有多孔集水管，并与可调节系统内水位的出水管相连。此类系统的水力负荷 4 ~ 8cm/d，停留时间 0.3 ~ 0.5d。其特点是水力负荷高、污染物负荷高、能安全连续运行，但一次性投资较高，介质选择要求较为严格，如图 7-20 所示。

e. 地下潜流型湿地 -II 型（Subsurface water flow wetland）

地下潜流型湿地 -II 型也称植物滤床（PF），在瑞士较为多见。通常采用间歇布水方式。其典型流程为：原污水→布水器→配水井→植物滤床→集水与水位控制井→出水。

与 I 型不同的是，穿孔管间歇布水、水流路径为自上而下垂直下渗、介质为碎石或粗砂＋原状土、植物为芦苇多见、集水管位于系统底部。

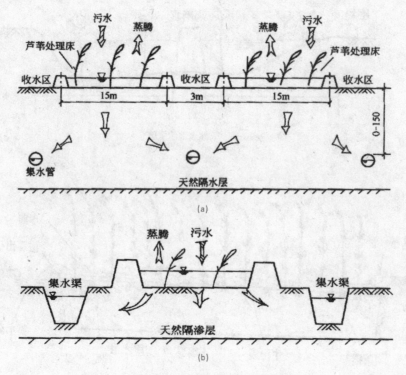

图 7-19 渗滤湿地工程结构与水流路径示意图

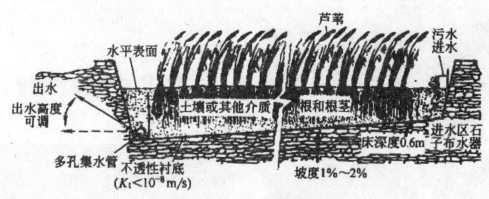

图 7-20 地下潜流型湿地 -Ⅰ 型

水力负荷：2 ~ 3.5cm/d，HRT 5 ~ 50h。

详见图 7-21、7-22 和瑞士人工湿地图片。

f. 地下渗滤系统（Underground infiltration system）

污水经预处理后进入陶土管或穿孔 PVC 关，其四周铺有砾石层，其下为沙层，沙层下铺有不透水防渗层，污水通过沙砾的毛管虹吸作用，缓慢地向上升并向四周浸润、扩散而入周围土壤，在地表下 30 ~ 50cm 深度的土壤内发生着非饱和渗透，通过此

土层内的微生物的吸附、降解，达到净化和除臭目的。深入土层中的植物根系则吸收由于污水矿化而产生的 N、P。

系统的水力负荷 30 ~ 40L/m·d 或 6cm/d，BOD_5 面积负荷为 $10.8g/m^2 \cdot d$。详见图 7-23 所示。

3) 污水湿地处理工艺比较

各种污水湿地处理工艺的特征比较如表 7-4 所示：

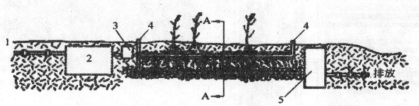

1—污水进水管；2—化粪池；3—布水井；4—通风管；5—检查人孔（有时兼作消毒接触池）

(a)

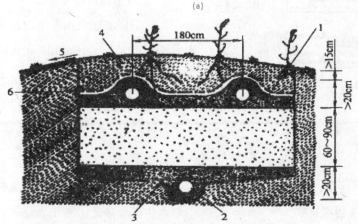

1—污水管；2—穿孔管或承插管（上覆一层不透水纸）；3—砂砾（6 ~ 37mm）；
4—顶部填土；5—排水坡面；6—芦苇或排水纤维；7—砂砾（2 ~ 6mm）；8—豆砾石

(b)

图 7-21 地下潜流型湿地 -Ⅱ 型剖面

(a) 剖面图　(b) 剖面 A—A

图 7-22 地下潜流型湿地 -II 型实物（瑞士）

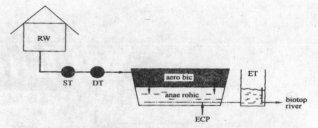

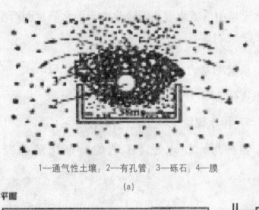

1—通气性土壤；2—有孔管；3—砾石；4—膜

(a)

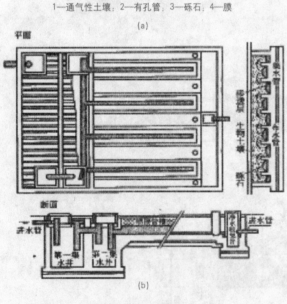

图 7-23 地下渗滤系统

(a) 典型示意剖面；(b) 工程（平面和剖面）

图 7-24 瑞士人工湿地

（2）湿地污水处理应用实例

1）瑞士人工湿地示范工程理技术

在瑞士人口密度较低的农村地区，建有约 30 余个人工湿地系统，他们的服务人口约为 4 ～ 200 人，如图 7-24 所示。

2）日本坂川古崎净化场

位于日本江户川支流坂川古崎净化场，是采用生物—生态方法对河道大水体进行修复的典型工程（图 7-25），从 1993 年投入运行至今已有 8 年的运行历史，观测结果表明，河道的微污染水体的水质有了明显改善。经过古崎净化场后，坂川的污染减少了60% ～ 70%。

古崎净化场的设计原理是利用卵石接触氧化法对水体进行净化。净化场建在江户川的河滩地下，充分节省了土地，是地下廊道式的治污设施。水净化场结构十分简单，主体结构是高 4.5m、长 28m 的地下矩形廊道，内部放置直径 15 ～ 40cm 不等的卵石。

表 7-4 污水湿地处理工艺的比较

工艺 特征	天然湿地	水面湿地	渗滤湿地	潜流床 I 型	潜流床 II 型	地下渗滤
介质	原状土壤	原状土壤 低渗透性	原状土壤 中等渗透性	碎石、粗砂、炉渣、 土壤高渗透性	碎石、粗砂、细砂、 土壤高渗透性	土壤，中等渗透性
防渗层	天然隔水层、地下水 顶托	天然隔水层、地下水 顶托	天然隔水层、地下水 顶托	人工防渗层，如塑料、 HDPE 板、膨润土、 土工布等	人工防渗层，如塑料、 HDPE 板、膨润土、 土工布等	人工防渗层，如塑料、 HDPE 板、膨润土、 土工布等
布水方式	地表布水	地表布水	地表布水	地下布水	地下布水	地下布水
水面	有	有	有	无	无	无
布水器	水管	溢流堰	水管	砾石布水器	穿孔管+滤布+碎石	穿孔管+碎石
水流路径	地表推流	地表推流	垂直与水平入渗	水平渗透	垂直渗透	四周浸润扩散、毛细 管作用
集水方式	明沟	明沟	穿孔 PVC 波纹管或侧 渗明沟	滤层砾石	穿孔管+滤布+碎石	穿孔管+滤布+碎石
植物种类	天然浮水植物、挺水 植物等	天然或人工引种挺水 植物、浮水植物等	天然或人工引种挺水 植物、浮水植物等	人工引种挺水植物、 花卉等	人工引种挺水植物、 花卉等	人工引种挺水植物、 花卉或草皮等
O₂ 来源	表面交换与植物传输	表面交换与植物传输	表面交换与植物传输	植物传输	植物传输	植物传输
适用范围	大中规模城市污水三 级处理工程	大中规模城市污水二 级、三级处理工程	大中规模城市污水二 级、三级处理工程	中小规模生活污水二 级、三级处理工程	中小规模生活污水二 级、三级处理工程	中小规模生活污水二 级、三级处理工程
温度影响	冬季低温影响最大	较大	较小	中等	较大	较小
有效处理部位	水柱中植物表面、 土壤表层	水柱中植物表面、 土壤表层	水柱中植物表面、 根毡层、土壤、 植物根际	介质表面、植物根际	介质表面、植物根际	介质表面、植物根际

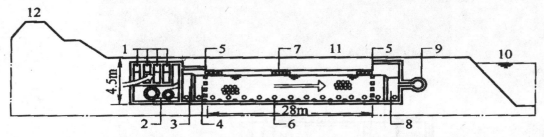

1—输水道；2—通气管；3—进水输水渠；4—整流水渠；5—整流墙；6—扩散曝气管；
7—卵石；8—排水渠；9—管道；10—江户川河；11—河漫滩；12—堤防

图 7-25 古崎净化场地下廊道

用水泵将河水泵入栅形进水口，经导水结构后水流均匀平顺流入甬道。另外有若干进气管将空气通入廊道内。净化作用主要由以下三方面组成：① 接触沉淀作用。污水经过卵石与卵石间的间隙，水中的漂浮物触到卵石即沉淀；② 吸附作用。由于污染物自身的电子性质，或由于卵石表面生物膜的微生物群产生的黏性产生吸附作用；③ 氧化分解作用。卵石表面形成一种生物膜。生物膜的微生物把污染物作为食物吞噬，然后分解成水和二氧化碳。

下表列出了几项污染主要指标，其中 BOD 反映有机物的含量。SS 反映浮游于水中的固体物，造成水体浑浊。由于该地区的市镇下水设施落后，造成粪便及生活污水排入河道是产生氨的主要原因。2-MIB 反映水中蓝藻类物质，蓝藻类异常繁殖是造成水体腐臭的主要原因。由表 7-5 可以看出，通过净化场后，水质明显提高，效果十分显著。

表 7-5 水质变化情况

	BOD（mg/l）	SS（mg/l）	氨（mg/l）	2-MIB（μg/l）
处理前	23	24	7.6	0.55
处理	5.7	9.1	2.2	0.22

3）日本渡良濑蓄水池的人工湿地

渡良濑蓄水池位于日本栃木县，是一座人工挖掘的平原水库，总库容 2640 万 m³，水面面积 4.5km²，水深 6.5m 左右。这座蓄水池平时为茨城县等六县市 64 万人口供水，日供水量 21.6 万 m³。蓄水池周围是渡良濑川的滞洪区，汛期时洪水由溢流堤流入蓄水池，此时蓄水池用于调洪，提供调洪库容 1000 万 m³。

由于近年来上游用水造成生活污水以及含氮、磷的水流入，致使渡良濑蓄水池出现霉臭等水质问题。为保护蓄水池的水质，自 1993 年起在蓄水池一侧滞洪洼地上建人工湿地，这是一座设有人工设施的芦苇荡。将蓄水池的水引到芦苇荡，芦苇具有十分好的净化功能，污染物与其茎部接触产生沉淀作用，芦苇的根部与茎部可吸收某些污染物。另外，附着在茎部上的微生物可对污染物产生吸附分解作用。通过吸附、沉淀及吸收作用，去除水中的氮、磷及浮游植物，达到对水体进行自然净化的目的。这种净化过程循环进行，确保蓄水池水质洁净（图 7-27）。

图 7-26 日本坂川古崎净化场平面图

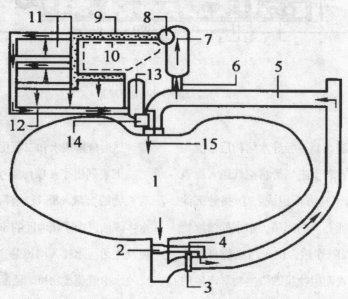

1—渡良濑蓄水池；2—蓄水池泵站；3—橡胶坝；4—旁通水渠；5—地下水渠；6—连接渠；7—调节渠；8—取水泵站；9—进水渠；10—荻草荡；11—芦苇荡净化设施；12—出水渠；13—集水池；14—芦苇荡泵站；15—北闸

图 7-27 渡良濑蓄水池人工湿地平面图

表 7-6 治理前后动植物种类变化

	植物	昆虫	鸟类
1993	31 科，104 种	19 科，45 种	18 科，22 种
1998	45 科，166 种	45 科，116 种	25 科，50 种

在蓄水池出水口建高 3.5m、宽 40m 的充气式橡胶坝，用以控制出水口。水流经引水渠到达设于地下的泵站，其所以设于地下，是为满足景观的要求。泵站安装单机流量为 1.25m³/s 的两台水泵，水体加压后流入箱形涵洞，再流入芦苇荡。芦苇荡占地 20hm²，最大净化水体能力为 2.5m³/s。芦苇荡分为 3 个间隔，水流通过 33 个挡水堰流入。水流在芦苇荡中蜿蜒流动，以增加净化效果，遂从 33 处出口汇入集水池，再由渡良濑蓄水池的北闸门回到蓄水池，完成一次净化循环。自 1993 年开始建设人工湿地，不只水质得到改善，动植物的生态系统也得到极大改善，生物多样性有所恢复。

渡良濑人工湿地的人工植被从陆地到水面依次为：杞柳（水边林）—芦苇、荻、蓑衣草（湿地植物）—茭白、宽叶香蒲（吸水植物）—荇菜、菱（浮叶植物），形成了一体的生态空间。

为净化渡良濑蓄水池的水体，还在蓄水池中部建一批人工生态浮岛，种植芦苇等植物，其根系附着微生物，可提供充足氧气，并通过迁移、转化水中的氮、磷等物质，降解水中有机质。浮岛还设置为鱼类产卵用的产卵床，也为小鱼设有栖身地，水中的浮游植物成了鱼饵，人工生态浮岛保证了蓄水池水质的洁净（图 7-28）。

4）韩国良才川水质生物—生态修复设施

良才川是汉江的一条支流，位于汉城的江南区。由于河流地处住宅区，加之治理不善，良才川的水质受到较大污染，也影响了汉江的水质。1995 年起决定主要采用生物—生态方法治理良才川。

水质净化设施主体是设于河流一侧的地下生物—生态净化装置（图 7-29）。用卵石接触氧化法，

图 7-28 日本渡良濑蓄水池的人工湿地

即强化自然状态下河流中的沉淀、吸附及氧化分解作用，利用微生物的活动将污染物转化为二氧化碳和水。净化设施日处理能力为 32000t/d，净化的工作流程如下：拦河橡胶坝（长 18m，高 1m）将河水拦截后引入带拦污栅的进水口（图 7-29），水流经过进水自动阀，经污物滤网进入污水管，污水管连接有四座污水孔墙，污水孔墙两侧各有一座接触氧化槽，共有八座。接触氧化槽长 20m、宽 13.6m、高 14.8m。污水从孔墙的孔中流入接触氧化槽，氧化槽中放置卵石，污水通过氧化槽得到净化后分别流入四座清水孔墙，再汇集到清水出水管中，由清水出口排入橡胶坝下游侧。污水在接触氧化槽内被净化产生的主要作用是：接触沉淀作用、吸附作用和氧化分解作用，与上述日本古崎净化场相比，这种净化装置的重要优点是几乎不耗能，所以运行成本很低。

韩国良才川水质生物—生态修复设施（图 7-30）建成至今已 6 年，治污效果显著。表 7-7 为治理前后的对照，说明对 BOD 和 SS 的处理率达 70%～75%。

除接触氧化槽以外，良才川的环境治理工程还包括恢复河流自然生态的方法，即用石块、木桩、

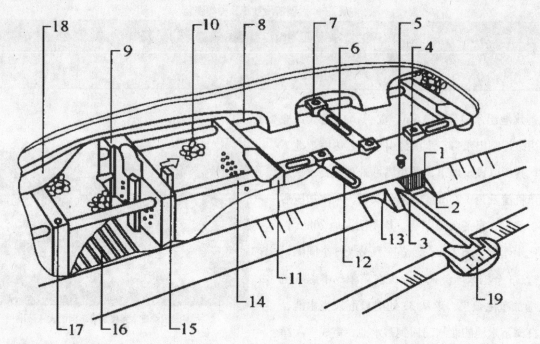

1—橡胶坝；2—污水进水口；3—污水闸板；4—拦污栅；5—自动水位探测计；6—进水自动阀；7—污物滤网；8—污水进水管；
9—污水孔墙；10—接触氧化槽中的卵石；11—清水孔墙；12—出水自动阀；13—清水出口；14—清水出水管；15—残渣去除设施；
16—通气管；17—检查水管入口；18—盖子；19—鱼道

图7-29 良才川净化设施立体图

7.4.3 生物方法水体修复技术

（1）生物方法水体修复技术简介

图7-30 韩国良才川水质生物—生态修复设施

生物方法水体修复技术也称生物整治、生物恢复、生态修复或生态恢复，是利用培育的植物或培养、接种的微生物的生命活动，对水中污染物进行转移、转化及降解作用，从而使水体得到净化，或者使环境中的污染物的危害减少到最低程度。这种技术的最大特点是可以对大面积的污染环境进行治理，具有处理效果好、工程造价相对较低、不需耗能或低耗能、运行成本低廉等优点。另外，这种处理技术不向水体投放药剂，不会形成二次污染。还可以与绿化环境及景观改善相结合，在治理区建设休闲和体育设施，创造人与自然相融合的优美环境。所以，这种廉价实

芦苇、柳树等天然材料进行护岸，形成类似野生的自然环境，同时种植菖蒲等植物，恢复鱼类栖息环境，适于鳜鱼等鱼类生长，也为白鹭、野鸭等禽类群落生存创造条件，又开辟散步、自行车小路和木桥等，为居民提供与水亲近的自然环境。

表7-7 良才川治污效果对照

	处理前	处理后	处理率
BOD	10～15mg/l	4～5mg/l	75%
SS	20mg/l	6mg/l	70%

用技术适用于我国大范围的城市景观水体治理。

（2）生物方法水体修复技术案例

1）什刹海水华防治试验区

什刹海水域面积 0.34km²，为典型的城市型湖泊，是北京中心区的旅游胜地。由于补给水源不足、雨污及地面径流冲击，加之水体自净能力有限，水体污染严重。2001 年夏季，大面积暴发水华。2002 ~ 2003 年，开展了如下技术试验与示范，效果良好。

围隔区放养水葫芦，可快速吸收氮、磷等营养物，并在根系区形成微生物富集区，加速降解污染物；养鱼除藻，鲢鱼通过滤食可有效吞噬藻细胞，降低藻细胞密度，抑制藻生长、繁殖速率；投撒微生物制剂用于局部闭塞水域应急除藻；利用针刺无纺布包裹活性炭、沸石、滤料等吸附性材料；推流曝气—超声波杀藻技术。

2）转河综合治理工程生态技术

转河综合整治工程为北京市 2003 年重点工程，北京市水利局转变治水思路，在城市河道整治中"以人为本，少留人工痕迹，宜宽则宽，宜弯则弯，人水相亲，和谐自然"。

景观设计与结构设计并重，在满足河道功能的前提下，体现以人为本的设计理念。在水质保护和水景营造方面，采用天然植物、天然石材木材和用钢筋、混凝土或耐水原木等多种形式的生态驳岸。河底采用遵从自然过程的设计，卵石、砂、多孔砖铺设河底交换的通透性；两岸河堤路铺设透水混凝土砖，既能净化降雨径流水分和热量，又能改善地面和土壤微生物环境。

3）翠湖湿地生态园区

翠湖坐落于北京市西山脚下的海淀区上庄乡，翠湖湿地生态园主要通过开挖 200m 环湖生态渠，将上庄水库北侧的 100hm² 低凹地构造成具有湿地生态特征的生态园，并引进湿地动植物，建设荷花塘、芦苇塘、野生湿地植物展览区、水禽池、湿地生态农业、

图 7-31 河道生态恢复实例

科教园区、观赏鱼塘和垂钓区、水上公园等九大功能区域，总面积 100 万 m²。翠湖湿地生态园利用湿地的自然景观和自然结构，建成集休闲、娱乐、观赏、学习和研究于一体，自然与美、休闲度假与学术研究完美结合的湿地公园（图 7-31）。

7.4.4 土地处理系统

（1）土地处理系统简介

土地处理技术是一种古老、但行之有效的污水处理的生态工程技术，其原理是通过农田、林地、苇地等土壤—植物系统的吸附、过滤及净化作用和自我调控功能，对污水中的污染物实现净化并对污水及氮、磷等资源加以利用。根据处理目标、处理对象的不同，土地处理系统可分为快速渗滤、慢速渗滤、地表漫流、地下渗滤，湿地系统等五种类型。

以土地处理系统为代表的污水自然处理技术，不仅对各种污染物有极高的去除效率，并可实现污水的处理与利用相结合的目的，其投资及运行费用为常规处理的 1/3 ~ 1/2；既可替代常规处理，又可作为常规处理的深度处理技术，是常规处理的一种革新与替代技术。而且，土地处理系统的出水可以作为中水进行回用，推行土地处理技术，开发中水资源，是实现污水处理无害化、资源化的重要途径之一，是解决水资源危机的重要技术政策。

（2）土地处理基本工艺

1）慢速渗滤系统

慢速渗滤系统适用于渗水性良好的土壤、砂质土壤及蒸发量小、气候湿润的地区。废水经喷管或面灌后垂直向下缓慢渗滤，土地净化田上种作物，这些作物可吸收污水中的水分和营养成分，通过土壤—微生物—作物对污水进行净化，部分污水蒸发和渗滤。慢速渗滤系统的污水投配符合一般较低，渗滤速度慢，故污水净化效率高，出水水质优良。

慢速渗滤系统（图7-32）有农业型和森林型两种。其主要控制因素为：灌水率、灌水方式、作物选择和预处理。

2）快速渗滤系统

快速渗滤土地处理系统是一种高效、低耗、经济的污水处理与再生方法。适用于渗滤性良好的土壤，如砂土、砾石性砂土、砂质壤土等。污水投配至

图7-32 慢速渗滤系统示意图

快速渗滤田表面后很快下渗进入地下，并最终进入地下水层。灌水与休灌反复循环进行，使滤田表层土壤处于厌氧—好氧交替运行状态，依靠土壤微生物将土壤截留的溶解性和悬浮有机物进行分解，使污水得以净化。

快速渗滤法的主要目的是使补给地下水和废水再生回用。用于补给地下水时不设集水系统，若用于废水再生回用，则需设地下集水管或井群以收集再生水（图7-33）。

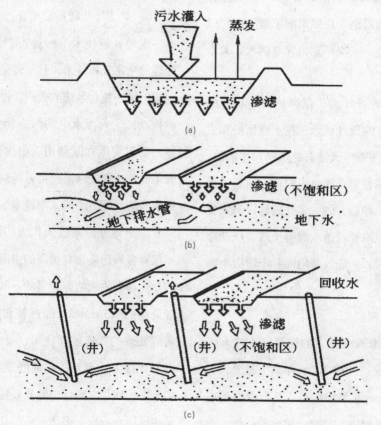

图7-33 地表漫流系统快速渗滤系统示意图

(a) 补给地下水　(b) 由地下排水管收集处理水　(c) 由井群收集处理水

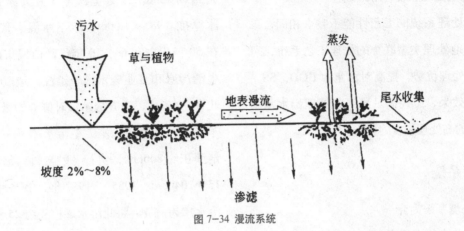

图 7-34 漫流系统

进入快速渗滤系统的污水应进行适当预处理，以保证有较大的渗滤速率和硝化速率。一般情况下，污水经过一级处理就可以满足要求。若可供使用的土地有限，需加大渗滤速率，或要求高质量的出水水质，则应以二级处理作为预处理。

3）地表漫流系统

地表漫流系统适用于渗透性低的黏土或亚黏土，地面最佳坡度为 2% ~ 8%。废水以喷管法或漫灌法有控制地分布在地面上均匀地漫流，流向设在坡角的集水渠，在流行过程中少量废水被植物摄取、蒸发和渗入地下。地面上种牧草或其他作物供微生物栖息并防止土壤流失，尾水收集后可回用或排放水体（图 7-34）。

4）地下渗滤处理系统

地下渗滤处理系统是将污水投配到距地面约 0.5m 深，有良好渗透性的底层中，借毛管浸润和土壤渗透作用，使污水向四周扩散，通过过滤、沉淀、吸附和生物降解作用等过程使污水得到净化（图 7-35 ~ 图 7-37）。

地下渗滤系统适用于无法接入城市排水管网的小水量污水处理，如分散的居民点住宅、度假村、疗养院等。污水进入处理系统前需经过化粪池或酸化（水解）池预处理。

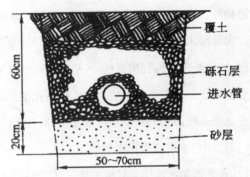

图 7-35 标准构造的地下土壤渗滤沟

图 7-36 地下渗滤（毛管浸润式）示意图

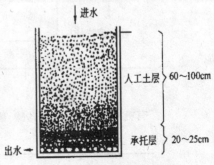

图 7-37 人工土渗滤池的构造

5) 污水土地处理联合利用系统

各种土地处理系统的工艺性能不完全相同，采用两种不同土地处理类型联合的处理工艺系统，可以发挥各自的处理优势，提高对污水中 BOD、SS、N 和 P 的去除效果，以便满足更高的处理出水水质要求或更可靠的高处理程度的要求。

7.4.5 生态塘系统

（1）生态塘系统简介

在我国生态塘是由王宝贞等首先开发的一种污水处理技术。它以太阳能为初始能源，通过净化塘、水生植物塘、水禽养殖和农田灌溉等，形成人工生态系统，实现污水处理资源化。王宝贞指导设计建造了城市污水生态处理与利用系统—齐齐哈尔生态塘和工业废水生态处理与利用系统——大庆石化生态塘。

生态塘系统运行的基本原理如图 7-38 所示：

（2）生态塘系统应用实例

1）齐齐哈尔污水生态处理系统

齐齐哈尔是黑龙江省第二大城市，位于嫩江中游，处于寒温带，年平均气温 3.2℃，历年极端最高气温 40℃，最低气温 -39℃。全年日照时数 2812h，无霜期 138d。11 月至次年 3 月为冰封期，最大结冰厚度 0.98 ~ 1.00m，冰下水温一般为 2 ~ 5℃。在 50 年代末和 60、70 年代，该城市产生的大量的生活污水和工业废水排于嫩江，造成严重污染。为此在 70 年代，齐齐哈尔市对废弃的嫩江旧河套进行了改造，修建了一座大型污水库——大民水库，占地面积约 800hm²，实行冬贮夏排，每日容纳污水量 $15 \times 10^4 m^3/d$。1985 ~ 1987 年，齐齐哈尔市以大民污水库为前身，将此污水库扩建为 $25 \times 10^4 m^3/d$ 的生态塘处理系统。

齐齐哈尔塘系统的工艺流程如下：

污水→明渠→格栅→泵站→厌氧塘→兼性塘→生态塘→排入嫩江。

齐齐哈尔市排水系统为雨污分流。市区的污水经由管道和泵站集中后通过 6.5km 长的明渠排入稳定塘中。该塘系统中的两个厌氧塘并联运行，进水采用分水闸门控制；兼性塘和生态塘串联运行，出水排入嫩江。

在运行的过程中发现，齐齐哈尔生态塘在温暖季节具有很强的净化能力，在流入生态塘的污水中，各种污染物以较高的去除率被去除，从而使污水得到

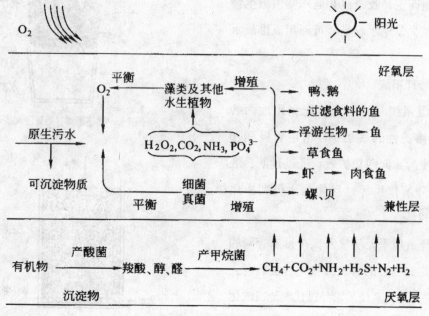

图 7-38 生态塘系统运行原理图

净化。从入口到出口，塘中污水的颜色依次变化为：灰→黑→墨绿→深绿→绿→淡绿→清澈透明；在塘中呈现绿色的塘水中生长有大量的微型藻类，在岸边附近水中有大量的浮游动物，如轮虫、水蚤等，被鱼和鸭、水鸟等捕食；在塘的后部水质清澈，水中生长有大量的沉水植物，如金鱼藻、茨藻、黑藻等。生态塘的最后出水 SS 和 BOD_5 达到 5~10mg/L，在 8、9、10 月份出水 BOD_5 约为 2~3mg/L，SS 和 BOD_5 的去除率可超过 90%；合成洗涤剂和氨氮的去除率可超过 80%；木质素和锌的去除率可超过 95%；细菌的去降率超过 99%；苯酚和氰化物的去除率有些超过 90%。

2）胶州市城市污水处理与利用生态塘

在山东省胶州市，城镇污水由生活污水和工业废水（包括制药、造纸、化工、食品加工、纺织印染等废水）组成，其浓度偏高，BOD_5 250~300mg/L，COD 600~800mg/L，TN 60~80mg/L，TP 10~15mg/L。该市严重缺水，污水经处理后需加以回收利用，主要是灌溉农田。为实现污水资源的多级回收利用，缓解该市水资源短缺的问题，采用了污水处理与利用生态工程对该市的污水进行处理。胶州市城市污水处理与利用生态塘是一座带有养鱼塘和养鸭塘的大型生态塘处理系统，总占地面积为 100hm²，处理能力为 3 万 m³/d。

该生态塘的处理流程为：原水污水→格栅→沉砂池→斜板沉淀池→厌氧塘→多级兼性塘→最后净化塘（放养鱼、鸭）→农田灌溉→补充地下水。在净化塘中养殖鱼和鸭可获得很好的收成，据 1992~1993 年间对该生态塘运行参数的调查，其结果表明各种污染物都得到有效的去除，COD 的去除率为 78.8%，BOD_5 的去除率为 79%，SS 的去除率为 60.6%，TN 的去除率为 87.7%，TP 为 78.1%。在农田灌溉季节，兼性塘 II 的出水送至附近的农田灌溉，BOD_5 和 TSS ≤ 3mg/L，COD ≤ 20mg/L，TN ≤ 5mg/L，

NH4-N ≤ 2mg/L，TP ≤ 0.01mg/L，同时，出水用于农田灌溉后（种植小麦和玉米）其收成增产 15%，而其渗滤水水质很好达到或接近地表水的 III 与 IV 级标准，可用于补充地下水。

3）瑞典 Malmo 市 Toftanas 工程

图 7-39 为瑞典 Toftanas 用于处理雨水径流的湿地—塘系统。

在这一工程中，来自占地为 200hm² 的新开发工业区的暴雨径流被排入了 10000hm² 的绿化区中，这是一块精心设计的由湿地和塘组成的人工生态处理系统，塘的总容积为 58000m³。在旱季和少量降雨期，从几个排水口排出的地表径流水，流经曲折的小溪流入下游的河段。在雨量特别大的时期，整个塘系统都被淹没。在降雨期间，系统中三块比较高的圆形部分就变成了孤岛。为了达到处理效果，塘—湿地处理系统中的植物种群也是经过专门选择的（不同种类的草、灌木和树木）。在岛上及其边缘地区被柳属植物所覆盖，由于柳属植物的根区存在厌氧区，使重金属在根系的土壤中通过化学反应形成硫化物或氢氧化物而被土壤截留和吸收。淹没区表面和水流表面的好氧区也对污水提供了非常有效的处理，特别是对氮和磷的去除。

4）德国 Hattingen 污水处理厂

位于德国北莱茵州，服务人口为 10 万人口当量，占地 220hm²，污水处理厂平面布置如图 7-40 所示。

流程为格栅→曝气沉沙池→初沉池→曝气池→二沉池→生物氧化塘→河道。和初沉池平行设置的还有和它一样池型及大小且分成两格的缓冲池，缓冲池的主要作用是在合流污水高峰流量时均衡水质，其次是储存水量。在初沉池中，污水处理厂的管理人员根据进水水质的变化，加入碳源和氨氮，为后续污水处理构筑物的生化反应能顺利进行创造条件。接着污水进入四个环形曝气池，污水在环形曝气池中进行生物脱氮和化学除磷处理，用于化学除磷的混凝剂有三价

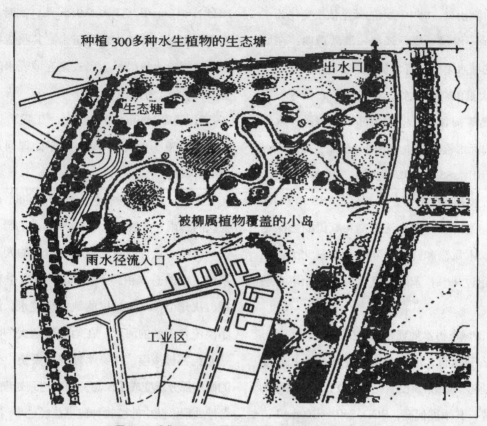

图 7-39 瑞典 Toftanas 用于处理雨水径流的湿地—塘系统

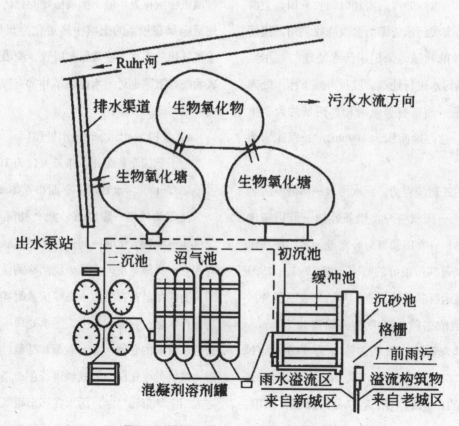

图 7-40 德国 Hattingen 污水处理厂平面布置图

和二价铁盐。最后污水进入四个圆形二沉池。二沉池处理后的污水进入总体积为 40000m³ 的三个生物氧化塘，生物氧化塘中种植植物，并放养鱼、鸭等动物，生物氧化塘的作用是缓冲污染冲击负荷，对水质作进一步净化并去除漂浮物。经过生物氧化塘处理和稳定后的合格污水排入河道。排入河道的污水水质为：BOD 10mg/L、COD 60mg/L、NH₃-N 6mg/L、P 1mg/L。对照德国生活污水排放标准（对于 10 万人口当量的污水厂，BOD 15mg/L、COD 75 mg/L、NH₃-N 10mg/L、P 1mg/L），可见，Hattingen 污水处理厂的出水水质不仅达到了德国生活污水排放标准，BOD、COD 及 NH₃-N 的出水浓度还优于排放标准。

5) 东营生态塘系统

东营市污水处理与利用生态工程位于青州路以西、广利河以北、府前街以南、利六沟以东、广州路东西两侧，远离西城，邻近东城，为原工程机械总厂农牧公司农场所在地，占地约 110hm²，它汇集广利河流经区域西城西三路、泰山路、五台山路、胜华路、济南路等五座泵站汇水区内的生活污水和一部分工业废水，经总提升泵站，由压力管道输送至污水处理厂，同时接纳东城的污水，合二为一，一并进行处理。充分利用原农场因黄河水断流而废弃的水库及鱼塘和稻田，加以改造建成污水净化生态塘处理系统。

将污水处理与生态农业相结合，净化后的污水，如果可用于灌溉农田，或进一步处理回用作为电厂的冷却用水，则可节省水资源。余下的经处理后达标排放的污水排入广利河，从根本上改善了穿城景观河流广利河的严重污染状况，最终排入渤海，同时减少了对黄河口和渤海的污染，具有明显的环境效益。

该工艺流程为：西城污水→总提升泵站→压力管线→平流沉砂池→高效厌氧塘→曝气塘→曝气养鱼塘→鱼塘→藕塘→苇塘→自流或回用（图 7-41）。污水来源为生活污水及一小部分的工业废水，工业废水中污染物主要为氯化物、石油类。该工程日处理水量可达 105m³，现实际运行日处理水量为 5×10⁴m³。

区别于其他国内外塘系统工艺的特点：在该系统中，采用了高效复合厌氧塘，它是由美国加州大学 W.J.Oswald 教授开发的带污泥发酵区的高效厌氧塘与我国王宝贞教授开发的生物膜强化厌氧塘组合而成，集有二者的优点。它由底部的污泥消解区和上部的生物膜载体填料区组合而成，通过均匀的进水与布水系统，使污水在塘中进行上向和下向折流翻腾式流动，使其与底部污泥层和上部生物膜层进行充分的接触，使污水中有机物进行有效的降解，无需进行污泥处理。

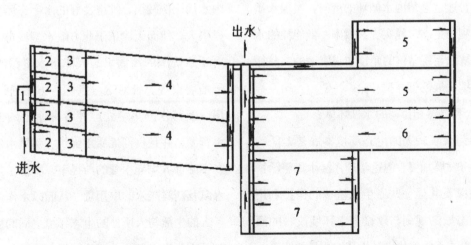

1—沉砂池；2—厌氧塘；3—曝气塘；4—曝气养鱼塘；5—鱼塘；6—藕塘；7—人工湿地

图 7-41　生态塘系统工程的实际平面布置图

7.5 区域水资源与水环境系统优化典型案例

7.5.1 多要素联通的非常规水源水生态系统构建技术（以中新生态城为例）

中新生态城水系统建设工程是规划性示范，规划建设包括排水系统、河、海、湖、湿地等多要素的水系统构建，主要工程为 3km² 起步区的排水及水系统构建。

（1）理念与原则

1）建立健全的水循环体系

建立低能耗、低污染的自然水循环体系，实现可持续发展的循环型水资源利用。资源的节约与高效利用是科学发展观的重要体现，也是本次系统构建的原则之一。生态城降水量较少，地表水污染严重，地下水矿化度高，本地可用水资源匮乏，需要从统筹协调利用和再利用方面进行考虑，实现资源与能源利用的集约化和节约化，促进区域的可持续发展。建立促进节水和水资源循环利用的市政给排水体系，在保证城市供排水安全的基础上，尽量充分实现雨水回用与再生水的循环利用，实现资源、资金和现有的设施的充分利用。

在方案中利用人工强化生物处理与生态工程之间的优势互补，通过区域内水循环的流向，实现水质的深度净化。利用生态工程实现高效率、低能耗的水环境修复，并从水系统整体的角度实现资源的完整循环，构建可持续发展的循环型社会。

2）建立人和自然相协调的水循环体系

以污水库为代表较差的生态环境本底是本区的重要特征，本研究要加强古河道治理、污水库整治、生态湿地建设以及其他一些原生态植被的保护利用工作，建议生态城的规划与建设遵守环境改善的原则，促进本区生态系统的建设和水环境质量的改善，改善人居环境质量。

充分保持自然水循环的机能的同时，建立人与自然相协调的健全的水循环体系，加强人工水系与自然水系的联系，充分利用生态工程与生态河道，构建亲水空间，构建自然生态系统与人工生态系统有机融合的复合生态系统。建立充分的水量与水质的保证措施，实现自然状态下生态水量的保证，构建丰富的自然景观和舒适的水环境；完善水利治水及水环境修复设施，保障灾害条件下安全的水循环。

3）建立区域协调的水循环体系

生态城位于滨海新区的海滨休闲旅游区范围内，资源配置和设施布置需要与区域相协调。以水资源为例，滨海新区的可用水资源绝大部分为外调水源，包括了地表水、地下水、海水淡化等多种水源，水源的优化配置是区域可持续发展的重要保障。

4）因地制宜

区域内良好生态环境的塑造与保护要根据本区的实际情况进行，综合分析本区的气候条件、地理位置、地形地貌、现状概况等因素，在对现状条件进行充分调研、踏勘、分析、总结的基础上，优选适合于生态城市规划与建设的生态环境改善与保护策略。

5）资源节约

中新天津生态城属于高密度、高标准的生活区，其内居住的人口对于水资源的需求量很大，同时区域内水面比例较大，维持良好的水生态环境的需水量同样很大。然而天津属于北方缺水型城市，因此生态城对于水资源的高需求与天津市水资源的缺乏之间的矛盾将突现。针对这一问题，方案通过采用雨水利用以及污水的集中处理等各种途径，合理利用各种水资源，并且贯彻优质水优供、劣质水低供的原则，在不降低人均耗水量的前提下，降低了生态城对新鲜水以及新鲜淡水的取用量。从而以水作为纽带，实现了人的生活与人所处的生态环境之间的协调，从而避免了人与生态环境之间的割裂，甚至是对立，最终使得人成为生态水系的有机组成。

（2）方法与技术路线

水系统构建方案建立在对现状的充分调研和分析的基础上，结合生态环境的特征，在传统的给水、排水、雨水及再生水利用基础上，尽可能多地考虑自然环境及社会经济的协调。本构建方案的方法和技术路线同"以湿地为核心的北方滨海城市水系统构建技术"相同。

（3）生态城水系统构建指导思想

1）全面贯彻节能减排战略，分步实现宜居生态型城市建设。

2）吸纳城市水环境新理念，分段落实控源减排与水质目标。

3）协调整个生态城水系统体系，安全、合理保障水系统安全。

4）着重强化水质水量再生，分级推动污水与雨水资源利用。

（4）生态城水系统现状与背景

1）生态城水系要素

区域的地表水资源要素主要包括河流、水库、生产性水面和近海水域等，种类行对齐全，如图 7-42。

图 7-42 生态城水系要素示意图

2）区域生态网络的重要联系节点

生态城位于天津市南北两片生态湿地的南片湿地范围内，是多条生态走廊的交叉点，生态敏感性高。首先，它位于大黄堡—七里海湿地连绵区至渤海湾的生态走廊；其次，它位于永定新河和蓟运河的交叉口，紧邻永定新河入海口；再次，它位于蓟县自然保护区南向渤海湾的重要通道上，如图 7-43 所示。

3）区内涉水设施

区内现有部分供排水设施，主要基础设施如图 7-44 所示。

图 7-43 生态城在区域生态网络中的位置示意

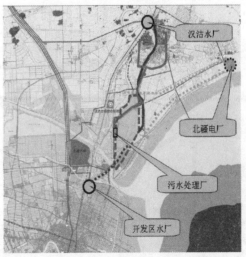

图 7-44 生态城及其周边基础设施状况示意图

4）构建区域水系统存在主要问题

① 水量问题

天津市位于严重缺水的海河流域下游，是资源型严重缺水城市。滨海新区资源型缺水特点十分突出，城市供水水源主要是外调水，其次是宝坻地下水、当地地下水和部分淡化海水。

② 水质问题

流经区内的河道，蓟运河水质较好为Ⅴ类，达到近期（2010 年）水质目标，潮白新河和永定新河水质均为劣Ⅴ类水，劣于"海河流域天津市水功能区划报告（2008 年 1 月）"的近、远期水质目标。

营城污水库承接了汉沽区的化工污水。污染物成分复杂，水体污染物浓度高，底质污染严重；蓟运河故道内基本无清水来源，目前少量存水主要来自于大气降水，加上可能存在的污水库侧渗，水体含盐量高，污染严重。

③ 防洪排涝问题

蓟运河、潮白新河、永定新河的河口淤积均较严重，导致河流泄洪排涝能力降低，各河出口泄流不畅，大大影响涝水的排泄。区内水库、河道封闭，没有形成合理、高效涝水外排系统，对于防洪排涝十分不利。

（5）生态城水系构建方案

由现在及存在主要问题分析确定生态城水系统构建将是一个多水源供水及水资源梯级利用及循环利用，并强调水生态环境改善的体系，具体见图 7-45。

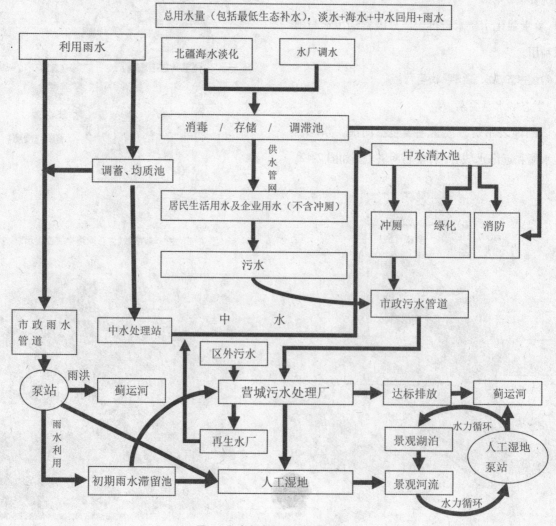

图 7-45 生态城水环境体系构建方案

（6）水资源的优化配置

根据预测，生态城最高日用水量为 16.01 万 m³/d。优化配置水资源原则是：鼓励收集利用雨水、优先使用再生水、安全保障使用自来水、保障备用蓟运河水、海水淡化水，做到优水高价、低水低价。

1）雨水的收集、利用与初期雨水污染的处置

中新生态城雨水系统突破传统雨水快速排放的理念，利用各种人工或自然水体对雨水径流实施收集、调蓄、净化和利用，改善城市水环境和生态环境；在示范区构建雨水收集、利用系统；通过各种人工或自然渗透设施使雨水渗入地下，补充地下水资源。城市雨水排放体系与城市防洪、排涝体系统一协调考虑，有效降低雨水径流系数，减少工程总投资。综合利用、缓解本地区用水压力，促进城市水资源和水环境的可持续发展，并考虑初期雨水对环境的影响。

① 小区雨水的收集利用

小区雨水收集利用主要是屋面和道路雨水的收集利用，小区雨水收集利用示意如图 7-46。

② 生态城路面、广场、停车场雨水径流收集、净化与利用生态城中道路人类活动频繁，是面源污染的主要污染源，而源区控制是城市面源污染控制模式的重点。生态城道路、广场和停车场雨水收集、利用系统示意见图 7-47。

③ 初期雨水处理

初期雨水污染物浓度很高，必须进行处理，以保护水生态环境。主要采用以下措施：

a. 下凹绿地、道路边沟

利用绿地的净化和过滤作用对初期雨水进行净化处理。

利用新型道路边沟输送雨水的过程，对雨水进行沉淀过滤，降低悬浮物浓度。

设置环保雨水口，沿河截污。

b. 人工湿地

设计修建人工湿地、绿化过滤带，使初期雨水在湿地储存、处理。在各雨水泵站单设一台低水位运行的初期雨水泵，将初期雨水单独提升至人工湿地，进行储存截污处理。利用湿地作为雨水的调蓄池，既沉淀雨水，也通过湿地"净化"雨水。

本方案构建五块初期雨水储存净化湿地，位于五个雨水泵站出水口处，为表面流湿地。

c. 污水处理厂

初期雨水经人工湿地初步处理后储存，在污水处理厂不能满负荷运转时，通过污水管道将储存雨水排入污水处理厂进一步处理，达到初期雨水净化的目的。

2）雨洪调控

设计水系调蓄采用的是美国水土保持学会在提

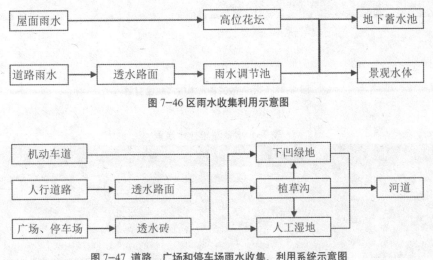

图 7-46 区雨水收集利用示意图

图 7-47 道路、广场和停车场雨水收集、利用系统示意图

出的曲线数学模型（SCS）。按照生态城建设暴雨设计标准，控制雨季常水水位不高于 0.7 m，即可满足设计降雨的需求，并设计外排泵站规模为 20 m³/s。

方案控制蓟运河故道及清净湖非雨季常水位为 0.7 ～ 1.0m，雨季控制常水位为 0.5 ～ 0.7m。整个蓟运河故道各月水位高程控制见图 7-48。

（7）水系构建与水质保持循环

1）水系构建

生态城水系以营城污水库（清净湖）及蓟运河故道为核心，人工强化水系为生态走廊，水系两侧湿地为缓冲带，城市绿网为生态屏障的城市水环境生态格局，并由此构建城市水系。

整个水系构建为三个功能分区：自然生态保护区、环境教育功能区、景观游憩功能区。三个功能区相互连通，整个水系形成顺畅的水系循环，各河道水系构建"人水和谐"的水生态景观。

河道断面形式布置为自然形态，生态护岸，形成滨水区植被与堤内植被连成一体，构成一个完整的河流生态系统，并能滞洪补枯、调节水位，同时达到增强水体自净能力的作用。

2）水质保持循环

①水系补水

水系水量损失主要包含蒸发损失、渗透损失。水系补水主要包含补充蒸发损失量、渗透损失量及生态补水。生态城水系补水水源主要来自污水处理厂尾水出水（一级 A 标准）、蓟运河水（潮白新河）、雨水。各种水资源年补水量见表 7-8。

②水体污染及保护措施

生态城水系污染来源主要是河道补充水源、面源污染、内源污染。

生态城提倡水质保持采取以下措施：缓坡带绿化拦截控污；喷泉增氧；河漫滩水生植被恢复；生物栖息地的营造；水体换水；初期雨水截流处理；人工湿地。

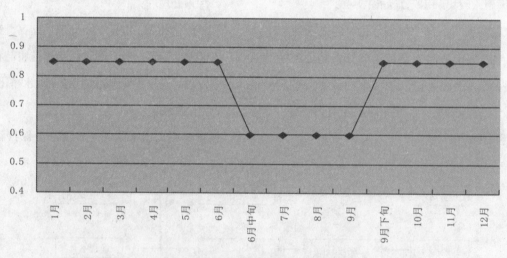

图 7-48 蓟运河故道各月水位高程控制图

表 7-8 水资源年补水量表

序号	水源名称	年补水量所占比例（%）
1	污水处理厂尾水	74.9
2	雨水	23.4
3	蓟运河水（永定新河）	1.7
4	合计	100

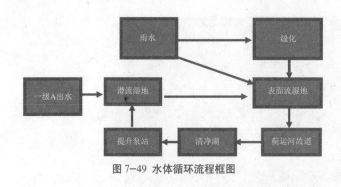

图 7-49 水体循环流程框图

生态城水质保持的主要手段采用人工湿地处理系统。它具有投资低、出水水质好、抗冲击力强、增加绿地面积、改善和美化生态环境、操作简单、维护和运行费用低廉等优点。

方案确定生态城水体的循环周期为 40 天，循环流量为 21 万 m^3/d。

方案确定生态城水体循环的循环方式如图 7-49。

（8）复合人工湿地生态构建及修复

生态城构建人工湿地包含污水处理厂尾水处理湿地、循环水处理湿地、初期雨水储存处理湿地。

污水尾水处理湿地处理规模：5 万 m^3/d，湿地采用潜流 + 表面流。

循环水处理湿地处理规模：21 万 m^3/d，湿地采用潜流 + 表面流。

初期雨水储存湿地：控制区内设置六处湿地。其中五处位于五个雨水泵站出水口处，为表面流湿地，具有净化初期雨水功能；另外一处位于清净湖的蝴蝶洲，为潜流 + 表面流人工湿地。

（9）总结

本构建方案理念创新，突破传统模式，将给水、再生水、雨水、污水、河道水系统筹协调，立足于水资源优化配置、循环利用；水环境改善，人工湿地修复的高度，在保障用水安全、合理的前提下，优化、充分利用水资源，并有效防止涝灾发生、控制城市水环境污染。通过本项目融合水资源利用、水质净化、水生态环境改善和雨洪调控功能为一体；通过多水源供水，雨、污水处理回用、加强水体人工湿地生态

修复、水体循环等先进技术理念，构建安全、节约、可持续发展的城市水环境。示范工程量化指标：非常规用水占总用水量的 63%，超额完成中新两国框架协议中非传统水源利用率 50% 的指标要求；整个项目生态湿地的净损失为零；整个生态城范围内的水环境质量得到改善。

7.5.2 工业园区河湖水系构建工程

（1）工程概况

该工业园水系建设主要是利用现有天然沟渠、池塘和湿地，规划建设集给水系统、雨水系统、污水系统、再生水系统及生态河、湖系统、地下水系统等于一体的生态水系，为区域招商引资提供良好的环境及安全保障。建设范围为一期 23.5km² 的水系统。工程内容包括设置雨水入河净化系统，生态化改造河道 20km，整建湖泊 30 万 m²，泵站 3 m³/s 一座，及相关的再生水回用配套工程。

根据该园区土壤含盐量高，生态用水主要以再生水为主的特点，需要开发生态水资源—雨水高效利用技术，以再生水源循环利用为核心的新型生态用水方法、以再生水源补给型景观水体构建、河 / 渠网络构建与生态恢复、自然湿地生态恢复技术、雨水 / 再生水源补给型水体富营养化生态控制技术。

（2）人工水系统概况

该工业区地处渤海西岸、海河流域下游，其用地由海退成陆，属于海积冲积平原地貌，规划总占地面积 45 km²。园区已利用原有河道、鱼池、坑塘，沿该区周边道路疏浚贯通形成景观河道，规划环形景观河道长约 20 km，水体面积约 90 万 m²，最低蓄水量 216 万 m³，汛期最高蓄水量为 300 万 m³。

目前已建成位于北部和西部的河道全长约 23km，水面面积约 72.8 万 m²。河底标高为 -1m（大沽高程），河道景观水体枯、平水期平均水位 1.8 ~ 2.0 m（大沽高程），丰水期平均水位 2.2 ~ 2.5 m（大沽高程），

图 7-50 园区人工河道建设情况示意图

平均水深 2.2m，蓄水量约为 182 万 m³。由于建于盐碱地区，河道水质盐分较高。

目前人工河道水源补给主要为该园区范围内的雨水径流，以及园区内一啤酒厂处理后达标的再生水。该景观水体现沿景观河道布置并投入使用两座雨水泵站，已建成雨水管网 100.082 km，雨水管网收集的降水通过泵站进入景观河道。金威公司已建成 0.4 万 m³/d 的再生水处理工程，采用 UASB 和 MBR 工艺，设计出水水质满足《城市污水再生利用景观环境用水水质》（GB/T 18921-2002）观赏性湖泊类水质标准，处理达标后的生产废水通过西南雨水泵站进入景观河道。此外，位于空港经济区东部的污水处理厂已有 1.5 万 t/d 再生水厂，再生水作为河道补充水将通过待建的东部雨水泵站附近再生水管网进入景观河道。

（3）景观河湖系统水质保障实施措施

1）河道水体污染源管理

针对目前园区内污水串入雨水管网，进而污染区内景观水体问题，全面排查区域雨污管网，调查区内日用水量 100t 以上所有单位污水排放化学特征，采用管网流量流向调控法和 PMF 污染源解析法全面分析管网错接点和阶段内偷排企业，制定特定控制点，全面控制雨水与景观水体污染来源。对空港景观河道来说，存在着由"点源"和"面源"所引起的水体污染，"点源"包括雨水收集、再生水生态补充用水、偷排污水、事故排放污染物以及倒灌雨水管网后重新排放的景观水（主要是厌氧）；面源包括河岸渗透、地下水、河道两侧绿化排盐水、渗滤水以及降雨径流冲刷、钓鱼投放的饵料等。其中以雨水收集、排污、绿地排水等与人类活动相关的来源影响最大，对其进行有效的管理对河道水质保持十分重要。

① 再生水水源管理

该园区再生水水质保障对象主要是某啤酒公司和空港经济区再生水利用工程排入景观河道的水源，为确保水源满足《城市污水再生利用景观环境用水水质标准》（GB/T 18921-2002）观赏性湖泊类用水标准，采取出水在线监测、生态化深度处理以及超标处罚的行政管理手段。

② 入河径流雨水管理

在雨水泵站进水井设置在线 TOC 监测装置，并与增设的污水泵实现联动。如遇到水质较差的初期雨水或者因企业排污、交通事故等引起的进水超标，可通过污水泵排入污水管网进入污水处理厂进行处理，避免造成景观水体的污染。

控制入河雨水质量，以初期雨水质量控制为重点，推进相应工程建设，形成以雨水泵站为中心的入河雨水净化工程，保证景观水体水质。净化工程主要包括：河道的清淤工程，将泵站附近建设简易的初沉池，让雨水尤其是初期雨水通过沉淀后得到初步的净化，经过初次沉淀后的雨水排入河道生物强化净化段，生物强化净化段主要采用河道曝气充氧技术与生物栅生态净化技术相结合的方式去除雨水中的污染物质。经过曝气充氧，雨水中的溶解氧增加，然后进入生物栅生态净化系统，通过生物栅中微生物的同化、异化作用将污染物质控制在一个较低水平，使进入河道系统的雨水得到净化。

园区一期范围内，雨水系统分为四大块——北部雨水系统、东部雨水系统、西南部雨水系统以及南部雨水系统，建设有 4 个雨水泵站，目前，在北部及西南部雨水泵站区域内建立了初期雨水处理设施。最初 10 min 雨水先进入初沉池停留 10 min，去除大颗粒悬浮物质等，再进入曝气及生物栅联合净化系统进行进一步处理后进入景观河道，依据雨水泵站设计提供的参数，该区域内雨水泵站的实际流量均为 7600 m^3/h 左右，设计容积为 1260 m^3，沉淀池在完成初期雨水处理之后，也可作为雨水蓄存池使用，该部分雨水可用于沉砂池附近浇洒绿地与浇洒道路等之用。

沉淀池：（材质：钢砼；数量：2 座；外形尺寸：25m×8m×5.0m）。

附属设备：刮泥机（型号：XJ-2500；数量：2 台；功率：3Kw）；排泥泵（型号：100QW50-22-7.5；数量：

图 7-51 空港经济区人工河道图

4 台）；污泥干化池（材质：砖混；数量：2 座；外形尺寸：10m×5m×1.0m）。

2）河道布局优化

出于土地利用和施工便利等方面的考虑，目前大多数的城市人工河道裁弯取直，并对河床加以混凝土衬砌，不能为动植物提供生存、栖息的场所，整体缺乏生气，呈现单一性。与之不同的是，空港经济区人工河道在开挖时就依据原有部分河道的天然地形，随弯就势地布置堤线，河岸蜿蜒；宽窄有致，是一条非常优美的近自然生态河道。如图 7-51 所示，该河道弯曲延伸，并间隔留有弧形静态水域以供水生生物更好地栖息繁衍。B.N. Bockelmann 等人采用二维生态水力学模型研究表明，蜿蜒的河道对多样化生境有积极影响，并能为生物提供适宜生境斑块。

3）人工湿地

该园区人工河道不仅具有良好的景观功能，还兼备再生水湿地生态净化功能。该区东部污水处理厂出水可由建成后的附近河道湿地进行深度处理。通过合理构建植物群落，投放数量合适、物种配比合理的水生动物，在河道建立近自然湿地系统，利用生态系统的自我净化功能净化河道中的污水处理厂达标排放水及再生水，削减污染物负荷。研究表明，湿地的投资远远低于常规二级水处理设施，是再生水净化利用的安全经济有效途径。待环形河道全线贯通，水流的循环将进一步提高水体的自净效果，故有望解决水环境容量低，达标污水处理厂出水难以满足水环境功能区要求的问题，以下是空港经济区河道岸边波式流人工湿地数值模拟。

该园区波式潜流人工湿地长 100.0 m（x 方向），宽 20.0 m（y 方向），高 1.0 m（z 方向）。本波式潜流人工湿地通过设置隔板将湿地沿长度方向均分为四格，形成上隔板、下隔板的间隔排列，如图 7-52 与 7-53 所示，具体结构参数见表 7-9。湿地填料为砾石、页岩和陶粒的混合料。填料水力特性参数见表 7-10。忽略植物根系吸水和上边界的蒸发。COD、TN 和 TP 在混合填料中的运移特性参数见表 7-11。湿地以 9.99 m³/d 的水力负荷运行，进口为定流量边界，出口为自由出流边界。已知进口处 COD、TN 和 TP 浓度随时间的变化过程。进口流量为定值，因此浓度场的进口边界条件为定通量边界。出口边界浓度只受湿地上游影响，采用零梯度边界条件。

湿地流场初始条件为水力负荷 9.99 m³/d 的稳定流场。湿地 COD、TN、TP 浓度场初始条件为进水 COD、TN、TP 浓度分别为 150 mg/L、6.0 mg/L、0.6 mg/L 计算得到的稳定浓度场。采用 200×1×20 的均匀网格，时间步长 1 s，计算时间为 200 天。

出口处 COD、TN 和 TP 浓度随时间的变化过程，如图 7-54 所示，模拟值与实测值吻合较好。出

图 7-52 波式潜流人工湿地现场照片

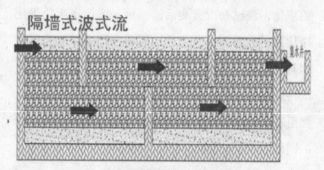

图 7-53 波式潜流人工湿地示意图

表 7-9 水平和波式潜流湿地结构参数　　　　　　　　　　　　　　　　　单位：m

位置	进口		出口		下隔板		上隔板	
	形状（宽×高）	高度	形状（宽×高）	高度	形状（宽×高）	高度	形状（宽×高）	高度
规格	20×0.2	0.8～1.0	20×0.2	0.8～1.0	20×0.8	0～0.8	20×0.8	0.2～1.0

表 7-10 填料水力特性参数

类型	VG 模型		θ_s	θ_y	K_s	S_s
	α (m⁻¹)	n			(m/s)	(m⁻1)
混合填料	4.694	4.2	0.36	0.06	5.0×10^{-3}	2.0×10^{-5}

表 7-11 COD、TN 和 TP 在填料中的运移特性参数

类型	k (s⁻¹)	α (m)	b
COD	1.6×10^{-7}	0.001	1.0
TN	1.2×10^{-7}	0.001	1.0
TP	1.95×10^{-7}	0.001	1.0

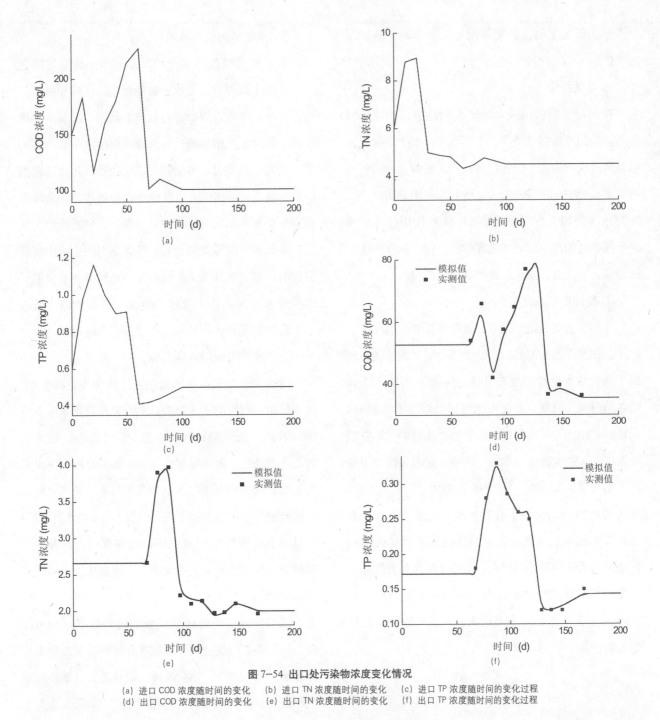

图 7-54 出口处污染物浓度变化情况

(a) 进口 COD 浓度随时间的变化   (b) 进口 TN 浓度随时间的变化   (c) 进口 TP 浓度随时间的变化过程
(d) 出口 COD 浓度随时间的变化   (e) 出口 TN 浓度随时间的变化   (f) 出口 TP 浓度随时间的变化过程

口浓度过程和进口浓度过程有很好的响应,滞后约 67 天。湿地对 COD、TN 和 TP 的平均去除率分别为 64.0%、55.6% 和 71.4%。这主要是由于湿地的混合填料对 COD、TN 和 TP 的去除率不同造成的。

4)建设生态型护岸

河岸作为河流生态系统的重要组成部分,在调节气候、保持水土、防洪方面具有重要的功能,其本身也是一个生态系统。城市河岸的构建不仅要从边坡稳定的角度来考虑,同时也应该从生态系统的角度来考虑。传统的直立混凝土护岸阻断了水陆生态系统之间的联系,从而导致河流生态系统的损伤,使河流丧失生命力。生态型护岸则是恢复自然河岸或具有自然河岸"可渗透性"的人工护岸,可充分保证河岸与河流水体之间的水分交换和调节功能,同时具有防洪的基础功能,能较好地满足护岸工程的结构要求和环境要求,具有防洪、生态、景观、自净四大功能。

该园区人工河道主要采用了以下两种生态护岸形式。

① 植被护岸

在河岸边坡较缓或腹地较大的地方，如图 7-55 所示，采用原生态型护岸，主要利用自然土质岸坡、植草方式保护河堤，以保持河道的天然特征，同时利用草本植物的加筋作用和水生植物如芦苇的根、茎、叶对水流的消能作用和对岸坡的保护作用使其形成一个保护性的岸边带，促进泥沙的沉淀，减少水流的挟沙量，并为其他水生生物提供栖息的场所。

② 植被型生态混凝土护岸

在河岸边坡较陡的地方，采用植被型生态混凝土护岸。在原生态型的基础上，采用一定工程措施，利用了适合植物生长的生态混凝土预制块（边长 25cm 的六角形绿化混凝土多孔构件）进行铺设，草生根后，草根的"锚固"作用可增加抗滑力。此种护岸既能稳定河床，又能改善生态和美化环境，在很大程度上保持了土与空气间的水、气、热交换能力，且施工方便，既为动植物生长提供了有利条件，又抗冲刷，是生态护岸中较有代表性的一类。该河道在沿岸因地制宜地采用了这两种护岸形式，充分发挥其各自优势，以达到经济高效的目的。空港经济区景观河道全长 13km，本次生态护岸主要建设靠开发区内侧，建设生态型护岸 10km 以上。

图 7-55 园区人工河道生态型护岸

5）水生植物修复技术

水生植物修复技术是较常用的生态修复方法之一，其净化原理首先是水生植物密集的茎叶和根系，可以对污水中的悬浮物进行过滤和截留，提高水体透明度，其次水生植物能直接吸收利用污水中的营养物质，供其生长发育，最后转化成生物量，再通过植物的收割从系统中去除，同时由于水生植物和浮游藻类在营养物质和水能的利用上是竞争者，它的优势生长能有效抑制浮游藻类的生长，最终达到防止水体富营养化的目的。此外，水生植物还有对酚类、重金属、农药等水体污染物的吸收、富集和降解作用，通过水生植物的光合作用放氧，能增加水中溶解氧含量，从而改善水质，减轻水体污染。

考虑到该园区人工河道景观水体为高盐再生水，故选择耐盐耐污的水生植物。同时充分利用水体的空间和时间，合理配置沉水植物、浮叶植物、挺水植物和浮游动物、游泳动物、底栖动物并发展冬季生长的种类。河道中土生挺水植物多为芦苇，长势良好，而试验研究分析表明：河道沿岸的水生植物（芦苇等）对氨氮具有很强的削减作用，故保留原有品种，并引种同样耐盐的水生植物水葱，以增加生物多样性，如图 7-56 所示。

该园区人工河道所属区域为暖温带半湿润大陆型季风气候，四季分明，夏秋季和冬春季河道生态差异显著。夏秋季节，雨量充沛，温度适宜，动植物生长旺盛，生物多样性十分丰富。图 7-57 所示为人工河道生态季节变化对比图。

现场调查发现，现有芦苇高度约 1.5 ~ 2.5 m，内侧分布水葱，高约 1.2 ~ 2.0 m，芦苇群落盖度约 90% ~ 95%。该河道多年来运行稳定，水质渐好，根据河道宽度与岸边主要植物量的关系确定最佳运行条件为 0.18 m² 植被/m³ 水。河道部分区域种植了莲，浮叶植物可再增加浮萍。为改变冬季无植物的现象，还可以引种伊乐藻和水芹菜，它们对环境适宜能力

图 7-56 景观河道水生植物配置

图 7-57 人工河道生态季节变化对比图

强，为能越冬生长的沉水植物，可延长河道的净化时间。需要注意的是，水生植物有一定的生命周期，应当适时适度收割调控，借以提高生物营养元素的输出，防止因自然凋落腐烂分解引起的二次污染。

河道中生长有篦齿眼子菜、金鱼藻、川蔓藻等沉水植物，部分河道有莲等浮叶植物，距离河堤两岸 2.5 m 内均生长有芦苇和香蒲等挺水植物，河岸上种植有垂柳等乔木和种类丰富的灌木，水生动物以鲫鱼为主，水体感官指标较好，整个河道生物量丰富，景色宜人。到了冬春季，降水减少，气温降低，动植物生长受到抑制，河道中枯萎的莲、金鱼藻、芦苇等植物均收割除尽，岸边草地枯黄，植物萧条，呈现北方特色冬景。

6) 人工曝气

由于雨水径流会带入大量营养物质，再加上景观水体流动性差，污染物的传输、扩散能力较差，空港经济区人工河道在雨水泵站附近污染物浓度偏高，水质相对较差，故在附近河道设置人工水草，并采用人工曝气改善水体水质。

采用人工曝气可以增加水体中溶解氧量，钝化底泥，阻止底泥中磷的释放，同时增加上层水体的藻细胞处于黑暗的时间，减少藻类的光合作用，使藻类生长受到抑制，此外，还可以增加水体 O_2 的含量，提高水体 pH 值，促进蓝绿藻向毒性小的绿藻转化。通过复氧，可使天然水体逐步恢复自然的生态功能，最终达到消除黑臭污染的目的。图 7-58 为所安装的曝气装置。

该推流曝气装置沿100m河道共设置6台，间距20 m，每台服务面积约300 m²，集曝气、搅拌、混合、推流为一体，利用叶轮高速旋转产生的轴向推动力和径向搅拌力，将吸入的空气搅碎并将水气混合推射入水体，为该处设置的人工水草表面微生物提供充足氧源，消除黑臭。

7）人工水草

人工水草（图7-59）是一种高分子聚合物生物膜载体，具有非常高的比表面积，垂直水流方向固定在河道底部，依靠其本身巨大的比表面积和强极性基团来选择优势微生物群，为微生物提供良好的附着载体，并在载体表面形成微生物膜，具有生物接触氧化效果，可以解决在富营养水体中水生植物难以形成稳定植被的问题，研究结果显示，布设人工水草可以提高水体透明度，抑制藻类生长。

7.5.3 以冶金企业为核心的区域协同发展系统

冶金产业对资源能源消耗量较高，同时又为其他各行各业提供重要的基本原材料，因此冶金产业的循环经济企业构建对节能减排工作具有特别重要的意义。

图7-58 人工河道曝气装置

图7-59 人工河道人工水草

（1）系统概述

冶金产业循环经济首先应采取先进的污废水处理工艺，完善厂内各水循环系统，以达到厂内生产环节废水零排放，补充新鲜水量最少，循环水质满足分质供水要求等循环经济型企业的目标。本技术主要在水量、水质以及循环系统上，划分作三个层次进行改造：

1）生产环节内部循环系统

包括净循环、浊循环及生产环节的水资源梯级利用；

2）厂区内循环系统

各生产环节产生的生活污水、生产废水经各处理站处理后回用；

3）区域综合循环系统

大沽河城市污水和葛沽镇生活污水处理后供厂区循环利用，实现区域性的水资源循环。

冶金产业循环经济企业系统通过对生产车间内部、冶金企业厂区内以及冶金企业所在区域三个层次的水资源循环进行优化设计，实现区域性的水资源循环利用，同时实现了生产水零排放，综合利用各污水处理站污泥，消除了对环境的污染，达到了社会、经济、环境效益的统一。

（2）系统内容

1）生产车间内部水资源循环

① 净循环系统

此系统在钢铁企业中涉及的水为设备间接冷却水，此水只受温度污染，没有其他的污染物，所以只需进行冷却降温、补充其蒸发量即可循环利用，不外排。通过在循环冷却过程中加入过滤、离子交换工艺的措施，有效控制好水质稳定，避免对设备产生腐蚀或结垢阻塞现象，使净环水补充水源在循环冷却过程中满足要求，进而节约新鲜水用量。采用此工艺的冷却水系统包括：焦化车间煤气冷却（初冷器）循环水、炼钢车间设备冷却水、轧钢车间间接冷却水、炼铁车间高炉冷却用水等。

② 浊循环系统

浊环水系统由于氧化铁皮含量较高，水中含油量大。废水主要来自轧钢、设备直接冷却及冲氧化铁皮用水。

基本工艺流程如图 7-60 所示，各车间根据其浊环水的具体情况相应地增减处理环节。

通过此工艺，可以较有效地降低水中油浓度，去除 SS，调节系统的 PH，降低对设备、管道及产品的腐蚀。

③ 厂内水资源梯级利用

厂内各车间内部都包括一定的净环水和浊环水系统。净环水系统的排水可直接作为浊环水系统的补充水，而净环水补水来源为反渗透处理后出水。

以焦化车间为例，煤气冷却排水直接用于焦化炼焦；焦化炼焦产生的废水经处理站处理后被烧结车

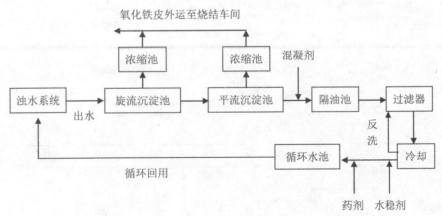

图 7-60 浊循环系统工艺

间所利用。

焦化废水来源于两个方面：炼焦煤和焦化生产过程中的用水和蒸汽等。焦化废水中所含污染物包括 SS、COD、石油类、NH_3-N、F-、ArOH，而生活污水中污染物为 SS、COD_{Cr}、BOD_5 等，两者基本一致。因此本技术采取一定的处理工艺，使得全部焦化废水和此车间的生活污水同时处理后回用，同时作为烧结环节的补水，这样可以节约水资源，而且避免了此环节生活污水的排放。

焦化废水处理站处理工艺设计如图 7-61 所示。

此工艺中，采用完全混合曝气池和推流曝气池联合处理，减小了进水冲击负荷的影响，同时引入厌氧反应，以去除水中氨氮，降低出水中氮源含量，同时有利于萘、联苯等多种难降解有机物的去除，对于降低 COD 值也非常有益。解决了原来系统曝气方式不能去除 NH_3-N，多次循环使用所带来的 NH_3-N 累积问题。

2）厂区内循环系统

对于厂区外排水采用分区域闭路循环，从而大大提高了水系统的利用效率，解决了水质过剩和因水量不平衡造成的外排现象，在满足工艺要求的前提

下，提高了工艺质量。

① 生活污水及雨水

生活污水与生产废水分开处理，在各处理站内建立各自独立的处理系统。

对焦化、烧结、炼钢、轧钢、制氧、连铸车间的生活污水与各车间废水分开收集，其处理视具体情况而定，但处理后都用于其水质满足要求的生产环节。其中焦化车间的生活废水可直接收集，然后与生产废水一起处理，既补充了其所需水量，又对生活污水进行了处理；其他车间生活污水分别收集后输送到各废水处理站的生活污水处理系统进行集中处理后回用。

各厂区的雨水和生活污水处理后部分回用于生产过程的补水，剩余部分排入排水渠生化塘。因此在达到污水排放标准的基础上，尽可能使水质满足回用要求。

废水处理站中雨水及生活污水处理工艺如图 7-62 所示。

循环式活性污泥法（Cyclic Activated Sludge Technology，简称 CAST）工艺的核心为间歇式反应器，在此反应器中按曝气与不曝气交替运行，将生

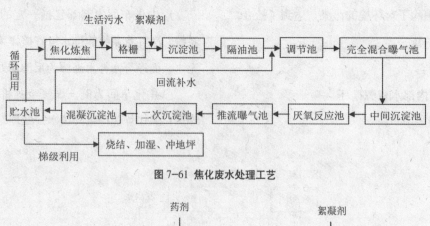

图 7-61 焦化废水处理工艺

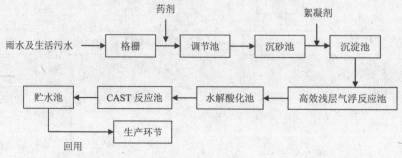

图 7-62 雨污水处理工艺

物反应过程与泥水分离过程集中在一个池子中完成，属于 SBR 工艺的一种变型。

CAST 反应池分为生物选择区、预反应区和主反应区，如图 7-63 所示，运行时按进水—曝气、沉淀、撇水、进水—闲置完成一个周期。

主反应区在可变容积完全混合反应条件下运行，完成含碳有机物和包括氮、磷的污染物的去除。运行时通过控制溶解氧的浓度使其从 0 缓慢上升到 2.5mg/L

来保证硝化、反硝化以及磷吸收的同步进行。

该工艺投资和运行费用低、处理性能高，具有优异的脱氮除磷效果。处理前后水质见表 7-12。

② 生产废水

a. 炼铁废水处理站

炼铁废水处理站收集的水源包括：区内雨水、生活污水、烧结及炼铁废水。站内分为雨污处理系统和炼铁废水处理系统。

1- 生物选择器；2- 预反应区；3- 主反应区
图 7-63 CAST 反应池结构

表 7-12 处理前后水质比较　　单位：mg/m³

水质指标	处理前	处理后
SS	160	20
COD$_{Cr}$	220	50
BOD$_5$	120	5.8
NH$_3$-N	25	10
石油类	10	0.5

其中，炼铁废水主要污染物为悬浮物，其处理的技术路线为：悬浮物的去除，温度的控制，水质稳定，沉渣的脱水与利用，重复用水等五方面内容。

设计其处理工艺如图 7-64。

经过沉淀池厚近 95% 的渣沉淀下来。沉渣池出水经分配渠进入过滤池，滤过后水经加压泵送至冷却塔后，用泵供应高炉冲渣循环使用。

此工艺处理前后水质见表 7-13。

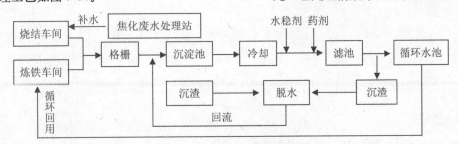
图 7-64 炼铁废水处理站处理工艺

表 7-13 处理前后水质比较　　单位：t/a

水质指标	处理前	处理后
SS	141	14.1
COD$_{Cr}$	64	9.6
F	1.6	0.08

b. 轧钢废水处理站

废水主要污染物为温度、悬浮物、油 pH、Ca^{2+}、Mg^{2+}、Cl^-、SO_4^{2-} 等离子。轧钢工序中使用大量的润滑、冷却油，所排出的乳化含油废水和废乳化液是一种比较难处理的工业废水。对于乳化油废水的处理方法很多，有机械破乳、离心分离、电解破乳、化学破乳、气浮等方法。这些方法处理周期长，占地面积大，而且受酸碱浓度变化和废水中化学成份变化的影响也很大，处理效果不稳定，难以达到含油量 10 mg/L 的排放标准。

近年来，膜技术在水处理中迅速发展，在钢铁企业采用超滤膜处理乳化油废水的技术已经成熟。此技术可高质量回收乳化油，没有二次污染，分离效果稳定。

针对轧钢废水外排废水中含油的现状，采用中空纤维超滤膜进行除油，因其耐污染、耐余氯、耐化学清洗。超滤膜的分离机理通常可以描述为与膜孔径大小相关的筛分过程，以膜两侧的压力差为驱动力，以超滤膜为过滤介质，在一定的压力作用下，当水流过膜表面时，只允许水、无机盐、小分子物质透过膜，而阻止水中的悬浮物、胶体和微生物等大分子物质通过。这种筛分作用通常造成污染物在膜表面的截留和膜孔中的堵塞，随过滤时间增加，逐渐形成超滤动态膜，而形成的超滤动态膜也能对水中污染物进行筛分。

处理工艺如图 7-65 所示：

超滤进水投加杀菌剂，杀灭原水中的细菌、微生物，防止超滤、反渗透膜的细菌、微生物污染。出水投加还原剂，以防止过量的杀菌剂对反渗透膜的损害。

经过去除悬浮物、冷却、除油、软化后，轧钢废水可达到循环利用要求，处理前后水质见表 7-14。

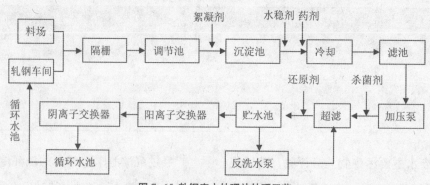

图 7-65 轧钢废水处理站处理工艺

表 7-14 处理前后水质比较   单位：t/a

水质指标	处理前	处理后
SS	9.98	0.99
COD_{Cr}	13.4	0.42
F	0.86	0.04
石油类	0.65	0.13

c. 炼钢废水处理站

炼钢废水处理站收集来源包括：区内雨水、区内生活污水、制氧、连铸、炼钢等多种污水。炼钢车间冷却用水循环利用，生活污水及炼钢废水单独收集到炼钢废水处理站。废水处理站内单独设置雨水和生活污水处理系统、炼钢废水的处理系统。其中雨污处理工艺与炼铁废水处理站相同。

炼钢废水处理系统污水中污染物主要为 pH、水温、含尘量、各类粒径尘、Ca^{2+}、Mg^{2+} 及制氧废水软水站处理后反洗再生水中的 Cl^-、SO_4^{2-} 等离子，同时含有少量的油脂。处理工艺如图 7-66。

首先，在废水中加入絮凝剂后进入沉淀池去除悬浮物，然后通过隔油池去除水中所含的少量的油脂，加药进入调节池，在出水中加一定量的水稳剂、药剂后冷却，既而经过滤池砂滤、活性炭双重过滤，进入阳离子交换器软化，去除反洗水中的阴离子后回用，处理前后水质见表7-15。

d. 氧化塘水处理系统

各废水处理站处理后的水除部分作为各生产环节回用水外，部分需要进行深度处理，以达到工业新水及反渗透补水的要求。

利用冶金企业的排水渠系作为氧化塘，对废水处理站出水进行存储调节的同时，采取一定的生物技术，进一步进行处理。

（a）对已有塘系进行改造，在塘内建设沉砂池、隔油墙、沉淀池，并利用塘体自身水位差进行曝气。

（b）在塘内种植一定量的水生植物，对水中污染物进行去除。

根据不同水生植物所能去除的污染物不同，本技术选择在沉淀池和前半部塘中种植凤眼莲，因为这种水生植物在温暖季节繁殖较快，其庞大根系有很强的富集重金属能力，当生长最旺盛时，其丛叶覆盖水面，可造成塘下层相对缺氧，有利于厌氧菌对污染物的厌氧降解。

在塘中种植草芦和香蒲，这两种都是挺水植物，其水下茎秆可供着生藻固着，同时草芦有较强的去NH₃-N能力；此外草芦和菹草，除去污能力外，菹草还是沉水植物，喜低温，秋季发芽，冬春生长，不受氧化塘塘面结冰的影响，适合北方冬季氧化塘运转需要。

氧化塘处理工艺改善前后出水水质见表7-16。

通过对氧化塘进行改造，其出水中金属离子、COD等污染物质进一步减少，同时由于各种水生植物的降解作用，减轻甚至消除了对地下水及土壤的污染。

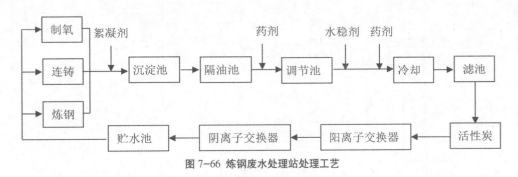

图7-66 炼钢废水处理站处理工艺

表 7-15 处理前后水质比较 单位：t/a

水质指标	处理前	处理后
SS	44.38	4.43
COD_Cr	18.6	2.79
F	3.3	0.22

表 7-16 处理工艺改善前后水质 单位：mg/L

水质指标	工艺改善前	工艺改善后
SS	45.00	≤10.0
SO₄²⁻	455.00	≤500
Fe	0.947	≤0.47
NH₃-N	11.23	≤1.73
Cl⁻	974.00	≤1000

3) 区域综合循环系统

此系统把厂区经过各废水处理站及冶金企业污水处理厂（收集的是葛沽镇的生活污水和大沽排污河的城市污水）处理后的出水，经过深度处理达到工业新水及软水补水水质，厂内及水循环过程中损失部分由区域内的生活污水补充，实现区域性水资源循环利用。

工业新水和反渗透水作为整个厂区的循环回用水，其中反渗透水需达到净环水水质，用以补充净循环过程中损失水量，工业新水达到厂内所需补充的新鲜水水质即可。通过反渗透系统不同工艺环节可以达到不同的出水水质，便于分质供水。

该处理工艺见图7-67。

其进水除各处理站排入氧化塘的出水外，还包括冶金企业污水处理厂处理后的出水。这些水水质较好，已经达到了排放标准，通过反渗透系统的处理达到生产回用水标准。这种生活污水补充生产回用水的模式，既解决了生活污水的排放问题，又为冶金企业增加了补水来源，节约了大量水资源。

处理前后出水水质比较如表7-17所示。

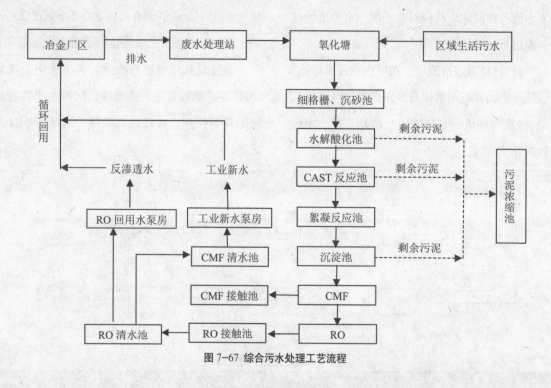

图7-67 综合污水处理工艺流程

表7-17 处理前后水质比较

水质指标	处理前	处理后	
		工业新水	反渗透水
全硬度 / (mg/L)	—	≤ 200	≤ 2
碳酸盐硬度 / (mg/L)	—	—	≤ 2
Cl⁻ / (mg/L)	1500	60 max200	60 max200
SS / (mg/L)	10.0	≤ 1mg/L	检不出
细菌总数	—	≤ 2 个 /L	检不出
SO_4^{2-} / (mg/L)	200	≤ 200	≤ 200
Fe / (mg/L)	—	≤ 2.0	≤ 1.0
TDS / (mg/L)	3300	≤ 500	≤ 500

8 城镇固体废物污染防治

随着经济发展和人民生活水平的提高，固体废物的污染已成为许多城镇环境污染的主要因素之一。自 20 世纪 20～30 年代起，西方各工业发达国家开始重视固体废物的管理，经过几十年的实践，特别是近十几年来，西方工业发达国家在固体废物的管理上经历了一场革命性的转变。这场转变的契机，就是把循环经济的思想运用到了固体废物的管理当中。可以相信，我国固体废物的综合规划在今后一段时间内将会越来越重要。

所谓循环经济，就是在可持续发展思想的指导下，把清洁生产和废物的综合利用融为一体的一种生态经济。循环经济是对物质闭环流动型经济、资源循环经济的简称。从物质流动的方向看，传统工业社会的经济是一种单向流动的线性经济，即"资源→产品→废物"。线性经济的增长，依靠的是高强度地开采和消耗资源，同时高强度地破坏生态环境，而循环经济的增长模式是"资源→产品→再生资源"。减量化原则、再回收原则、再利用原则、再循环原则是循环经济实施的基本指导原则。循环经济倡导的是一种与自然和谐的经济发展模式，是一种运用生态学规律来指导人类社会的经济活动、建立在物质不断循环利用基础上的新型经济发展模式。它要求把经济活动组织成为"资源利用—绿色工业—资源再生"的封闭式流程，所有的原料和能源在不断进行的经济循环中得到合理利用，从而把经济活动对自然环境的影响控制在尽可能小的程度。

循环经济运行的基本准则主要包括：以资源投入最小化为目标的"减量化"准则、以废物利用最大化为目标的"资源化"准则、以污染排放最小化为目标的"无害化"准则、以生态经济系统最优化为目标的"重组化"准则。

固体废物的定义，根据《中华人民共和国固体废物污染环境防治法》（以下简称《固体法》）中的规定：固体废物是指在生产、生活和其他活动中产生的丧失原有利用价值或者虽未丧失利用价值但被抛弃或者放弃的固态、半固态和置于容器中的气态的物品、物质以及法律、行政法规规定纳入固体废物管理的物品、物质。

固体废物来源广泛，种类繁多，性质各异。按其来源，可分为工业固体废物、农业固体废物和生活垃圾；按其特性，可分为一般固体废物、危险固体废物和放射性固体废物；按其组成，可分为有机废物和无机废物；按其形态，可分为固态废物、半固态废物和液态（气态）废物；按照燃烧特性，可分为可燃物和不可燃物（1000℃分界）。图 8-1 为固体废物从来源上的分类。

固体废物都具有鲜明的时间和空间特征：从时间方面讲，称之为"废物"仅仅是相对于当前的科

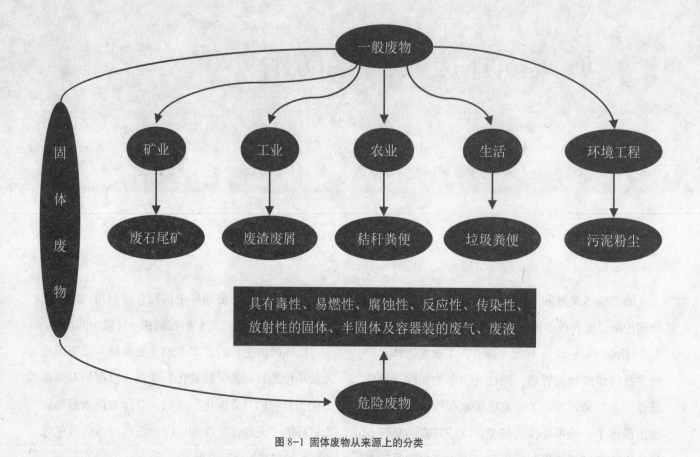

图 8-1 固体废物从来源上的分类

学技术和经济条件而言,随着科学技术的飞速发展,矿产资源的日趋枯竭,生物资源滞后于人类需求,昨天的废物或许将成为明天的资源;从空间角度看,废物仅仅相对于某一过程和领域没有使用价值,而并非在所有过程领域都没有使用价值,某一过程的废物,往往是另一过程的原料。因此在充分利用自然资源的观点看,他们都是有价值的自然资源、二次资源或再生资源。

固体废弃物是一种不可忽视的污染源,不仅给环境带来严重的污染,还严重威胁了人体的健康。关于城市固体废弃物的处理和处置,目前已有很多技术方法和管理规范出台,受到了社会和政府的普遍重视,但在占国土面积90%的农村,其固体废弃物的处理现状却开展较为滞后。固体废弃物的乱堆乱放,已严重影响了农村环境,威胁着农民的身体健康,成了现代农村面临的一大难题。

本章以循环经济理论为指导,主要结合城镇垃圾处理技术规范和农村连片整治技术指南,介绍城镇固体废物无害化处置,以及循环再生综合利用的技术方法。

8.1 城镇固体废物现状

8.1.1 城镇固体废弃物的来源

城镇固体废弃物的成分很复杂,包括生活垃圾、农业及养殖业废弃物、工业固体废弃物、建筑垃圾、医疗垃圾等。以前,城镇生活垃圾以厨房剩余物为主,而且大多数厨房剩余物可作为畜禽饲料,而使得生活垃圾自生自灭。近些年来,城镇居民的消费结构发生了很大的变化,引起城镇生活垃圾成分也发生了明显的改变。农业地膜的使用,畜禽产生的大量粪便,更是加剧了城镇环境的恶化。一些高污染企业近年来都向边远地区或者城镇转移,给城镇经济带来发展的同时,也为城镇环境的破坏埋下了隐患。乡镇工业在城镇的发展，存在着自然资源的过度利用、工业布局混乱、工艺设备落后以及环境管理手段薄弱等问题，给城镇的环境造成了很大压力。而城市固体废弃物向城镇的转移，更是加剧了这一问题的严重性。在城镇存在着很多赤脚医生，虽方便了居民看病，但其对医疗垃圾的随意丢弃，造成了很大的健康安全隐患。

8.1.2 城镇固体废弃物的特点

从城镇固体废弃物的来源与成分分析来看，可以将其归于以下几个特点：数量大、成分多、面积广、治理难。城镇人口多，占全国的 70% 左右，产生的固体废弃物量就大。近年来，一些难以自生自灭的废弃物，如包装废弃物、一次性用品废弃物等在城镇大量地出现，如婴幼儿使用的一次性尿不湿、妇女卫生用品、废旧衣服鞋帽等，尤其是塑料制品、玻璃、陶器、废旧电器、电池、磁带、光盘、玩具等在城镇固体废弃物中的比例逐年增加。另外，随着农民生活条件的改善，液化气的普及利用和化肥的滥用，许多有机垃圾如秸秆和稻草等未被利用或还田，而是作为废弃物被随意丢弃，使城镇生活垃圾数量和成分上发生很大变化。由于农民居住比较分散，不像城市那样集中，哪里有人或者住所，哪里就有固体废弃物的存在，其分布面积广，给集中治理带来了难度。

8.1.3 城镇固体废弃物的处理现状

普遍说来，中国城镇的固体废弃物存在着随意丢弃、随意焚烧的情况，基本上没有无害化处理。在城镇，按传统的观念，主要是靠"垃圾堆"这种方式收集和堆放垃圾，然后再通过焚烧等方式解决。经济发展水平在很大程度上决定了城镇固体废弃物的处理情况，在经济相对发达的地区，如深圳、上海、浙江及苏南的城镇地区，垃圾处理状况要比其他城镇地区来得乐观一些，很多地方都设置了固定垃圾池，有些地方还实行了上门收垃圾。但实践表明，由于受

到资金筹集等方面的因素制约，固体废弃物污染仍然比较严重。在经济发展相对落后的地区，其城镇固体废弃物一般不经处理而直接乱堆乱放，破坏了村容、侵占了土地、污染了地下水及河流，对城镇环境造成了严重的影响，必须采取措施加以解决。

8.1.4 城镇固体废弃物处理现状的原因分析

分析城镇固体废弃物处理不力的原因，主要有以下几点：一是长期的生活习惯，以及环保意识相对薄弱；二是资金投入不够，固体废弃物存放的基础设施落后；三是没有专门的环境卫生保洁队伍；四是城镇固体废弃物分布较散，且面积较大，不利于收集；五是农民收入低，固体废弃物收费难于实现，治理资金难以筹集；六是固体废弃物处理没有一个系统的、长远的统筹安排和规划；七是政绩评定机制不完善，未能将城镇环境保护纳入考评机制中；八是国家环保监测网点，对乡镇及乡以下企业的监测，能力也是有限的；九是一些城镇固体废弃物处理与处置工程，如秸秆气化工程，缺少技术支持。

8.2 固体废物的处置原则

8.2.1 固体废物的污染途径

露天存放或置于处置场的固体废物，其中的化学有害成分可通过环境介质——大气、土壤、地表或地下水体等直接或间接传至人体，造成健康威胁。图 8-2 示出固体废物进入环境和其中化学物质致人类感染疾病的途径。其中有些是直接进入环境的，如通过蒸发进入大气；而更多的则是非直接如接触浸入、食用或饮用受污染的饮用水或食物等进入人类体内。各种途径的重要程度不仅取决于不同固体废物本身的物理、化学和生物特性，而且与固体废物所在场地的地质水文条件有关，图 8-2 为固体废物中化学物质致人疾病的途径。

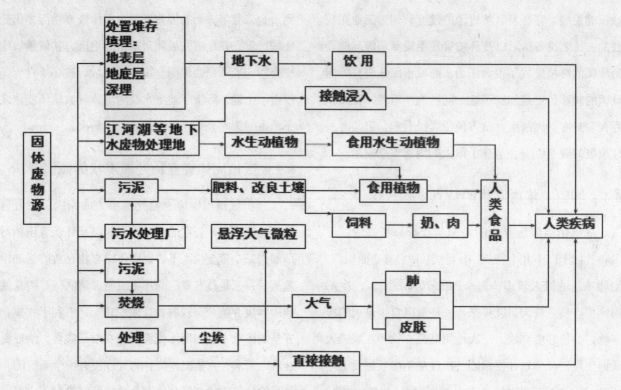

图 8-2 固体废物中化学物质致人疾病的途径

8.2.2 固体废物污染控制的特点

固体废物对环境的污染主要通过水、大气或土壤介质影响人类赖以生存的生物圈，给居民身体健康带来危害。因此，对固体废物污染的控制，关键在于解决好特别是危险废物的处理、处置和综合利用问题。我国经过多年实践证明，采用可持续发展战略，走减量化、资源化和无害化道路是唯一可行的。具体来说，固体废物污染控制的特点如下：

首先，需要从污染源头起始，改进或采用更新的清洁生产工艺，尽量少排或不排废物。

其次，需要强化对危险废物污染的控制，实行从产生到最终无害化处置全过程的严格管理。

第三，需要提高全民性对固体废物污染环境的认识，做好科学研究和宣传教育，当前这方面尤显重要，因而也成为有效控制其污染的特点之一。

8.2.3 固体废物污染控制措施

① 改革生产工艺：主要通过采用无废物或少废物工艺；采用精料；提高产品质量和使用寿命，不使过快地变成废物。

② 发展物质循环利用工艺：一种工序的废物可以作为第二种产品的原料。

③ 进行综合利用：如硫铁矿烧渣中铁的综合利用。

④ 进行无害化处理于处置：有害固体废物，通过焚烧、热解、氧化—还原等方式，改变废物中有害物质的性质。例如对氰化物进行氧化，对六价铬进行还原，对医疗垃圾进行焚烧等。

8.2.4 固体废物的处理处置原则

（1）固废处理的"三化原则"

减量化、无害化、资源化，图8-3为 固废处理的"三化原则"。

① 减量化：减量化是防治固体废物污染环境的优先措施，是通过适宜的手段减少固体废物数量、体积，并尽可能地减少固体废物的种类、降低危险废物

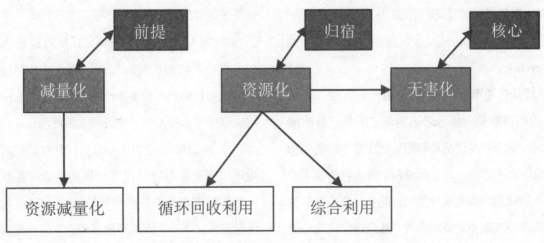

图 8-3 固废处理的"三化原则"

的有害成分浓度、减轻或清除其危险特性等，从"源头"上直接减少或减轻固体废物对环境和人体健康的危害，改变粗放型经营发展模式，最大限度地合理开发和利用资源和能源。

减量化的途径有：

a. 选用合适的生产原料（原料品味低、质量差，是固废产生量大的主要原因），例如高炉炼铁。

b. 采用无废或低废工艺，例如苯胺生产工艺。

c. 提高产品质量、使用寿命，提高物品重复利用次数，例如商品包装物的重复使用。

d. 废物综合利用。这是最根本、最彻底、也最理想的减量化过程，例如城市垃圾、硫铁矿烧渣的回收利用。

② 资源化：资源化就是指采用适当的技术从固体废物中回收有用组分和能源，加速物质和能源的循环，再创经济价值的方法。

一切废物，都是尚未被利用的资源，是人类拥有的有限资源的一部分，不能随意丢弃。工业发达国家已把固体废物资源化纳入资源和能源开发利用之中，逐步形成了一个新兴的工业体系——资源再生工程。目前，日本、西欧各国固体废物资源化率已达60%左右，而我国仍很低。

固体废物资源化的范畴：

a. 物质回收，即处理废弃物并从中回收可回收物

如纸张、玻璃、金属等物质；

b. 物质转化，即利用废弃物制取新形态的物质，如利用废玻璃和废橡胶生产铺路材料，利用炉渣生产水泥和其他建筑材料，利用有机垃圾生产堆肥和有机复混肥料等；

c. 能量转化，即从废物处理过程中回收能量，如通过可燃垃圾的焚烧处理回收热量，进一步发电，利用可降解垃圾的厌氧消化产生沼气，作为能源向居民或企业供热或发电等。

③ 无害化：已产生又无法或暂时尚不能综合利用的固体废物采用物理、化学、生物方法，进行对环境无害化或低危害的处理和处置，达到消毒、解毒或稳定化，以防止并减少固体废物的污染危害。例如：垃圾的焚烧、卫生填埋、堆肥、粪便的厌氧发酵、有害废物的热处理和解毒处理等。

各种无害化技术的通用性是有限的，其优劣程度往往不是有技术、设备条件本身所决定。例如垃圾的焚烧处理必须以垃圾含有高热值和可能的经济投入为条件。当前的发展垃圾经过高温堆肥无害化处理后再进行垃圾复混肥的加工有着更为广阔的发展空间。焚烧处理只能有条件的利用。

（2）污染控制的"3C原则"

避免产生（Clean）、综合利用（Cycle）、妥善处置（Control）。

（3）循环经济的"3R"原则

减量产生（Reduce）、再利用（Reuse）、再循环（Recycle）。

① 减量化原则（Reduce）：针对输入端，要求用较少的原料和能源投入来达到既定的生产目的或消费目的，从而在经济活动的源头就注意节约资源和减少污染。在生产中，减量化原则常常表现为要求产品体积小型化和产品重量轻型化。此外，要求产品包装追求简单朴实而不是豪华浪费，从而达到减少废弃

物排放的目的。

② 再利用原则（Reuse）：针对过程，目的是延长产品和服务的时间强度，要求产品和包装容器能够以初始的形式被多次使用，而不是用过一次就了结，以抵制当今世界一次性用品的泛滥。

③ 再循环原则（Recycle）：针对输出端，要求生产出来的物品在完成其使用功能后能重新变成可以利用的资源而不是无用的垃圾。 图 8-4 为循环经济示意图；图 8-5 为循环经济理念下固体废物管理系

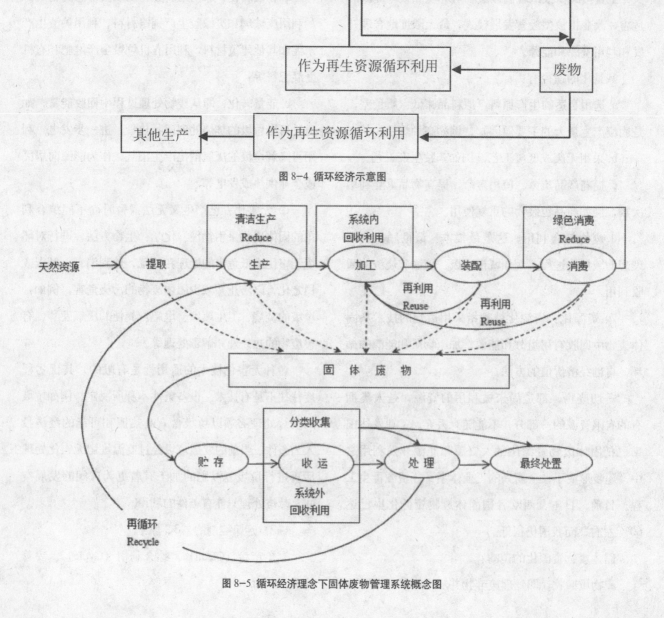

图 8-4 循环经济示意图

图 8-5 循环经济理念下固体废物管理系统概念图

统概念图。

（4）"从摇篮到坟墓"的"五环节控制"

清洁生产、系统内回收利用、系统外回收利用、"三化"处理、妥善最终处置。对固体废物的管理，应当从产生、收集、运输、贮存、再循环利用，到最终处置（即"从摇篮到坟墓"），实现废物的全过程控制，从而达到废物的减量化、资源化、无害化的目的。

8.2.5 固体废物的处理处置方法

固体废物处理：通过不同的物理、化学、生物等方法，将固体废物转化为便于运输、贮存、利用以及最终处置的形态结构的过程，主要方法有物理处理、化学处理、生物处理、热处理等。

固体废物处置：将已无回收价值或确定不能再利用的固体废物（包括对自然界及人类自身健康危害性极大的危险废物）长期置于符合环境保护规定要求的场所或设施而不再取回，从而与生物圈相隔离的技术措施。这是固体废物污染控制的末端环节，解决固体废物的归宿问题，主要方法有陆地处置和海洋处置。图 8-6 为固体废物利用与处置；图 8-7 为固体废物的处理处置方法。

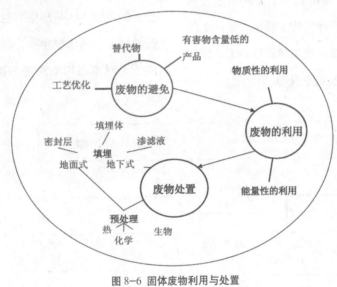

图 8-6 固体废物利用与处置

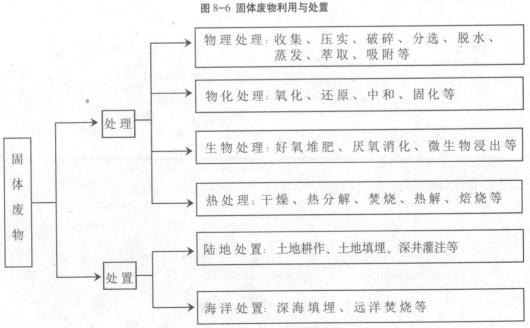

图 8-7 固体废物的处理处置方法

8.2.6 固体废物污染防治规划

城镇固体废物污染防治规划要在现状调查基础上进行预测及评价，将预测结果与规划目标相对应、比较并参照评价结果按照各行业的具体情况确定各行业的分目标及具体污染源的削减量目标，确定不同的治理方案并进行环境经济效益的综合分析，根据经济承受能力确定最终规划方案。其基本程序见图8-8。

（1）固体废物的分类、污染现状及其发展趋势预测

1）固体废物分类

固体废物包括生活固体废物、工业固体废物和农业固体废物。其中生活固体废物主要包括居民生活垃圾、医院垃圾、商业垃圾、建筑垃圾等；工业固体废物又包括危险废物和一般固体废物。

2）固体废物现状调查

固体废物的现状调查应从原辅材料消耗，产生工业固体废物的工艺流程的物料平衡分析、工艺过程分析，固体废物的产出、运输、堆存、处理处置等主要环节入手，就各类固体废物的性质，数量以及对周围环境中大气、水体、土壤、植被以及人体的危害方面进行全面、深入地分析调查，以筛选出主要污染源和主要污染物。

城镇企业数量较少，可采用普查方式进行调查。逐个对工厂规模、性质、排污量等进行一次调查，摸清固体废物排放情况，并从中找出重点调查对象。普查的内容主要是污染源的地理位置、概况、污染物排放强度、固体废物综合利用和处理等。在普查的基础上，对重点污染源进行深入的调查分析。调查的

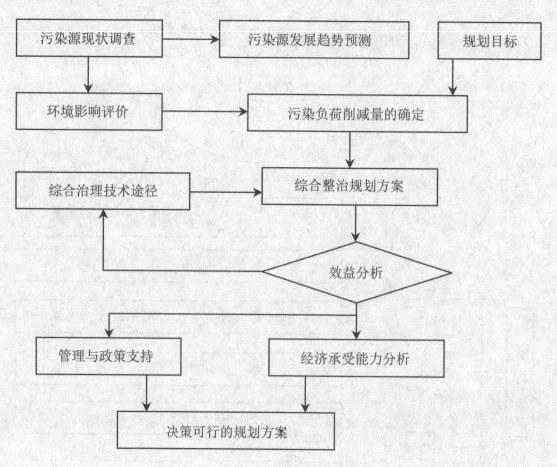

图 8-8 城镇固体废物污染防治规划框图

内容主要有排污方式和规律，污染物的物理、化学、生物特性，主要污染物的跟踪分析，污染物流失原因分析等。

3）固体废物的预测分析

生活垃圾产生量预测主要采用人口预测法和回归分析法等，可参见《城镇生活垃圾产量计算及预测方法》（CJ/T 106-1999）。近年来，随着经济的发展和城镇规模的扩大，城镇生活垃圾量也在增加。人口增长应考虑两方向的因素，即人口的自然增长率和农村人口向城镇转移的比例。依据城镇发展预测结果，预测生活垃圾产生量。

工业固体废物预测主要是根据经济发展和数理统计方法进行，如产品排污系数、工业产值排污系数、回归分析、时间序列分析和灰色预测分析。

（2）固体废物的环境影响评价

固体废物环境影响评价采用全过程评分法，评价对象包括各类污染物中占总排放量 80% 以上的污染源。平分准则，即性质标准分、数量标准分、处理处置标准分和污染事故标准分。各类标准分划分为若干等级，并给予不同的分值，在此基础上进行评分排序。

（3）确定规划目标

根据总量控制原则，结合城镇的类型以及经济承受能力确定有关综合利用和处理、处置的数量与程度的总体目标。在此基础上，根据不同时间、不同类型的预测量与城镇固体废物环境规划总目标，可以获得城镇生活垃圾及工业固体废物在不同时间的削减量。

8.3 一般工业固体废物的处置技术

工业固体废物，是指在工业生产活动中产生的固体废物，简称工业废物，是工业生产过程中排入环境的各种废渣、粉尘及其他废物。可分为一般工业废物（如高炉渣、钢渣、赤泥、有色金属渣、粉煤灰、煤渣、硫酸渣、废石膏、盐泥等）和工业有害固体废物。表 8-1 为工业固体废物的分类。

8.3.1 矿业固体废物

矿业固体废物是指矿山开采和矿石选冶加工工程中产生的废石和尾矿。两者均以量大、处理工艺复杂而成为环境保护的一大难题。矿山废石实质上是各种岩浆岩、沉积岩和变质岩，尾矿是矿石经过粉磨、分选后单体解离的砂状颗粒物，一般是由多种矿物组成的砂状物，主要化学成分为 SiO_2、Al_2O_3、Fe_2O_3、MgO、CaO、K_2O 和 Na_2O 等，它们的含量与矿石中的脉石矿物组成密切相关。

根据矿物成分和化学成分，矿业废渣又被分为不同类型，类型相异的废渣其处理和利用的途径和工艺过程也不相同。下面主要介绍煤矸石和金属矿石固体废物的处理利用方法和技术。

1）煤矸石的处理利用

煤矸石是采煤和洗煤过程中排出的废弃岩石，

表 8-1 工业固体废物的分类

来源	产生过程	分类
矿业	矿石开采和加工	废石、尾矿
冶金	金属冶炼和加工	高炉渣、钢渣、赤泥等
能源	煤炭开采和使用	煤矸石、粉煤灰、炉渣
化工	石油开采和加工	废油、油泥、废化学药剂、农药、碱渣、酸渣等
轻工	食品、造纸等加工	食品糟渣、废纸、皮革、塑料、纤维、染料等
机电	机械、电子加工	金属碎料、导线、废旧电器、润滑剂等
建筑	建筑施工、生产和使用	钢筋、水泥、黏土、石膏等

是成煤过程中与煤层伴生的一种含碳量较低，比煤坚硬的灰黑色岩石。其化学成分见表8-2煤矸石的化学成分（%）。

根据煤矸石的物质成分特点和环境条件，对煤矸石的处理方法一般是首先考虑综合利用，对难以综合利用的某些煤矸石可充填矿井、荒山沟谷和塌陷区

表8-2 煤矸石的化学成分（%）

成分	SiO₂	Al₂O₃	Fe₂O₃	CaO	MgO	TiO₂	K₂O+Na₂O	P₂O₅	V₂O₅	SO₃	烧失量
含量	40～65	16～36	2.28～14.6	0.42～2.32	0.44～2.41	0.9～4.0	1.45～3.90	0.078～0.24	0.008～0.01	0.1～2.0	10～30

或覆土造田；暂时无条件利用的煤矸石可覆土植树造林。含碳量较高的煤矸石可回收煤炭或直接用作某些工业生产的燃料；含碳量较低的煤矸石，可用于生产水泥、烧结砖、轻质骨料、微孔吸声砖、煤矸石棉和工程塑料等建筑材料。一些煤矸石，还可用来生产化学肥料及多种化工产品，如结晶三氧化铝、固体聚合铝，水玻璃和硫酸铵等。

① 煤矸石作燃料：煤矸石含有一定数量的固定炭和挥发分，一般烧失量在10%～30%，发热量可达4180～12540kJ/kg（1000～3000kcal/kg）。当可燃组分较高时，煤矸石可用来替代燃料。如铸造时，可用焦炭和煤矸石的混合物作燃料来化铁；可用煤矸石代替煤炭烧石灰，亦可用作生活炉灶燃料等。

② 生产水泥：煤矸石中 SiO₂、Al₂O₃ 和 Fe₂O₃ 的总含量一般在80%以上，是一种天然黏土质原料，可以代替黏土配料烧制硅酸盐水泥熟料，煤矸石中的硫铁矿可作为矿化剂，炭质可代替部分煤粉，节省燃料。将熟料和一定量的石膏及混合材混磨可生产多种不同性能的硅酸盐类水泥。煤矸石生产水泥的工艺流程如图8-9所示。

③ 生产建筑材料

烧结砖：煤矸石烧结砖以煤矸石为主要原料，可掺入少量黏土和砂，其生产过程是煤矸石经过粉碎、成型、干燥、烧结等工序加工而成，其工艺流程如图8-10。煤矸石烧结砖质量较好，颜色均匀，比纯黏土烧结砖可节约用煤50%～60%。

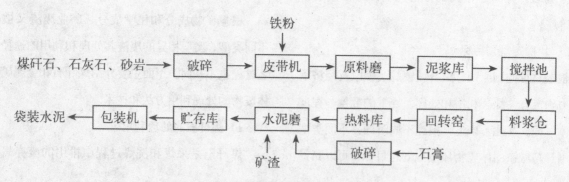

图8-9 煤矸石生产水泥工艺流程

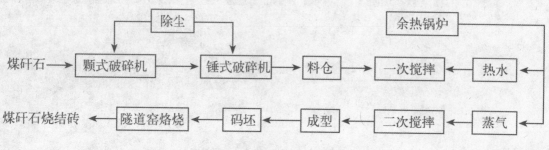

图8-10 煤矸石烧结砖生产工艺流程

a. 煤矸石陶粒：适合烧制轻骨料的煤矸石主要是碳质页岩和选煤厂排出的洗矸，矸石的含碳量以低于13%为宜。煤矸石轻骨料性能良好，具有容积密度小、强度高、吸水率低的特点，适用于只做各种建筑预制件，生产工艺流程见图8-11。

b. 煤矸石微孔吸音砖：生产煤矸石微孔吸音砖的主要原料有煤矸石、干木屑、白云石、半水石膏和硫酸等，这种微孔吸音砖具有隔热、保温、防潮、防火、防冻及耐化学腐蚀等特点，其吸声系数及其他性能均能达到吸声材料的要求。图8-12为煤矸石微孔吸音砖生产工艺流程。

c. 煤矸石岩棉：煤矸石岩棉是以煤矸石和石灰石为原料，经高温熔化，喷吹而成的一种建筑材料。其流程如图8-13。

d. 生产空心砌块：以堪矸石无熟料水泥为胶结料，自燃或人工煅烧煤矸石为骨料，按一定配比经搅拌、振动成型、常压蒸汽养护而制成的中型并具有一定孔隙率的墙体材料。生产工艺简单，技术成熟，产品性能稳定，使用效果良好。

e. 煤矸石充填材料：煤矸石可用于煤矿塌陷区的充填、覆土造田和矿井下采空区的充填。用作充填材料时，粗细颗粒级配要适当，以提高其密实性，同时含碳量应较低，自燃矸石也可代替河砂、碎石作为井巷喷射混凝土的骨料。自燃矸石、粉煤灰加入少量水泥和速凝剂或少量高铝水泥可用作井巷工程的防护材料。

④ 生产化工产品：煤矸石可用于生产结晶氯化铝及聚合氯化铝，水玻璃和硫酸铵化肥等化工产品。

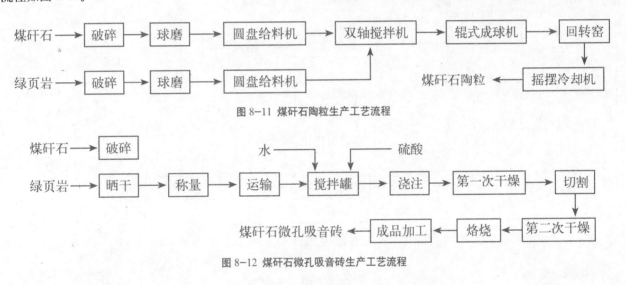

图8-11 煤矸石陶粒生产工艺流程

图8-12 煤矸石微孔吸音砖生产工艺流程

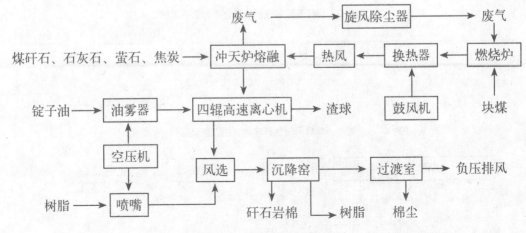

图8-13 煤矸石岩棉生产工艺流程

相关工艺流程如图 8-14 及图 8-15。

⑤ 从煤矸石中回收高岭土：煤矸石中存在大量的高岭土，主要以煤层夹矸、顶板、底板或单独成层的形式存在，可以回收利用。工艺流程见图 8-16。

（2）金属矿山固体废物的处理利用

从矿业废渣中回收有价组分，尤其对于含伴生元素较多的矿业废渣，可以取得明显的经济效益。另外，有些矿山的废渣中，虽然目的金属矿物的品

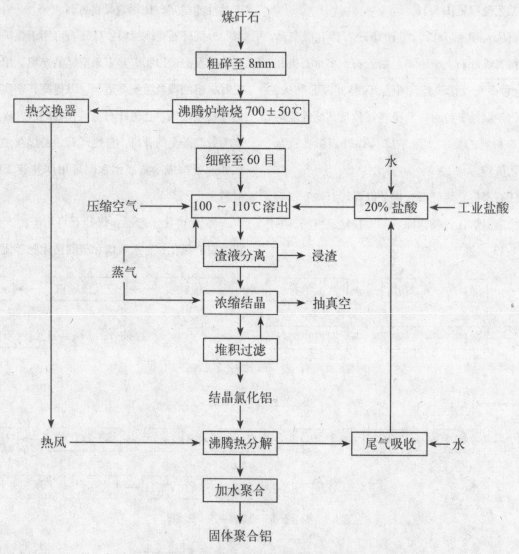

图 8-14 煤矸石酸溶法制取氯化铝的工艺流程

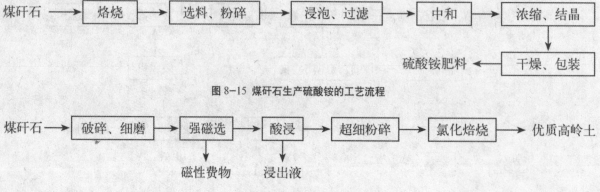

图 8-15 煤矸石生产硫酸铵的工艺流程

图 8-16 煤矸石回收优质高岭土的工艺流程

位已经很低，但与目的金属伴生的其他金属或非金属矿物甚至有更大的开发价值。例如，钨矿中常伴生钼、铋；锡矿中常伴生铜、铅、锌、锑、银、铌、钽、硫；铜矿中常伴生铅、锌、金、银；铅锌矿中常伴生银、锑、铜、锡、钼等。有些金属矿山的矿石中的非金属矿物，如石英、云母、长石、方解石、萤石、重晶石、高岭石等，过去都被当做脉石矿物丢弃于矿业废渣中，事实上它们都是重要的工业原料。由于矿业废渣已经经过前期的破碎、磨矿、淘洗等加工工序，再开发时可以省略许多道工序，投资少、见效快，而且可以综合利用矿产资源。

① 回收有价组分

a. 从铜尾矿中回收有价组分：铜尾矿中往往含有多种共（伴）生有价金属，如铜、铁、铅、锌、钨等，都有回收利用价值。

回收铜：某铜尾矿中主要有用矿物为黄铜矿、辉铜矿和黄铁矿三种。尾矿平均含铜量达 0.42%，可采用如图 8-17 所示的工艺流程回收铜。

回收铁：某铜尾矿是将铜矿石焙烧处理提取铜精矿后排出的残渣，其中主要矿物为磁铁矿、赤铁矿和硅酸盐矿物。该铜尾矿铁含量在 25% 以上，具有明显的回收价值，其工艺流程见图 8-18。

回收钨：某铜尾矿中的主要有价矿物为白钨矿、黄铜矿、黄铁矿，主要脉石矿物为石英、石榴子石等，属低品位难回收矿物。用浮选—重选回收其中硫精矿和白钨矿的工艺流程如图 8-19 所示。

回收硫精矿：某铜尾矿中含硫在 9% 以上，主要含硫矿物为黄铁矿，可采用图 8-20 工艺流程回收硫精矿。

b. 从铅锌尾矿中回收有价组分：铅锌矿大多为含铜铁硫化物的混合矿，经浮选出铅、锌后的尾矿仍含有多种可回收利用的组分，如金、银、铜、铁、钼、锑、铋、砷、硫等，可采用不同的分选方法分离回收。

回收金、银：某铅锌浮选尾矿中古 Au、Ag、

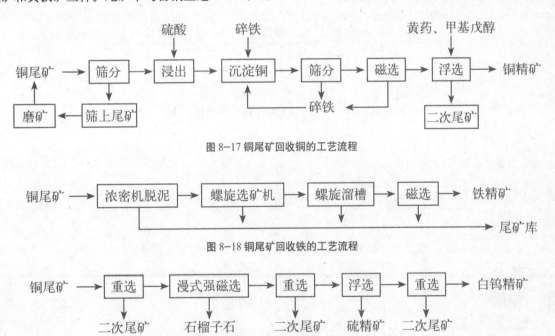

图 8-17 铜尾矿回收铜的工艺流程

图 8-18 铜尾矿回收铁的工艺流程

图 8-19 铜尾矿回收白钨矿和硫精矿的工艺流程

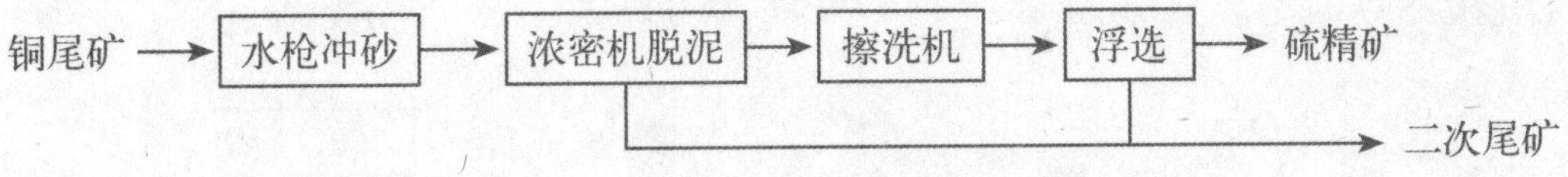

图 8-20 铜尾矿中回收硫精矿的工艺流程

Cu、Pb、Zn、Fe、S，可采用生物—化学浸出法回收 Au、Ag，工艺流程如图 8-21 所示。

回收绢云母：绢云母用途广泛，可用作橡胶补强剂、填料和颜料、涂料的料等，可用浮选工艺从铅锌尾矿中回收获得。某铅锌浮选尾矿的主要化学成分为 SiO_2、Al_2O_3、K_2O 等，占成分总量的 80% 以上，主要矿物组分有石英和绢云母。后者音量达 29% ~ 34%，且大部分呈片状单体，粒度较细，浮选回收工艺流程如图 8-22 所示。

c. 从镍尾矿中回收镍（图 8-23）：

② 生产化工产品：

a. 从蛇纹石尾矿中提取氧化镁（图 8-24）：

b. 用黄铁尾矿生产铁铝混合净水剂（图 8-25）：

c. 用镁矿粉生产复合肥：

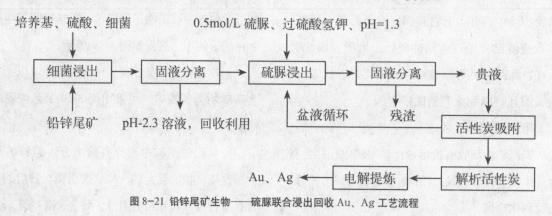

图 8-21 铅锌尾矿生物——硫脲联合浸出回收 Au、Ag 工艺流程

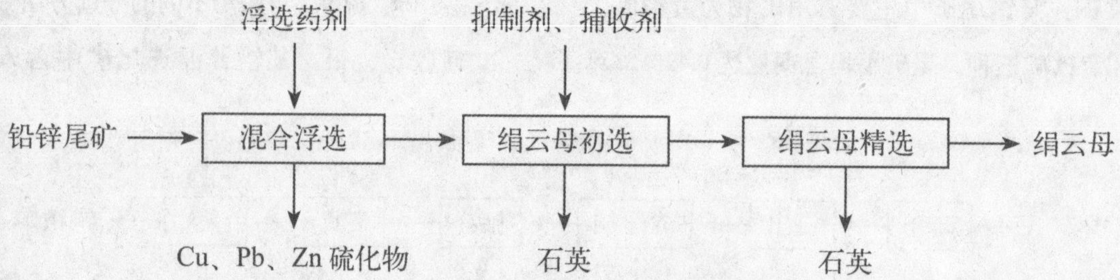

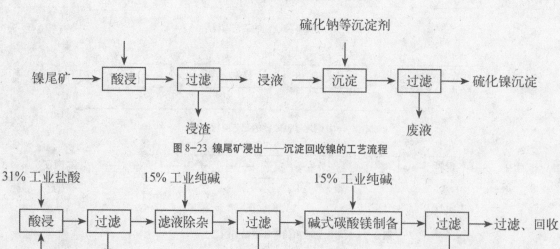

图 8-22 铅锌尾矿浮选绢云母的工艺流程

图 8-23 镍尾矿浸出——沉淀回收镍的工艺流程

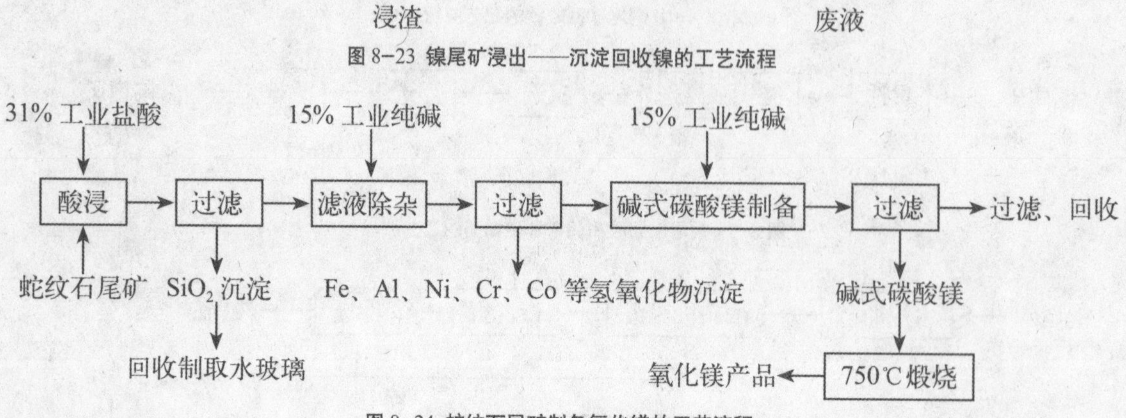

图 8-24 蛇纹石尾矿制备氧化镁的工艺流程

图 8-25 黄铁矿尾矿生产铁铝混合净水剂的工艺流程

硫酸＋镁矿粉→料浆→反应釜→加氨→加 KCl→造粒并烘干→大颗粒粉碎、粉末重新造料、2～4mm 成品包装。

③ 生产建筑材料

a. 生产水泥：矿业废渣水泥的生产流程与生产通用水泥一样，只是在水泥原料中引入了大量矿业废物，一般只是用与湿法长窑或干法旋窑生产。

b. 建筑陶瓷：矿业废渣中的造岩矿物大多可作为陶瓷坯体瘠性原料或熔剂。以矿业废渣为主要原料可以生产釉面墙地砖、釉面陶瓷锦砖、无釉铺地砖、卫生陶瓷制品、陶瓷输水管道等建筑陶瓷制品。其生产工艺过程为：原料处理—计量—混合制浆—喷雾干燥—压制成型—低温干燥—施釉—烘干—辊道窑一次烧成。

c. 加气混凝土砌块：用矿业固体废物生产加气混凝土的一般工艺过程为：原料选择与处理—配料—搅拌—消化—成型—静停—蒸压养护—成品。

d. 覆土造田：矿山的废石和尾矿都是无机物质，不具有基本肥力，采取覆土、播土、施肥等方法处理，可在其上表面种植各种植物，这种与矿山开采相结合的覆土造田法，既解决了剥离区的堆存占地问题，又可绿化矿区环境，对于露天矿特别适用。另外，采用矿区的生活污水浇灌尾矿库，以改造尾矿性质、提高尾矿肥力、可将废料堆变成良田。

e. 作井下填充料：回填采空区有两种途径，一种是直接回填法，上部中段的废石直接倒入下部中段的采空区，这样可以节省大量的提升费用，不需占地，但需对采空区有适当的加固措施；另一种是将废石提升到地表后，进行适当地破碎加工，再用废石、尾砂和水泥拌和回填采空区，这种方法安生性好，又可减少废石占地，只是处理成本较高。

8.3.2 燃煤灰渣

燃煤电厂、冶炼厂和化工厂等单位用煤作热动力，将煤磨细至 $100\mu m$ 以下的煤粉，用预热空气喷入炉膛呈悬浮状态燃烧，产生大量的非挥发性煤灰渣。由炉底排出的灰渣称为炉渣（熔渣或底灰）。用收尘装置从锅炉高温烟气中捕集到的混杂有大量不燃物的微粉状固体废物即粉煤灰（飘灰或飞灰）。

（1）粉煤灰的处理利用

粉煤灰是粉煤经高温燃烧后的一种似火山灰物质，是我国目前排量较大、较集中的工业废渣之一。粉煤灰的化学组成与黏土相似，其主要成分为 SiO_2、Al_2O_3、Fe_2O_3、CaO 和未燃炭，以及少量 K、P、S、Mg 等的化合物和 As、Cu、Zn 等微量元素。

① 生产水泥

a. 替代黏土做水泥生料：粉煤灰的化学成分与黏土相似，可以代替黏土配制水泥生料，同时可利用其中未燃尽的炭，节省燃煤。

b. 作水泥混合材：粉煤灰是一种人工火山灰质材料，它的车身遇水虽不能水化硬化，但能与石灰、水泥熟料等碱性激发剂发生化学反应，生成具有水硬胶凝性能的化合物，因此可用作水泥的活性混合材，生产粉煤灰水泥。

c. 特种粉煤灰水泥：此类水泥的粉煤灰掺量多，具有某些特性和特殊用途，主要的品种有粉煤灰低热水泥、无熟料粉煤灰水泥、少熟料的粉煤灰水泥、粉煤灰低密度油井水泥、低温喝茶粉煤灰水泥等。

② 作砂浆或混凝土的掺和料：粉煤越是一种理想的砂浆和混凝土的掺和料。在混凝土中掺加粉煤灰

代替部分水泥或细骨料，不仅能降低成本，而且能提高馄凝土的和易性、不透水性、不透气性、抗硫酸盐和耐化学侵蚀性能，降低水化热，改善混凝土的耐高温性能，减轻颗粒离析和泌水现象，减少混凝土的收缩和开裂以及抑制杂散电流对混凝土中钢筋的腐蚀。

③ 生产建筑制品

a. 蒸制粉煤灰砖：是以粉煤灰和石灰或其他碱性激发剂为主要原料，也可掺入适量石膏，并加入一定量的煤渣或水淬矿渣等骨料，经粉磨、搅拌、消化、轮碾、压制成型、常压或高压蒸汽养护而制成的一种墙体材料。

b. 烧结粉煤灰砖：烧结粉煤灰砖的生产工艺和黏土烧结砖基本相同，只需在生产黏土的工艺上增加配料和搅拌设备即可。

c. 蒸压泡沫粉煤灰保温砖：泡沫粉煤灰保温砖是以粉煤灰为主要原料，加入一定量的石灰和泡沫剂，经过配科、浇注成型和蒸压养护而制成的一种新型保温砖。

d. 粉煤灰硅酸盐砌块：粉煤灰硅酸盐砌块是以粉煤灰、石灰、石膏为胶凝材料，煤渣、高炉硬矿渣等为骨料，经原料加工处理、混合配料、加水搅拌、振动成型、蒸汽养护而成的墙体材料。

e. 粉煤灰加气混凝土：粉煤灰加气混凝土是以粉煤灰为原料，加入适量石灰、水泥、石膏及铝粉，加水搅拌造浆，注入模具经蒸养而制成的一种多孔轻质墙体材料。

f. 粉煤灰陶粒：粉煤灰陶粒是以粉煤灰为主要原料，捧入少量的胶黏剂和固体燃料，经混合、成球、高温焙烧而制得的一种人造轻质骨料。

g. 粉煤灰轻质耐火保温砖：以粉煤灰为主要原料，辅以烧石（煅烧黏土、页岩或煤矸石）、软质土、高岭土及木屑等，生产轻质耐火保温砖。

④ 做土壤改良剂和农业肥料

粉煤灰具有良好的物理和化学性质，能广泛应用于改造重黏土、生土、酸性土和盐碱土，弥补其酸、瘦、板、黏的缺陷，因此可用于做土壤改良剂。同时，粉煤灰含有大量的枸溶性硅、钙、镁、磷等农作物所必需的营养元素，可用于制备农业肥料。

⑤ 回收工业原料

a. 回收煤炭：我国热电厂粉煤灰一般含碳 5%～7%，其中含碳大于10%的电厂占30%，这不仅严重影响了漂珠的回收质量，不利于作建筑材料，而且也浪费了宝贵的煤炭资源。可使用浮选法或干灰静电分选煤炭来回收，回收煤炭后的灰渣利于作建筑材料。

b. 回收金属物质：粉煤灰中含有 Al_2O_3、Fe_2O_3 和大量稀有金属，这些金属物质均可在一定条件下被回收。

⑥ 作环保材料：利用粉煤灰可制造分子筛、絮凝剂和吸附剂等环保材料，此外还可用于处理含氟废水、电镀废水、含重金属离子和含油废水。

（2）炉渣的处理利用

炉渣通常为灰黑色、褐色，疏松多孔的块状废渣，人们在生产和生活活动中，只要使用燃煤锅炉，均会产生炉渣。炉渣的产生量仅次于尾矿和煤矸石，居第三位。炉渣可用作制砖内燃料、硅酸盐制品的骨架，用于筑路和屋面保温材料等。

① 生产烧结空心砖（图 8-26）

② 生产小型空心砌块（图 8-27）

③ 生产蒸养炉渣砖（图 8-28）

④ 造气炉炉渣生产冶金用石灰（图 8-29）

⑤ 造气炉炉渣生产水泥：炉渣可用于生产水泥的生料或作为水泥的混合材，用造气炉渣生产水泥的工艺流程和普通水泥生产工艺流程基本相同。

8.3.3 冶金废渣

冶金工业固体废物是指冶炼生产过程中产生的各种冶炼渣（高炉水淬渣、钢渣、铜渣、镍渣、赤泥、砷渣等）、轧钢过程中产生的氧化铁皮及各种生产环节环保净化装置收集的粉尘、污泥以及工业垃圾等。

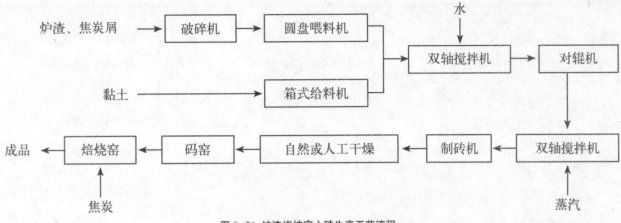

图 8-26 炉渣烧结空心砖生产工艺流程

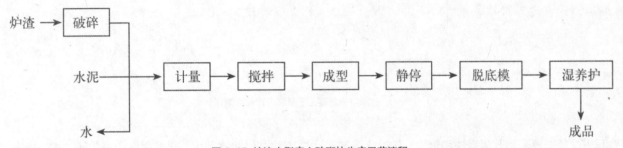

图 8-27 炉渣小型空心砖砌块生产工艺流程

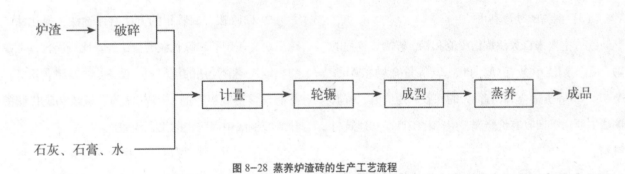

图 8-28 蒸养炉渣砖的生产工艺流程

图 8-29 煤气发生炉炉渣生产冶金用石灰工艺流程

（1）高炉水淬渣的处理利用

高炉水淬渣（俗称矿渣）是冶炼生铁时从高炉中排出的废物，是冶金工业中产生量最多的一种废渣。炼铁的原料主要是铁矿石、焦炭、助熔剂（石灰石、白云石）等。高炉渣的矿物组成与生产原料和冷却方式有关。根据高炉渣的化学成分和矿物组成，高炉渣属于硅酸盐材料范畴，适用于加工制作水泥、碎石、骨料等建筑材料，我国高炉渣的主要处理工艺厦利用途径如图 8-30 所示。

（2）钢渣的处理利用

钢渣是炼钢过程中排放的废渣，其主要来源于铁水与废钢中所含元素氧化后形成的氧化物，金属炉料带入的杂质，加入的造渣剂如石灰石、萤石、硅石，以及氧化剂、脱硫产物和被侵蚀的炉衬材料等。其处

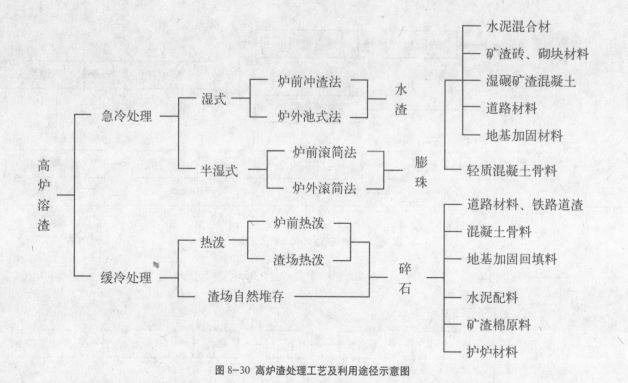

图 8-30 高炉渣处理工艺及利用途径示意图

理利用途径主要是回收废钢铁和钢粒、作冶炼熔剂、建筑材料、农业利用和回填材料。

（3）铜渣的处理利用

铜渣主要来自火法炼铜废渣和铅、锌冶炼过程的副产品。铜渣中含有 Cu、Pb、Zn 等重金属和 Au、Ag、In、Cd 等贵稀金属,有很大的回收利用价值。日前,铜渣主要用于回收有价金属、生产化工产品和建筑材料等。

① 回收铜:铜渣中有许多有价值的金属元素,可采用浮选、磁选等物理方法和焙烧、浸出等化学方法加以回收利用。通常用浮选方法回收铜,图 8-31 从转炉铜渣中回收铜的工艺流程。

② 回收银:回收银的方法有浮选法、氰化法,硫脲法、亚硫酸和碱代硫酸盐法等。比较而言,亚硫酸和硫代硫酸盐法的流程短、设备少、基建费用低,并能直接得到粗产品,图 8-32 为亚硫酸和硫代硫酸盐从浸铜渣中回收银的工艺流程。

③ 生产水泥:图 8-33 利用水淬铜渣生产水泥的工艺流程。

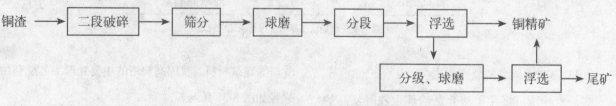

图 8-31 从转炉铜渣中回收铜的工艺流程

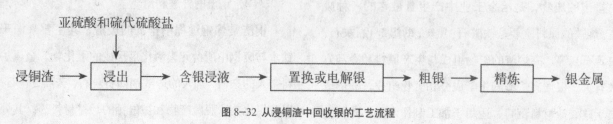

图 8-32 从浸铜渣中回收银的工艺流程

铜渣、石灰石、黏土、无烟煤、萤石 → 生料磨 → 生料 → 成球盘 ← 水

石膏、混合材 → 水泥磨 ← 破碎 ← 熟料 ← 机立窑 ← 鼓风

水泥

图 8-33 利用水淬铜渣生产水泥的工艺流程

8.4 危险废物和医疗废物的处理处置技术

根据《中华人民共和国固体废物污染防治法》的规定，危险废物是指列入国家危险废物名录或者根据国家规定的危险废物鉴别标准和鉴别方法认定的具有危险特性的固体废物。所谓危险特性包括腐蚀性（Corrosivity, C）、毒性（Toxicity, T）、易燃性（Ignitability, I）、反应性（Reactivity, R）和感染性（Infectivity, In）。危险废物以其特有的性质对环境产生污染，另外，危险废物的危害具有长期性和潜伏性，可以延续很长时间。

危险废物来源广泛而复杂，主要来源于化学工业、炼油工业、金属工业、采矿工业、机械工业、医药行业以及日常生活过程中。各行业中危险废物的有害特性不尽相同，且成分也很复杂，故适用于每种危险废物的处置方法不尽相同。

我国将危险废物分为 47 大类共 600 多种，包括工业危险废物、医疗废物和其他社会源危险废物等。按产生源的不同，危险废物可以分为工业源和社会源两类。就其属性而言，危险废物又可分为无机废弃物、油类废弃物、有机废弃物、其他有害废弃物等。

从产生的危险废物种类来看，危险废物名录中的 47 类废物在我国均有产生，其中碱溶液或固态碱、废酸或固态酸、无机氟化物、含铜废物和无机氰化物等五种废物的产生量已占到危险废物总产生量的 57.7%。

8.4.1 危险废物处理处置技术

危险废物的治理包括处理和安全处置两个方面。其目的都是使其减量化、无害化和资源化。目前工程上处理危险废物的方法有：焚烧、热解、安全填埋、固化处理以及物理、化学与生化处理等，图 8-34 为危险废物处理与利用技术体系。

（1）危险废物的综合利用技术

为变废为宝，实现危险废物的资源化和综合利用是废物处理的优先目标。经科研人员的多年研究和探索，一些技术先进、经济实用的综合利用技术和设备已被成功应用于生产当中，取得较好效果。目前国内的危险废物综合利用情况主要集中在金属、废有机溶剂、废油和废旧家用电器等方面的回收上。金属回收工艺主要有还原、中和、沉淀分离、焚烧、浓缩结晶等；废有机溶剂和废油的回收主要有蒸馏、冷却等；废旧家用电器的回收主要是拆解、破碎、磁选、电选等物理方法。

（2）危险废物（预）处理技术

在最终处置之前可采用物理、化学或生物的多种方法，对危险废物进行处理，以改变其物理、化学、生物特性，降低毒性，减小体积，减小对环境的影响，并尽可能综合利用其资源。目前危险废物的处理技术主要包括物理处理、化学处理和生物处理等。

① 物理处理技术

a. 固化技术：将有害废物固定或包封在惰性固体基材中，使危险废物中的所有污染组分呈现化学惰性

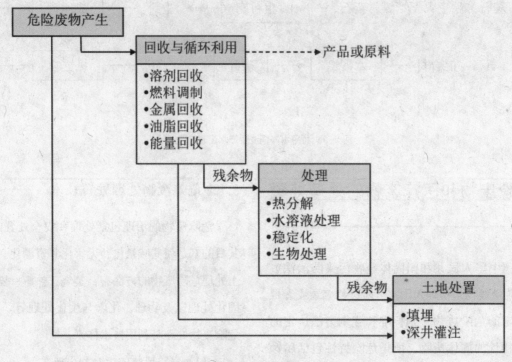

图 8-34 危险废物处理与利用技术体系

或被包容起来，减小废物的毒性和迁移性，同时改善处理对象的工程性质，便于运输、利用和处置。危险废物固化处理是危险废物安全填埋处置前的必要步骤，通常用作填埋处理前的预处理。固化工艺主要用于处理其他处理过程的残渣物以及不适于焚烧处理或无机处理的废弃物，如含重金属污泥、石棉、工业粉尘、酸碱污泥、焚烧残渣等。目前常用的方法有：水泥固化、石灰固化、塑性材料固化、有机聚合物固化、自胶结固化、熔融固化（玻璃固化）和陶瓷固化等。

b. 沉降技术：沉降是依靠重力从废水中去除悬浮固体的过程。沉降普遍用于有高悬浮固体负荷的废水。这些废水包括某些被污染的地表水、收集到的填埋场渗滤液、泥浆以及来自生物处理系统和沉淀絮凝过程的出水。

沉降用于去除相对密度大于水的悬浮颗粒。悬浮的油滴或浸有油的颗粒不能沉降，可用其他方法除去。有些沉降池装有撇油器，以除去浮在水面上的油和脂，但撇油器对去除乳化油是无效的。

c. 萃取技术：溶剂萃取也称液—液萃取，即溶液与对杂质有更高亲和力的另一种互不相溶的液体相接触，使其中某种成分分离出来的过程。这种分离可以是由于两种溶剂之间溶解度不同或是发生了某种化学反应。溶剂萃取过程示意见图 8-35。

d. 增稠技术：污泥增稠的目的是减少稳定、脱水或处置的污泥的体积。经增稠加工，污泥的固体含量从 1% 增加到 6% 时，污泥的体积就减少到 1/5 或更少，污泥体积的减少可以明显地节省脱水、消化或

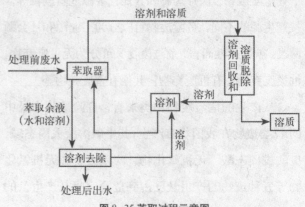

图 8-35 萃取过程示意图

其他后继装置的费用。污泥增稠共有三种类型：重力增稠、气浮增稠和离心增稠。

其他的物理处理技术主要包括过滤、吸附、离心分离、电渗析、电解、絮凝、沉淀和沉降、浮选、冷却、结晶、悬浮液冷冻、高梯度磁分离、反渗透、空气吹脱和超滤等。

② 化学处理技术

化学处理即通过化学反应来改变废物的有害成分，从而实现无害化，或将其转变成为适于进一步处置的形态。主要用于处理无机废物，如酸、碱、重金属废液、氰化物废液、氰化物、乳化油等。

a. 沉淀及絮凝：沉淀是一种物理化学过程，在这过程中某种或所有渗液中的物质转变成固相，沉淀过程是以改变影响无机类物质溶解度的化学平衡关系为基础的。典型的用于絮凝过程的化学品有明矾、石灰、各种铁盐（三氯化铁、硫酸亚铁）以及通常称之为"聚合电解质"的有机絮凝剂。

b. 化学氧化：氧化是一个化学反应过程，在这个过程中，一个或多个电子从被氧化的化学物质上转移到引发这种转移过程的化学物质（氧化剂）上。废水处理中常用的氧化方法有氯氧化法、臭氧氧化法、带紫外线辐射的臭氧氧化法、过氧化氢氧化法、高锰酸钾氧化法等。

c. 重金属沉淀：电镀废水中通常溶解有各种重金属，如铜、镍或锌。这类废水基本上都是用加入过量消石灰（氢氧化钙）或烧碱（氢氧化钠）的方法，使重金属呈水不溶性化合物沉淀出来。处理重金属溶液时其他可待用的沉淀剂有硫化钠、硫脲及二硫代碳酸盐，所有这些化合物均能生成不溶性硫化物沉淀。

d. 化学还原：许多种化学品均能作为有效的还原剂，其中包括：二氧化硫（SO_2）、亚硫酸盐类（SO_3^{2-}）、酸式亚硫酸盐类（HSO_3^2）以及亚铁盐类（Fe^{2+}）。

e. 中和：工业企业及化学工业产生大量无机酸水

溶液。许多金属处理过程也产生大量废液，废液中含有诸如铁、锌、铜、钡、镍、镉及铅等金属，这类废液腐蚀性极强。消石灰是最便宜又实用的碱性物质，因此常被选用来处理大量废酸。

③ 生物处理技术

利用生物降解作用来分解危险废物中的有机物，用于处理有机废液或废水。常用的方法有厌氧处理、好氧处理和兼性厌氧处理，包括活性污泥法、曝气塘、厌氧消化、堆肥处理、生物滤池、稳定塘等具体方法。

（3）危险废物最终处置技术

危险废物最终处置技术包括安全填埋、焚烧、土地处理及海洋处置等。土地处理及海洋处置由于环境自净及其自身容量有限，因此目前我国危险废物的最终处置主要采取安全填埋和焚烧。

目前我国进行最终处置的危险废物主要是没有利用价值的、危险性较大的废物，或者是虽然具有一定的利用价值，但是限于目前的条件和技术水平而无法进行充分利用的废物。

① 安全填埋

现今对工业固体危险物的最终处置方法就是进行安全填埋。安全填埋往往被认为是为减少和消除废物的危害，在对其进行各种方式处理之后所采取的最后一种处置措施。对危险废物进行填埋前，需根据不同废物的物理化学性质进行预处理，利用各种固化剂对其进行稳定化、固化处理，以减少有害废物的浸出。我国颁布的《危险废物安全填埋污染控制标准》（GB18598—2001），规定了填埋区入场条件及选址、设计、运行、施工、封场及环境保护的要求。

与生活垃圾填埋场的要求不同，危险废物填埋场对危险废物处置有更严格的控制和管理措施，其处置技术主要包括：共处置、单组分处置、多组分处置和预处理后再处置等。

当然，填埋法也存在一些环境问题，最主要的问题是填埋废物中的某些成分与水或其他物质发生物理化学作用产生浸出液，污染地下水源；其次是废物填埋场占用土地。填埋场防渗层最主要的功能是阻断废物与外界环境的水力联系，即防止废物产生的渗滤液对地下水等周围水体造成污染而采取的措施。防渗系统采用双人工衬层，由下到上依次为：基础层、地下水排水层、压实的黏土衬层、高密度聚乙烯膜（HDPE）、膜上保护层、渗滤液次级排水层、渗滤液初级集排水层、土工布、危险废物。

② 焚烧技术

焚烧法是将可燃性废物置于高温炉中，使其可燃成分充分氧化分解的一种处理方法，实现危险废物减量化、无害化最快捷、最有效的技术。采用焚烧法可有效地破坏废物中的有毒、有害的有机废物，彻底消除病原性污染，破坏和分解有毒物质的化学结构，减少废物的体积，并且可以进行能源和副产品的回收。经过焚烧，固体废弃物的体积可减少80%～95%。

焚烧可在专用的焚烧炉（如旋转焚烧炉、液体喷射焚烧炉、多层焚烧炉、热解焚烧炉、流化床焚烧炉等多种炉型）中进行，还可利用其他工业炉窑（如水泥窑、石灰窑等）进行焚烧处理。但不管采用何种焚烧设施，均要考虑产生二次污染的问题。焚烧主要用于处理热值较高和毒性较大的危险废物，如处理废溶剂、废油类、塑料、橡胶、皮革、医院废物、制药废物、含酚废物，含卤素、硫、磷、氮化合物的有机物等，易爆废物则不宜进行焚烧处理。图8-36为回转窑焚烧系统示意图，图8-37为危险废物焚烧系统。

在废物入炉前，依其成分、热值等参数进行搭配，搭配的过程要注意废物之间的相容性，避免不相容的废物混合后发生反应。不能直接入炉焚烧的大尺寸废物，破碎后配伍入炉焚烧，图8-38是危险废物焚烧前的预处理。

不能入炉的废物经高温焚烧后，燃烧产物为剧毒类物质，如含砷废物；含有放射性物质的废物；爆炸性废物。

在我国，由于废物的有机物含量一般偏低，大规模应用此法目前还不经济。一般焚烧处理的废物种类包括医疗废物和可燃性工业废物（固态、半固态、液态）。为提高有毒、有害、有机物的破坏去除率，

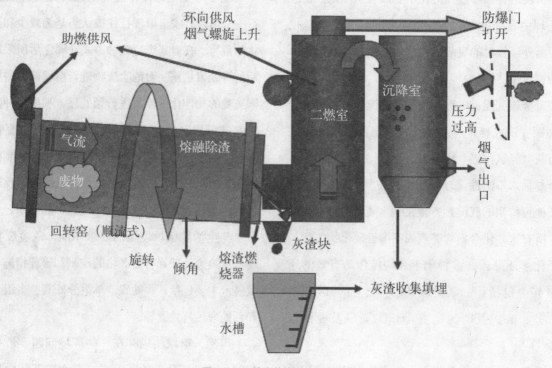

图8-36 回转窑焚烧系统示意图

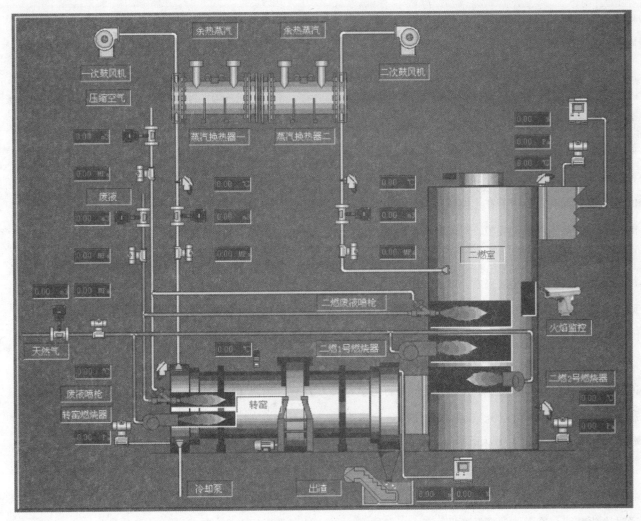

图 8-37 危险废物焚烧系统

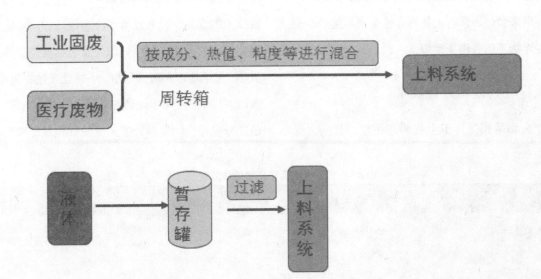

图 8-38 危险废物焚烧前的预处理

还可采用富氧焚烧、催化焚烧、高温热解、等离子体电弧分解等方法进行处理。

③ 地表处理

地表处理就是将危险废弃物同土壤的表层混合，在自然的风化作用下，实现某些种类危险废弃物的降解、脱毒。地表处理方式经济且简单易行，但是，这种方式并不适合所有的危险废弃物。如某些不可降解的危险废弃物有可能附着在土壤颗粒上，在风或雨水的冲刷下扩散到周围的环境，对人畜的生命安全造成威胁；其他危险废弃物也可能迁移入土地深层土壤，污染地下水。从长远角度来看，地表处理并非实现危险废弃物无害化处置的有效手段。

④ 海洋处置

可分为海洋倾倒与远洋焚烧两大类。海洋倾倒的原理是利用海洋的微生物环境和海洋内的化学过程将危险废弃物的毒性冲淡或驱散，使得危险废弃物的毒性降低到相对于大环境可以忽略不计的程度。远洋焚烧则是用专门设计制造的焚烧船将危险废弃物进行船上焚烧的处置方法，废物焚烧后产生的废气通过净化装置与冷凝器，冷凝液排入海中，气体排入大气，残渣倾入海洋。远洋焚烧的废弃物一般为液态有机废弃物，有机化合物或其他相对较高能量的危险废弃物可用来焚烧，含有大量的毒性金属和超量非毒金属的废弃物不适合海上焚烧。

8.4.2 医疗废物处理处置技术

医疗废物是指医疗卫生机构在医疗、预防、保健以及其他相关活动中产生的具有直接或间接传染性、毒性以及其他危害性的废物，包括医院临床废物、医药废、废药物、药品，在《国家危险废物名录》中被分别列为 HW01、HW02、HW03。医疗废物被认为是对公众健康影响最大和最危险的废物流，其所携带的细菌比生活垃圾多成千上万倍，由于具有极大的传染性和危害性，若管理处置不当，不仅会污染环境，而且直接危害人们身体健康，因此对其贮存、运输、处理处置都有特殊的要求。

目前，医疗废物的环境无害化管理已越来越引起人们的广泛关注。一些大中城市已意识到医疗废物的危害，开始要求对医疗废物实行集中处置。一些城市已在全市建立了一个或数个医疗废物处置中心，采用先进的高温焚烧或高温高压粉碎设备处理医疗废物，解决了各医院分别建焚烧炉的问题，表8-3是推荐的传染性废物处理处置技术。

医疗废物选择合适的处理处置方法需要依据多种因素，在决定之前需要对每种因素进行详细评估。焚烧的诸多优点使其成为世界范围内医疗废物处理处置常用的方法，但医疗废物焚烧处置也有缺点，如空气污染问题等。医疗废物焚烧炉排放标准的提高以及医疗废物危害意识的增强，促进了医疗废物处理处置技术的发展。近来发展了许多现场和厂外处理处置医疗废物的方法：现场处理处置包括焚烧、蒸汽高压灭菌、化学处理和微波辐射，场外处理处置包括焚烧、蒸汽高压灭菌、化学处理和非离子化辐射处理，表8-4是部分医疗废物处理处置系统的优缺点比较。

表 8-3 推荐的传染性废物处理处置技术

传染性废物的分类	推荐的处理处置技术	推荐的处理处置技术	推荐的处理处置技术
隔离废物	蒸汽消毒焚烧	人类血液和血液制品	蒸汽灭菌焚烧 化学消毒排放至污水管
传染性药剂和 相关生物制品的培养器皿	蒸汽灭菌焚烧热钝化 化学消毒	被污染的动物骨架、 人的肢体、卧具	蒸汽灭菌焚烧
		病理废物	蒸汽灭菌焚烧 殡仪馆处理

表 8-4　部分医疗废物处理处置系统的优缺点比较

类型	影响因素	优点	缺点
焚烧	废物湿度 燃烧室填充率 温度和停留时间 维护和维修	体积和质量减少 不可辨认的废物残渣 可接受各种类型的废物 可回收热量	公众反对 投资和操作费用高 维护费用高
蒸汽高压灭菌	温度和压力 蒸汽渗透压 废物尺寸 处理周期长短 灭菌室空气的排放	低投资 低操作费用 生物测试容易 有毒有害残渣含量低	外观体积不变 不能适用于所有废物类型 排放气态污染物 残余物需要填埋
微波	废物特点 废物湿度 微波长度 暴露时间 废物混合程度	产生不可辨认的废物 体积明显减少 没有液体流出	投资费用高 不能适用于所有废物类型 排放气态污染物
机械化学法	化学药品湿度、pH 值 化学反应时间 废物和化学品的混合	体积明显减少 产生不可辨认的废物 处理快速 可使废物除臭	投资高 不能适用于所有废物类型 大气排放
高温分解	废物特性 温度 处理周期长度	几乎没有废物残留 产生不可辨认的废物 可回收热能	新技术 产生的气体需要处理，也有二次污染的可能 需要熟练的操作工

8.5 城镇生活垃圾的处理技术

城镇生活垃圾是指在城镇日常生活中或为城镇日常生活提供服务的活动中产生的固体废物以及法律、行政法规规定视为城镇垃圾的固体废物，如菜叶、废纸、废碎玻璃制品、废陶瓷、废家具、厨房垃圾、建筑垃圾等，不包括工厂排出的工业固体废物。城镇垃圾的成分很复杂，但大致可分为有机物、无机物和可回收废品几类。

城镇生活垃圾中往往有病原微生物，直接作为农肥，危害很大，病原体可随瓜果蔬菜返回城市，传病于人，因此需要妥善处理。城市垃圾的处理原则：首先是无害化，处理后的垃圾化学性质应稳定，病原体被杀死，要达到卫生评价标准；其次是尽可能资源化利用；最后是应坚持环境效益、经济效益和社会效益相统一。伴随着我国经济社会的蓬勃发展和垃圾处理技术以及政策法规的不断完善，城市生活垃圾的清运量和无害化处理率都得到稳步提高。

8.5.1 城镇生活垃圾的预处理

城镇生活垃圾无害化处理前需要进行分类、破碎、风力分选、浮选、磁选、静电分选以及压实等预处理。

图 8-39　城市生活垃圾清运和无害化处理

（1）风力分选法

是利用垃圾与空气逆流接触，使垃圾中轻重不同的成分分离。分离出来的轻物质，一般均属有机可燃物（如纸、塑料等），重物质则为无机物（如砖、金属、玻璃等）。

（2）浮选法

是将经过筛分或风力分选后的轻物质送入水池中，玻璃屑、碎石、碎砖、骨头、高密度塑料等沉至池底，轻的有机物则浮在水面。

（3）磁选法

磁选法可在破碎后、风力分选前用于破碎后固体废物中回收金属碎片。磁流体分选法是将经过风力分选及磁选后富含铝的垃圾放入水池中，调整水溶液密度，使铝浮出水面，而其他物质仍沉在池底。

（4）静电分选法

一般在磁选之后，用以从垃圾中除去无水分的小颗粒夹杂物，其效果较风力分选、筛分更佳。由于含水分的有机物导电性好，可被高压电极所吸引，而不吸收水分的玻璃、陶瓷器、塑料、橡胶等杂物导电性差，不受电场作用，依重力下落使两类物质分离。

8.5.2 城镇生活垃圾的最终处理

城镇生活垃圾的最终处理方法有卫生填埋、焚烧、堆肥和蚯蚓床等。

（1）卫生填埋

卫生填埋是一种防止污染的填埋方法。由于填埋过程是一层垃圾一层土交替进行，也称为夹层清理法。这样，既可以防止垃圾的飞散和降雨时的流失，又可以防止蚊、蝇等害虫滋生以及臭气和火灾的发生，因而称为卫生填埋法。

（2）焚烧

当垃圾的热值大于 3.3MJ/kg 时，可以自燃方式进行焚烧，否则，需借助燃料进行焚烧。工业发达国家城市垃圾的热值多在 4.2MJ/kg 以上，所以这些国家的垃圾焚烧工艺一般是自燃方式。我国城市垃圾中可燃物少，产生的热值一般均不足 3.3MJ/kg，难以自燃，故需采用辅助燃料。医院垃圾必须焚烧处理，一方面医院垃圾中纱布、棉花、废纸等可燃物多；另一方面医院垃圾需要彻底消毒，以防病原污染扩散。

垃圾焚烧法的优点是可将垃圾中的病原体灭除彻底；焚烧后的灰渣约占原体积 5%，减容效果大；产生的热量可以发电或供热。

（3）堆肥

堆肥是我国目前处理城镇垃圾常用的方法。我国城镇普遍施用农家肥，主要由粪便和灰土进行混合堆放制成。城镇的粪便和垃圾中有机物与灰土是理想的堆肥原料，采用这些原料堆肥，既可以达到垃圾无害化处理的目的，又可以生产出优质的农家肥。

通常采用好氧堆肥，其特点是堆肥时间短，露天进行所需时间，冬季约为 1 个月，夏季约为半个月；不产生恶臭，但占地面积较大。堆肥时将粉碎后的垃圾、粪便和灰土分层堆在地面上，堆高 3m，底宽 4m，顶宽 2m，长度不限，加土覆盖表面。在堆底预先开挖通风沟，堆中预先插入通风管，以保证好氧分解菌所需的氧气。堆肥后体积可减小 30% ~ 50%，堆肥经干燥，质量约为堆肥前的 70%，堆肥的碳氮比不宜小于 20:1，含水率以 40% ~ 50% 为宜。我国粪便高温堆肥法无害化卫生评价标准为：最高堆温达 50 ~ 55℃以上，持续 5 ~ 7d，蛔虫卵死亡率 90% ~ 100%，大肠菌值 10-2-10-1。

（4）蚯蚓处理技术

城镇垃圾可以利用蚯蚓处理。蚯蚓可将这些城市垃圾转变为肥效高、无臭味的蚯蚓粪土，还能获得大量蚯蚓体作医药原料，蚯蚓体内蛋白质含量与鱼肉相当，是畜禽和水产养殖的优良饲料，可谓是一举多得。发展蚯蚓养殖是处理城镇垃圾、农林废弃物和污水处理厂污泥，化害为利的有效措施之一，应大力发展。

蚯蚓处理生活垃圾的工艺流程是将生活垃圾经过分选，除去金属、玻璃、塑料、橡胶等物质后，进行破碎、喷湿、堆沤、发酵等处理，再经过蚯蚓吞食加工制成有机复合肥料，其工艺流程如图8-40所示。

8.5.3 农村生活垃圾连片处理项目

目前，农村生活垃圾已经成为农村环境"脏乱差"最突出的表现。随着城镇化的快速推进，一些过去只出现在城市的生活垃圾也成为农村垃圾的主要组成部分，其中不可降解垃圾所占比例迅速增加。垃圾集中露天堆放形成的"垃圾山"恶臭熏天，蚊蝇乱飞，严重影响农村生态环境。目前我国农村约有 6.5 亿常住人口，每年产生生活垃圾约 1.1 亿 t，其中有 0.7 亿 t 未做任何处理。

随着我国农村经济的快速发展，农民生活水平显著提高，农村生活垃圾的数量也不断增加，现有的农村生活垃圾处理方式已经无法满足农村建设发展的需要。目前我国农村生活垃圾存在如下特点：

① 垃圾数量日趋庞大，成分组成也越来越复杂。农村经济的发展和农民收入水平的提高使得农村消费方式发生巨大变化，农村生活垃圾在成分组成等方面与城市生活垃圾越来越接近，同时，产生量也是逐年增加。

② 环境意识薄弱，垃圾随意倾倒。我国农村人口文化水平相对偏低，环境意识相对缺乏，此外，农村人口居住分散，这都造成了生活垃圾随地丢弃现象的发生。

③ 缺乏政策支持，相关法律法规不健全。与城市地区相比，我国农村地区在财政、管理等方面得到的政策支持相对缺乏，政府管理部门的执法范围更多地集中于市区和城镇，与此同时，针对农村这一特殊的区域环境，相应的生活垃圾治理法律法规十分缺乏。

农村人口居住比较分散，没有系统的生活垃圾收集、转运和处理体系，这就造成了生活垃圾随地乱放乱埋，路边、地头、水边都成为了天然垃圾箱，对生态环境产生巨大威胁，造成农村空气、水源、土地的严重污染。农村生活垃圾对农村生态环境的危害主要表现在：

① 对大气和水体产生污染。生活垃圾堆放在河流、池塘等水体旁，或者直接倾倒在水体中，生活垃圾中的有毒有害化学物质进入水体后，经过生物富集作用而影响生物链，并最终影响人们的健康，而生活垃圾中的有机物降解产生氮磷等营养物质，会导致水体富营养化，严重污染水体生态环境。此外，生活垃圾含有大量病毒、病原菌和寄生虫，对身体健康造成很大威胁。生活垃圾中的灰渣、塑料等会随风飞扬，垃圾长期无序堆放产生恶臭等都会对农村大气环境造成污染。

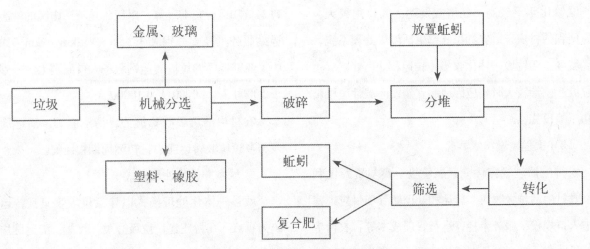

图 8-40 蚯蚓处理生活垃圾的工艺流程

② 对土壤造成污染。农村生活垃圾随意堆放，或者在没有防渗措施的情况下直接填埋，垃圾中的有毒有害成分便会渗入土壤中，破坏土壤生态平衡，影响植被、粮食作物的生长，并进一步对人类健康造成威胁。与此同时，生活垃圾的无序堆放填埋极大浪费了农村珍贵的耕地资源。

③ 其他潜在危害。生活垃圾长期无序堆存，存在极大安全隐患，可能造成爆炸、燃烧、腐蚀等损害，对生态环境和人们健康造成威胁。

（1）技术模式选取

农村生活垃圾连片处理技术模式选取，需综合考虑村庄布局、人口规模、交通运输条件、垃圾中转和处理设施位置等，推行垃圾分类，同时参照《农村生活污染防治技术政策》（环发[2010]20号）、《农村生活污染控制技术规范》（HJ 574-2010）等规范性文件。

建有区域性生活垃圾堆肥厂、垃圾焚烧发电厂的地区，需优先开展垃圾分类，配套建设生活垃圾分类、收集、贮存和转运设施，进行资源化利用。

交通不便、布局分散、经济欠发达的村庄，适宜采用生活垃圾分类资源化利用的技术模式，有机垃圾与秸秆、稻草等农业生产废弃物混合堆肥或气化，实现资源化利用，其余垃圾定时收集、清运、转运至垃圾处理设施进行无害化处理。

城镇化水平较高、经济较发达、人口规模大、交通便利的村庄，适宜利用城镇生活垃圾处理系统，实现城乡生活垃圾一体化收集、转运和处理处置。生活垃圾产生量较大时，应因地制宜建设区域性垃圾转运和压缩设施。

（2）工程建设技术要求

农村生活垃圾需优先开展垃圾分类与资源化利用。农村生活垃圾收集、转运和处理处置项目应统筹考虑人口规模、服务半径、运行管理成本等。农村生活垃圾收集、转运、处理系统的设计，要为项目扩容预留空间。

① 农村生活垃圾"分类+资源化利用"模式

农村生活垃圾应优先推行垃圾分类，城镇化水平较高地区亦可在垃圾中转环节增设垃圾分拣站强化分类收集。垃圾分类方法参照下表或《城市生活垃圾分类及评价标准》（CJJ/T 102-2004）执行。

需根据农村生活垃圾资源化利用方式，配套建设相应的垃圾分类、收集、贮存和转运设施。在自然村建设分类收集系统、有机垃圾（可燃垃圾）贮存设施和不可回收垃圾贮存设施；在乡镇建设垃圾分拣站、垃圾中转设施和转运车辆。

以单户为治理单元的项目，应结合秸秆、畜禽粪便等堆肥项目开展工程建设，主要建设垃圾分类收集设施、小型垃圾堆肥设施和垃圾贮存设施。堆肥设施应根据垃圾产生量、技术条件确定建设规模，适度提高机械化、自动化水平。不能资源化利用的垃圾要定期清运至乡镇垃圾转运系统，统一无害化处置。

区域内建有垃圾焚烧发电设施、大型有机垃圾堆肥厂的项目，主要建设配套的垃圾分类收集、转运设施。在转运环节进行垃圾分类的治理模式，需增建垃圾分拣站。

要统筹垃圾转运站的建设位置、数量和规模，提高转运站转运效率，避免项目重复建设或建成项目的空置。垃圾转运站的建设规模需根据服务区域内人口总量和运行负荷计算，平原、丘陵、山区的垃圾转运站服务半径宜分别大于15km、12km、9km，东、中、西部地区的垃圾转运站服务人口原则上需分别大于50000人、30000人、10000人。

农村生活垃圾收集能力、清运能力、清运周期应与乡镇垃圾转运能力、转运周期相匹配。

② 城乡一体化处理模式

城乡一体化处理模式以建设垃圾收集、转运系统为重点，在村庄建设垃圾分类、收集、清运设施，在乡镇建设垃圾转运设施，垃圾处理主要依托现有城镇生活垃圾处理处置设施。

布局集中的村庄应统筹建设垃圾收集和清运设施，建设规模参考以下要求设计：采用常规收集系统（不分类）的，垃圾收集箱 1 个 / 户，公共场所的垃圾桶主街道 1 套 /50m（车站、广场等公共场所 1 套 /80m²），垃圾收集车 1 个 /20 户，垃圾集中收集池 1 个 /50 户，垃圾收集池服务半径需在 30m 以上；采用垃圾分类收集模式的，垃圾收集箱 4 个 / 户，公共场所垃圾桶主街道 1 套 /50m（车站、广场等公共场所 1 套 /100m²），垃圾分类收集车 3 个 /40 户，垃圾集中收集池 3 个 /800 户，收集池服务半径需在 50m 以上。

生活垃圾常规转运站的设计能力一般不低于 10t/d。

垃圾转运车额定载重量一般不低于 5t，容积不低于 8m³。垃圾转运站服务人口原则上需在 10000 人以上（压缩转运站需在 30000 人以上），运输半径宜在 40km 以内。

（3）工程运行维护和管理的技术要求

连片治理村庄一般需配备专职保洁员，负责区域内垃圾清运和日常保洁，清运周期依据垃圾收集量和费用进行确定，一般 1 周不低于 1 次。

需定期组织废弃物回收公司收集纸制品、塑料制品、金属物品、玻璃制品、纺织制品等可回收利用的垃圾；建有垃圾分拣站的村庄，可将废弃物出售所得，用于保洁员工资和设备购置、更换的补贴。

具备条件的地区，应优先引入专业公司或成立专门运营机构，负责辖区内生活垃圾收集、处理系统的运行维护。采用村民自行管理的项目，当地项目管理部门要开展技术指导和委派专业技术人员进行定期维护。

采用生活垃圾城乡一体化处理模式的地区，设施运行可纳入市政环卫系统统一管理，适当收取生活垃圾处理费用。

（4）技术模式案例

1）天津市双扣生活垃圾技术处理模式

天津市双口生活垃圾卫生填埋场是天津市运用填埋方法处理生活垃圾的代表，位于北辰区双口镇，占地 60 万 m²，负责外环线以内以及填埋场周边地区生活垃圾填埋处理。该生活垃圾卫生填埋场目前是国内平原地区最大的垃圾填埋场，设有垃圾卫生填埋作业区、垃圾渗滤液处理厂以及配套设施。该填埋场采用三项措施，防止垃圾填埋污染周围环境：a.污水统一收集并处理，达到排放标准；b.在填埋场周边修建截洪沟和导流渠等设施，减少渗滤液向场外泄漏；c.利用防渗膜构建防渗系统，防止渗滤液等污染地下水和地表水。此外，填埋场场内设有收集井，其水平设置于垃圾堆积处，垃圾堆放在井的上方。垃圾产生的气体由混凝土材料制成的导气管导出。填埋气体中含有大量的甲烷、硫化氢等可燃气体，集中收集的气体进入沼气发电站作为二次资源被利用。

填埋的处理费用低，方法简单，但是占用土地。随着城市垃圾量的增加，靠近城市的适用的填埋场地愈来愈少，开辟远距离填埋场地又大大提高了垃圾处理费用。

焚烧处理是将垃圾置于高温炉中，使其中可燃成分充分氧化的一种方法，焚烧炉表面的高温能生产蒸汽，可用于暖气、空调设备及蒸汽涡轮发电等方面。近几年我国对垃圾焚烧发电技术越来越重视。焚烧处理的优点是减量效果好，焚烧后的残渣体积减小 90% 以上，重量减少 80% 以上，处理彻底。

天津双港垃圾焚烧发电厂是国家建设部认定的我国垃圾发电领域唯一的国家级"科技示范工程"，位于天津市津南区双港镇，引进三台具备国际先进水平的炉排式垃圾焚烧炉和两台发电机，日处理生活垃圾可达 1200t，年上网发电量 1.2 亿 kW·h，累计节约标准煤 248 万 t。该垃圾焚烧发电厂按照循环经济的思路进行运作，垃圾焚烧发电，废渣用来制砖，余热用来取暖，形成一个完整的循环经济链。垃圾焚烧处理彻底，但是垃圾焚烧发电厂的建设和生产费用极为昂贵。此外，垃圾含有重金属和含氯塑料制品，焚烧产生的飞灰具有很高毒性，会对生态环境和人们健康产生巨大威胁，因此相应的二次污染预防和处理技术要求非常高，使得运营成本增加，而且二次污染的风险也较大。图8-41为天津双港垃圾焚烧发电厂实景。

2）高温快速发酵生产有机肥技术

天津市环境保护科学研究院针对农村畜禽粪便、农作物秸秆和有机生活垃圾处理效率低和资源浪费等问题，研发出高温快速发酵生产有机肥技术。该技术主要是将畜禽粪便、秸秆等农业废弃物与嗜热复合微生物菌剂按比例混合，调节混合物含水率≤50%，利用皮带输送机将混合物料加入到密闭式的高温好氧快速发酵设备，开启设备利用电热使物料温度升至80～100℃，保持2h后断电，让其温度保持在60～80℃之间。高温过程将灭活混合物料中的病原微生物及寄生虫（卵），同时利用嗜高温菌群加速有机碳的分解、减少氮素损失，减少发酵过程中氨气的挥发，缩短发酵时间，整个发酵时间控制在10h之内，该技术可提高有机肥的产肥效率、缩短发酵周期、提升有机肥品质，是一种高温快速发酵、资源再生和节能环保的农村生活垃圾资源化利用技术。

利用高温快速发酵技术处理有机垃圾生产有机肥，不仅能实现农村生活垃圾的高效治理，同时还能变废为宝，实现废物资源化，具有很大的环境效益、经济效益和社会效益。高温快速发酵技术处理农村生活垃圾，结合了农村的实际生产生活情况，将畜禽粪便、农作物秸秆等进行处理，生产有机肥，这对农村生态环境的改善具有重大意义。

① 技术原理

利用自动化高温封闭式有机肥发酵设备（图8-42）和嗜热复合微生物菌剂（菌剂主要指标见表8-5）高效组合，将畜禽粪便、秸秆等有机垃圾与嗜热复合微生物菌剂混合，调节混合物料含水率和C/N比，置入高温发酵设备内，通过电热设备内温度升至80～100℃，灭活有机废弃物中的有害微生物和病原体，同时激活嗜热复合微生物菌剂活性，利用嗜热复合微生物菌群加速废弃物有机质的降解和腐殖质的形成，生产出稳定化、腐熟化、无害化的有机肥产品。

有机垃圾等高温快速发酵生产有机肥的工艺流程如图8-43所示。

首先，将农村生活垃圾中的畜禽粪便、秸秆等有机垃圾按照一定比例混合加入到高温发酵设备中，并在设备内加入嗜热复合微生物菌剂。然后，开启设备利用电热使物料温度升至80～100℃，保持2h后断电，让温度保持在60～80℃之间，同时发酵设备

图8-41 天津双港垃圾焚烧发电厂

图 8-42 高温快速发酵设备

表 8-5 嗜热复合微生物菌剂的主要技术指标

有效活菌数（cfu）/〔×10/g（ml）〕	≥ 80.0
纤维素酶活 /〔u/g（ml）〕	≥ 30.0
蛋白酶活 /〔u/g（ml）〕	≥ 15.0
淀粉酶活 /〔u/g（ml）〕	≥ 10.0
杂菌率 / %	≤ 5.0
水分 / %	≤ 20.0
pH 值	5.5 ~ 7.5
粒度直径 / mm	≤ 2.0
有效期 / 月	24

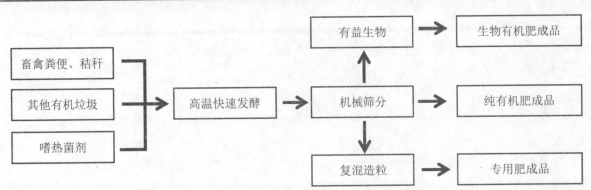

图 8-43 高温快速发酵生产有机肥工艺流程

内配套的搅拌设备间歇性的搅拌，在发酵设备内整个发酵时间约 10h。发酵完毕后的肥料用电动筛筛选，筛选合格的肥料包装完毕后进入成品库，也可以选择进入造粒生产过程。有机肥产品如图 8-44 所示。

经检测，使用该技术生产出的有机肥各项指标均符合中华人民共和国农业行业标准《有机肥料》(NY 525-2011) 要求（表 8-6）。

8.6 农业废弃物的综合利用技术

农业固体废物是指在农作物种植业、动物养殖业和农副产品加工业生产过程中排放的废物，如秸秆、糠皮、山茅草、灌木枝、枯树叶、木屑、刨花以及食品加工业排出的残渣等。农业固体废物数量巨大，据统计，我国每年的在作物秸秆约为 7 亿 t，

图 8-44 有机肥产品

表 8-6 有机肥指标检验值

序号	检验项目	单位	实测结果	单项判定
1	有机质	%	92.8	符合
2	总氮	%	1.46	符合
3	磷（五氧化二磷）	%	2.76	符合
4	钾（氧化钾）	%	0.92	符合
5	pH	—	8.4	符合
6	水分	%	28.48	符合
7	总铬	mg/kg	37.1	符合
8	总镉	mg/kg	0.1	符合
9	总汞	mg/kg	0.1	符合
10	总铅	mg/kg	23.2	符合
11	总砷	mg/kg	7.2	符合
12	蛔虫卵死亡率	—	未检出蛔虫卵	符合
13	粪大肠菌群	MPN/g	< 0.3	符合

畜霄粪便约 17 亿 t。我国是一个农业大国，随着农业的发展，副产品的数量不断增加，所排放的废物也随之增加，对环境的影响越来越严重，绝大部分未得到有效处理利用，是一种潜在的宝贵资源。目前，农业固体废物多作为农家燃料、畜禽饲料、田间堆肥等初级用途，仅少量用于造纸、草编等深加工。就其应用价值而论，在广度和深度上，目前的利用水平均较差。为了充分合理地开发利用农业废料资源，加快农村的致富步伐，有必要积极探索其工业利用的途径，为农业可持续发展奠定基础。

8.6.1 农作物秸秆的处理利用

农作物秸秆是指作物的根、茎、叶等难以利（食）用的部分。作物秸秆具有产量大、分布广泛而不均匀、利用规模小且分散、利用技术传统而低效等特点。

根据农业废物的物质组成和结构构造特点，通过一定的处理加工可使其得到充分利用。主要利用途径有：

① 还田利用。利用秸秆中丰富的 K、Si 等有效肥力元素和大量有机物，将秸秆铡碎后与水土混合，堆沤发酵、腐熟后施在土壤中。

② 利用其含热量和可燃性作为能源使用，还可用秸秆制沼气和草煤气等能源。

③ 利用其营养成分制作肥料和饲料，以及加工生产淀粉、糖、酒、醋、酱油、食品等生化制品。

④ 提取有机化合物和无机化合物，生产化工原料和化学制品。

⑤ 利用其物理技术特性，生产质轻、绝热、吸声的植物纤维增强材料。

⑥ 利用其特殊的结构构造，生产吸附脱色材料、保温材料，吸声材料，催化剂载体、生产建筑材料等。

8.6.2 食品固体废物的处理利用

食品固体废物可分为发酵食品工业废弃物和非发酵食品工业废弃物两种，最常见的废弃物有白酒糟、啤酒糟、酱醋渣、麦麸、米糠、蔗渣、甜菜粕、大米渣、豆腐渣、果皮以及各种下脚料等。由于食品工业所用原料广泛，产品工艺路线繁多，因此各类食品加工企业排出的废渣在质和量上都有很大的差别，但有其共同的特点，即有机物含量高、无毒性、易腐败、可生化性好、利用价值较高，这就为食品工业固体废弃物的处理和资源化利用提供了有利条件。

（1）分离处理

在食品废渣废水混合物中，悬浮颗粒包括微小的胶体物质和粗大的悬浮颗粒，粒径分布范围很广，因此，必须用有效的方法将它们进行分离。常用的固液分离技术有沉降法、离心法和过滤法等。

① 沉降法：沉降是利用固体颗粒自身的重力作用而下沉，进而从液体中分离出来的过程。常用的沉降设备有间歇式沉降器、半连续式沉降器和连续式沉降器三种。

② 离心法：离心是利用离心力的作用，在离心机中将混合物中固体颗粒和液体分离的过程。离心机特别适用于粒状物料、纤维类物料与液体的分离。

③ 过滤法：过滤是将固液混合物在过滤机中通过过滤介质（如滤布）实现固液分离的过程。

（2）干燥处理

食品废渣废水混合物经固液分离后，固型物被分离并需进行干燥处理，以保持物料的营养物质，防止其腐烂变质，便于长期保存、运输和进一步加工。食品固体废物常用干燥设备见表 8-7。

（3）生物发酵处理

通过生物发酵可把食品废物转化成菌体蛋白，这是一种良好的饲料，从而既解决了废弃物的处理问题，又开发了新的饲料资源。生物发酵的关键是优良菌株的选育和发酵参数的优化组合。生物发酵的一般工艺过程为：废渣→配料→拌料→蒸煮→冷却→接种→固体发酵池→干燥→粉碎→包装→成品。

（4）好氧堆肥处理

通过好氧堆肥可把有机废弃物转化成有机肥料，几乎所有的食品废弃物都可进行堆肥发酵处理。

表 8-7 有机肥指标检验值

行业	废渣水名称	主要性状	常用干燥器
啤酒	麦精废酵母	含水分 80% ~ 85%	列管式滚筒干燥机
白酒	白酒精	含水分 60.0% ~ 65.3%	滚筒式热风干燥机、震动流化床干燥机
玉米酒精	酒精糟	含水分 80% ~ 85%	盘式干燥机、列管式
糖蜜酒精	酒粒糟		桨叶式干燥机
味精	发酵废酵母液		滚筒式干燥机、气流干燥机

9 畜禽养殖污染防治

9.1 畜禽养殖污染现状

9.1.1 畜禽养殖业发展概况

改革开放 30 多年来，我国畜牧业实现了快速发展，畜禽产品总产量和人均产量均大幅增加，畜牧业产值在我国农业总产值中的比重大幅提高，是我国农业的重要组成部分。根据国家统计局发布的数据，2015 年牧业总产值已达到 29780.38 亿元，占农林牧渔业总产值的 27.8%。2015 年我国肉类总产量 8625.04 万 t、牛奶总产量 3 754.67 万 t、禽蛋总产量 2 999.22 万 t，分别是 1980 年的 7.3 倍、32.9 倍、11.7 倍；人均肉类总产量 62.75kg、牛奶 27.3kg、禽蛋 21.81 kg，分别是 1980 年人均总产量的 5.14 倍、23.53 倍、8.39 倍。按当年价格计算，1980 年我国畜牧业总产值 354.23 亿元，占当年全国农林牧渔业总产值的 18.4%，2015 年我国畜牧业总产值 29780.38 亿元，占当年全国农林牧渔业总产值比重达到 27.8%。自 1991 年至今，我国肉类产量和禽蛋总产量稳居世界第一，2015 年我国肉类总产量占世界肉类总产量的 24.3%，其中：猪肉产量占 49.2%，牛肉产量占 12%，羊肉产量占 30%。2010 年，我国生猪、蛋鸡和奶牛规模养殖比例分别为 64.5%、78.8% 和 46.5%，畜牧业正由传统的农户散养向集约化饲养转变，即由过去的分散经营、饲养量小且主要分布在农区转变为集中经营、饲

养量大且分布在城市郊区或新城区，并涌现出温氏、罗牛山、新希望、中粮肉食、雨润、双汇、六和、雏鹰农牧、河南牧源、新五丰等一大批大型畜牧集团公司，推动了我国畜牧业现代化进程。

9.1.2 新形势下畜禽养殖业污染特征

我国农村畜牧业养殖逐渐从散养向规模化养殖方式转变，这对我国农村畜禽粪便的环境污染治理带来了新的挑战。一些研究表明随着我国农户畜禽养殖从散养向规模化养殖方式转变，畜禽粪便的利用率逐渐下降，畜禽粪便对环境的污染有日益加重的趋势。在散养方式下，农户将畜禽养殖和种植业相结合，畜禽粪便的还田率较高；而当畜禽养殖业集约化、专业化不断提高时，种、养分离成为普遍趋势，加上近年来建设的专业、规模化养殖场主要分布在我国东部和城市郊区，这些都导致了缺乏足够的配套耕地，循环利用专业养殖场产生的畜禽粪便。

专业、规模化畜禽饲养模式直接导致了我国畜禽粪便排放密度增加、农牧脱节严重，进而对环境造成严重威胁。为摸清我国畜牧业环境污染状况，2000 年，国家环境保护部对我国畜禽养殖较为集中的 23 个省（市、自治区）32564 个规模化养殖场的调查表明：1999 年，我国畜禽粪便排放估算总量为 19 亿 t，是当年全国工业固体废弃物排放总量的 2.4 倍，畜禽养

殖业水污染物 COD 排放总量为 797.31 万 t，分别超过了当年全国工业废水的 COD 排放总量（691.74 万 t）和生活污水排放总量（697 万 t）；规模化畜禽养殖场种养分离严重，畜禽污染防治水平低下，通过环境影响评价的规模化养殖场仅占 10%，投资开展粪污治理的养殖场仅占 20%，对畜禽粪便采取干湿分离的养殖场仅占 40%，仅有少量的养殖场配套有足够的土地用于消纳畜禽粪便，环境污染形势十分严峻。

2010 年，环境保护部、国家统计局和农业部共同发布的《第一次全国污染源普查公报》显示：2007 年度，我国农业源普查对象为 2 899 638 个，其中畜禽养殖业 1 963 624 个，畜禽养殖业类便排放量 2.43 亿 t，尿液 1.63 亿 t，COD 1 268.26 万 t、总氮 102.48 万 t、总磷 16.04 万 t、Cu 2397.23 t 和 Zn 4756.94 t，分别占农业污染源排放总量的 95.78 %、37.89 %、56.34 %、94.03 % 和 97.83 %。根据第一次全国污染源普查动态更新数据显示，2010 年我国畜禽养殖业主要水污染物排放量中 COD、NH3-N 排放量分别为当年工业源排放量的 3.23 倍、2.3 倍，分别占全国污染物排放总量的 45%、25%，畜牧业已成为我国环境污染的重要来源。

2015 年发布的《全国环境统计公报（2013 年）》，相对历年的公报而言，提供了详实的畜禽养殖污染情况数据。调查统计的规模化畜禽养殖场共有 138730 家，规模化畜禽养殖小区 9420 家，排放化学需氧量 312.1 万吨，氨氮 31.3 万吨，总氮 140.9 万吨，总磷 23.5 万吨。其中化学需氧量和氨氮的排放量分别占农业源的 27.7% 和 40.2%，占总排放量的 13.3% 和 12.8%。与工业污染排放相比，畜禽养殖业污染物的化学需氧量与工业污染相当，而氨氮的排放量超过了工业排放 27.7%。加之对环境影响较大的大中型养殖场 80% 分布在人口集中、水系发达的大城市周围和东部沿海地区，集约化畜禽养殖对生态环境造成了严重的影响。

此外，畜牧业还是重要的温室气体排放源，反刍动物瘤胃发酵和畜禽粪便处理过程中产生的 CH_4 及粪便还田利用过程中直接或间接的 N_2O 排放，已成为农业温室气体排放的主要来源。2006 年，联合国粮农组织发布关于全球畜牧业环境污染形势的研究报告《畜牧业长长的阴影—环境问题与解决方案》，该报告指出若将畜牧业饲料生产用地及养殖场土地占用引起的土地用途变化考虑在内，全球畜牧业分别占人类活动所排放 CO_2、N_2O、CH_4 和 NH_3 总量的 9%、65%、37% 和 64%，按 CO_2 当量计算，畜牧业温室气体排放量占人类活动温室气体排放总量的 18%，畜牧业已成为造成全球气候变化的重要威胁。根据中国气候变化初始国家信息通报公布的数据显示，2004 年我国畜牧业动物肠道发酵和动物类便管理系统的 CH_4 排放分别占农业领域排放的 59.21 % 和 5.04 %，两者分别占我国当年 CH_4 排放总量的 29.70 % 和 2.53 %，畜牧业已成为我国农业领域最大的 CH_4 排放源，推动畜牧业温室气体减排已成为我国政府履行《联合国气候变化框架公约》，实现温室气体减排量化目标的重要组成部分。

9.1.3 畜牧业污染现状

环境污染是指人类直接或间接地向环境排放物质或能量，其速度和数量超出环境自身的容量和自净能力，造成环境质量下降，对人类的生存与发展、生态系统和财产造成不利影响的现象。按照污染的形态划分为水污染、大气污染、固体废弃物污染、放射性污染和噪声污染；按照污染的对象划分为海洋污染、陆地污染和空气污染；按照污染物的来源划分为生产性污染、生活性污染和其他污染。

畜牧业环境污染一般是指畜禽粪便、养殖粪污和病死畜禽尸体处理不当等对水体、土壤和空气的污染。

（1）畜牧业对水体的污染现状

我国畜牧业对水体污染问题日趋严重，沿海发达地区尤为突出。面源污染与点源污染相对应，指溶解态或颗粒态污染物从非特定的地点，在非特定的时间，在降水和径流冲刷作用下，通过径流过程汇入河流、湖泊，水库、海洋等自然受纳水体，引起的水体污染（张维理，2004）。农业面源污染是最为重要且分布最为广泛的面源污染，是指以降雨为载体并在降雨的冲击和淋溶作用下，通过地表径流和地下渗漏过程将农田和畜牧用地中的污染物质包括土壤颗粒、土壤有机物、化肥、有机肥、农药等污染物质携入受纳水体而引起的水质污染（董克虞，1998；黄炎坤，2001）。其主要来源为农业生产过程土壤化肥、农药流失、农村畜禽养殖排污、农村生活污水、生活垃圾污染等。具有随机性强、污染物的排放点不固定、污染负荷的时间空间变化幅度大、发生相对滞后性和模糊性以及潜在性强等特点，使得面源污染的监测、控制与管理更加困难与复杂（刘经荣，1994，付时丰，2002）。

畜牧业已成为我国水体污染的主要来源。畜禽粪便中含有大量的有机质、氮、磷、钾、硫及致病菌等污染物，排入水体后会使水体溶解氧含量急剧下降、水生生物过度繁殖，从而导致水体富营养化，不恰当地还田施肥还会导致区域内地下水 NO_3-N 浓度增加，试验表明下渗进入地下水的硝酸盐量与粪便排放量呈一种函数关系。中国农业科学院土壤肥料研究所研究得出：堆放或贮存畜禽粪便的场所中，即使只有 10% 的粪便流失进入水体，对流域水体氮素富营养化的贡献率约为 10%，对磷素富营养化的贡献率约为 10% ~ 20%；在太湖流域，畜牧业总磷和总氮排放量分别占流域地区排放总量的 32% 和 23%，已成为该流域主要污染源，是造成水体富营养化的主要原因。从全国来看，各地畜禽粪便进入水体的流失率在 2% 以上，而尿和污水等液体排泄物的流失率则高达 50% 左右。据计算，2002 年我国畜禽粪便的氮素养分总量约为 1598.8 万 t，22% 的氮素养分进入水

体，对水体造成污染。洪华生等选择福建省九龙江流域的 34 家生猪养殖系统进行氮、磷的养分平衡分析，结果表明：流域范围内大规模养殖场的氮、磷流失率低于中小型养殖场，养殖场粪肥管理是解决养分失衡问题的重要环节。马林等估算了东北 3 省畜禽粪尿产生量及其氮、磷和 COD 含量，结果表明：2003 年辽宁、吉林、黑龙江 3 省禽粪尿排泄物中进入水体的 COD 含量分别占畜禽粪便、工业和生活排放 COD 总量的 52%、65% 和 40%。宋大平等计算得出，安徽省 2008—2009 年畜牧业水环境等标污染负荷指数为 7.03，磷污染比例呈上升趋势。孟祥海等采用面板数据分析得出，水体环境污染是我国畜牧业发展面临的首要环境约束。

（2）畜牧业对农田土壤的污染现状

畜牧业对农田土壤的污染主要表现为畜禽粪便还田不当导致的养分过剩和重金属等有害污染物累积。畜禽类便中含有作物生长所需的 N、P、K 和有机质等养分，传统散养方式下的畜禽粪便还田不仅能提高农作物产量，还能起到改良土壤和培肥地力的作用，但过量施用也会造成农作物减产与产品质量下降。研究表明，高氮施肥条件下（纯氮 138 kg/hm²），作物体内积存大量氮素，导致其农艺性状变劣，水稻的空秕率增加 6%，千粒重下降 7.5%。集约化规模养殖场畜禽粪便排放量大且集中，由于缺乏足够的耕地承载，导致农牧脱节、粪污密度增大，若持续运用过量养分，土壤的贮存能力会迅速减弱，过剩养分将通过径流和下渗等方式进入河流或湖泊，造成水环境污染。朱兆良认为大面积施肥时施氮量应控制在 150 ~ 180 kg/hm²，欧盟农业政策规定土壤类肥年施氮量上限为 170 kg/hm²。阎波杰等以地块为单元对北京市大兴区畜禽粪便氮素符合进行估算，研究表明，2005 年该地区农用地氮负荷平均值为 214.02 kg/hm²，有近一半的农用地受到了不同程度的畜禽粪便氮污染威胁；王奇等对 2007 年我国畜禽粪便排放

量进行估算，得出当年我国畜禽粪便中的总氮和总磷排放量分别为 1476 万 t 和 460 万 t，而当年我国耕地的氮素和磷素最大可承载量分别为 2069.50 万 t 和 426.07 万 t，已与耕地的承载力基本持平。景栋林等根据 2009 年佛山市畜禽养殖数据估算畜禽粪便产生量及其主要养分含量，得出当年佛山市农田畜禽粪便负荷密度（以猪粪当量计）为 74.07t/hm²，氮、磷养分负荷密度分别为 436.83 和 186.55 kg/hm²，已超出当地农田承载能力；侯勇等对北京郊区某村大型集约化种猪场、种养结合小规模生态养殖园和集约化单一种植区这 3 种不同类型农牧生产系统的氮素流动特征进行分析，结果显示：这 3 种类型农牧生产系统的氮素利用效率分别为 18.8%、20.6% 和 17.3%，均处于较低水平，提出优化氮素管理、确定合理的消纳畜禽粪尿的农田面积和调整畜禽养殖密度是解决该问题的关键。

规模养殖场和养殖大户畜禽粪便造成的环境污染，现在是造成畜牧业环境污染的主要污染源。据测算，1 头育肥猪从出生到出栏，排粪量 850～1050kg，排尿 1200～1300kg。据测定，猪粪恶臭成分高达 230 种，粪便中含有的硫化氢、氨气、粪臭素、胺类等物质，污染空气，污染生活环境，刺激动物嗅神经核危害呼吸道，不但会导致动物应激，而且排放到大气中会对人类健康造成危害。而粪便作为有机肥料播撒到农田中去，也将导致磷、铜、锌及其他微量元素在环境中的富集，从而对农作物产生毒害作用，严重影响作物的生长发育，使作物减产。

同时兽药、饲料添加剂的使用不当，药物残留对畜产品及环境造成潜在污染。由于规模化畜牧业的发展，使用抗生素、维生素、激素、金属微量元素已成为畜禽防病治病、保健促长的需要，经济利益驱动和科学知识的不足，滥用或超量使用上述药物的现象普遍存在，造成畜产品的药物残留及环境污染。

饲料添加剂和预混剂在畜禽养殖业中的广泛使用，导致畜禽粪便中重金属、兽药残留、盐分和有害菌等有害污染物增加，引起农田土壤的健康功能降低，生态环境风险增加，并对食品安全构成威胁。李组章等通过长期定位试验得出：稻田猪粪施用量为 20t·hm⁻²·a⁻¹ 时，土壤中重金属 Cu、Zn 和 As 均有一定积累，建议稻田猪粪施用量应控制在以内。潘霞等认为农田土壤长期大量施用畜禽有机肥可引起重金属和抗生素的复合污染，存在在生态风险，猪粪、羊粪和鸡粪中最易造成土壤污染的是猪粪，猪类中的 Cu、Zn 和 Cd 含量分别为 197.0、947.0 和 1.35 mg·kg⁻¹，设施菜地表层土壤抗生素含量为 39.5μg·kg⁻¹，积累和残留明显高于林地和果园，特别是四环素类和氟喹诺酮类，含量分别为 34.3 和 4.75μg·kg⁻¹。

（3）畜牧业对大气环境的污染现状

畜牧业对大气环境的污染主要来自畜禽粪便的恶臭和畜禽养殖引起的温室气体排放两个方面。畜禽养殖场的恶臭主要来源于畜禽粪便排出体外后，腐败分解所产生的硫化氢、胺、硫醇、苯酚、挥发性有机酸、吲哚、粪臭素、乙醇、乙酸等上百种有毒有害物质。畜牧业温室气体排放主要包括畜禽饲养、粪便管理阶段和后续的加工、零售以及运输阶段直接或间接的 CO_2、CH_4 和 N_2O 排放，其中畜禽饲养与粪便管理阶段直接排放的温室气体占主导，畜牧业已成为我国农业领域最大的 CH_4 排放源。与其他食品生产相比，畜禽产品对温室气体的排放贡献更大。

基于生命周期方法的测算，家禽和猪将植物能量转化为动物能量的效率明显高于反刍动物，所排放的 CH_4 也更少，温室效应压力相对较小，用猪肉、禽肉替代反刍动物类食品消费被认为是减少畜牧业温室气体排放的有效途径。畜牧业扩张使得需要更多的土地种植大豆、谷物等饲料作物，从而会间接增加温室气体排放：一方面，在土地稀缺的情况下，饲料作物种植导致砍伐森林，直接降低森林对温室气体的吸收；另一面，饲料作物种植占用的土地若用作造林可间接减少温室气体排放量，可减缓温室效应。

在巴西亚马逊河流域，大豆种植规模扩大是砍伐森林的主要原因，1995-2004 年的 10 年间，亚马逊河流域加工用大豆种植面积增加了 1 倍，达到了 2 200 km²，大豆种植还推动了亚马逊流域小农种植业、养牛业的发展和相关企业进入雨林。

据估计，因畜牧业扩张导致的大豆种植规模扩大所引发的大规模森林砍伐，使亚马逊流域每年净增加 700 万 t CO² 当量的温室气体排放，折合碳 191 万 t，约占到全球温室气体排放总量的 2% 以上。从全球范围看，畜牧业消耗了全球 1/3 或更多的（37%）的谷物产品，这个比例在发展中国家稍低些，因为发展中国家的畜禽 养对草料、农副产品消耗较多。由于由植物性食品向动物性产品转化时会产生能量流失，意味着人们减少动物性食品的消费就会节约更多的植物性食品，即可以间接减少温室气体排放，如：Williams 等研究得出，在英国饲养 1 kg 牛肉的温室气体排放量约为 16 kg CO² 当量，而种植 1 kg 小麦的温室气体排放量仅为 0.8 kg CO² 当量。

根据英国皇家国际事务研究所能源、环境与资源项目研究总监罗伯·贝利（Rob Bailey）2016 年 11 月 24 日刊登在英国皇家国际事务研究所的报告，畜牧业的温室气体排放量与交通已经不相上下，占到了二氧化碳总排放量的 15%。资料显示，畜牧生产是两大强效温室气体——甲烷和一氧化二氮的最大来源。甲烷产生于反刍动物（如奶牛、绵羊和山羊）的消化过程，一氧化二氮产生于用来种植饲料作物的肥料和化肥之中；而转化为牧场或用来种植饲料作物的森林也会产生大量的二氧化碳。贝利表示，如果每个人都采取少肉的"更健康的饮食"，到 2050 年之前就可以再减少 60 亿吨二氧化碳排放：这是将全球气温升高幅度控制在 2 摄氏度这个危险门槛以下所需减排量的四分之一。

9.2 畜禽养殖污染治理现状

畜禽养殖业污染主要指固体粪便污染、病死畜尸体、尿液等液体污染物及大气污染。因此，畜禽养殖污染治理也紧密围绕这几方面展开相关工作。

9.2.1 畜禽粪便污染治理现状

畜禽粪便虽然是污染物，但同时也是宝贵的资源，经适当的处理后，可用作肥料，对促进农牧结合、有机农业和持续农业的发展及农业良性循环，起着保持生态平衡的重要作用，在环保和生态问题日益被重视的今天，粪便还田己是世界性的必然趋势。大量的科学研究证明，动物粪便作为绿肥用于作物庄稼，有利于氮的有效循环。此外，畜禽粪便（主要指鸡粪）亦可用作牛、羊饲料，培养料（养殖蝇蛆、虹叫、蘑菇等）；畜禽养殖污水经适当的处理后还可用于鱼塘补水和灌溉，经净化、消毒后可回用于冲洗畜舍等。由此可见，牧场粪污的处理和利用，只有致力于将粪污资源化，才可能获得生态效益，并使牧场从中得到经济效益。

国内外治理畜禽粪便的方法很多，主要分为产前、产中、产后治理。产前主要是制定相关政策，规划布局，优化畜牧场设计方案，饲料科学配方，加入添加剂控制畜禽氮、磷、钾的排放量，减少猪粪发酵中氨与硫化氢的挥发，减轻氮素损失与猪粪的恶臭；产中强化管理，建立畜禽业污染信息系统，控制畜禽饲养环境，防治畜禽粪尿及冲洗水流失；产后对畜禽粪尿进行资源化、无害化处理。因产前、产中的治理都只能是相对减少畜禽粪便的环境污染，不能根本消除对环境的污染，所以只有产后的处理才是消除畜禽粪便污染的最好和必备方法，因而目前治理方法研究最多的是对各种畜禽粪尿进行处理。

畜禽粪便的处理方法很多，但目前尚难找出一种单一的处理方法就能达到所要求的满意效果。因为某一种处理方法能否被接受，不仅要考虑这种处理方法在技术上的优势，还要考虑实现这种处理方法的投资、日常运行费用和操作是否方便。畜禽场粪污处理方法可简单地归纳为物理处理法、物理化学处理法、化学处理法和生物处理法。物理处理法包括固液分离、沉淀、过滤等；化学处理包括中和、絮凝沉淀、氧化还原等，如用甲醛、乙烯、NaOH、H_2SO_4 等处理某些畜禽粪便后作为再生饲料；物理化学处理法包括吸附、离子交换、反渗透、电渗析、萃取等。如韩成、叶大年等，利用沸石的吸附和离子交换性能，在鸡的饲料中加入沸石，不仅提高饲料利用率，而且改善舍内及养殖场区的环境质量。生物处理法包括好氧、厌氧、自然处理、综合处理等。由于物理处理法处理效率和去除率低，而化学处理法存在二次污染问题，在实际中使用较少，因而目前研究最多、用得最广且最有发展前途的是生物处理法，即主要通过微生物的生命过程把废水中的有机物转化为新的微生物细胞以及简单形式的无机物，从而达到去除有机物、氮、磷等的目的。

9.2.2 畜禽养殖业污水治理现状

我国每年畜禽养殖的废水排放量超过100亿吨，远远超过全国工业废水与生活废水排放量总和。同时畜禽废水水量波动大，含渣量、有机物和氮磷浓度高，处理技术不够成熟，管理运行成本高。尽管我国有很多规模化养殖场开展了畜禽养殖废水的处理工作，可是规模化养殖场的废水处理出水水质绝大部分尚未达到国家一级排放标准，远不及工业废水处理达标率的一半。因此，畜禽养殖业带来的严重废水污染系列问题已引起政府、污染治理研究机构、养殖场业主的重视，为有效减少畜禽养殖废水对环境的污染，保证我国畜禽养殖业的稳步健康发展，因地制宜地研究开发畜禽废水高效、低成本的处理技术迫在眉睫。

目前，人们相继开发了不同的处理工艺，并在此基础上建立了各式养殖废水处理模式，主要有害田模式、自然处理模式和工业化处理模式。

（1）还田模式

畜禽粪便污水还田作肥料为传统而经济有效的处置方法，可使畜禽粪尿不排往外界环境，达到污染物零排放。既可有效处置污染物，又能将其中有用的营养成分循环于土壤植物生态系统中，家庭分散户养畜禽粪便污水处理均采用该法。该模式适用于远离城市、土地宽广且有足够农田消纳粪便污水的经济落后地区，特别是种植常年需施肥作物的地区，要求养殖场规模较小。

还田模式主要优点一是污染物零排放，最大限度实现资源化，减少化肥施用量，提高土壤肥力；二是投资省，不耗能，无需专人管理，运转费用低等。其存在的主要问题一是需要大量土地利用粪便污水，每万头猪场至少需 $7hm^2$ 土地消纳粪便污水，故其受条件所限而适应性弱；二是雨季及非用肥季节必须考虑粪便污水或沼液的出路；三是存在着传播畜禽疾病和人畜共患病的危险；四是不合理的施用方式或连续过量施用会导致 NO_3^-、P 及重金属沉积，成为地表水和地下水污染源之一；五是恶臭以及降解过程所产生的氨、硫化氢等有害气体释放对大气环境构成污染威胁。

经济发达的美国约 90% 的养殖场采用还田方法处理畜禽废弃物。鉴于畜禽粪尿污染的严重性和处理难度，英国和其他欧洲国家已开始改变饲养工艺，由水冲式清洗粪尿回归到传统的稻草或作物秸秆铺垫吸收粪尿，然后制肥还田。日本曲径探寻 10 多年后，于 20 世纪 70 年代始又大力推广粪便污水还田。说明还田模式仍有较强的生命力。我国上海地区在治理畜禽养殖污染过程中，经过近 10 年的达标治理实践，又回到还田利用的综合处理模式中。

美国粪便污水还田前一般未经专门厌氧消化装置厌氧发酵，而是贮存一定时间后直接灌田。由于担心传播畜禽疾病和人畜共患病，畜禽粪便废水经过生物处理之后再适度应用于农田已成为新趋势。德国等欧洲国家则将畜禽粪便污水经过中温或高温厌氧消化后再进行还田利用，以达到杀灭寄生虫卵和病原菌的目的。我国一般采用厌氧消化后再还田利用，可避免有机物浓度过高而引起的作物烂根和烧苗，同时经过厌氧发酵可回收能源 CH_4，减少温室气体排放，且能杀灭部分寄生虫卵和病原微生物。国外对畜禽粪便污水还田利用的研究主要侧重于安全性评估以及减少风险的措施。我国该方面研究则主要着眼于畜禽粪便污水厌氧消化液（沼液）的正面影响即改良土壤及增产效果，而对其副作用即长期施用所产生的危害尚未引起足够重视。

(2) 自然处理模式

自然处理模式主要采用氧化塘、土地处理系统或人工湿地等自然处理系统对养殖场粪便污水进行处理，适用于距城市较远、气温较高且土地宽广有滩涂、荒地、林地或低洼地可作污水自然处理系统、经济欠发达的地区，要求养殖场规模中等。

自然处理模式主要优点一是投资较省，能耗少，运行管理费用低；二是污泥量少，不需要复杂的污泥处理系统；三是地下式厌氧处理系统厌氧部分建于地下，基本无臭味；四是便于管理，对周围环境影响小且无噪音；五是可回收能源 CH_4。其主要缺点一是土地占用量较大；二是处理效果易受季节温度变化的影响；三是建于地下的厌氧系统出泥困难，且维修不便；四是有污染地下水的可能。

该模式在美国、澳大利亚和东南亚一些国家应用较多，且国外一般未经厌氧处理而直接进入氧化塘处理畜禽粪便污水，往往采用多级厌氧塘、兼性塘、好氧塘与水生植物塘，污水停留时间长（水力停留时间长达 600d），占地面积大，多数情况下氧化塘只作为人工湿地的预处理单元。欧洲及美国较多采用人工湿地处理畜禽养殖废水，美国自然资源保护服务组织（NRCS）编制了养殖废水处理指南，建议人工湿地生化需氧量（BOD_5）负荷为 73kg/ $hm^2 \cdot d$，水力停留时间至少 12d。墨西哥湾项目（GMP）调查收集了 68 处共 135 个中试和生产规模的湿地处理系统约 1300 个运行数据，并建立了养殖废水湿地处理数据库，发现污染物平均去除效率生化需氧量（BOD_5）为 65%，总悬浮物 53%，NH_4^+- N 48%，总 N 42%，总 P 42%。

人工湿地存在的主要问题是堵塞，而引起堵塞的主要原因是悬浮物，微生物生长的影响却很小。避免堵塞的方法主要有加强预处理、交替进水和湿地床轮替休息，近年还发展了"潮汐流"以及反粒级（上大下小）等避免堵塞。我国南方地区如江西、福建和广东等省也多应用自然处理模式，但大多采用厌氧预处理后再进入氧化塘进行处理，厌氧处理系统分地上式和地下式，氧化塘为多级塘串联。我国在人工湿地处理养殖废水方面进行的一些实验研究和工程应用，主要着眼于植物筛选和处理效果的考察，而在氧化塘以及人工湿地处理养殖废水设计中，一般参照氧化塘或人工湿地处理其他污水的资料作为设计依据或者随意设计，但针对畜禽养殖废水，其氧化塘、人工湿地究竟需要多大面积，出水才能达到标准，季节温度变化对自然处理系统效果的影响等方面尚缺乏深入研究和规范可依。

(3) 工业化处理模式

随着社会经济的发展，用于消纳或处理粪便污水土地将越来越少，加之还田与自然处理模式均会带来二次污染的问题，工业化处理模式受到了更为广泛的关注，并逐渐成为今后的研究重点。工业化处理模式包括厌氧处理、好氧处理以及厌氧—好氧处理等不同处理组合系统。对那些地处经济发达的大城市近郊、土地紧张且无足够农田消纳粪便污水或进行自然处理的规模较大养殖场，采用工业化处理模式净化处理畜禽养殖污水为宜。

工业化处理模式主要优点一是占地少；二是适应性广，不受地理位置限制；三是季节温度变化的影响较小。主要缺点一是投资大，有报道称，每万头猪场粪便污水处理投资约 120 万 ~ 150 万元；二是能耗高，每处理 $1m^3$ 污水约耗电 2 ~ 4kw·h；三是运转费用高，每处理 $1m^3$ 污水需运转费 2 元左右；四是机械设备多，维护管理量大；五是需专门技术人员管理。在韩国、意大利和西班牙等国少部分养殖场应用工业化模式处理粪便污水，而日本则大量应用该模式，美国亦开始工业模式的研究与应用；我国目前已有相当多的养殖场采用该模式处理粪便污水。

畜禽养殖粪便污水厌氧处理工艺通常有完全混合式厌氧反应器、厌氧滤池、厌氧挡板反应器、厌氧复合反应器、上流式厌氧污泥床和内循环厌氧反应器等。畜禽养殖粪便污水含有高浓度的悬浮物和 NH_4^+-N，影响了高效厌氧反应器的效率。好氧工艺早期主要采用活性污泥法、接触氧化法、生物转盘、氧化沟和缺氧好氧法等工艺，这些工艺处理养殖场废水脱 N 效果均差，其中缺氧好氧法虽能取得较好脱 N 效果，但需要污泥回流和高比例混合液回流，一般还需加碱。而采用间歇曝气处理猪场废水，其有机物与 N、P 去除效果较好，此后以间隙曝气为特点的序批式反应器广泛应用于猪场废水处理中，且绝大多数获得较好有机物与 N、P 去除效果。由于养殖场废水系高浓度有机废水，采用好氧处理工艺直接进行处理则需对废水进行稀释，或采用很长的水力停留时间（一般 6d 以上，有的甚至长达 16d），这都需建大型处理装置，投资大、能耗高、运行费用昂贵。高浓度有机废水采用厌氧—好氧联合处理工艺是公认的最经济方法。

9.2.3 畜禽养殖业其他污染物治理现状

（1）病死畜处理

畜禽养殖过程中的病死畜安全处理是必须考虑的问题，随意乱扔乱丢不仅会直接影响周围环境，严重的还会引起疾病暴发。如被不法分子利用更会影响人类健康。目前，动物无害化处理技术主要有掩埋法、生物降解法、焚烧法、高温高压湿化法和高温高压干化法五种处理方法，分述如下：

1）掩埋法是指按照相关规定，将动物尸体及相关动物产品投入化尸窖或掩埋坑中并覆盖、消毒，发酵或分解动物尸体及相关动物产品的方法。掩埋法存在随着土地资源的紧张，难于寻找合适的深埋场所；由于人们健康环保意识加强，同时对深埋处理的认识不足，易引发周围居民反对和阻挠；掩埋地点选择不当，会遭到雨季渗水或地下水浸泡，动物钻洞扒食等，造成疫源扩散；存在掩埋后被挖出来食用或加工变卖的隐患，需要进行人工看护。因此，该方法正在逐步被淘汰。

2）生物降解法是利用微生物的酶系统分解转化有机物质的能力，分解处理物，产生有机肥料。该方法存在处理周期长；考虑建设废气处理系统，则设备投资和处理成本会有相应的增加；农业部农医发 [2013] 34 号印发《病死动物无害化处理技术规范》中第 4.4.2.1 条款规定"因重大动物疫病及人畜共患病死亡的动物尸体和相关动物产品不得使用此种方式进行处理"，适用范围较小。

3）焚烧法采用二次燃烧方式，第一次燃烧是切割后的病害动物尸体及组织在一燃室富氧条件下热解（750 ~ 850℃），残留的废气进入二次燃烧室经高温（1100℃）燃烧，达到完全燃烧的效果。产物为灰渣，同时产生大量尾气。

4）高温高压湿化法使用高温高压蒸汽直接与处理物接触、放热，通过高温、高压，可使油脂溶化、蛋白质凝固，杀灭病原体；然后处理物经破碎、油水分离、脱水烘干，形成产物油脂和肉骨粉，同时产生废气和大量污水。

5）高温高压干化法热蒸汽循环于夹层中，不直接接触处理物，使用干热的方式溶化油脂、凝固蛋白质，杀灭病原体；处理前经过封闭破碎以提高热效率，高温高压处理后，经过螺旋压榨，形成产物油脂和肉骨粉。

目前，较为先进的病害动物无害化处理工艺有：完全焚烧法、高温高压湿化法和高温高压干化法。这三种方法是对传统处理方法的提升，在国内应用较广。青岛、重庆、南通、北京等地已采用或拟采用高温高压处理法，上海采用完全焚烧处理法；HP 水解法因技术引进原因目前国内还未有应用者。

（2）恶臭气体

规模养殖场恶臭气体主要指氨气、硫化氢、一氧化碳等有毒有害气体，这些气体不但严重危害畜禽的健康，还会对大气环境造成污染。按照气体来源大致可分为外源性废气和内源性废气。外源性废气主要指粪尿、垫料、残余饲料、畜禽尸体等的分解；内源性废气，一方面来源于畜禽的呼吸，畜禽体表蛋白质分解代谢；另一方面来源于畜禽肠道内有机物、脱落的消化道黏膜上皮、消化道分泌物或排泄物以及消化道内死亡微生物的分解。

现阶段，针对畜禽养殖过程中的恶臭气体危害有目共睹，但是针对此项污染的治理工程尚鲜有报道，主要问题在于治理成本费用高，包括一次性投入及后续运行成本等。因此，养殖过程中主要采用以下措施，尽量降低恶臭气体浓度。

1）改造畜禽舍结构，安装通风换气系统；

2）及时清理粪污，并严格消毒；

3）搞好畜禽舍周围的绿化，降低高温季节畜禽舍温度；

4）合理加工、调配日粮，通过改变配合饲料的组成，减少废气的排放；

5）在充分满足畜禽营养需要的前提下，分阶段饲喂，提高饲料转化率；

6）使用环境改良剂，快速分解圈舍内残留的有机物，吸附代谢产物；

7）改进生产工艺，改水冲粪为干清粪、改明沟排污为暗道排污、改无限用水为控制用水、实行固液分离等。

9.3 畜禽养殖污染防治规划

2013 年 10 月 8 日国务院第 26 次常务会议通过并于 2014 年 1 月 1 日正式施行的《畜禽规模养殖污染防治条例》第二章第十条中明确规定"县级以上人民政府环境保护主管部门会同农牧主管部门编制畜禽养殖污染防治规划，"第一次将畜禽养殖污染防治规划的编制工作上升到法律层面，体现出我国政府对该领域污染防治工作的关注及重视。

"全国畜禽养殖污染防治'十三五'规划"，要在系统总结分析我国畜禽养殖污染防治现状、问题和形势的基础上，对"十三五"时期畜禽养殖污染防治工作目标、主要任务和保障措施提出明确要求并进行全面部署。

在总结借鉴现阶段已颁布"全国畜禽养殖污染防治规划"的基础上，继续以推动农牧结合、种养平衡、循环利用为根本手段，提高农业资源综合利用效益，减少污染物排放，保障区域环境质量和畜牧业健康持续发展。

9.4 畜禽养殖污染防治实用技术

畜禽养殖废物主要包括畜禽养殖业过程中产生的畜禽粪便和畜禽废水。随着我国畜禽养殖业的迅猛发展，畜禽养殖业污染特别是规模化畜禽养殖污染已经成为城镇环境污染的主要来源之一，但另一方面，畜禽粪便又是一种宝贵的饲料或肥料资源。畜禽粪便中含有大量的氮、磷等营养物质，通过加工处理可生产出优质饲料或有机复合肥料。开发利用畜禽粪便不仅能变废为宝，解决农村用能源问题，而且可减少环境污染，防止疫病蔓延，为保护和改善农村生态环境，有效治理农村污染，促进农业可持续发展，畜禽养殖业污染防治已成为目前农村经济发展急待解决的环境问题。

农业部发布的《畜禽粪便无害化处理技术规范》（NY/T 1168-2006）规定："无害化处理是指利用高温、好氧或厌氧技术杀灭畜禽粪便中病原菌、寄生虫和杂草种子的过程"。《畜禽养殖污染防治管理办法》（国家环境保护总局令第9号）第十四条对畜禽粪污的资源化综合利用的方式做了说明，指出畜禽粪污的资源化综合利用包括直接还田利用、发酵生产沼气、生产有机肥、加工成再生饲料等方式，但采取直接还田利用之前，应对畜禽粪便进行无害化处理，以防畜禽粪便中的病菌传播。因畜禽废水无害化、资源化技术主要是做灌溉肥水还田使用，上文已有相关阐述。故以下内容中，将着重介绍几种主要的畜禽粪便无害化、资源化处理技术。

9.4.1 畜禽养殖业固体粪便无害化、资源化实用技术

（1）沼气法

我国畜禽场沼气工程是指以畜禽粪便为主要原料的厌氧消化，制取沼气的工程设施。沼气工程的发展始于70年代末期，到目前为止已有近30年的历史。从沼气工程的技术发展情况看，大体上可分为三个阶段：第一阶段，从20世纪70年代末期到80年代中期。在这一阶段所发展的畜禽场沼气工程主要是为了得到沼气能源，以缓解当时农村地区能源供应的严重不足。第二阶段，从20世纪80年代中期到90年代初期。这一时期，针对大中型沼气工程存在的问题开展了发酵工艺、建池技术、配套设备等多方面的研究。第三阶段，从20世纪90年代初到现在。这阶段的主要进步有三个方面：一是强调工程的环境效益；二是通过开展综合利用来增加工程的经济效益，把沼气工程作

为一个多种作用的系统工程进行设计和管理；三是通过高质量的设计、建造和优质配套设备来实现沼气工程的综合效益。

总体来说目前我国沼气无论是装置的种类、数量，还是技术水平，在世界上都名列前茅。从污染治理的角度主要发展厌氧技术，处理禽畜粪便和高浓度有机废水，建设大中型沼气工程处理禽畜粪便的应用示范工程，采用新的自循环厌氧技术。

（2）堆肥技术生产有机肥

由于高温堆肥具有耗时短、异味少、有机物分解充分，且较干燥、容易包装、可以制作有机肥等突出优点，目前正成为研究开发处理粪便的热点。堆肥法也存在一些问题，处理过程 NH_3 损失较大，不能完全控制臭气，采用发酵仓加上微生物制剂的方法，可以减少 NH_3 的损失并能缩短堆肥时间。随着人们对无公害农产品需求的不断增加和可持续发展的要求，对优质商品有机肥料的需求量也在不断扩大，用畜禽粪便生产无害化生物有机肥具有很大市场潜力。

目前规模化畜禽养殖场采用的清粪工艺主要有三种：水冲粪、水泡粪和干清粪工艺。其中干清粪工艺是将一种较好的方法，干清粪工艺是将粪便一经产生便分流，干粪由机械或人工收集、清扫、集中、运走，尿与污水则从下水道流出，分别进行处理。这种工艺可以节约用水，减少废水和污染物排放量，可保持猪舍内清洁，无臭味，易于净化处理。固态粪便养分损失小，含水量低，肥料价值高、便于高温堆肥或制作高效生物活性有机肥，具有很好的市场前景。生物有机肥采用畜禽粪便经接种微生物复合菌剂，利用生化工艺和微生物技术，彻底杀灭病原菌、寄生虫卵，消除恶臭，对提高作物产量和品质、防病抗逆、改良土壤等具有显著功效。生物有机肥含有较高的有机质、改善肥料或土壤中养分释放能力的功能菌，对缓解我国化肥供应中氮、磷、钾比例失调，解决我国磷、钾资源不足，促进养分平衡、提高肥料利用率

和保护环境等功能都有重要作用。堆肥技术是我国民间处理养殖场粪便的传统方法。基本上是利用自然缓解条件堆肥，时间在 30~50d，占地面积大、腐熟慢、效率低。现代堆肥法利用发酵池、发酵罐等设备，为微生物活动提供必要条件，可提高效率 10 倍以上，堆肥时间只需 6~25d。如生物发酵塔工艺利用优化筛选菌种发酵，物料转化率高。同时采用密闭式发酵塔，发酵过程的自发热可以充分利用，节约大量能源。其工艺为自动化控制连续生产，生产过程实现畜禽粪便的完全处理利用，处理量大，对周边无污染，是处理有机固体废弃物的一项有效的成熟的实用技术。

（3）用作饲料

畜禽粪便中含有大量未消化的蛋白质、B 族维生素、矿物质元素、粗脂肪和一定数量的碳水化合物，另外，畜禽粪便中氨基酸品种比较齐全，且含量丰富，经过加工处理可成为较好的饲料资源。方法有用新鲜粪便直接做饲料，适用于鸡粪。干燥法较为普遍，还有发酵等方法。

鸡粪发酵处理是利用某些细菌和酵母菌通过好氧发酵有效利用鸡粪中的尿素，使其蛋白质含量达 50%，氨基酸含量也大大提高。青贮方法是将鸡粪与适量玉米、麸皮和米糠等混合装缸或入袋厌氧发酵，使其具有酒香味、营养丰富、含粗蛋白 20% 和粗脂肪 57%，高于玉米等粮食作物，是牛、猪和鱼的廉价而优质的再生饲料。如青贮时，用干鸡粪、青草、豆饼、米糠按比例装入缸中，盖好缸盖，压上石头，进行乳酸发酵过程；经 3~5 周后，此种饲料适口性好，消化吸收率高，适宜于喂鸡、喂猪和繁殖母猪。

畜禽粪便作饲料可能会对畜产品的安全性产生威胁。为防止禽病对人类造成的危害，不宜大力发展。

（4）其他处理技术

用畜禽粪便培养蛆和蚯蚓：如用牛粪养殖蚯蚓，用生石灰作缓冲剂并加水保持温度，蚯蚓生长较好，此项技术已不断成熟，在养殖业将有很好的经济效益。

用畜禽粪便养殖藻类：藻类能将畜禽粪便中的氨转化为蛋白质，而且藻类可用作饲料。螺旋藻的生产培养正日益引起人们的关注。

9.4.2 畜禽养殖养殖废水的处理及综合利用

养殖污水浓度过大的过量灌溉，不但使过量的养分得不到有效地利用，还会污染土壤和地下水。长期用高浓度污水灌溉农田，易造成土壤板结、盐渍化，甚至毒害作物出现大面积腐烂。因此养殖废液必须经过处理，达到一定的浓度后才能进行污水灌溉。

① 农业利用：包括直接农业利用、厌氧发酵后沼液沼渣农业利用、水产养殖等，不能设置污水排放口。

畜禽粪便污水还田作肥料为传统而经济有效的处置方法，可使畜禽粪尿不排往外界环境，达到污染物零排放。既可有效处置污染物，又能将其中有用的营养成分循环于土壤——植物生态系统中，家庭分散户养畜禽粪便污水处理均采用该法。该方法适用于远离城市、土地宽广且有足够农田消纳粪便污水的经济落后地区，特别是种植常年需施肥作物的地区，要求养殖场规模较小。

② 循环利用：废水经处理后全部用于回收利用（包括农用与回用于栏舍冲洗等），不能设置污水排放口。畜禽养殖废水的处理技术包括：厌氧处理技术（UASB、AF、UBF、USR、两段厌氧法）；好氧处理技术（活性污泥、生物滤池、生物接触氧化、序批式活性污泥（SBR）、生物转盘）；深度处理技术（氧化塘、人工湿地、土壤净化）。图 9-1 为开敞式和封闭式 UASB 反应器；图 9-2 是活性污泥法；图 9-3 为生物接触氧化法基本流程。

同时，还可以通过物化处理技术回收氮、磷营养元素。养殖场废液氮、磷含量高，属于难处理高浓度有机废液。采用磷酸镁胺（$Mg(NH_4)[PO4]\cdot 6H_2O$ 俗称鸟粪石）化学沉淀法处理，可以将废液中的氨、氮转化为缓释肥中的营养元素，解决了氮的回收和氨

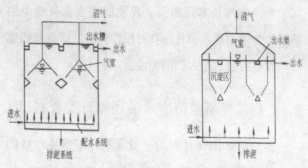

图 9-1 开敞式和封闭式 UASB 反应器

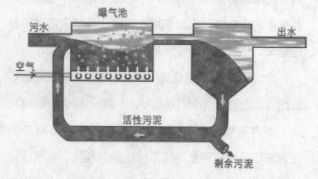

图 9-2 活性污泥法

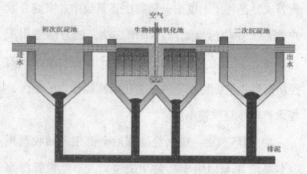

图 9-3 生物接触氧化法基本流程

的污染两大问题。

③ 达标排放：采用厌氧＋好氧＋深度处理的工业化处理方法，外排污水达标排放。

厌氧＋好氧组合的主要方式是 A/O、A²/O、A-O-A-O，这是现阶段规模化养殖场工厂化处理的主要方式。其优点是比较简单的脱氮除磷工艺，总的水力停留时间少于其他同类工艺；在厌氧、好氧交替运行条件下，丝状菌不能大量增殖，无污泥膨胀之虞，SVI 值一般均小于 100。缺点是进入沉淀池的处理水要保持一定浓度的溶解氧，运行费用高，除磷效果难于再行提高，污泥增长有一定的限度，不易提高；

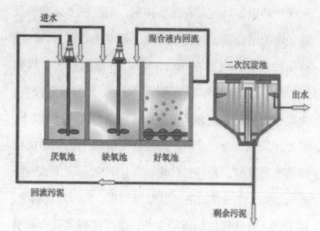

图 9-4 A²/O 工艺图

脱氮效果也难于进一步提高，图 9-4 是 A²/O 工艺图。

深度处理技术包括水体净化法〔氧化塘（好氧塘、兼性塘、厌氧塘）和养殖塘〕和土壤净化法〔土地处理（慢速渗滤、快速渗滤、地面漫流）和人工湿地〕。

9.5 畜禽养殖污染防治新模式

畜禽养殖污染治理是一项综合技术，是关系着我国畜禽业发展的重要因素。通过不断的研究，虽然在畜禽粪污治理方面取得一些成绩，但是这些远远不足以保证畜禽养殖业的可持续发展。要想从根本上解决畜禽粪便污染问题，需要各部门转变观念、相互协调、相互配合、各司其职、认真执法，同时还要加强对畜禽粪便处理技术和综合利用技术的不断摸索，特别是对畜禽粪便生态还田技术、生态养殖模式和养殖业联合体等新思维进行反复探索试验，力争摸索出一条真正适合我国国情的具有中国特色的畜禽粪便污染防治的道路，实现畜禽粪便生态还田和零排放的目标。

（1）探索生态养殖模式

生态养殖的模式主要分为三种。一是自然放牧与种养结合模式，如林（果）园养鸡、稻田养鸭、养猪等。二是立体养殖模式，如鸡—猪—鱼、鸭（鹅）—鱼—果—草、鱼—蛙—畜—禽等。三是以沼气为纽带的种养模式。

（2）建立畜禽养殖与种植资源综合利用生态链

上海松江现代农业园区五库示范区启动了种养结合的生态循环农业示范项目，一个存栏母猪600头、年出栏1万头以上的猪场，猪的粪便堆放在一个大池子里，发酵后制成有机肥料，尿和污水由管网输送到前面葡萄园的水泥池子内暂存集中，经稀释并适度添加一些微量元素后用作10.1hm²葡萄园滴灌，这样猪场的粪便和污水就近生态还田，对周边环境做到了"零污染"。

（3）组建养殖企业联合体

针对我国养殖业污染物达标排放投入过大、从业人员技术过低以及畜禽产品流通和生产环节脱节等问题，组建养殖企业联合体无疑是解决我国畜禽粪便污染和保持畜禽养殖业可持续发展的一个有效途径。其构建基于养殖企业、供应商（饲料、药品、疫苗等）、技术服务部门、采购商共同利益的产业价值链，有效整合各个环节的资源优势，从而获得规范经营、共同发展。

9.5.1 畜禽养殖污染连片治理项目

（1）技术模式选取

畜禽养殖污染连片治理项目建设应参照《畜禽养殖业污染防治技术政策》（环发 [2010] 151号）、《畜禽养殖污染治理工程技术规范》（HJ 97-2009）等规范性文件，综合考虑畜禽养殖规模、环境承载能力、排水去向等因素，遵循"资源化、减量化、无害化"的原则，充分利用现有沼气工程、堆肥设施进行治理。

畜禽养殖密集区域或养殖专业村，应优先采取"养殖入区（园）"的集约化养殖方式，采用"厌氧处理＋还田"、"堆肥＋废水处理"和生物发酵床等技术模式，对粪便和废水资源化利用或处理。

养殖户相对分散或交通不便的地区，畜禽粪便适宜采用小型堆肥处理模式，养殖废水通过沼气处理，或者结合生活污水处理设施进行厌氧消化处理后还田。

土地（包括耕地、园地、林地、草地等）充足的地区，应优先采用堆肥等"种养结合"技术模式，对废弃物资源化、无害化处理后进入农田生产系统。

土地消纳能力不足的地区，适宜采用生产有机肥的模式，建立畜禽粪便收集、运输体系和区域性有机肥生产中心。在推行养殖废弃物干湿分离的基础上，养殖户的废水采用"化粪池＋氧化塘（人工湿地）"的处理模式，养殖场（小区）的废水采用上流式厌氧污泥床（UASB）、升流式固体厌氧反应器（USR）、连续搅拌反应器（CSTR）、塞流式反应器（PFR）等达标处理模式。

规模化畜禽养殖场、散养户并存的集中养殖区域，应依托规模较大的畜禽养殖场已建治污设施，建立完善区域废弃物收集、运输和废弃物处理系统。

（2）工程建设技术要求

畜禽养殖污染治理遵循"资源化、减量化、无害化"原则，优先推荐种养结合、场户结合的治理模式。沼气工程须建设沼渣、沼液处理设施，充分利用附近农田进行消纳。

① 集中式治理模式

区域内已建有大型规模化畜禽养殖场的项目，应依托养殖场建设粪便堆肥设施和收集设施，养殖散户配备干湿分离机。废水处理应建设厌氧处理设施，亦可依托现有户用沼气池和污水沼气净化池等改造建设。

采用"养殖入区（园）"治理模式的项目，按照可供利用的土地面积和产业化运作条件，选择建设大中型沼气处理设施或"堆肥＋废水处理"设施。

采用区域治理设施共建共享模式的项目，重点建设以堆肥厂为核心的粪便收集、集中处理设施和以户用沼气（沼气净化池）为主的废水分散处理设施。

堆料场容积一般需能容纳 10 天以上粪便量，同时必须建设防雨、防泄漏设施；贮存塘容积按照计划收集进入堆肥厂的粪便量、日收集粪便量、降雨情况等确定。受发酵场地、时间、运输等因素限制，一般应至少设置容纳 6 个月产生量的贮存设施；发酵池采用一次性发酵工艺的，发酵周期不宜少于 30 天；采用二次性发酵工艺的，一级发酵和二级发酵的发酵时间均不宜少于 10 天，实际堆肥时间根据 C/N、湿度、添加剂等确定。

② 分散式治理模式

以单户或多户为治理单元的畜禽养殖污染治理项目，主要是配置粪便清扫工具、收集车、户用沼气池（沼气净化池）、小型堆肥设备等。

（3）工程运行维护和管理的技术要求

建设分户或联户沼气处理设施的村庄，应聘请专业技术人员定期检查产气池、储气池等设施设备，及时更换破损配件，确保设施正常运行。区域畜禽粪便收集处理中心建成后，可委托专业运营公司进行管理，确保治污设施长效稳定运行。依托大型规模化畜禽养殖场治污设施的连片治理项目，项目管理部门要与畜禽养殖场签订协议，确保连片治理区域内养殖散户产生的畜禽粪便得到有效处理。

9.5.2 畜禽养殖污染处理技术示范案例

（1）大规模养猪场粪污处理技术

1）产排污量等基本情况

某大型畜牧养殖专业合作社常年生猪出栏 10000 头，根据设计最大养殖规模和第一次全国污染源普查《畜禽养殖业源产排污系数手册》核算标准：污染物估算见下表（表 9-1）

2）工艺技术方案

针对畜禽养殖业排放的污水水质中有机污染物浓度高、波动大等特点，考虑工程可靠性和设计合理性，设计工艺流程如下所示（图 9-5）：

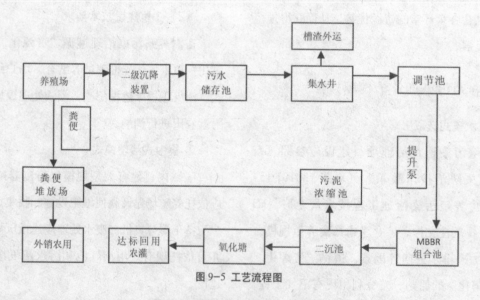

图 9-5 工艺流程图

表 9-1 某大型畜牧养殖专业合作社污染物估算表

污染物质	产量	单位
粪便总产量	9.05	吨/d
污水产量	10.7	m³/d
COD	2097.8	kg/d
TN	166.15	kg/d
TP	30.3	kg/d

养殖场采用干清粪工艺，粪便集中送至堆粪场。尿液等废水经厂区排水管道输送至三级沉降装置，八个三级沉降装置的污水集中输送至污水储池，之后再由管道输送至格栅，拦截大块污物，自流进入集水池，经泵提升至调节池，进行均质均量，再经泵提升MBBR复合生化池，经好氧微生物去除有机污染物有效降低污水中的有机污染物浓度，有机物好氧—深度处理系统，经好氧—深度处理后的出水经管渠送入到附近农田进行农业利用（图9-6、图9-7）。

图 9-6 堆粪棚

图 9-7 好氧接触氧化

3）项目建设规模与内容

本项目建设后年处理粪便 4380t 及污废水 21900t。项目具体建设内容包括污水暗管 1230m、集水井 1 座 12m³、调节池 1 座 42m³、好氧池 1 座 256m³、污泥储池 1 座 15m³、氧化塘 1 座 3600m³、粪便堆放场 240 m²、检查井 21 座；提升泵、鼓风机、清粪车、气提装置、曝气盘等相应配套设备。

4）技术特点

本项目养殖量较大，养殖场采用干清粪工艺，粪便收集后发酵或出售，污水量较大，处理技术主要集中在污水处理上。优点是场区原有污水处理设施，主体工艺类型为 SBR，采用 MBBR 技术便于主体工艺升级改造，相对能够降低工程造价。同时，能够结合 MBBR 工艺的其他技术优点，如耐受冲击负荷、剩余污泥产生量少等。

缺点是 MBBR 填料的使用会增加一次性投资及日常运行维护费用，同时曝气系统会增加日常运行电耗。

5）适用范围

该处理模式适用于废水水质污染物浓度较高，冲击负荷较大，出水有脱氮除磷要求；另外，场区可利用占地面积较小，现有好氧工艺需利旧改造等。

（2）中小规模规模养猪场粪污处理技术

1）基本情况及产排污量

某规模化养猪场年出栏量 6501 头，根据设计最大养殖规模和第一次全国污染源普查《畜禽养殖业源产排污系数手册》核算标准：污染物估算见下表 9-2。

2）工艺技术方案

目前，该养猪场采用干清粪工艺。养殖过程中产生大量的粪便、尿液和冲洗污水。该场粪便经收集后直接堆积在场区空地上，粪污水直接排入附近污水坑，污水中含有高浓度的有机物、氨氮、悬浮物，污水发臭，滋生蚊蝇，给附近居民的生活环境及周边生态造成了较大的污染。通过工艺对比，针对畜禽养殖业排放的污水水质中有机污染物浓度高、波动大等特点，考虑工程可靠性和设计合理性，设计工艺流程

表 9-2 某规模化养猪场污染物估算表

污染物质	产量	单位
粪便总产量	5.8825	t/d
污水产量	6.955	m³/d
COD	1363.57	kg/d
TN	107.9975	kg/d
TP	19.695	kg/d

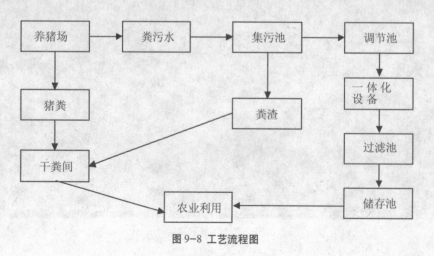

图 9-8 工艺流程图

如图 9-8 所示。

2) 工艺说明

养殖场采用干清粪工艺，粪便集中送至堆放场进行堆存，尿液、冲洗水等废水进入到集污池，通过水泵抽入集水调节池，再进入一体化设备进行进一步处理，处理后滤液先进入到过滤池进行过滤，最终流入到污水储存池进行储存，进行农业利用；养猪场的粪渣、沼渣送入干粪处理车间处理，处理后肥料进行农业利用。（图 9-9 为该养殖场集污池，图 9-10 为该养殖场污水处理项目的消毒装置。）

3) 项目建设规模及内容

集污池 1200m³、干粪发酵间 840m³、调节池 105m³、过滤池 105m³、污水储存池 480 m³、污水处理一体化设备、吸粪车、清粪车。

技术特点：优点是该养猪场采用碳钢结构一体化设施进行污水处理，该类工艺具有施工周期短、占地集约紧凑、工艺衔接灵活等特点。缺点是污水处理

量有限，同时日常运行电耗较高。

4) 适用范围

污水产生量小或污染物浓度不高，场区可利用空间不足、施工工期紧张或地下水位较高不利土建施工等。

(3) 规模化奶牛场粪污处理技术

1) 基本情况

某规模化奶牛场存栏奶牛 500 头，其中成母牛 300 头，育成牛 200 头。场区内采取"干清粪加回水冲粪"的清粪工艺。

2) 产排污量

根据设计最大养殖规模和第一次全国污染源普查《畜禽养殖业源产排污系数手册》核算标准：污染物估算见下表 9-3。

3) 工艺技术方案

工艺说明：前段设置固液分离装置。奶厅产生的废水对粪污管道内的粪污进行回冲，打到匀浆池。

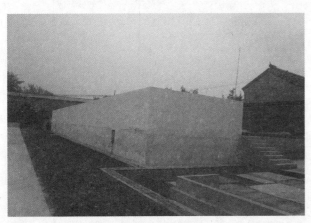

图 9-9 集污池

图 9-10 消毒装置

表 9-3 某规模化奶牛场污染物估算表

污染物质	产量	单位
粪便总产量	13.2	t/d
尿液产量	5.7	m³/d
污水产量	30	m³/d
COD	2621	kg/d
TN	109.3	kg/d
TP	14.7	kg/d

固液分离机定期抽取匀浆池内的污水进行固液分离。分离后的固体部分进入堆粪场，进过一段时间的发酵后直接售卖或作为牛床垫料或回用于农田。

分离后的污水通过水泵输送至水解酸化池内暂存，然后自流入 PFR 厌氧反应器内。PFR 厌氧反应器内部有折流板以增加其厌氧效率。厌氧反应器内的污水在反应 15～20 天后进入沉降池。建设贮水沟渠和生态水渠，铺防渗膜，用于收集经好氧曝气池排出

的污水，储存一定时间后通过吸粪车或建设泵站回用于农业利用图 9-11 为该工艺流程图。

4）项目主要建设内容

水解酸化池 109m³、沉淀池 100m³、生态水渠 6525m、调节池 16m³、贮水沟渠 1575、晾晒棚 1035m²；提升泵、吸粪车、污泥泵、MBR 反应器。

5）技术特点

采用清粪机器将牛舍内的粪便清入牛舍一端的

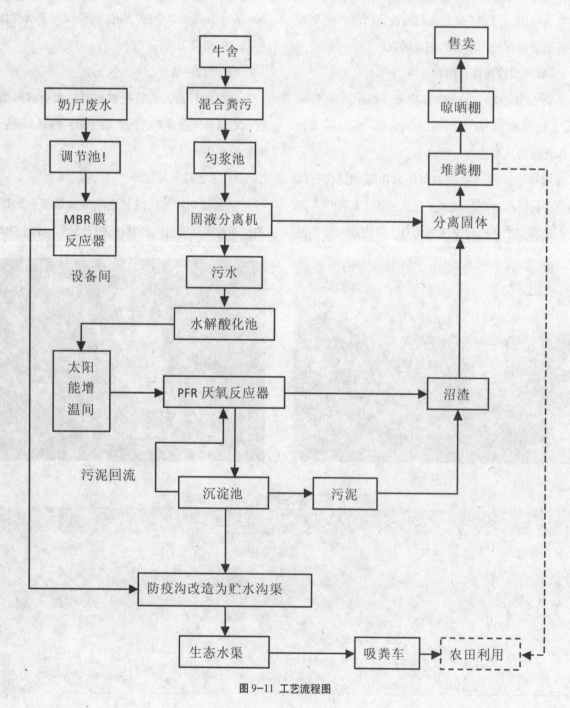

图 9-11 工艺流程图

漏粪地板内,清完后再进行地面的冲洗;挤奶厅的污水通过一个小型暂存池储存后用于冲洗漏粪地板。所有粪便污水汇集到固液分离机前的匀浆池内,混合后进行固液分离。固液分离后的固体经晾晒棚和堆粪棚的堆放后用于农业利用。分离后的污水通过高差自流入水解酸化池内,二次沉淀和水解后进入 PFR 厌氧反应器。PFR 厌氧反应器用保温温室覆盖,定期清淤,产生的沼气由于量小和不稳定,不进行利用。PFR 厌氧反应器的出水经一级沉淀池沉淀后进入贮水沟渠内,通过藻类和植物进行深度处理;经降解的污水贮入生态水渠内,满足贮存 3 个月的需求。

6) 模式特点

采用地埋式的 PFR 反应器较罐式反应器节省空间,造价相对降低,运行维护方便,由于没有沼气使用环节,维护压力小,无需专业人员进场管护。缺点是处理效果略低于罐式发酵罐,占地面积稍大。

7) 适用范围

适合于自有部分农业用地进行特色种植 / 养殖的中小型(年存栏量小于 1000 头)规模化奶牛养殖场。

8) 投资与运行费用

设备土建投资费用、日常运行管理费、设备维护费用、净化塘日常管理费、沼液利用运输费、牛粪日常翻堆运输费用。

(4) 中小规模化奶牛场粪污处理技术

1) 基本情况

某规模化奶牛养殖场,年存栏量 300 头。采用干清粪工艺,粪便作为农家肥销售,粪便堆放于厂区中部。

2) 产排污量

根据设计最大养殖规模和第一次全国污染源普查《畜禽养殖业源产排污系数手册》核算标准:污染物估算见下表 9-4。工艺技术方案如图 9-12。

养殖场采用干清粪工艺,不与污水混合排出。粪便集中送至堆放场进行简易堆存后外销;尿液、冲洗水等废水通过三级沉降固液分离后经集水池及一体化处理设备处理后,进入污水 / 尿液储存池为肥水浇灌农田。图 9-13 为污水储池外景,图 9-14 为一体化处理设备外景。

3) 项目建设内容及处理规模

粪便堆放能力为 150 m³,尿污水处理设计储存能力为 450m³;建设内容主要有:收水管网 220m、三级沉淀池 10m³、污水储存池 550m³、集水池 48m³、

表 9-4 污水进水水质   单位:mg/L(pH 除外)

污染物质	产量	单位
粪便总产量	9.858	t/d
污水产量	3.957	m³/d
COD	1960.605	kg/d
TN	82.269	kg/d
TP	11.481	kg/d

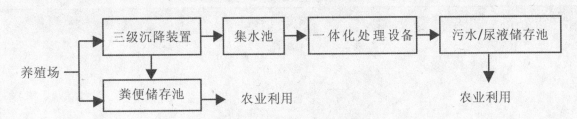

图 9-12 某中小规模化奶牛场工艺技术流程图

粪便储存池 195 m²；吸粪车、一体化处理设备。

4）技术特点

优点是采用碳钢结构一体化设施进行污水处理，该类工艺具有施工周期短、占地集约紧凑、工艺衔接灵活等特点。

缺点是因该场主要进行挤奶厅废水的处理，前端固液分离处理的效果将直接影响一体化处理设施的正常运转；污水处理量有限，不适宜废水量较大的奶牛养殖场；日常运行电耗很高。

5）适用范围

污水产生量小，场区可利用空间不足、施工工期紧张或地下水位较高不利土建施工等。

9.5.3 禽类粪污染处理技术示范案例

（1）规模化蛋鸡养殖场

1）基本情况及产排污量

某规模化蛋鸡养殖场，常年存栏蛋鸡约为 65000只。根据设计最大养殖规模和第一次全国污染源普查《畜禽养殖业源产排污系数手册》核算标准：污染物

估算见下表 9-5。

2）工艺技术方案

配套粪便储存池，有效容积不小于 130m³；钢砼结构污水/尿液储存池，有效容积不小于 56m³；相应污水收集管道，管径不小于 500mm。

养殖场采用干清粪工艺，粪便由自动刮粪机收集到综合粪便储存池进行储存，然后由运粪车运出农用。当夏季高温饮水多或其他原因造成粪便含水率较高时，鸡舍内粪便经刮粪板刮至综合粪便储存池的地下储粪池中，以便运输和使用。当粪便含水率不高时，综合粪便储存池的地下储粪池池顶设水泥盖板，刮粪板将鸡舍内粪便刮至盖板上，堆存发酵后农用。冲洗鸡舍的污水经储粪池及管道收集至污水/尿液储存池，稳定后农用。图 9-15 为该养殖场粪便处理工艺设计图。图 9-16 为堆粪场实景图，图 9-17 为污水储池实景图。

3）项目建设规模及内容

本项目建设后年处理粪便 3945.5t、污废水治理112m³。项目具体建设内容包括：综合粪便储存池、

图 9-13 污水储池

图 9-14 一体化处理设备

表 9-5 某规模化蛋鸡养殖场污染估算表

污染物质	产量	单位
粪便总产量	11.05	t/d
COD	1777.75	kg/d
TN	92.3	kg/d
TP	27.3	kg/d

污水储存池；固液分离机、抽粪泵、吸粪车、粪便清运车。

4）技术特点

优点是充分考虑家禽养殖行业两类主要粪污的特点：针对废水量少、季节性排放的特点，进行简易存储、还田处理；利用粪便储存池的建筑设计特点，使固体粪污夏季含水率高的问题得到缓解，有利于固体粪污的下一步处理；清粪通道与存储池通过自动清粪设施实现连通，与外环境相对隔绝减少了场区恶臭气味的扩散。

缺点为地下储存池有利于含水率较高粪便的储存，但同时不利于水分的蒸发，需要辅助机械设备如干湿分离机。

5）适用范围：禽类养殖场；场区较人口密集区较近，周围对场区大气环境要求较高。

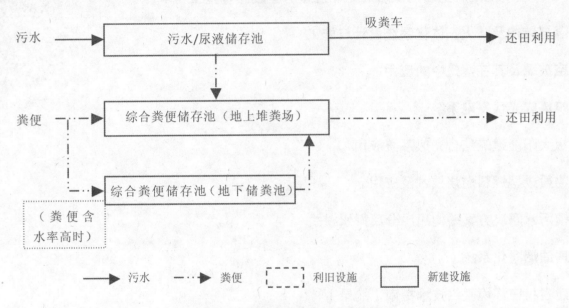

图 9-15 养殖场粪便处理工艺技术方案

图 9-16 堆粪场

图 9-17 污水储池

附录：城镇节能环保实例

1 EPS 模块现浇混凝土结构低层低能耗抗震房屋设计与施工

2 保温与结构及防火一体化系统设计与施工

3 真空玻璃及其在建筑中的应用

4 建筑集成光伏发电系统

5 平板太阳能建筑结合光热系统应用

6 生物质成型燃料燃烧技术及应用

7 村镇污水解决方案—构建源分离排水模式

8 厨房油烟净化系统

9 福建省村庄环境整治技术指南（摘录）

（提取码：1o2k）

参考文献

[1] 谢扬.中国城镇化战略发展研究——《中国城镇化战略发展研究》总报告摘要 [J].城市规划，2003, (2): 35-41.

[2] 中国科学院可持续发展研究组.2004 年中国可持续发展战略报告 [R].北京：科学出版社，2004.

[3] 朱丕荣.世界城市化发展与我国城镇化建设 [J].世界经济与政治论坛，2003, (3):29-31.

[4] 官卫华，姚士谋.世界城市未来展望与思考 [J].地理学与国土研究，2000, (3):6-11.

[5] Brennan, E.Population, urbanization, environment, and security: a summary of the issues. The Woodrow Wilson Centre Environmental Change and Security Project Report, 1991, 5:4-14.

[6] Pirages, D.Demographic change and ecological security. Woodrow Centre Environmental Change and Security Project Report, 1997, 3:37-46.

[7] Griffiths, F.Environment in the US security debate. The Woodrow Wilson Centre Environmental Change and Security Project Report, 1997, 3:15-28.

[8] Lonergan, S.Global environmental change and human security-Science Plan. IHDP Report 11. Bonn, Germany: International Human Dimension Programme on Global Environmental Change, 1999

[9] Ullman, R.Redefining security. International Security, 1983, 8(1):129-153.

[10] Myers, N.The environmental dimension to security issues. The Environmentalist, 1986, 6(4):252-257.

[11] Matthews, J.Redefining security. Foreign Affairs Spring, 1989, 163-177.

[12] Westing, A.The environmental component of comprehensive security. Bulletin of Peace Proposals, 1989, 20(2):129-134.

[13] 荣宏庆.我国新型城镇化建设与生态环境保护探析 [J].改革与战略，2013, 29(241):78-82.

[14] 魏后凯.论中国城市转型战略 [J].城市与区域规划研究，2011, (1):12

[15] 张占斌.新型城镇化的战略意义和改革难题 [J].国家行政学院学报 '2013, 1: 48-54.

[16] 联合国经济和社会事务部.世界城市化展望 [OL]. http://www/hse365 net/renju huanjing/yiju/2012051543201_2 html.

[17] 李克强.协调推进城镇化是实现现代化的重大战略选择 [J].行政管理改革，2012, (11):4-10.

[18] 汝信，陆学艺，李培林.社会蓝皮书：2010 年中国社会形势分析与预测 [M].北京：社会科学文献出版社，2009.

[19] 马凯.转变城镇化发展方式，提高城镇化质量，走出一条中国特色城镇化道路 [J].国家行政学院学报，2012, (5):4-12.

[20] 简新华，黄锟.中国城镇化水平和速度的实证分析和前景预测 [J].经济研究，2010, (3):28-39.

[21] 王丹，路日亮.中国城镇化进程中的生态问题探析 [J].求实，2014, 05:58-62.

[22] 王尧.中国特色新型城镇化建设中的环境保护工作 [Z]. http://cpc.people.com.cn/n/2013/0729/c367366-22367934.html.

[23] 何强，井文涌，王翊亭.环境学导论 [M].北京：清华大学出版社，2004.

[24] 邵洪，张力军，张义生.环境管理学与可持续发展 [J].环境保护，1997(02)：22 ～ 24.

[25] 李景风，何晨燕，李志强.环境管理学的发展 [J].北方环境，1998(02)：34 ～ 35, 5.

[26] 杨持.生态学 [M].北京：高等教育出版社，2008:1.

[27] 王寿兵，吴峰，刘晶茹.产业生态学 [M].北京：化学工业出版社，2006:1.

[28] 格雷德尔（T.E.Graedel），艾伦比（B.R.Allenby）. 产业生态学（第 2 版）（Industrial Ecology）[M]. 施涵（译）. 北京：清华大学出版社，2004:3.

[29] 袁增伟，毕军. 产业生态学最新研究进展及趋势展望 [J]. 生态学报，2006, 8: 2709–2715.

[30] 沈满洪. 生态经济学 [M]. 北京：中国环境科学出版社，2008:5.

[31] 黄玉源，钟晓青. 生态经济学 [M]. 中国水利水电出版社，2009:5.

[32] 聂华林，高新才，杨建国. 发展生态经济学导论 [M]. 北京：中国社会科学出版社，2006:5.

[33] 梁山，赵金龙，葛文光. 生态经济学 [M]. 北京：中国物价出版社，2002:1.

[34] 王松霈. 生态经济学 [M]. 西安：陕西人民教育出版社，2000.

[35] 邬建国. 景观生态学概念与理论 [J]. 生态学杂志，2000, 19(1):42–52.

[36] Forman R. T.Landscape Mosaics: the Ecology of Landscape and Regions[J]. Cambrige University Press.Cambridge, 1995.

[37] 刘培桐. 环境学概论 [M]. 北京：高等教育出版社，1985.

[38] W.T. De Groot. Environmental Research in the Environmental Policy Cycle [J]. Environmental Management, 1989, 13:659–662.

[39] 清洁生产促进法编委会. 清洁生产促进法问答 [M]. 北京：学苑出版社，2003.

[40] 中华人民共和国循环经济促进法

[41] 刘远彬，左玉辉. 循环经济与工业可持续发展 [J]. 生态经济，2003, 10:30–33.

[42] 杨建新，王如松. 生命周期评价的回顾与展望 [J]. 环境科学进展，1998, 6(2):21–28.

[43] 王寿兵，杨建新，胡聘. 生命周期评价方法及其进展 [J]. 上海环境科学，1998, 11:7–10.

[44] 中国标准研究中心. 环境管理 – 生命周期评价生命周期影响评价 [S]. 北京：中国标准出版社，2002, 4.

[45] 田亚峥. 运用生命周期评价方法实现清洁生产 [D]. 重庆：重庆大学，2003.

[46] 冷如波. 产品生命周期 3E+S 评价与决策分析方法研究 [D]. 上海：上海交通大学，2007.

[47] 王金南，余德辉. 发展循环经济是 21 世纪环境保护的战略选择 [J]. 经济研究参考，2002, (6):13–17,22.

[48] UK Energy White Paper. Our Energy Future——Creating a Low Carbon conomy[R]. 2003.

[49] 冯之浚，金涌，牛文元，等. 关于推行低碳经济促进科学发展的若干思考 [N]. 光明日报，2009–04–21.

[50] 周宏春. 中国低碳经济的发展重心 [J]. 绿叶，2009, 1:65–68.

[51] 付允，马永欢，刘怡君，等. 低碳经济的发展模式研究 [J]. 中国人口与环境，2008, 18(3):14–19.

[52] 周宏春. 中国低碳经济的发展重心 [J]. 绿叶，2009, 1:65–68.

[53] 杜祥琬. 低碳能源战略—中国能源的可持续发展战略之路 [J]. 中国科技财富，2010, (01):24–27.

[54] 杜祥琬. 环境能源学与低碳能源战略 [C]. 第四届绿色财富（中国）论坛.

[55] 吴晓江. 转向低碳经济的生活方式 [J]. 社会观察，2008, 6:19–22.

[56] 吴晓江. 戒除嗜好 [N]. 文汇报，2008–06–05.

[57] 王祖伟. 区域可持续发展系统研究 [J]. 天津师范大学学报，2004.1.

[58] 毛汉英. 人地系统与区域持续发展研究 [M]. 北京：中国科学技术出版社，1995:1–2.

[59] 宋来敏，周国清. 区域可持续发展系统辨识模型研究 [J]. 生产力研究，2004, 5: 90–91,114.

[60] 冯年华. 区域可持续发展理论与实证研究 [D]. 江苏：南京农业大学，2003.

[61] 张邦花，李刚. 区域发展理论与区域可持续发展 [J]. 临沂师范学院学报，2008, 26(4):59–61.

[62] 周毅，罗英. 以新型城镇化引领区域协调发展 [N]. 光明日报，2013–01–06.

[63] 中华人民共和国国土资源部. 中国矿产资源报告 (2013)[R]. 2014.

[64] BP 集团 .BP 世界能源统计年鉴 2013 中文版，北京，2014.

[65] BP 集团 .BP 世界能源统计年鉴 2014 中文版，北京，2015.

[66] 中华人民共和国国家统计局 . 中国统计年鉴 2012 年 [M]. 北京：中国统计出版社，2013.

[67] 国家发展和改革委员会能源研究所课题组 . 中国 2050 年低碳发展之路 [M]. 北京：科学出版社 ,2009.

[68] 张玉卓 . 从高碳能源到低碳能源—煤炭清洁转化的前景 [J]. 中国能源，2008, 30(4):20–22,37.

[69] 可再生能源中长期发展规划 [R]. 国家发改委，2007.

[70] 王雪松，周新东 . 关于应对能源危机相关策略的讨论 [J]. 科技咨询，2008, (33):79.

[71] 董书芸，由世俊 . 小城镇新能源的利用技术比较研究 [A]. [C]. 2006:276.

[72] 李广斌，王勇，杨新海，等 . 小城镇能源优化配置研究 [J]. 中国人口 . 资源与环境，2005,(6): 80–84.

[73] 叶尚忠，李万杰 . 生物质能源在小城镇中的应用及未来发展前景分析 [J]. 新疆环境保护，2010, (3): 42–46.

[74] 陈中北 . 我国小城镇能源系统的合理开发 [J]. 煤炭转化，1990, (4): 8–10,74.

[75] 康慧 . 关于我国中小城镇能源规划的思考 [J]. 中国能源，2010, (9): 35–39.

[76] 吴祖宜 . 县城规划理论探讨之五——能源规划 [J]. 长安大学学报（建筑与环境科学版），1991, (4): 19–24.

[77] 刘伟，鞠美庭，李智，等 . 区域（城市）环境—经济系统能流分析研究 [J]. 中国人口 . 资源与环境，2008, (5): 59–63.

[78] 白海 . 我国城镇化进程中能源供应方案的研究 [D]. 北京：华北电力大学（北京），2010.

[79] 彭世尼，吴异凡 . 西部小城镇的能源结构状况调查与改善能源消费结构的建议 [J]. 中国能源，2005, (5): 37–40.

[80] 张文丽 . 由新农村建设面临的能源问题引发的思考——兼议农村可再生能源的开发利用 [J]. 山西能源与节能，2008, (3): 12–14.

[81] 才炜 . 中国能源生产与消费外部性问题研究 [D]. 吉林：吉林大学，2010.

[82] 朱巧凤 . 论我国能源利用方式及大气污染防治 [J]. 中国环境管理干部学院学报，2004, (4): 50–51,65.

[83] 刘巧莲，梁云霞 . 能源利用与大气污染 [J]. 山西能源与节能，2003, (1): 48–49.

[84] 荆克晶 . 能源规划环境影响评价指标体系建立的研究 [D]. 吉林：东北师范大学，2004.

[85] 《中国煤炭消费总量控制方案和政策研究项目》课题组 . 煤炭使用对中国大气污染的贡献 [R]. 2014.

[86] 周东 . 绿色能源知识读本 [M]. 北京：人民邮电出版社，2010.

[87] 吴国楚 . 太阳能照明系统应用分析 [J]. 能源与环境，2010, (3):47–48.

[88] 矫洪涛，王学生，魏国 . 太阳能热泵技术研究进展 [J]. 能源技术，2007, 28(5):270–274.

[89] 魏兆凯，刘凯，王晓洲 . 太阳能热泵开发的理论与实践 [J]. 农机化研究，2009(3):204–207.

[90] 卜亚明 . 太阳能采暖系统在小城镇住宅建筑中应用技术的研究 [D]. 上海：同济大学，2006.

[91] 张爱凤，赵卫平，刘向华，等 . 地源热泵技术及其应用 [J]. 合肥工业大学学报（自然科学版），2008, 31(12):2028–2030.

[92] 赵云鹏，韩涛 . 新型地表水源热泵的应用及发展状况 [J]. 中国新技术新产品，2008(7):30.

[93] 刘大能 . 水源热泵的技术特点及几种形式 [J]. 现代机械，2007(5):92–94.

[94] 中华人民共和国水利部 . 2012 年中国水资源公报 [R]. 2013.

[95] 中华人民共和国环境保护部 . 2013 年中国环境状况公报 [R]. 2013.

[96] 安娟，路振广，路金镶 . 水资源优化配置研究进展 [J]. 人民黄河，2007, 29(8):43–44,47.

[97] 王顺久，张欣莉，倪长键，等 . 水资源优化配置原理及方法 [M]. 北京：中国水利水电出版社，2007.

[98] "六五"国家科技攻关水利电力部 38–1–5 课题组 . 华北地区水资源评价 [R]. 1987.

[99] 鲁学仁 . 华北暨胶东地区水资源研究 [M]. 北京：中国科学技术出版社，1992.

[100] 许新宜，王浩，甘泓，等 . 华北地区宏观经济水资源规划理论与方法 [M]. 郑州：黄河水利出版社，1997.

[101] United Nations Development Program (UNDP). Water Resources Management in North China[R]. Research Center of North China Water Resources China Institute of Water Resources and Hydropower Research, 1994.

[102] 王浩，陈敏建，秦大庸 . 西北地区水资源合理配置和承载能力研究 [M]. 郑州：黄河水利出版社，2003.

[103] 中国工程院"西北水资源"项目组.西北地区水资源配置生态环境建设和可持续发展战略研究 [J]. 中国工程科学，
2003, 5(4):1–26.

[104] 王浩，秦大庸，王建华，等.黄淮海流域水资源合理配置 [M]. 北京：科技出版社，2003.

[105] 中国水利水电科学研究院.黑河流域水资源调配管理信息系统研究 [R]. 2004.

[106] 蒋云钟，赵红莉，甘治国，等.基于蒸腾蒸发量指标的水资源合理配置方法 [J]. 水利学报，2008, 39(6):720–725.

[107] 王浩，游进军.水资源合理配置研究历程与进展.水利学报，2008, 39(10):1168–1175.

[108] 张辉.天津市水资源优化配置的研究 [D]. 天津：天津大学，2007.

[109] 赵勇，裴源生，王建华.水资源合理配置研究进展 [J]. 水利水电科技进展，2009, 29(3):78–84.

[110] 甘泓，李令跃，尹明万.水资源合理配置浅析 [J]. 中国水利，2000, (4): 20–23,4.

[111] 骆向萍.衡水市水资源优化配置与"绿色 GDP"核算 [D]. 天津：天津大学，2005.

[112] 陈志恺.中国水资源的可持续利用问题 [J]. 水文，2003, (1):1–5.

[113] 于冉.小城镇需水资源预测与保护对策初探 [J]. 小城镇建设，2004, (5):72–73.

[114] 陈礼洪.小城镇给水工程规划中需水量的预测及水源选择 [J]. 福建建筑高等专科学校学报，2002, (1):33–35,42.

[115] 张伟东.面向可持续发展的区域水资源优化配置理论及应用研究 [D]. 湖北：武汉大学，2004.

[116] 谭倩.我国小城镇给水系统模式研究 [D]. 重庆：重庆大学，2005.

[117] 罗固源，谭倩，许晓毅，等.小城镇给水系统模式及水源的几点看法 [J]. 重庆大学学报（自然科学版）的，2005,
(10).124–127,132.

[118] 王小平，曹立明.遗传算法—理论，应用与软件实现 [M]. 西安：西安交通大学出版社，2002.

[119] 程美家.济南市水资源优化配置研究 [D]. 山东师范大学：山东师范大学，2010.

[120] 中国城市规划设计研究院，中国建筑设计研究院，沈阳建筑工程学院.小城镇规划标准研究 [M]. 北京：中国建筑工业
出版社，2002.

[121] 莫毅.浅谈村镇供水工程中水源的选择.中国农村水利水电 [J]. 2003, (12):31–32.

[122] 冯骞，汪翔，於浩.长江江苏段区域供水筹资方式研究 [J]. 中国农村水利水电，2003, (8):50–52.

[123] 陈坚，徐毅，韩乃斌.南通区域性供水规划和实践 [J]. 中国给水排水，2000, 16(12):22–24.

[124] 樊天龙，高沛，金管德，等.发展区域供水工程的探讨 [J]. 现代城市研究，1997, (3):19–22.

[125] 徐中民.情景基础的水资源承载力多目标分析理论及应用 [J]. 冰川冻土，1999, 21(2):100–106.

[126] 贾嵘，蒋晓辉，薛惠峰等.缺水地区水资源承载力模型研究 [J]. 兰州大学学报（自然科学版），2000, 36(2):114–121.

[127] 徐中民，程国栋.运用多目标决策分析技术研究黑河流域中游水资源承载力 [J]. 兰州大学学报（自然科学版），2000,
36(2):122–132.

[128] 蒋晓辉，黄强，惠泱河，等.关中地区水环境承载力研究 [J]. 环境科学学报，2001. 21(5).312–317.

[129] 迟到才，赵红巍，张伟华，等.盘锦市水资源承载力研究 [J]. 沈阳农业大学学报，2001. 32(3):137–140.

[130] 余卫东，闵庆文，李湘阁.水资源承载力研究的进展与展望 [J]. 干旱区研究，2003, (1):60–66.

[131] D.H.Waller. Rainwater–An alternative source in developing and developed countries. Water International. 1986,
(14):178–185.

[132] 王彦梅.国内外城市雨水利用研究 [J]. 安徽农业科学，2007, (8): 2384–2385.

[133] 张杰.城市雨水资源化系统模式研究 [J]. 中国资源综合利用，2010, (11):48–50.

[134] 周江.城市雨水资源的收集与利用研究 [D]. 湖南：湖南农业大学，2008.

[135] 汪慧贞，刘宏宇.城市雨水渗透设施计算新方法 [J]. 给水排水，2004, 30(1):34–37.

[136] 刘庆江.大型海水淡化技术综述 [J]. 锅炉制造，2010, (6):29–32,37.

[137] 北京凯博信企业管理咨询有限公司.2009–2013 年中国海水淡化行业市场调查与发展前景预测报告 [R]. 2009.

[138] 李振东.我国县镇供水设施现状和发展建议 [J]. 建设科技，2007, (19):32–33.

[139] 杨瑛. 苏南城镇水资源综合规划研究 [D]. 河海大学：河海大学，2006.

[140] 刘晓超，马丽丽. 小城镇节水措施 [J]. 城市公用事业，2004, (2):21-23.

[141] 樊雄，张希建，沈炎章，等. 山东长岛县反渗透海水淡化工程 [J]. 水处理技术，2003, (1): 41-43.

[142] 何季民. 我国海水淡化事业基本情况 [J]. 电站辅机，2002, (2):35-43.

[143] 日本雨水利用 [EB/OL]. http://www.pep.com.cn:81/200310/ca340363.htm.

[144] 发达国家的城市雨水利用 [N]. 北京青年报，2004-9-5.

[145] 北京雨水利用工程全面启动 可为居民节省大量水费 [N]. 北京娱乐信报，2003-7-9.

[146] 郭培章，宋群. 中外节水技术与政策案例研究 [M]. 北京：中国计划出版社，2003.

[147] 宋维峰，王克勤. 面源污染防治研究现状与对策 [A]. 九州出版社 [C]：九州出版社，2008.

[148] 董哲仁. 受污染水体的生物－生态修复技术 [N]. 中国水利科技网，2001-12-16.

[149] 董哲仁，刘蒨，曾向辉. 生态—生物方法水体修复技术生态 [J]. 中国水利，2002.

[150] 生物方法水体修复技术项目中期汇报会 [EB/OL]. http://www.chinawater.com.cn..

[151] 贾宏，孙铁珩. 污水土地处理技术研究的最新进展生态—生物方法水体修复技术生态 [J]. 环境污染治理技术与设备，2001, 1.

[152] 高拯民，李宪法. 城市污水土地处理利用设计手册 [M]. 北京：中国标准出版社，1991.

[153] 高廷耀，顾国维. 水污染控制工程 [M]. 北京：高等教育出版社，1999.

[154] 陶丹梅，吴艳玲. 水科学家的人生交响曲——记国际水科学院院士王宝贞教授 [J]. 学位与研究生教育，2002, 9.

[155] 胡晓槐. 走向绿色的明天—天津环境保护及城市排水的回顾与思考 [M]. 北京：中国言实出版社，1999.

[156] 史惠详，杨万东. 小城镇污水处理工程 BOT[M]. 北京：化学工业出版社，2003.

[157] 李浩. 提高城市环境质量实例介绍 [EB/OL]. http://www.kepu.com.cn/gb/earth.

[158] 城镇污水处理工程. 中国环保产品名录 [EB/OL]. http://www.chinaproductlist.com.

[159] 全国一半以上城市没有污水处理厂 [N]. 中国青年报，2004-7-7.

[160] 王维斌，吴凡松. 小型污水处理厂的设计 [J]. 中国给水排水，2002, 3: 57-60.

[161] SBR 法污水处理工艺 [EB/OL]. http://www.fsepb.gov.cn.

[162] 水处理工艺 [EB/OL]. http://www.e-lida.com.cn.

[163] 北京水环境技术与设备研究中心. 三废处理工程技术手册 (废水卷)[M]. 北京：化学工业出版社，2000.

[164] 广东省固体废物污染防治规划 (2001-2010). 2001.

[165] 万劲波，蔡述生. 浅析各国危险废物的管理制度及原则 [J]. 污染防治技术，2000, 13(1):43-45.

[166] 傅裕寿，王继芳. 城市废物的回收处理与利用 [J]. 中国人口·资源与环境，1994, 4(2):20-25.

[167] 王瑞. 建筑节能设计 [M]. 武汉：华中科技大学出版社，2010.

[168] 本书编委会. 建筑工程节能设计手册 [M]. 北京：中国计划出版社，2007.

[169] 王立雄. 建筑节能 [M]. 北京：中国建筑工业出版社，2009.

[170] 中华人民共和国建设部，寒冷地区居住建筑节能设计标准 [S]. 北京：中国建筑工业出版社，2010.

[171] 中华人民共和国建设部，夏热冬冷地区居住建筑节能设计标准 [S]. 北京：中国建筑工业出版社，2010.

[172] 中华人民共和国建设部，夏热冬暖地区居住建筑节能设计标准 [S]. 北京：中国建筑工业出版社，2003.

[173] 中华人民共和国建设部，公共建筑节能设计标准 [S]. 北京：中国建筑工业出版社，2005.

[174] 李汉章. 建筑节能技术指南 [M]. 北京：中国建筑工业出版社，2006.

[175] 本书编委会. 公共建筑节能设，计标准宣贯辅导教材 [M]. 北京：中国建筑工业出版社，2005.

[176] 中华人民共和国建设部，采暖通风与空气调节设计规范 [S]. 北京：中国建筑工业出版社，2004.

[177] 北京土木建筑学会，建筑节能工程设计手册 [M]. 北京：经济科学出版社，2005

[178] 中华人民共和国建设部，外墙外保温工程技术规程 [S]. 北京：中国建筑工业出版社，2005.

[179] 江亿，林波波 . 住宅节能 [M]. 北京：中国建筑工业出版社，2006.

[180] 本书编委会 . 民用建筑节能设计技术 [M]. 北京：中国建材工业出版社，2006.

[181] 徐占发 . 建筑节能常用数据速查手册 [M]. 北京：中国建材工业出版社，2006.

[182] 王崇杰，薛一冰 . 太阳能建筑设计 [M]. 北京：中国建筑工业出版社，2007.

[183] 北京土木建筑学会 . 建筑节能工程法规及相关知识 [M]. 北京：经济科学出版社，2005.

[184] 清华大学建筑节能研究中心 . 中国建筑节能年度发展研究报告 2008[M]. 北京：中国建筑工业出版社，2008.

[185] 赵键 . 建筑节能工程设计手册 [M]. 北京：经济科学出版社，2005.

[186] 龙惟定 . 建筑节能与建筑能效管理 [M]. 北京：中国建筑工业出版社，2005

[187] 李继业 . 建筑节能工程设计 [M]. 北京：化学工业出版社，2012.

[188] 包景岭，骆中钊，李小宁，等 . 小城镇生态建设与环境保护设计 [M]. 北京：化学工业出版社，2005.

[189] 温娟，骆中钊，李燃，等 . 小城镇生态环境设计 [M]. 北京：化学工业出版社，2012.

[190] 谢华生，包景岭，温娟 . 生态工业园的理论与实践 [M]. 北京：中国环境科学出版社，2011.

[191] 郝文升，温娟，张涛 . 低碳生态城市过程·评价·实证 [M]. 天津：天津大学社出版社，2013.

[192] 骆中钊 . 乡村公园建设理念与实践 [M]. 北京：化学工业出版社，2014.

[193] 骆中钊 . 中华建筑文化 [M]. 北京：中国城市出版社，2014.

[194] 骆中钊，张勃，傅凡，等 . 小城镇规划与建设管理 [M]. 北京：化学工业出版社，2012.

后 记

感恩

"起厝功，居厝福"是泉州民间的古训，也是泉州建筑文化的核心精髓，是泉州人"大　精神，善行天下"文化修养的展现。

"起厝功，居厝福"激励着泉州人刻苦钻研、精心建设，让广大群众获得安居，充分地展现了中华建筑和谐文化的崇高精神。

"起厝功，居厝福"是以惠安崇武三匠（溪底大木匠、五峰石艺匠、官住泥瓦匠）为代表的泉州工匠，营造宜居故乡的高尚情怀。

"起厝功，居厝福"是泉州红砖古大厝，创造在中国民居建筑中独树一帜辉煌业绩的力量源泉。

"起厝功，居厝福"是永远铭记在我脑海中，坎坷耕耘苦修持的动力和毅力。在人生征程中，感恩故乡"起厝功，居厝福"的敦促。

感慨

建筑承载着丰富的历史文化，凝聚了人们的思想感情，体现了人与人、人与建筑、人与社会以及人与自然的关系。历史是根，文化是魂。每个地方蕴涵文化精、气、神的建筑，必然成为当地凝固的故乡魂。

我是一棵无名的野草，在改革开放的春光沐浴下，唤醒了对翠绿的企盼。

我是一个远方的游子，在乡土、乡情和乡音的乡思中，踏上了寻找可爱故乡的路程。

我是一块基础的用砖，在莺歌燕舞的大地上，愿为营造独特风貌的乡魂建筑埋在地里。

我是一支书画的毛笔，在美景天趣的自然里，愿做诗人画家塑造令人陶醉乡魂的工具。

感动

我，无比激动。因为在这里，留下了我走在乡间小路上的足迹。1999年我以"生态旅游富农家"立意规划设计的福建龙岩洋畲村，终于由贫困变为较富裕，成为著名的社会主义新农村，我被授予"荣誉村民"。

我，热泪盈眶。因为在这里，留存了我踏平坎坷成大道的路碑。1999年，以我历经近一年多创作的泰宁状元街为建筑风貌基调，形成具有"杉城明韵"乡魂的泰宁建筑风貌闻名遐迩，成为福建省城镇建设的风范，我被授予"荣誉市民"。

我，心花怒发。因为在这里，留住了我战胜病魔勇开拓的记载。我历经十个月潜心研究创作的时代畲寨，终于在壬辰端午时节呈现给畲族山哈们，安国寺村鞭炮齐鸣，众人欢腾迎接我这远方异族的亲人。

我，感慨万千。因为在这里，留载了我研究新农村建设的成果。面对福建省东南山国的优美自然环境，师法乡村园林，开拓性地提出了开发集山、水、田、人、文、宅为一体乡村公园的新创意，初见成效，得到业界专家学者和广大群众的支持。

我，感悟乡村。因为在这里，有着淳净的乡土气息、古朴的民情风俗、明媚的青翠山色和清澈的山泉溪流、秀丽的田园风光，可以获得乡土气息的"天趣"、重在参与的"乐趣"、老少皆宜的"谐趣"和净化心灵的"雅趣"。从而成为诱人的绿色产业，让处在钢筋混凝土高楼丛林包围、饱受热浪煎熬、呼吸尘土的城市人在饱览秀色山水的同时，吸够清新空气的负离子、享受明媚阳光的沐浴、痛饮甘甜的山泉水、脚踩松软的泥土香；感悟到"无限风光在乡村"！

我，深怀感恩。感谢恩师的教诲和很多专家学者的关心；感谢故乡广大群众和同行的支持；感谢众多亲朋好友的关切。特别感谢我太太张惠芳带病相伴和家人的支持，尤其是我孙女励志勤奋自觉苦修建筑学，给我和全家带来欣慰，也激励我老骥伏枥地坚持深入基层。

我，期待怒放。在"外来化"即"现代化"和浮躁心理的冲击下，杂乱无章的"千城一面，百镇同貌"四处泛滥。"人人都说家乡好。"人们寻找着"故乡在哪里？"呼唤着"敢问路在何方？"期待着展现传统文化精气神的乡魂建筑遍地怒放。

感想

唐代伟大诗人杜甫在《茅屋为秋风所破歌》中所曰："安得广厦千万间，大庇天下寒士俱欢颜，风雨不动安如山！"的感情，毛泽东主席在《忆秦娥·娄山关》中所云："雄关漫道真如铁，而今迈步从头越。从头越，苍山如海，残阳如血。"的奋斗精神，当促使我在新型城镇化的征程中坚持努力探索。

圆月璀璨故乡明，绚丽晚霞万里行。